普通高等教育规划教材 

基础化学实验

JICHU
HUAXUE
SHIYAN

张　群　主编
袁永梅　副主编

 化学工业出版社
·北京·

内容简介

《基础化学实验》共分7章。第1章为绪论；第2、3章为基础化学实验基本知识和基本操作；第4章为无机化学实验，选编20个实验；第5章为分析化学实验，选编18个实验；第6章为有机化学实验，选编21个实验；第7章为物理化学实验，选编14个实验。全书在培养学生基本实验技术和技能的基础上，注重提高分析问题和解决问题的能力，以及综合运用所学知识进行自主设计实验的能力。

本书可作为高等院校化学、化学工程与工艺、制药工程、应用化工、复合材料与工程、食品、生物工程、植物科学与技术等专业的基础化学实验教材，也可供医学、药学、机械和印刷等非化工专业的学生选用或参考。

图书在版编目（CIP）数据

基础化学实验/张群主编. —北京：化学工业出版社，2021.8（2025.2重印）

普通高等教育规划教材

ISBN 978-7-122-39216-9

Ⅰ.①基… Ⅱ.①张… Ⅲ.①化学实验-高等学校-教材 Ⅳ.①O6-3

中国版本图书馆CIP数据核字（2021）第096994号

责任编辑：旷英姿　甘九林　刘心怡　　文字编辑：毕梅芳　师明远

责任校对：张雨彤　　装帧设计：王晓宇

出版发行：化学工业出版社（北京市东城区青年湖南街13号　邮政编码100011）

印　　装：河北延风印务有限公司

787mm×1092mm　1/16　印张16¼　字数401千字　　2025年2月北京第1版第6次印刷

购书咨询：010-64518888　　售后服务：010-64518899

网　　址：http://www.cip.com.cn

凡购买本书，如有缺损质量问题，本社销售中心负责调换。

定　　价：48.00元

编写人员名单

主　　编　张　群
副 主 编　袁永梅
编写人员（以姓氏笔画排序）
丁哨兵　李安梅　张　群　金南燕　赵首健
袁永梅

前言

化学是一门以实验为基础的学科，实验教学是化学教学的重要组成部分。一般需修基础化学实验课程的专业有化学工程与工艺、制药工程、复合材料与工程、食品科学与工程、生物工程、植物科学与技术、应用化工技术和口腔医学等专业。在这些专业的实验教学体系中，化学实验教学一直占有重要位置。学校培养学生的目标是具有创新精神和较强实践能力的应用型高级工程技术人才，而实验教学在应用型高级工程技术人才的培养过程中起着重要的作用。为了进一步加强化学实验教学，提高学生的动手能力，增强学生的创新意识，我们在历年使用的“四大化学”实验讲义的基础上，编写了《基础化学实验》教材。

本教材对基础化学实验教学内容进行系统整合，减少了验证性实验，增加了综合性和设计性实验，增加了物质制备与表征相结合的实验项目。在培养学生基本实验技术和技能的基础上，注重提高学生分析问题和解决问题的能力，以及综合运用所学知识进行自主设计实验的能力；使学生具有科学的思维方法、初步的科研能力，为培养具有创新精神和应用型高级工程技术人才打下扎实的化学实验基础。

本教材共7章。第1章为绪论，主要介绍基础化学实验的目的和学习方法、化学实验室安全知识、实验室的“三废”处理、基础化学实验数据的处理和有机化合物图谱知识等；第2、3章为基础化学实验基本知识和基本操作，介绍了基础化学实验基本知识和实验操作技能、实验室常用仪器的原理及使用方法；第4章为无机化学实验，选编了20个实验，内容包含实验基本操作、元素性质的认知、基本常数的测定、无机化合物的制备与提纯等；第5章为分析化学实验，选编了18个实验，内容包含酸碱滴定、配位滴定、氧化还原滴定、沉淀滴定、重量分析、分光光度法；第6章为有机化学实验，选编了21个实验，内容包含有机实验中常用的实验技术和实验方法、有机物的制备与表征、性质与分析；第7章为物理化学实验，选编了14个实验，内容包含热力学、化学平衡、相平衡、动力学、电化学、表面化学和胶体化学等。

本书由荆楚理工学院化工与药学院从事相关实验教学的张群、袁永梅、丁哨兵、李安梅、金南燕和湖北信息工程学校赵首健六位老师共同编写。其中李安梅编写了绪论；张群编写了第2章、第4章实验十七～实验二十、第5章、第6章实验二十和实验二十一以及附录；赵首健编写了第3章；金南燕编写了第4章实验一～实验十六；袁永梅编写了第6章实验一～实验十九；丁哨兵编写了第7章。全书由张群和赵首健统稿。

本书在编写过程中得到了学院领导和田娟、施红、熊艳等老师的支持与帮助，本书的出版得到了化学工业出版社有限公司的鼎力协助，我们在此一并表示由衷的感谢。

由于编写时间和水平有限，书中内容难免有疏漏之处，敬请使用本书的各位老师和同学提出宝贵意见。

编　者

2021年1月

目录

第1章 绪论

第2章 基础化学实验基本知识

第3章 基础化学实验基本操作

第4章 无机化学实验

第5章 分析化学实验

第 6 章　有机化学实验

第 7 章　物理化学实验

附录

参考文献

第1章

绪　论

1.1 基础化学实验的目的和学习方法

1.1.1 基础化学实验的目的

基础化学实验是针对21世纪化学工程与工艺、制药工程、复合材料与工程等专业人才培养目标的要求，而设置的实践性课程，由无机化学实验、分析化学实验、有机化学实验和物理化学实验四大板块组成。通过基础化学实验的教学，不仅让学生验证、巩固和加深课堂所学的基础理论知识，更重要的是培养学生的实验操作能力、综合分析问题和解决问题的能力以及学生自主设计实验的能力，使学生养成严肃认真、实事求是的科学态度和严谨的工作作风。

通过基础化学实验的学习，学生要达到以下目的：

① 熟悉实验室管理的一般知识、实验室的各项规则、实验工作的基本程序；了解实验可能发生的一般事故及其处理方法；熟悉实验室的环保及基本的“三废”处理知识。

② 通过实验操作、实验现象观察和数据处理，使学生掌握基础化学实验的基本知识和基本操作技能；加深对课堂上所学的基本理论和基本反应的理解，增强运用所学知识解决实际问题的能力。

③ 通过实验，培养学生理论联系实际和实事求是、严肃认真、团结协作的科学态度，养成良好的实验习惯，为后续课程的学习及研究工作的开展和参加实际工作，奠定良好的基础。

④ 通过实验，提高学生独立思考、进行实验研究、分析问题和解决问题的能力。

1.1.2 基础化学实验的学习方法

要达到基础化学实验的目的，必须有正确的学习方法和学习态度。实验课是在教师的正确引导下由学生独立完成的。学生要掌握实验技能，必须认真细心，实事求是；指导教师抓好实验教学的每一环节，提高学生的实验课效率。对于基础化学实验的学习方法，应做到以下三点。

（1）课前预习　实验前必须进行充分的预习和准备，做到心中有数。学生需认真阅读实验教材及相关参考资料，做到明确实验目的、理解实验原理、熟悉实验内容、掌握实验方法、熟记实验中相关的注意事项，在此基础上简明扼要地写出预习笔记。预习笔记应包括简要的实验步骤与操作、数据记录的表格、定量实验的计算公式等，切忌抄书。实验方法步骤按不同实验要求，可以用方框、箭头或表格形式表示。

为了确保实验质量，实验前指导教师要检查每位学生的预习情况。查看学生的预习笔记，对没有预习或预习不合格者，指导教师有权不让其参加该次实验。

（2）实验过程　实验是培养学生独立工作和思维能力的重要环节，必须严格按照实验内容与操作规程进行，认真地完成实验。

学生进入实验室后首先核对实验仪器，熟悉仪器操作方法。教师检查学生的预习报告并对学生进行提问，合格后方可进行实验。

认真仔细地观察实验中的现象，详细准确地记录实验条件、仪器型号、实验现象和实验数据，养成良好的记录习惯。在实验中遇到疑难问题或反常现象，应认真分析操作过程，思考其原因。为了正确说明问题，可在教师指导下，重做或补充进行某些实验，以培养独立分析问题和解决问题的能力。

实验中自觉养成良好的科学习惯，遵守实验规则，按要求处理好废弃物，对使用的公用仪器按要求自觉管理好，并在仪器记录本上登记。实验过程中应始终保持桌面布局合理、环境整洁。

实验结束后认真清洗仪器，做好清洁卫生工作，保持仪器、台面、水槽的洁净。经教师检查合格并在预习笔记上签字后方可离开实验室。

（3）实验报告　实验报告是对每次所做实验的概括和总结。做完实验后，要科学处理数据，如实报告结果，总结经验，按规定格式认真完成实验报告。

实验报告的内容包括实验目的、实验原理、实验操作步骤及流程图、原始数据、数据处理、结果讨论和思考。实验数据的处理应有处理步骤，而不是只列出处理结果；结果讨论应包括对实验现象的分析解释、对实验结果的误差分析、对实验的改进意见、心得体会等。实验报告要按格式书写，内容实事求是，叙述简明扼要，实验记录真实，数据处理规范合理，表格形式和作图图形准确清楚，报告整齐洁净，字迹端正。

实验报告的书写是一项重要的基本技能训练。它不仅是对每次实验的总结，而且可以初步地培养和训练学生的逻辑归纳能力、综合分析能力和文字表达能力。参加实验的每位学生，均应认真地书写实验报告。

实验报告一律使用学校统一印制的“实验报告”纸书写。作图要用坐标纸或 Excel 作图，制表用尺子；实验报告格式统一。

学生及时完成实验报告，根据指导教师要求按时交给教师批阅。

1.2　化学实验室安全知识

化学实验室是开展实验教学、进行实验研究的重要场所。在实验中常常会接触到易燃、易爆、有毒、有腐蚀性的化学药品，会经常使用各种加热仪器（电炉、酒精灯、酒精喷灯等），因此必须在思想上充分重视安全问题，绝不能麻痹大意。实验前应熟悉每个实验项目的安全隐患点（易燃、易爆、易制毒等）和安全注意事项，实验中严格遵守操作规程，重视安全，避免事故的发生。

1.2.1　化学实验室学生实验守则

① 实验前要认真预习，写好预习笔记。

② 遵守纪律，不迟到早退。严格遵守实验室的规章制度，听从教师的指导。

③ 实验时保持安静，集中精力，规范操作，认真观察，如实记录实验现象和数据。

④ 严禁将饮料、食物等带进实验室，实验室内禁止吸烟、饮食。

⑤ 注意节约使用试剂和水、电；爱护实验室仪器和设备。

⑥ 实验时应遵守操作规程，保证实验安全。如有意外事故发生，应保持镇静，并立即报告教师，及时处理。

⑦ 实验过程中，随时注意保持工作区域的整洁。火柴梗、碎玻璃、纸屑等丢入废物桶内；废液倒入指定的废液缸；有毒或腐蚀性的化学废液和废渣要分类收集在指定的容器内，以便集中处理。

⑧ 实验结束，应洗净所用仪器并放回原处，整理好实验用品和台面。预习笔记经教师签字后，才可离开实验室。

⑨ 值日生负责打扫实验室卫生，并检查水、电，关好门、窗。

⑩ 在规定的时间内，根据原始记录，细心处理数据，认真、独立完成实验报告。

1.2.2 化学实验室安全规则

① 进入实验室应穿实验服，不得穿拖鞋、短裤等裸露皮肤的服装。进行实验时必须扣好实验服扣子。

② 清楚实验室水阀、电闸和煤气总阀所在处。水、电、煤气使用完即关。

③ 使用电器时，严防触电。绝不可用湿手或湿物接触电源。可用试电笔检查电器设备是否漏电，凡是漏电的仪器，一律不能使用。

④ 使用浓酸、浓碱，须小心操作，避免溅落在皮肤、衣服、书本上，尤其应防止溅入眼睛中。若不慎溅在实验台或地面上，须及时用湿布擦洗干净。

⑤ 使用可燃物，特别是易燃物（如乙醚、丙酮、乙醇、苯、金属钠等）时，应特别小心。大量倾倒易燃液体时，需远离火源，或将火焰熄灭后再进行。加热低沸点的有机溶剂时，应在水浴中进行。

⑥ 用油浴操作时，应小心加热，不断用温度计测量，不要使温度超过油的燃烧温度。

⑦ 能产生有毒或刺激性气体的反应（如 HF、H_2S、Cl_2、CO、NO_2、SO_2、Br_2 等），应在通风橱中进行实验。

⑧ 易燃和易爆物（如金属钠、白磷等）的残渣不得倒入污物桶或水槽中，应收集在指定的容器内。

⑨ 使用有毒药品（如汞盐、铅盐、钡盐、氰化物、重铬酸盐和砷的化合物等）时，应严防进入口内或接触伤口。有毒废液不许倒入水槽，应回收统一处理。

⑩ 金属汞易挥发，通过呼吸道进入人体内，逐渐积累会引起慢性中毒。所以做汞的实验时应格外小心，不得把汞洒落在桌上或地上。万一洒落，必须尽可能收集起来，并用硫黄粉盖在洒落之处，使金属汞转变成不挥发的硫化汞。

⑪ 严禁随意混合各种试剂、药品，以免发生意外。

⑫ 禁止用手直接取用任何化学药品；不得用鼻子直接嗅气体，应用手向鼻子扇入少量气体。防止眼睛受刺激性气体的熏染，防止强酸、强碱、玻璃屑等异物进入眼内。

⑬ 实验室所有试剂、仪器不得带出室外。

⑭ 实验结束后，洗净双手，离开实验室。

1.2.3 实验室意外事故的紧急处理

在实验过程中不慎发生受伤事故，不要慌张，应沉着冷静，立即采取适当的急救措施。

(1) 割伤　先检查伤口内有无玻璃或金属等碎片，若有需小心挑出，再用硼酸水洗净，然后擦碘酒或紫药水或贴上“创可贴”。若伤势较重，先用酒精或消毒棉清洗消毒，再用纱布按住伤口，压迫止血，立即送医院治疗。

(2) 烫伤　被火焰、开水或高温物体烫伤后，应立即用清水冲洗或在冷水中浸泡 10～20min。若伤处皮肤未破，可涂敷饱和碳酸氢钠溶液或将碳酸氢钠粉调成糊状敷于伤处，也可涂烫伤膏；若伤处皮肤已破，可涂紫药水或 1%高锰酸钾溶液。

(3) 受酸腐蚀　先用大量水冲洗，以免深度烧伤，再用饱和碳酸氢钠溶液或稀氨水冲洗，最后再用水冲洗。若酸液溅入眼睛，用大量水冲洗后，立即送医院治疗。

(4) 受碱腐蚀　先用大量水冲洗，再用 2%醋酸溶液或饱和硼酸溶液冲洗，最后用水冲洗。如果碱溅入眼内，可用 3%硼酸溶液冲洗后，立即到医院治疗。

(5) 受溴灼伤　若有溴沾到皮肤上，立即用 20% $Na_2S_2O_3$ 溶液洗涤伤口，再用大量的水冲洗，涂上甘油，包上纱布后到医院治疗。

(6) 受磷灼伤　立即用1%硝酸银溶液、5%硫酸铜溶液或浓高锰酸钾溶液洗涤伤口后进行包扎。

(7) 受酚灼伤　先用大量的水冲洗后，再用肥皂和水洗涤。

(8) 吸入刺激性或有毒气体　吸入氯气、氯化氢气体时，可吸入少量酒精和乙醚的混合蒸气解毒；吸入硫化氢或一氧化碳气体而感到不适（头晕、胸闷、欲吐）时，应立即到室外呼吸新鲜空气，若严重应立即到医院治疗。

(9) 毒物进入口内　把5～10mL的稀硫酸铜溶液加入一杯温水中，内服后用手伸入喉部，促使呕吐，吐出毒物，再立即送医院治疗。

(10) 触电　立即切断电源，然后用干木棒或竹竿使导线与触电者分开，使触电者和土地分离，必要时进行人工呼吸。急救者须做好自身防触电的安全措施，手或脚必须绝缘。

1.2.4 灭火常识

实验室内万一起火，要立即灭火，并采取措施防止火势蔓延（如停止加热、停止通风、切断电源、移走易燃物品等），必要时应报火警（119）。灭火的方法要针对起火原因和火场周围的情况，选择合适的扑灭方法和灭火设备。

一般的小火用湿布、石棉布或砂土覆盖燃烧物即可；大火可以用水、泡沫灭火器、二氧化碳灭火器灭火。

衣物着火时，切勿惊慌乱跑，应赶快脱下衣服或用专用防火布覆盖着火处；如燃烧面积较大，就地卧倒打滚，也可起到灭火的作用。

活泼金属如钠、钾、镁、铝等引起的着火，不能用水、泡沫灭火器和二氧化碳灭火器灭火，只能用砂土、干粉灭火器灭火；有机溶剂着火时，切勿使用水、泡沫灭火器灭火，而应该用二氧化碳灭火器、专用防火布、砂土和干粉灭火器等灭火。

精密仪器、电器设备着火时，首先切断电源，小火可用石棉布或砂土覆盖灭火；大火用干粉灭火器灭火。不可用水、泡沫灭火器灭火，以免触电。

常用灭火器及其适用范围见表1-1。

表1-1　常用灭火器及其适用范围

灭火器类型	药液成分	适用范围
酸碱灭火器	H_2SO_4 和 $NaHCO_3$	非油类、非电器的一般初起火灾
泡沫灭火器	$Al_2(SO_4)_3$ 和 $NaHCO_3$	油类起火
二氧化碳灭火器	液态 CO_2	电器、小范围油类和忌水的化学物品失火
干粉灭火器	$NaHCO_3$ 等盐类物质、适量的润滑剂和防潮剂	扑救油类、可燃性气体、电器设备、精密仪器、图书文件和遇水易烧物品的初起火灾

1.3 化学实验室的“三废”处理

化学实验室的“三废”是指在实验过程中产生的废气、废液、废渣等有害物质。若将其任意排放，必将污染环境、危害人类健康。废气、废液、废渣须经过处理才能排放。

(1) 废气　产生少量有毒气体的实验应在通风橱内进行，少量毒气排到室外后在大量空气中被稀释，不会污染室内空气。产生强烈刺激性气体或毒气量大的实验必须备有吸收或处理装置。如二氧化氮、二氧化硫、氯气、硫化氢、氟化氢等，可用导管导入碱液中，使其大部分被吸收后再排出，一氧化碳可点燃转化成二氧化碳。

（2）废液　废酸、废碱按其化学性质进行中和处理：对于废酸，可先用耐酸塑料网纱或玻璃纤维过滤，再加碱中和滤液，调 pH 值至 6～8 后可排放。对于含有害离子的盐溶液，用化学法转化处理后稀释排放。对于含贵金属离子的溶液，采用还原法处理后回收。对于含铅、镉、汞、砷和氰化物等有毒物质的废液，应分类收集，集中处理。对于有机溶剂废液，应根据其性质采取洗涤、干燥、过滤、蒸馏或分馏等方法尽可能回收。

（3）废渣　对于干燥的固体试剂、色谱分离用的吸附剂、用过的滤纸、废熔点管和碎玻璃等，应将其放入指定的没有危险的废弃物容器里。毒性废弃物放入有特别标识的容器里，集中处理。易于燃烧的固体有机废物焚烧处理。

1.4　基础化学实验数据的处理

1.4.1　有效数字及应用

（1）有效数字

① 定义　指实际能测量到的数字。有效数字的位数与分析过程所用的测量仪器的准确度有关。有效数字包括准确数字和最后一位可疑的估计数字。如滴定管读数 23.57mL，4 位有效数字。称量质量为 6.1498g，5 位有效数字。

②“0”的作用　作为有效数字使用或作为定位的标志。例：滴定管读数为 20.30mL，有效数字位数是 4 位。表示为 0.02030L，前两个 0 是起定位作用的，不是有效数字，此数据仍是 4 位有效数字。

③ 规定

a. 改变单位并不改变有效数字的位数。如：20.30mL 和 0.02030L 都是 4 位有效数字。

b. 在整数末尾加 0 作定位时，要用科学计数法表示。

例：$3600 \rightarrow 3.6 \times 10^3$（两位）$\rightarrow 3.60 \times 10^3$（三位）

c. 在分析化学计算中遇到倍数、分数关系时，视为无限多位有效数字。**pH、p*c*、lg*K* 等对数值的有效数字位数，由小数部分数字的位数决定。**

$[H^+]=6.3 \times 10^{-12} mol \cdot L^{-1} \rightarrow pH=11.20$（两位）

d. 首位为 8 或 9 的数字，有效数字可多计一位。例：92.5 可以认为是 4 位有效数字。

（2）有效数字的修约规则

① 基本规则　**“四舍六入五成双”**。当拟舍弃的数字中，左边第一个数字≤4 时则舍，若左边第一个数字≥6 时则入；当拟舍弃的数字中，左边第一个数字等于 5 且右边没有数字或都为 0 时，5 前面为偶数则舍，5 前面为奇数则入；当拟舍弃的数字中，左边第一个数字等于 5 且右边还有不为 0 的任何数字，则无论 5 前面是奇或是偶都入。

例：将下列数字修约为 4 位有效数字。

0.536649——0.5366　　46.2462——46.25　　10.23500——10.24

34.865000——34.86　　26.085002——26.09

② 一次修约到位，不能分次修约。

错误修约：$5.1349 \rightarrow 5.135 \rightarrow 5.14$　　正确修约：$5.1349 \rightarrow 5.13$

③ 在修约相对误差、相对平均偏差、相对标准偏差等表示准确度和精密度的数字时，

一般取 1～2 位有效数字。

（3）有效数字的运算法则

① 加减法　以小数点后位数最少的数为准（即以绝对误差最大的数为准）。

例：60.1 ＋ 1.45 ＋ 0.5812 ＝ 62.1

　　±0.1　±0.01　±0.0001

② 乘除法　以有效数字位数最少的数为准（即以相对误差最大的数为准）。

例：0.0121 × 25.64 × 1.05782 ＝ 0.328

　　±0.0001　　±0.01　　±0.00001

RE　±0.8%　　±0.04%　　±0.0009%

③ 乘方、开方　结果的有效数字位数不变。$6.54^2=42.8$　　$\sqrt{7.56}=2.75$

④ 对数换算　结果的有效数字位数不变。

$[H^+]=6.3\times10^{-12}$ （$mol\cdot L^{-1}$）→pH＝11.20（两位）

（4）在分析化学中的应用

① 数据记录　如在万分之一分析天平上称得某物体质量为 0.2500g，只能记录为 0.2500g，不能记成 0.250g 或 0.25g。又如从滴定管上读取溶液的体积为 24mL 时，应该记为 24.00mL，不能记为 24mL 或 24.0mL。

② 仪器选用　若要称取约 3.0g 的样品时，就不需要用万分之一的分析天平，用托盘天平即可。

③ 结果表示　如分析煤中含硫量时，称样量为 3.5g。两次测定结果中，甲为 0.042% 和 0.041%；乙为 0.04201% 和 0.04199%。显然甲的结果正确地反映了测量的精确程度，而乙的不正确。

1.4.2 测量误差与偏差

（1）误差　定量分析中的误差就其来源和性质的不同，可分为系统误差、偶然误差和过失误差。

① 系统误差　由某种确定的原因引起的误差，也称可测误差。

特点：重现性、单向性、可测性（大小成比例或基本恒定）。

系统误差的分类：

a. 方法误差　由于不适当的实验设计或所选方法不恰当所引起。

b. 仪器误差　由于仪器未经校准或有缺陷所引起。

c. 试剂误差　试剂变质失效或杂质超标等不合格所引起。

d. 操作误差　分析者的习惯性操作与正确操作有一定差异所引起。

操作误差与操作过失引起的误差是不同的。

② 偶然误差　由一些不确定的偶然原因所引起的误差，也叫随机误差。偶然误差的出现服从统计规律，呈正态分布。

特点：随机性（单次）；大小相等的正负误差出现的机会相等；小误差出现的机会多，大误差出现的机会少。

③ 过失误差　由操作人员粗心大意、过度疲劳、精神不集中等引起。其表现是出现离群值或异常值。

④ 过失误差的判断——离群值的舍弃　在重复多次测试时，常会发现某一数据与平均

值的偏差大于其他所有数据，这在统计学上称为离群值或异常值。离群值的取舍问题，实质上就是在不知情的情况下，区别偶然误差和过失误差。

离群值的检验方法包括以下几种。

a. ***Q* 检验法** 该方法计算简单，但有时欠准确。

设有 n 个数据，其递增的顺序为 x_1，x_2，…，x_{n-1}，x_n，其中 x_1 或 x_n 可能为离群值。当测量数据不多（n＝3～10）时，其 Q 的定义为：

$$Q_{计}=\frac{x_{离群}-x_{相邻}}{x_n-x_1}$$

具体检验步骤是：

ⅰ. 将各数据按递增顺序排列；

ⅱ. 计算最大值与最小值之差；

ⅲ. 计算离群值与相邻值之差；

ⅳ. 计算 Q 值；

ⅴ. 根据测定次数和要求的置信度，查表 1-2 得到 $Q_{表}$ 值；

ⅵ. 比较，若 $Q_{计}>Q_{表}$，则舍去可疑值，否则应保留。

表 1-2 舍弃可疑数字的 $Q_{表}$ 值

测定次数 n	$Q_{0.90}$	$Q_{0.95}$	$Q_{0.99}$
3	0.94	0.98	0.99
4	0.76	0.85	0.93
5	0.64	0.73	0.82
6	0.56	0.64	0.74
7	0.51	0.59	0.68
8	0.47	0.54	0.63
9	0.44	0.51	0.60
10	0.41	0.48	0.57

b. ***G* 检验法** 该方法计算较复杂，但比较准确。

具体检验步骤是：

ⅰ. 计算包括离群值在内的测定平均值；

ⅱ. 计算离群值与平均值之差的绝对值；

ⅲ. 计算包括离群值在内的标准偏差 S；

ⅳ. 计算 $G_{计}$ 值。

$$G_{计}=\frac{x_{离群}-\bar{x}}{S}$$

ⅴ. 由测定次数和要求的置信度查表 1-3 得 $G_{表}$ 值。比较，若 $G_{计}>G_{表}$，则舍去可疑值，否则应保留。

表 1-3 舍弃可疑数字的 $G_{表}$ 值

测定次数 n	G 值		
	置信度 95%	置信度 97.5%	置信度 99%
3	1.15	1.15	1.15
4	1.46	1.48	1.49
5	1.67	1.71	1.75
6	1.82	1.89	1.94

续表

测定次数 n	G 值		
	置信度 95%	置信度 97.5%	置信度 99%
7	1.94	2.02	2.10
8	2.03	2.13	2.22
9	2.11	2.21	2.32
10	2.18	2.29	2.41
11	2.23	2.36	2.48
12	2.29	2.41	2.55
13	2.33	2.46	2.61
14	2.37	2.51	2.66
15	2.41	2.55	2.71
20	2.56	2.71	2.88

（2）测量值的准确度和精密度

① 准确度与误差　准确度指测量结果与真值的接近程度，反映了测量的正确性，越接近准确度越高。系统误差影响分析结果的准确度。

准确度的高低可用误差来表示。误差有绝对误差和相对误差之分。

绝对误差：测量值 x 与真实值 μ 之差。$\delta=x-\mu$

相对误差：绝对误差占真实值的百分比。$RE=\dfrac{\delta}{\mu}\times100\%=\dfrac{x-\mu}{\mu}\times100\%$。

② 精密度与偏差　精密度是指平行测量值之间的相互接近程度，越接近精密度越高，它反映了测量的重现性。偶然误差影响分析结果的精密度，精密度的高低可用偏差来表示。偏差的表示方法有以下几种。

绝对偏差：单次测量值与平均值之差。$d=x_i-\bar{x}$

平均偏差：绝对偏差的绝对值的平均值。$\bar{d}=\dfrac{\sum\limits_{i=1}^{n}|x_i-\bar{x}|}{n}$

相对平均偏差：平均偏差占平均值的百分比。$\bar{d}_r=\dfrac{\bar{d}}{\bar{x}}\times100\%$

标准偏差：$S=\sqrt{\dfrac{\sum\limits_{i=1}^{n}(x_i-\bar{x})^2}{n-1}}$

相对标准偏差（RSD，又称变异系数 CV）：$\text{RSD}=\dfrac{S}{\bar{x}}\times100\%$

准确度高，一定要精密度好；精密度好，准确度不一定高。只有在消除了系统误差的前提下，精密度好，准确度才会高。

1.4.3　基础化学实验中数据的处理方法

数据处理是实验工作的重要内容，涉及的内容很多，这里仅介绍一些基本的数据处理方法。

（1）列表法　对一个物理量进行多次测量或研究几个量之间的关系时，常把实验数据列成表格。列表法使大量数据清晰、醒目、条理，易于检查数据和发现问题，便于运算处理，同时有助于反映出许多变量之间的关系。

列表没有统一的格式，但所设计的表格要能充分利用上述优点，应注意以下几点：写明表的名称及有关条件；每一行或列均应注明所记录变量的名称、符号和单位；对于函数关系的数据表格，应按自变量由小到大或由大到小的顺序排列，以便于判断和处理；表中的原始测量数据应正确反映有效数字，各项数据的小数点及数字应排列整齐。如：

时间 t/s	0	30	60	90	120	150	180
溶液温度 T/℃	6.513	6.088	5.755	5.490	5.271	5.106	4.944

（2）作图法　作图是将实验原始数据通过正确的作图方法，画出合适的曲线（或直线），从而形象、直观、准确地表现出实验数据的特点、相互关系和变化规律，如极大值、极小值和转折点等，并能够进一步求解，获得斜率、截距、外推值、内插值等。因此，作图法是一种十分有用的实验数据处理方法。

作图法也存在作图误差，若要获得良好的图解效果，首先是要获得高质量的图形。因此，作图技术的好坏直接影响实验结果的准确性。下面简要介绍作图法处理数据的一般步骤和作图技术。

① 正确选择坐标轴和比例尺　作图必须在坐标纸上完成。坐标轴的选择和坐标分度比例的选择，对获得一幅良好的图形十分重要，一般应注意以下几点：

a. 以自变量为横坐标，因变量为纵坐标，横纵坐标原点不一定从零开始，应视具体情况确定。坐标轴应注明所代表的变量的名称和单位。

b. 坐标的比例和分度应与实验测量的精度一致，并全部用有效数字表示，不能过分夸大或缩小坐标的作图精确度。

c. 坐标纸每小格所对应的数值应能迅速、方便地读出和计算。一般多采用 1、2、5 或 10 的倍数，而不采用 3、6、7 或 9 的倍数。

d. 实验数据各点应尽量分散、匀称地分布在全图，不要使数据点过于集中在某一区域，当图形为直线时，应尽可能使直线的斜率接近于 1，使直线与横坐标夹角接近 45°，角度过大或过小都会造成较大的误差。

e. 图形的长、宽比例要适当，最高不要超过 3/2，以力求表现出极大值、极小值、转折点等曲线的特殊性质。

② 图形的绘制　在坐标纸上明显地标出各实验数据点后，应用曲线尺（或直尺）绘出平滑的曲线（或直线）。绘出的曲线或直线应尽可能接近或贯穿所有的点，并使两边点的数目和点离线的距离大致相等。这样描出的线才能较好地反映出实验测量的总体情况。若有个别点偏离太远，绘制曲线时可不予考虑。一般情况下，不得绘成折线。

③ 求直线的斜率　由实验数据作出的直线可用方程式：$y=kx+b$ 来表示。由直线上两点（x_1，y_1），（x_2，y_2）的坐标可求出斜率：

$$k=\frac{y_2-y_1}{x_2-x_1}$$

为使求得的 k 值更准确，所选的两点距离不要太近。

1.5 有机化合物图谱知识简介

波谱分析法是物质分子结构分析和鉴定的主要方法之一，现代波谱分析中最主要也是最重要的四种基本分析方法包括紫外-可见吸收光谱、红外吸收光谱、核磁共振谱和质谱，简称为四谱。波谱分析法具有快速、灵敏、准确、重现性好等优点，应用范围广泛，涉及化学、化工、材料科学、医学、生命科学、环保、食品安全等领域。

1.5.1 紫外-可见吸收光谱

分子吸收紫外-可见光区（200～800nm）的电磁波产生的吸收光谱称紫外-可见吸收光谱，简称紫外光谱（UV）。一般紫外光谱是指 200～400nm 的近紫外区，只有 $\pi—\pi^*$ 及 $n—\pi^*$ 跃迁才有实际意义，即紫外光谱适用于分子中具有不饱和结构，特别是共轭结构的化合物。

孤立重键的 $\pi—\pi^*$ 跃迁发生在远紫外区；形成共轭结构或共轭链增长时，吸收向长波方向移动，即红移。

化合物	λ_{max}/nm	$\varepsilon_{max}/L \cdot mol^{-1} \cdot cm^{-1}$
乙烯	162	15000
1,3-丁二烯	217	20900
己三烯	258	35000
辛四烯	296	52000

在 π 键上引入助色基（能与 π 键形成 p-π 共轭体系，使化合物颜色加深的基团）后，吸收带向长波方向移动（红移）。例如：

化合物	λ_{max}/nm	$\varepsilon_{max}/L \cdot mol^{-1} \cdot cm^{-1}$
苯	255	215
苯—OH	270	1450
苯—NO_2	280	1000

1.5.2 红外吸收光谱

物质吸收的电磁辐射如果在红外光区域，用红外光谱仪把产生的红外谱带记录下来，就得到红外光谱（IR）图。

所有有机化合物在红外光谱区内都有吸收，因此，红外光谱的应用十分广泛。在有机化合物的结构鉴定与研究工作中，红外光谱是一种重要手段，用它可以确定两个化合物是否相同，也可以确定一个新化合物中某一特殊键或官能团是否存在。

红外光谱图用波长（或波数）为横坐标，以表示吸收带的位置；用透射率（$T/\%$）为纵坐标，表示吸收强度。红外光谱主要提供分子中官能团的结构信息。主要基团的红外光谱吸收峰频率如图 1-1 所示。

在红外光谱上，波数在 4000～1500cm^{-1} 高频区域的吸收峰主要是由化学键和官能团的伸缩振动产生的，故称为特征吸收峰（或官能团区）。在官能团区，吸收峰较为稀疏，容易辨认，可用于确定某种键或官能团是否存在，是红外光谱的主要用途。主要有：

① Y—H 伸缩振动区　3700～2500cm^{-1}，Y＝O、N、C；

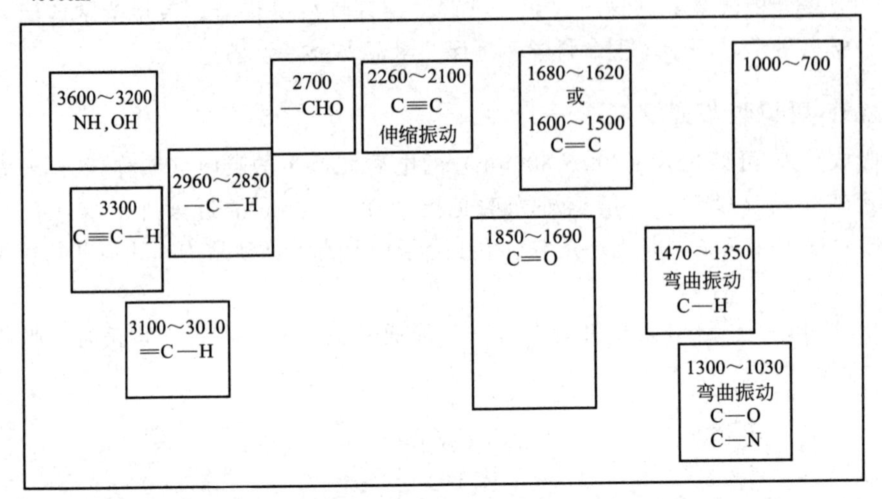

图 1-1 主要基团的红外光谱吸收峰频率

② Y≡Z 三键和累积双键伸缩振动区 2400～2100cm^{-1}，主要是：C≡C、C≡N 和 C=C=C、C=N=O 等累积双键伸缩振动吸收峰；

③ Y=Z 双键伸缩振动区 1800～1500cm^{-1}，主要是：C=O、C=N、C=C 等双键伸缩振动吸收峰。

在红外光谱上，波数在 1400～650cm^{-1} 区域的吸收峰密集而复杂，像人的指纹一样，所以叫指纹区。在指纹区内，主要是 C—C、C—N、C—O、C—H、N—H 等单键和各种弯曲振动的吸收峰，其特点是谱带密集，难以辨认，吸收峰位置和强度特征不明显，很多峰无法解释。但分子结构的微小差异却都能在指纹区得到反映。因此，在确认有机化合物时用处也很大。如果两个化合物有相同的光谱，即指纹区也相同，则它们是同一化合物。例：正辛烷的红外光谱图如图 1-2 所示。

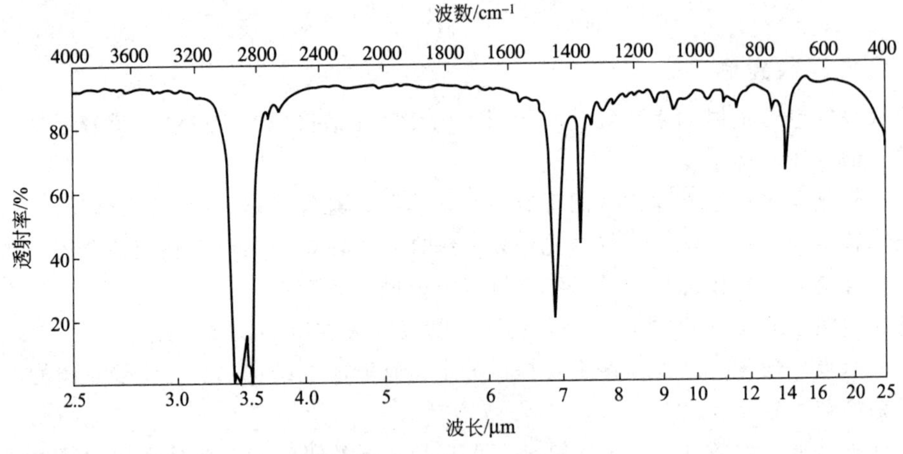

图 1-2 正辛烷的红外光谱图

3000～2850cm^{-1}：C—H 伸缩振动；

1470～1450cm^{-1}：箭式弯曲振动（$—CH_2—$，$—CH_3$）；

1380～1370cm^{-1}：面外摇摆弯曲振动（$—CH_3$）；

725～720cm^{-1}：平面摇摆弯曲振动（$—CH_2—$）。

1.5.3 核磁共振谱

核磁共振（NMR）技术是珀塞尔（Purcell）和布洛齐（Bloch）始创于 1945 年，现已成为测定有机化合物结构不可缺少的重要手段。从原则上说，凡是自旋量子数不等于零的原子核，都可发生核磁共振。但到目前为止，最有实用价值的实际上只有^1H，叫氢谱，常用^1H NMR 表示；^{13}C 叫碳谱，常用^{13}C NMR 表示。在基础有机化学中，我们仅讨论氢谱。

由核磁共振谱氢谱图主要可以得到如下信息：

① 由吸收峰数可知分子中氢原子的种类；

② 由化学位移可了解各类氢的化学环境；

③ 各种峰的面积与引起该吸收的质子数目成正比。

例：某化合物的分子式为 C_3H_7Cl，其 NMR 谱图如图 1-3，试推断其结构。

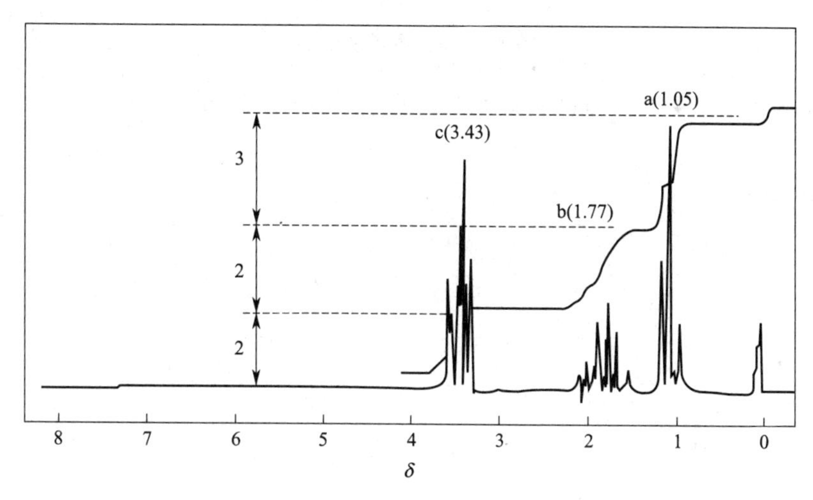

图 1-3　某化合物的 NMR 谱图

解　由分子式可知，该化合物是一个饱和化合物；由谱图可知：

① 有三组吸收峰，说明有三种不同类型的 H 核；

② 该化合物有七个氢，由积分曲线的阶高可知 a、b、c 各组吸收峰的质子数分别为 3、2、2；

③ 由化学位移值可知：H_a 的共振信号在高场区，其屏蔽效应最大，该氢核离 Cl 原子最远；而 H_c 的屏蔽效应最小，该氢核离 Cl 原子最近。

因此，该化合物的结构应为：$CH_3CH_2CH_2Cl$

1.5.4 质谱（MS）

质谱法是在高真空下用高能电子流轰击有机化合物的蒸气，使有机分子变成一系列的碎片，这些碎片可能是分子离子、同位素离子、碎片离子、重排离子、多电子离子、亚稳离子等，通过分析这些离子可以获得化合物的分子量、化学结构、裂解规律等信息。

质谱法主要用于测定分子量，也用于分析分子的结构。质谱仪的灵敏度高、用量少、用时少，对微量、复杂的天然有机化合物结构的测定十分有用。

例如：2-丁酮的质谱图如图 1-4。

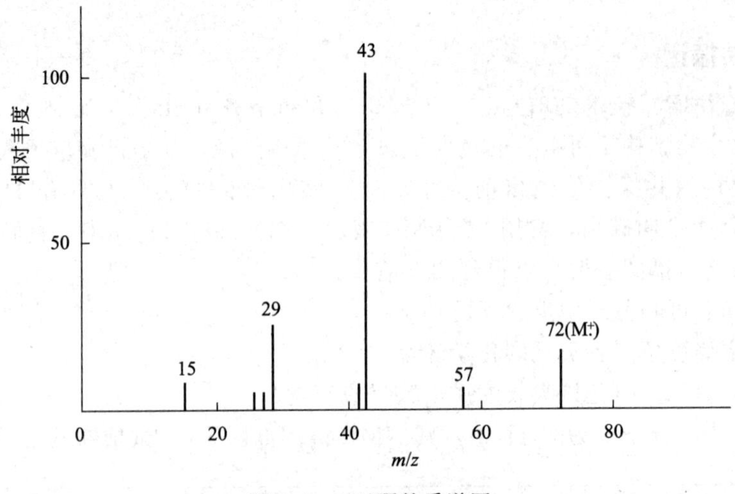

图 1-4　2-丁酮的质谱图

一般分子离子在质谱图的最高质荷比处，即丁酮的分子量为 72。

第 2 章

基础化学实验基本知识

2.1 实验室用水的级别、规格和制备方法

在化学实验中，根据任务及要求的不同，对水的纯度要求也不同。对于一般的分析工作，采用蒸馏水或去离子水即可；而对于超纯物质分析，则要求纯度较高的“高纯水”。

2.1.1 实验室用水级别

实验室用水分为 3 个级别：一级水、二级水和三级水。

一级水用于有严格要求的分析实验，包括对颗粒有要求的实验，如高效液相色谱分析用水。二级水用于无机痕量分析等实验，如原子吸收光谱分析用水。三级水用于一般化学分析实验。

2.1.2 规格

分析实验室用水的水质规格见表 2-1。

表 2-1　分析实验室用水的水质规格

名称	一级	二级	三级
pH 值范围(25℃)	—	—	5.0～7.5
电导率(25℃)/$mS \cdot m^{-1}$	≤0.01	≤0.10	≤0.50
可氧化物质含量(以 O 计)/$mg \cdot L^{-1}$	—	≤0.08	≤0.4
吸光度(254nm,1cm 光程)	≤0.001	≤0.01	—
蒸发残渣(105℃±2℃)/$mg \cdot L^{-1}$	—	≤1.0	≤2.0
可溶性硅(以 SiO_2 计)/$mg \cdot L^{-1}$	≤0.01	≤0.02	—

2.1.3 纯水的制备

由于制备纯水的方法不同，带来杂质的情况也不同。一级水可用二级水经过石英设备蒸馏或交换混床处理后，再经 0.2μm 微孔滤膜过滤来制取。二级水可用多次蒸馏或离子交换等方法制取。三级水可用蒸馏或离子交换等方法制取。

（1）蒸馏法　目前使用的蒸馏器材质有玻璃、金属铜、石英等，蒸馏法只能除去水中非挥发性的杂质，并不能除去溶解在水中的气体。蒸馏法的设备成本低，操作简单，但消耗能量大。

（2）离子交换法　用离子交换法制取的纯水称为去离子水，目前多采用阴、阳离子交换树脂的混合床装置来制备。其去离子效果好，制水量大，成本低，但设备及操作较复杂，不能除去水中非离子型杂质，故去离子水中常含有微量的有机物。

（3）电渗析法　电渗析法是在离子交换技术的基础上发展起来的一种方法。在外电场作用下，利用阴、阳离子交换膜对溶液中离子的选择性透过而去除离子型杂质。此法也不能除去非离子型杂质，仅适用于要求不很高的分析工作。

（4）反渗透法　反渗透法是利用半透膜（RO 膜）以水压（或泵辅加压）使水由较高浓度的一方渗透到较低浓度的一方，利用孔径仅为 1/10000μm 的 RO 膜（相当于大肠杆菌大小的 1/60000，病毒的 1/3000），将工业污染物及重金属、细菌、病毒等大量混入水中的杂质全部清除，电导率在 $10\mu S \cdot cm^{-1}$（25℃）以下，溶解性总固体含量小于 $3mg \cdot L^{-1}$，又称超过滤法。

（5）超纯水的制备　超纯水的离子浓度极低，能满足各种痕量分析和高纯度分析的要

求。市场上已有的一些超纯水设备，将新技术科学地结合，采用膜过滤与离子交换技术，对水质进行在线自动检测和控制，可长期稳定地获得高质量的超纯水。

2.2 化学试剂

现代的化学试剂（chemical regent）是指在化学试验、化学分析、化学研究及其他试验中，使用的各种纯度等级的化合物或单质。

2.2.1 化学试剂的分类与等级

化学试剂产品种类繁多，世界各国对其分类和分级标准各不相同。常见的分类方法有：按状态可分为固体试剂、液体试剂；按用途可分为通用试剂（一般试剂、基准试剂、高纯试剂）和专用试剂（色谱试剂、生化试剂、光谱试剂、分光纯试剂、指示剂）；按纯度可分为高纯、光谱纯、分光纯、基准纯、优级纯和分析纯；按类别可分为无机试剂、有机试剂；按性能可分为危险试剂、非危险试剂；按储存要求可分为容易变质试剂、化学危险性试剂和一般保管试剂等。

根据化学试剂的纯度，按杂质含量的多少，我国将化学试剂分为四级，如表 2-2 所示。

表 2-2 我国化学试剂等级的划分

等级	名称	符号	适用范围	标签颜色
一级试剂	优级纯（保证试剂）	GR	纯度很高，适用于精密分析工作和科学研究工作	绿色
二级试剂	分析纯（分析试剂）	AR	纯度仅次于一级品，适用于定性、定量分析工作和科学研究工作	红色
三级试剂	化学纯	CP	纯度较二级差些，适用于一般定性分析工作	蓝色
四级试剂	实验或工业试剂	LR	纯度较低，用作实验辅助试剂及一般化学制备	棕色或其他颜色
	生物试剂	BR 或 CR	适用于生物化学实验	黄色或其他颜色

近年来，用标签的颜色对应试剂级别已不是十分准确，应按照标签印示的级别和符号选用。选用试剂时，应按实验要求选用不同纯度、不同规格的试剂，并不一定试剂越纯越好，超越具体条件盲目追求高纯度，会造成浪费。当然也不能随意降低规格而影响测定结果的准确度。

2.2.2 化学试剂的保存

化学试剂保存不当，会失效变质，影响实验效果，造成浪费，甚至会引发事故。化学试剂变质，大多数情况是因为受外界条件的影响，如空气中的氧气、二氧化碳、水蒸气、空气中的酸碱性物质以及环境温度、光照等，都可使化学试剂发生氧化、还原、潮解、风化、析晶、稀释、锈蚀、分解、挥发、升华、聚合、发霉、变色以及燃爆等。一般的化学试剂应保存在通风良好、干净、干燥的房间里，以防止被水分、灰尘和其他物质污染。同时，应根据试剂的不同性质采取不同的保存方法。

① 容易侵蚀玻璃而影响试剂纯度的试剂，应保存在聚乙烯塑料瓶或涂有石蜡的玻璃瓶中。如氢氟酸、含氟盐（氟化钾、氟化钠、氟化铵）和苛性碱（氢氧化钾、氢氧化钠）等。

② 见光易逐渐分解、与空气接触易逐渐被氧化和易挥发的试剂应保存在棕色瓶里，放

置冷暗处。如：过氧化氢、硝酸银、焦性没食子酸、高锰酸钾、草酸、铋酸钠等属见光易分解的物质；氯化亚锡、硫酸亚铁、硫代硫酸钠、亚硫酸钠等属易被空气氧化的物质；溴、氨水及大多数有机溶剂属易挥发的物质。

③ 吸水性强的试剂应严格密封保存，可以蜡封。如：无水碳酸盐、苛性钠、过氧化钠等。

④ 相互易作用、易燃、易爆炸的试剂，应分开储存在阴凉通风的地方。如：挥发性的酸与氨、氧化剂与还原剂属易相互作用的物质；乙醇、乙醚、苯、丙酮等属易燃试剂；高氯酸、过氧化氢、硝基化合物等属易爆炸试剂。

⑤ 剧毒试剂应由专人保管，领取时需严格登记。领取人必须对使用人员、使用情况作详细记录，以确保安全。如：氰化钾、氰化钠、氢氟酸、二氯化汞、三氧化二砷（砒霜）等。

⑥ 极易挥发并有毒的试剂可放在通风橱内，当室内温度较高时，可放在冷藏室内保存。生物制品、酶类制剂均应冰箱低温保存。

2.2.3 化学试剂的取用

化学试剂大多易燃、易爆、易挥发或有毒性，因此在取用试剂时要规范操作，既要保证人身安全，又不使试剂受到污染。取用试剂前，应看清标签。取用时，先打开瓶塞并反放于台面，且不可横置以免沾污。手不能接触化学试剂。应根据用量取用试剂，这样既能节约药品，又能得到较好的实验结果。试剂取完后，一定要把瓶塞盖紧，不能放错。用完将试剂瓶放回原处。

（1）液体试剂的取用

① 从滴瓶中取液体试剂时，要用滴瓶上的滴管。滴管只能专用，不能和其他滴瓶上的滴管弄混。其具体做法是：先提起滴管，使管口离开液面，捏瘪胶帽以赶出空气，然后将管口插入液面吸取试剂。滴加溶液时，须用拇指、食指和中指夹住滴管，将它悬空地放在靠近试管口的上方滴加，如图 2-1 所示。滴管要垂直，这样滴入液滴的体积才能准确。绝对禁止将滴管伸进试管中或触及管壁，以免沾污滴管口，使滴瓶内试剂受到污染。从试剂瓶中取少量液体试剂时，则需使用专用滴管。装有药品的滴管不得横置或滴管口向上斜放，以防试剂腐蚀胶帽使试剂变质。

② 从细口瓶中取液体试剂时，用倾注法，如图 2-2 所示。取下瓶塞，反放在桌面上，手握住试剂瓶上贴标签的一面，逐渐倾斜试剂瓶，让试剂沿着洁净的管壁流入试管或沿着洁净的玻璃棒注入烧杯中。取出所需量后，将试剂瓶口在容器上靠一下，再慢慢竖起试剂瓶，以免遗留在瓶口的液体滴流到瓶的外壁。

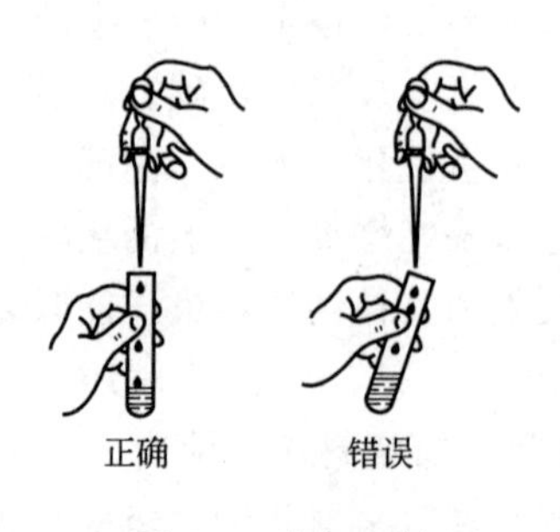

图 2-1　滴加试剂

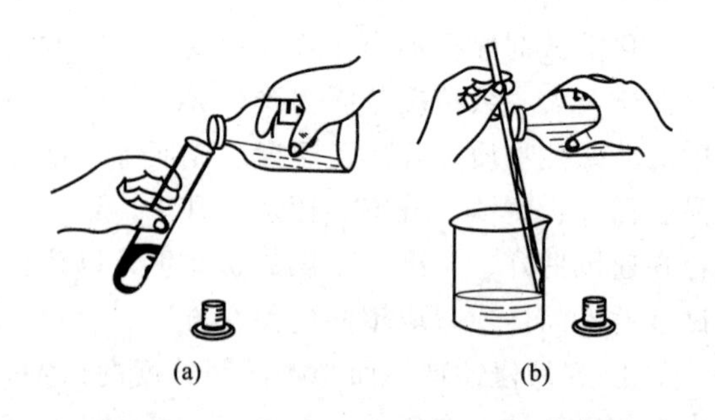

图 2-2　往试管或烧杯中倾倒液体

③ 进行某些不需要准确体积的实验时，可以估计取出液体的量。例如用滴管取用液体时，1mL 相当于多少滴，5mL 液体占容器的几分之几等。倒入的溶液的量，一般不超过其容积的 1/3。

④ 定量取用液体时，用量筒或移液管。量筒用于量度一定体积的液体，根据需要选用不同量度的量筒；取准确量时须用移液管。

⑤ 取用挥发性强的试剂时要在通风橱中进行，做好安全防护措施。

（2）固体试剂的取用

① 固体试剂一般用药匙取用。药匙有牛角、塑料或不锈钢等材质，有大小号之分，有的药匙有大小两端。取大量固体时用大匙，取少量固体时用小匙。取用的固体要加入小试管里时，也须用小匙。使用的药匙，必须保持干燥而洁净，且专匙专用。用过的药匙必须洗净擦干后才能使用，以免沾污试剂。

② 称量固体试剂时，须注意不要取多。取多的试剂，不能倒回原瓶。因为取出的试剂已接触空气，有可能受到污染，再倒回去容易污染瓶里的其他药剂。应倒入指定容器内或供他人使用。

③ 取用一定质量的固体试剂时，可在称量纸或表面皿上进行称量。易潮解或有腐蚀性的固体，应放在表面皿或玻璃容器内进行称量。

④ 称取有毒的试剂时要做好防护措施，如戴好口罩和手套等。

⑤ 往试管（特别是湿试管）中加入粉末状试剂时，可用药匙（图 2-3）或将取出的药品放在折成的槽形纸条上（图 2-4），伸进平放的试管中约 2/3 处，然后直立试管并轻抖纸槽，试剂便落入管底。加入块状固体时用镊子，送入容器时，务必先使容器倾斜，使之沿器壁慢慢滑入器底（图 2-5）。

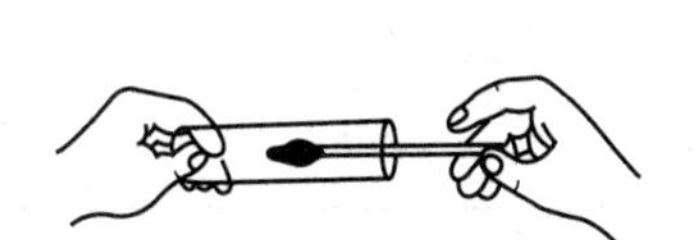

图 2-3 用药匙取粉末试样

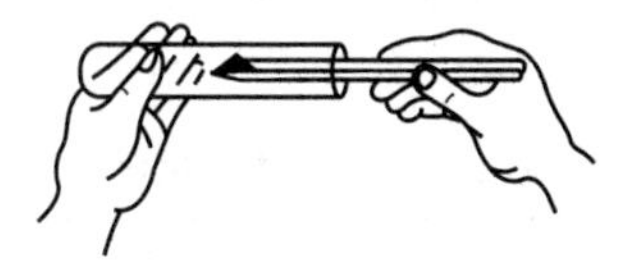

图 2-4 用纸槽取粉末试样

图 2-5 用镊子取块状试样

2.3 试纸、指示剂和滤纸

2.3.1 试纸

试纸是指用化学药品浸渍过的、可通过其颜色变化检验液体或气体中某些物质是否存在的一类纸。试纸的种类很多，化学实验中常用的有 pH 试纸、石蕊试纸、醋酸铅试纸、品红试纸和碘化钾淀粉试纸等。常见试纸及其用途和制备方法见表 2-3。

使用试纸检验溶液的性质时，先把一小块试纸放在表面皿或玻璃片上，用沾有待测液的玻璃棒点试纸的中部，观察颜色的改变，判断溶液的性质。

使用试纸检验气体的性质时，先用纯水把试纸润湿，粘在玻璃棒的一端，用玻璃棒把试纸放到盛有待测气体的试管口，不要接触管口，观察试纸颜色变化，判断气体的性质。

使用 pH 试纸时，不可用纯水润湿试纸。同时玻璃棒不仅要洁净，而且不能有纯水。

表 2-3　常见试纸及其用途和制备方法

试纸	用途	制备方法
酚酞试纸(白色)	遇碱性溶液变红。用水润湿后遇碱性气体(如氨气)变红,常用于检验 pH＞8.3 的稀碱溶液或氨气等	将 1g 酚酞溶于 100mL 95% 的乙醇中,边振荡边加入 100mL 水配制成溶液。将滤纸浸在其中,浸透后在洁净干燥的空气中晾干
石蕊试纸(红色或蓝色)	红色石蕊试纸遇到碱性溶液变蓝,蓝色石蕊试纸遇到酸性溶液变红。可以定性地判断气体或溶液的酸碱性	用热的乙醇处理市售石蕊以除去夹杂的红色素,倾去浸液,残渣 1 份与 6 份水浸煮并不断振荡,滤去不溶物。将滤液分成 2 份,1 份加稀硫酸至变红,另一份加稀 NaOH 至变蓝,然后将滤纸条分别在其中浸湿取出后,在避光、没有酸碱蒸气的室内晾干,便得红色和蓝色石蕊试纸
碘化钾淀粉试纸(白色)	用于检测能氧化 I^- 的氧化剂如 Cl_2、Br_2、NO_2、O_3、HClO、H_2O_2 等,润湿的试纸遇上述氧化剂变蓝,也可以用来检测 I_2	0.4g KI 和 0.4g $Na_2CO_3 \cdot 10H_2O$ 溶于 200mL 新配制的淀粉溶液(0.5%)中,将滤纸浸入其中,浸透后取出晾干
铁氰化钾试纸(淡黄色)	遇含 Fe^{2+} 的溶液变成蓝色,用于检验溶液中的 Fe^{2+}	将滤纸浸入饱和铁氰化钾溶液中,浸透后取出晾干
亚铁氰化钾试纸(淡黄色)	遇含 Fe^{3+} 的溶液呈蓝色,用于检验溶液中的 Fe^{3+}	将滤纸浸入饱和亚铁氰化钾溶液中,浸透后取出晾干

2.3.2 指示剂

指示剂是化学试剂中的一类，在滴定分析中用来指示滴定终点。在滴定过程中，当到达滴定终点附近时，指示剂的颜色会发生改变，从而指示滴定终点。指示剂分为酸碱指示剂、氧化还原指示剂、金属离子指示剂、吸附指示剂、专属指示剂。常见的指示剂有酸碱指示剂、氧化还原指示剂、金属离子指示剂。

(1) 酸碱指示剂　酸碱指示剂多为有机弱酸或有机弱碱，它们的共轭酸或共轭碱具有不同的颜色，常用于指示酸碱滴定的终点。在化学计量点附近，溶液的 pH 发生突变，指示剂的酸式或碱式发生转化，引起颜色的变化，从而指示终点。常见酸碱指示剂见表 2-4。常见混合酸碱指示剂见表 2-5。

表 2-4　常见酸碱指示剂

指示剂	变色范围	配制方法
中性红指示剂	pH 值 6.8～8.0(红色→黄色)	取中性红 0.5g,溶解在 100mL 水中,过滤
石蕊指示剂	pH 值 4.5～8.0(红色→蓝色)	取石蕊粉末 10g,加 40mL 乙醇,回流煮沸 1h,静置,倾去上层清液,再用同一方法处理 2 次,每次用乙醇 30mL,残渣用水 10mL。洗涤,倾去洗液,再加水 50mL,煮沸,冷却,过滤
甲基红指示剂	pH 值 4.2～6.3(红色→黄色)	取甲基红 0.1g,加 7.4mL 0.05mol·L^{-1} 氢氧化钠溶液使之溶解,再加水稀释至 200mL
甲基橙指示剂	pH 值 3.2～4.4(红色→黄色)	取甲基橙 0.1g,加水 100mL 使之溶解
刚果红指示剂	pH 值 3.0～5.0(蓝色→红色)	取刚果红 0.5g,加 100mL 10%乙醇使之溶解
酚酞指示剂	pH 值 8.3～10.0(无色→红色)	取酚酞 1g,加 100mL 乙醇使之溶解
溴酚蓝指示剂	pH 值 2.8～4.6(黄色→蓝绿色)	取溴酚蓝 0.1g,加 3mL 0.05mol·L^{-1} 氢氧化钠溶液使之溶解,再加水稀释至 200mL
溴甲酚紫指示剂	pH 值 5.2～6.8(黄色→紫色)	取溴甲酚紫 0.1g,加 20mL 0.02mol·L^{-1} 氢氧化钠溶液使之溶解,再加水稀释至 100mL
溴甲酚绿指示剂	pH 值 3.6～5.2(黄色→蓝色)	取溴甲酚绿 0.1g,加 2.8mL 0.05mol·L^{-1} 氢氧化钠溶液使之溶解,再加水稀释至 200mL
麝香草酚蓝指示剂	pH 值 1.2～2.8(红色→黄色);pH 值 8.0～9.6(黄色→紫蓝色)	取麝香草酚蓝 0.1g,加 4.3mL 0.05mol·L^{-1} 氢氧化钠溶液使之溶解,再加水稀释至 200mL
麝香草酚酞指示剂	pH 值 9.3～10.5(无色→蓝色)	取麝香草酚酞 0.1g,溶解在 100mL 乙醇中

表 2-5　常见混合酸碱指示剂

指示剂溶液的组成	变色点 pH 值	颜色变化	
		酸色	碱色
1 份 0.1%甲基黄乙醇溶液 1 份 0.1%次甲基蓝乙醇溶液	3.25	pH 值 3.2 蓝紫色	pH 值 3.4 绿色
1 份 0.1%甲基橙水溶液 1 份 0.25%靛蓝二磺酸水溶液	4.1	紫色	黄绿色
3 份 0.1%溴甲酚绿乙醇溶液 1 份 0.2%甲基红乙醇溶液	5.1	酒红色	绿色
4 份 0.2%溴甲酚绿乙醇溶液 1 份 0.2%二甲基黄乙醇溶液	3.9	pH 值 3.9 亮黄色	蓝绿色
1 份 0.1%溴甲酚绿钠盐水溶浓 1 份 0.1%氯酚红钠盐水溶液	6.1	pH 值 5.4 蓝绿色	pH 值 6.2 蓝紫色
1 份 0.1%中性红乙醇溶液 1 份 0.1%次甲基蓝乙醇溶液	7.0	pH 值 7.0 蓝紫色	绿色
1 份 0.1%甲基红钠盐水溶液 3 份 0.1%百里酚蓝钠盐水溶液	8.3	pH 值 8.2 玫瑰色	pH 值 8.2 紫色

（2）氧化还原指示剂　氧化还原指示剂的氧化型与还原型具有不同的颜色，当溶液发生氧化或还原时会发生颜色改变，可用于指示氧化还原滴定的终点。如在强酸性溶液中用重铬酸钾（$K_2Cr_2O_7$）滴定亚铁离子时，常用二苯胺磺酸钠作指示剂。计量点附近稍微过量的 $K_2Cr_2O_7$ 使二苯胺黄酸钠由无色的还原型氧化为紫色的氧化型，从而指示终点。常见氧化还原指示剂见表 2-6。

表 2-6　常见氧化还原指示剂

指示剂	变色电位/V ($c_{H^+}=1mol \cdot L^{-1}$)	颜色变化		配制方法
		氧化型	还原型	
次甲基蓝	0.36	天蓝色	无色	配成 0.05%水溶液
邻二氮菲亚铁	1.06	浅蓝色	红色	1.624g 邻二氮菲和 0.695g $FeSO_4 \cdot 7H_2O$ 配成 100mL 水溶液，可储存
5-硝基邻二氮菲亚铁	1.25	浅蓝色	紫红色	1.068g 5-硝基邻二氮菲和 0.695g $FeSO_4 \cdot 7H_2O$ 配成 100mL 水溶液
二苯胺	0.76	紫色	无色	在搅拌下将 1g 二苯胺溶于 100mL 浓硫酸中
二苯胺磺酸钠	0.84	红紫色	无色	0.5 二苯胺磺酸钠，溶于 100mL 水中，必要时过滤，用时现配
N-苯基邻氨基苯甲酸	0.89	红色	无色	0.2g *N*-苯基邻氨基苯甲酸加热溶于 100mL 3% $NaCO_3$ 溶液中，过滤，能保持几个月
淀粉(0.5%)	0.53	蓝色	无色	0.5g 淀粉加少许水调成浆状，在搅拌下加入 100mL 沸水，微沸 2min，放置，取上层溶液使用

（3）金属离子指示剂　金属离子指示剂简称金属指示剂，它能与金属离子形成与其本身颜色不同的配合物，且配合物的稳定性小于金属离子与 EDTA 生成的配合物，可用于指示以 EDTA 为滴定剂的配位滴定的终点。计量点以前，由于溶液中存在过量的金属离子，它们可与金属指示剂形成配合物，溶液显示该配合物的颜色。一旦到达计量点，金属离子将全部与 EDTA 形成配合物，原来与金属离子配位的指示剂将释放出来，从而引起溶液颜色的改变，指示终点。常见金属离子指示剂见表 2-7。

表 2-7　常见金属离子指示剂

名称	元素	颜色变化	测定条件	配制方法
酸性铬蓝 K	Ca Mg	红色→蓝色 红色→蓝色	pH＝12 pH＝10(氨缓冲溶液)	酸性铬蓝 K 配成 0.1％乙醇溶液
K-B 指示剂	Ca Mg	绿红色→绿蓝色 绿红色→绿蓝色	pH＝12 pH＝10(氨缓冲溶液)	将 0.4g 萘酚绿、0.2g 酸性铬蓝 K 溶于水，稀释至 100mL
钙指示剂	Ca	酒红色→蓝色	pH＞12(KOH 或 NaOH)	钙指示剂与 NaCl(1∶100)研磨均匀，即得固体混合物，它的水溶液和乙醇溶液都不稳定，用时现配制
铬天青 S	Al Cu Fe(Ⅲ) Mg	紫色→黄橙色 蓝紫色→黄色 蓝色→橙色 红色→黄色	pH＝4(乙酸缓冲溶液) pH 6～6.5(乙酸缓冲溶液) pH 2～3 pH 10～11	铬天青 S 配成 0.4％水溶液
紫脲酸铵	Ca Co Cu Ni	红色→紫色 黄色→紫色 黄色→紫色 黄色→紫红色	pH＞10(NaOH) pH 8～10(氨缓冲溶液) pH 7～8(氨缓冲溶液) pH 8.5～11.5(氨缓冲溶液)	紫脲酸铵与 NaCl(1∶100)研磨均匀，得固体混合物
双硫腙	Zn	红色→绿紫色	pH＝4.5(50％乙醇溶液)	双硫腙配成 0.03％乙醇溶液
PAN	Cd Cd Cu Zn	红色→黄色 紫色→黄色 红色→黄色 粉红色→黄色	pH＝6(乙酸缓冲溶液) pH＝10(氨缓冲溶液) pH＝6(乙酸缓冲溶液) pH 5～7(乙酸缓冲溶液)	0.1％乙醇(或甲醇)溶液
磺基水杨酸	Fe(Ⅲ)	红紫色→黄色	pH 1.5～2	磺基水杨酸配成 1％～2％水溶液
试钛灵	Fe(Ⅲ)	蓝色→黄色	pH 2～3(乙酸热溶液)	试钛灵配成 2％水溶液
邻苯二酚紫	Fe(Ⅲ) Mg Mn Pb Zn	黄绿色→蓝色 蓝色→红紫色 蓝色→红紫色 蓝色→黄色 蓝色→红紫色	pH 6～7(吡啶存在下，以 Zn^{2+} 回滴) pH＝10(氨缓冲液) pH＝9(氨缓冲液，加羟胺) pH＝5.5(六亚甲基四胺) pH＝10(氨缓冲液)	邻苯二酚紫配成 0.1％水溶液
二甲酚橙	Bi Cd Pb Zn	红色→黄色 粉红色→黄色 红紫色→黄色 红色→黄色	pH 1～2(HNO_3) pH 5～6(六亚甲基四胺) pH 5～6(乙酸缓冲溶液) pH 5～6(乙酸缓冲溶液)	二甲酚橙配成 0.5％乙醇溶液(或水溶液)
铬黑 T(EBT)	Al Bi Ca Cd Mg Zn	蓝色→红色 蓝色→红色 红色→蓝色 红色→蓝色 红色→蓝色 红色→蓝色	pH 7～8(吡啶存在下，以 Zn^{2+} 回滴) pH 9～10(用 Zn^{2+} 回滴) pH＝10(加入 EDTA-Mg) pH＝10(氨缓冲液) pH＝10(氨缓冲液) pH 6.8～10(氨缓冲液)	取铬黑 T 0.5g，加 50g 氯化钠研磨均匀，得固体混合物，保存于干燥器中

2.3.3 滤纸

滤纸是一种具有良好过滤性能的纸，纸质疏松，对液体有强烈的吸收性能。基础化学实验中常用的滤纸主要有定量滤纸和定性滤纸两种。根据紧密程度的不同，可将滤纸分为快速、中速、慢速三种。圆形滤纸的规格按直径分有 d7cm、d9cm、d11cm、d12.5cm、d15cm 和 d18cm 等。

(1) 定性滤纸　定性滤纸一般灰分较多，仅供一般的定性分析和用于过滤沉淀或溶液中悬浮物用，不能用于质量分析。

（2）定量滤纸　定量滤纸又称无灰滤纸。它在制造过程中，纸浆经过盐酸和氢氟酸处理，并经过蒸馏水洗涤，将纸纤维中大部分杂质除去，灼烧后灰分很少，对分析结果几乎不产生影响，适于精密定量分析。

较为疏松的快速滤纸，适用于过滤无定形沉淀如 $Fe(OH)_3$、$Al(OH)_3$；中速滤纸，适用于过滤中等大小的晶形沉淀如 K_2SiF_6、$MgNH_4PO_4$、SiO_2；紧密的慢速滤纸，适用于过滤微细晶形沉淀如 $BaSO_4$、CaC_2O_4。

二者的区别主要在于灰化后产生灰分。定性滤纸不超过 0.13%，定量滤纸不超过 0.0009%。

2.4　基础化学实验常用仪器及装置介绍

2.4.1　常用仪器的类别、用途、使用方法和注意事项

基础化学实验常用的仪器中，大部分为玻璃制品和一些瓷质类仪器。瓷质类仪器包括蒸发皿、布氏漏斗、瓷坩埚、瓷研钵等。玻璃仪器种类很多，按用途大体可分为容器类、量器类和其他仪器类。

容器类包括试剂瓶、烧杯、烧瓶等。根据它们能否受热又可分为可加热仪器和不宜加热仪器。

量器类有量筒、移液管、滴定管、容量瓶等。量器类一律不能受热。

其他仪器包括具有特殊用途的玻璃仪器，如冷凝管、分液漏斗、干燥器、分馏柱、砂芯漏斗、标准磨口玻璃仪器等。

表 2-8 中列出了基础化学实验中常用仪器的名称、规格、用途、使用方法和注意事项。

表 2-8　基础化学实验室常用仪器

仪器名称	规格	主要用途	使用方法和注意事项
试管　离心试管	玻璃质分硬质和软质。有普通试管和离心试管。普通试管有翻口、平口、有刻度、无刻度等。有刻度试管按容积(mL)分，常用的有 5、10、15、20、25、50 等。无刻度试管按试管口外径管长分，有 8mm×70mm、10mm×75mm、10mm×100mm、12mm × 100mm、15mm × 150mm、30mm × 200mm 等	1. 盛少量试剂。 2. 作少量试剂反应的容器。 3. 制取和收集少量气体。 4. 检验气体产物，也可接到装置中用	1. 反应液体不要超过试管容积的 1/2，加热时不要超过 1/3。 2. 加热前试管外面要擦干，加热时要用试管夹。 3. 加热后的试管不能骤冷，否则容易破裂。 4. 加热液体时，管口不要对人，并将试管倾斜与桌面成 45°，同时不断振荡，火焰上端不能超过管里液面。 5. 加热固体时，管口略向下倾斜，避免管口冷凝水回流。 6. 离心试管只能用水浴加热
烧杯	玻璃质分硬质和软质。有一般型、高型；有刻度、无刻度几种。按容积(mL)表示，有 50、100、250、400、500 等	1. 常温或加热条件下作大量物质反应的容器。 2. 配制溶液用。 3. 接收滤液或代替水槽用	1. 反应液体不超过容量的 2/3，以免搅动时液体溅出或沸腾时溢出。 2. 加热前要将烧杯外壁擦干，加热时烧杯底要垫石棉网，以免受热不均匀而破裂

续表

仪器名称	规格	主要用途	使用方法和注意事项
 平底烧瓶　圆底烧瓶 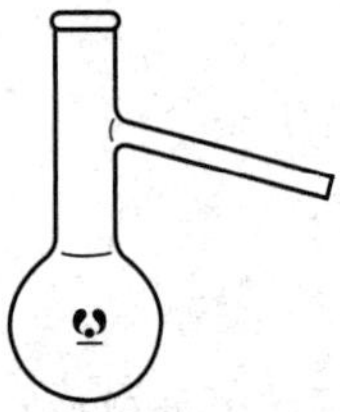 蒸馏烧瓶	玻璃质分硬质和软质。有平底、圆底、长颈、短颈、细口、厚口、磨口等,此外还有蒸馏烧瓶。 按容积(mL)分,有 50、100、250、500 等	1. 圆底烧瓶:可供试剂量较大的物质在常温或加热条件下反应,优点是受热面积大而且耐压。 2. 圆底烧瓶:配制溶液或代替圆底烧瓶,还可作洗瓶,它不耐压,不能用于减压蒸馏。 3. 蒸馏烧瓶:用于液体蒸馏,也可用作少量气体发生装置	1. 盛放液体的量不超过烧瓶容量的 2/3,也不能太少,避免加热时喷溅或破裂。 2. 固定在铁架台上,下垫石棉网再加热,不能直接加热,加热前外壁要擦干,避免受热不均而破裂。 3. 放在桌面上时,下面要垫木环或石棉环,防止滚动
 锥形瓶	玻璃质分硬质和软质。有有塞、无塞;广口、细口和微型几种。按容积(mL)分,有 50、100、250、500 等	1. 反应容器,加热时可避免液体大量蒸发。 2. 振荡方便,用于滴定操作	1. 盛液不能太多。 2. 加热时应下垫石棉网或置于水浴中
 碘量瓶	带有磨口玻璃塞和水槽的锥形瓶。 按容积(mL)分,有 50、100、250、500 等	碘量法或其他生成挥发性物质的定量分析	喇叭形瓶口与瓶塞柄之间形成一圈水槽,槽中加入纯水便形成水封,可防止瓶中溶液反应生成的气体(I_2,Br_2)逸失。反应一段时间后,打开瓶塞水即流下并可冲洗瓶塞和瓶壁,接着进行滴定。加热时应置于石棉网上
 滴瓶	有无色、棕色两种。按容量(mL)分,有 15、30、60、100 等	盛放少量液体试剂或溶液,便于取用	1. 棕色瓶盛放见光易分解或不太稳定的物质,防止分解变质。 2. 滴管不能吸得太满,也不能倒置,防止试剂侵蚀橡皮胶头。 3. 滴管专用,不得混用,不能弄乱弄脏,以免污染试剂
 广口瓶　细口瓶	有无色、棕色;磨口、不磨口几种。按容量(mL)分,有 125、250、500、1000 等	1. 细口试剂瓶用于储存溶液和液体药品。 2. 广口试剂瓶用于存放固体试剂。 3. 可兼用于收集气体,但要用毛玻璃片盖住瓶口	1. 不能直接加热,防止破裂。 2. 瓶塞不能弄脏、弄乱,防止沾污试剂。 3. 盛放碱液应使用橡皮塞。 4. 不能作反应容器。 5. 不用时应洗净并在磨口塞与瓶颈间垫上纸条

续表

仪器名称	规格	主要用途	使用方法和注意事项
称量瓶	玻璃质,分扁形、高形两种。以直径(mm)×瓶高(mm)表示,如 50×35,25×40 等	扁形用作测定水分或干燥基准物质;高形用于称量基准物质或样品	1. 不可盖紧磨口塞烘烤。 2. 磨口塞和瓶体是配套的,不能互换。 3. 称量时不可直接拿取,应戴手套或用干净纸条取用
量筒　量杯		粗略地量取一定体积的液体	1. 要根据所要量取的体积数,选择大小合适的规格,以减小误差。 2. 不能作为反应容器,不能加热,不可量热的液体。 3. 读数时竖直放在桌面上,视线应与液面水平,读取与弯月面最低点相切的刻度
滴定管　滴定管夹 滴定台	分酸式、碱式两种,有棕色或无色。以容积(mL)表示,有 25、50 等。 滴定管夹:金属。滴定台:玻璃或大理石底座	1. 用于滴定或量取准确体积的液体。 2. 滴定管夹夹持滴定管,固定在滴定台铁杆上	1. 酸式滴定管活塞要原配。 2. 漏水的不能使用,不能加热,不能长期存放溶液。 3. 酸式管装酸性或氧化性溶液;碱式管盛放碱性或还原性溶液,不能装易与橡皮管作用的滴定液。 4. 见光易分解的滴定液宜用棕色滴定管
移液管　吸量管	分单刻度大肚型和刻度型两种。还有完全流出式和不完全流出式两种。 以所能量度的最大容积(mL)表示,有 1、2、5、10、25、50 等	精确移取一定体积的液体	1. 不能在烘箱中烘干,不能加热。 2. 未标明“吹”字的吸管,残留的最后一滴液体,不用吹出。 3. 上端和尖端不可磕破
20℃ 100mL 容量瓶	玻璃质。瓶塞有玻璃、塑料两种。以容积(mL)表示,有 25、50、100、200、250、500、1000 等	用于配制准确浓度的溶液或将浓溶液稀释	1. 非标准的磨口塞要保持原配,不能互换。 2. 漏水的不能用。 3. 不能在烘箱内烘烤,不能直接用火加热,可水浴加热。 4. 不能代替试剂瓶用来存放溶液,避免影响容量瓶容积的精确度

续表

仪器名称	规格	主要用途	使用方法和注意事项
漏斗	锥体角为60°。以直径(cm)表示，有短颈、长颈、粗颈、无颈等几种	长颈漏斗用于定量分析，过滤沉淀；短颈漏斗用于一般过滤	1. 不可直接加热，防止破裂。 2. 根据沉淀量选择漏斗大小
分液漏斗	以容积(mL)、漏斗颈长短表示，有球形、梨形、筒形几种	1. 用于互不相溶的液-液分离。 2. 气体发生装置中加液	1. 不能加热，防止玻璃破裂。 2. 在塞上涂一层凡士林，旋塞处不能漏液，且旋转灵活。 3. 分液时，下层液体从漏斗管流出，上层液从上口倒出，防止分离不清。 4. 作气体发生器时漏斗颈应插入液面内，防止气体自漏斗管逸出
布式漏斗　吸滤瓶	布式漏斗：磁制或玻璃制，以容量(mL)或斗径(cm)表示。 吸滤瓶：以容积(mL)表示	两者配套，用于制备实验中晶体或粗颗粒沉淀的减压过滤	1. 属于厚壁容器，能耐负压。 2. 不可加热。先开抽气管，后过滤
表面皿	玻璃质，按直径(mm)表示，有45、50、60、70、80、90、100等	1. 盖在烧杯或蒸发皿上。 2. 作点滴反应器皿或气室用。 3. 盛放干净物品	1. 不能直接用火加热，防止破裂。 2. 不能当蒸发皿用
蒸发皿	瓷质，也有玻璃、石英、铂制品。以直径表示，有60～150mm等多种	1. 用于溶液的蒸发、浓缩。 2. 焙干物质	1. 盛液量不得超过容积的2/3。 2. 直接加热，耐高温但不宜骤冷。 3. 加热过程中应不断搅拌以促使溶剂蒸发，口大底浅易于蒸发。 4. 临近蒸干时，降低温度或停止加热，利用余热蒸干
研钵	瓷质，也有玻璃、铁、玛瑙、氧化铝制品，以口径的大小表示规格	1. 研碎固体物质。 2. 混匀固体物质。 3. 按固体的性质和硬度选用不同的研钵	1. 不能加热或作反应容器用。 2. 不能将易爆物质混合研磨，防止爆炸。 3. 盛固体物质的量不宜超过研钵容积的1/3，避免物质甩出。 4. 只能研磨、挤压，勿敲击，大块物质只能压碎，不能舂碎。防止击碎研钵和杵或物体飞溅

续表

仪器名称	规格	主要用途	使用方法和注意事项
干燥器	以内径(cm)表示，分普通、真空干燥两种	保持烘干或灼烧过的物质干燥；也可干燥少量制备的产品	1. 底部放变色硅胶或其他干燥剂，盖磨口处涂适量凡士林。 2. 灼烧过的物品放入干燥器前，温度不能过高，并在冷却过程中每隔一定时间开一下盖子，以调节干燥器内压力
点滴板	瓷质。有 6 孔、9 孔、12 孔等	用于产生颜色或生成有色沉淀的点滴反应	1. 常用白色点滴板。 2. 白色沉淀的用黑色点滴板。 3. 试剂常用量为 1～2 滴
坩埚	瓷质，也有石墨、石英、氧化锆、铁、镍或铂制品。以容量(mL)分，有 10、25、30、50 等	强热、灼烧固体用	1. 放在泥三角上强热或灼烧。 2. 加热或反应完成后用坩埚钳取下时，坩埚钳要预热。取下后置于石棉网上
坩埚钳	不锈钢，或不可燃、难氧化的硬质材料制成。 有大小、长短之分	夹取坩埚加热或往高温炉中放、取坩埚	1. 使用干净的坩埚钳。 2. 夹取灼热的坩埚时，必须将钳尖先预热，以免坩埚因局部冷却而破裂。用后钳尖应向上放在桌面或石棉网上。 3. 实验完毕后，应将坩埚钳擦干净，放入实验器材柜中，干燥放置。 4. 夹持坩埚使用弯曲部分，其他用途时用尖头
泥三角	由三根铁丝弯成，套有三截素烧瓷管。有大、小之分	支撑坩埚加热或灼烧，以防炸裂	1. 常与三脚架配合使用。 2. 不能强烈撞击，以免损坏瓷管
三角架	铁制品。有大小、高低之分，比较牢固	放置较大或较重的加热容器	底下放酒精灯，上面垫石棉网加热
药匙	有牛角、塑料、不锈钢制品	取固体药品用	取用一种药品后，必须洗净并用滤纸擦干后才能取另一种药品
毛刷	以大小或用途表示，如试管刷、锥形瓶刷、滴定管刷等	洗涤试管等玻璃仪器	1. 小心试管刷顶部的铁丝撞破试管底。 2. 洗涤时手持刷子的部位要合适，要注意毛刷顶部竖毛的完整程度，避免洗不到仪器顶端或因刷顶撞破仪器。 3. 不同的玻璃仪器要选择对应的试管刷

续表

仪器名称	规格	主要用途	使用方法和注意事项
试管夹	木制，也有竹制的	夹持试管用	1. 从试管底部套入，夹在距试管口三分之一处或中上部。夹完后，手即放到长柄处，拇指不要按在短柄上。 2. 取下时，从上往下拿，始终不接触管口。加热试管时需不停地振荡试管，使受热均匀
试管架	有木制、竹制或有机玻璃制品	放置或晾干试管用	加热后的试管应用试管夹夹住悬放于架上
石棉网	由铁丝编成，中间涂有石棉。有大小之分	石棉不是可燃性物质，可使受热物体均匀受热	1. 石棉脱落的不能用。 2. 不能与水接触
酒精灯		1. 常用热源之一。 2. 进行焰色反应	1. 使用前应检查灯芯和酒精量(不少于容积的 1/5，不超过容积的 2/3)。 2. 用火柴点火，禁止用燃着的酒精灯去点另一盏酒精灯。 3. 不用时应立即用灯帽盖灭，轻提后再盖紧，防止下次打不开及酒精挥发
喷火管 预热管 火力调节棒 预热盘 壶体 壶嘴 酒精喷灯		火焰温度可达 1000℃左右。用于加强热的实验和玻璃加工	1. 喷灯工作时，灯座下绝不能有任何热源，周围不要有易燃物。 2. 当罐内酒精剩 20mL 左右时，应停止使用。 3. 如发现罐底凸起，要立即停止使用。 4. 每次连续使用的时间不要过长
铁架台	铁制品。铁夹有铝制的	1. 固定或放置反应容器。 2. 铁圈可代替漏斗架用于过滤	1. 先调节好铁圈、铁夹的距离和高度，注意重心，防止不稳。 2. 用铁夹夹持仪器时，应以仪器不能转动为宜，不能过紧过松，过紧夹破，过松脱落。 3. 加热后的铁圈不能撞击或摔落在地，避免断裂

2.4.2 标准磨口玻璃仪器及反应装置

标准磨口玻璃仪器，是指具有标准内磨口和外磨口的玻璃仪器，均按国际通用的技术标准制造。标准磨口的锥度为 1/10，半锥角为 $2°51'45''$。标准磨口仪器有许多规格，以其大端直径（以 mm 为单位）最接近的整数作为其规格的编号，称为某号磨口或简称某口。如某仪器上标有 14/25 字样，则表示磨口大端直径 14mm，磨口高度 25mm。常用标准磨口仪器系列见表 2-9。

教学实验中，常量仪器一般使用 19 号磨口仪器，半微量实验采用 14 号磨口仪器。

表 2-9 常用标准磨口仪器系列

编号	10	12	14	19	24	29	34
口径(大端)/mm	10.0	12.5	14.5	18.8	24.0	29.2	34.5

（1）烧瓶（图 2-6）

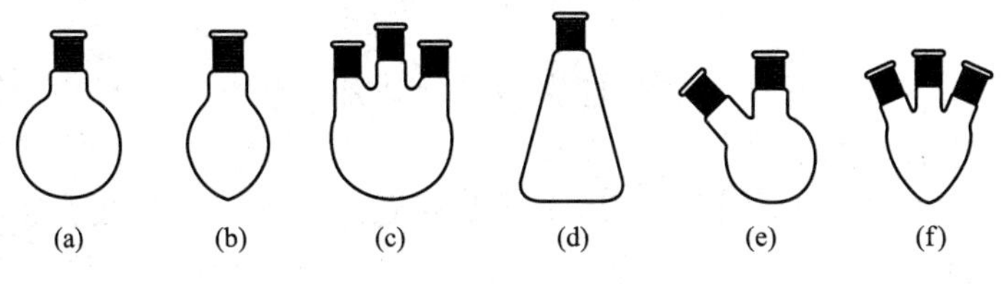

图 2-6 烧瓶

① 圆底烧瓶（a） 能耐热和承受反应物（或溶液）沸腾以后所发生的冲击振动。在有机化合物的合成和蒸馏实验中最常使用，也常用作减压蒸馏的接收器。

② 梨形烧瓶（b） 性能和用途与圆底烧瓶相似。它的特点是在合成少量有机化合物时在烧瓶内保持较高的液面，蒸馏时残留在烧瓶中的液体少。

③ 三口烧瓶（c） 最常用于需要进行搅拌的实验中。中间瓶口装搅拌器，两个侧口装回流冷凝管和滴液漏斗或温度计等。

④ 锥形烧瓶（简称锥形瓶）（d） 常用于有机溶剂进行重结晶的操作，或有固体产物生成的合成实验中，因为生成的固体物容易从锥形烧瓶中取出来。通常也用作常压蒸馏实验的接收器，但不能用作减压蒸馏实验的接收器。

⑤ 二口烧瓶（e） 常用作半微量、微量制备实验的反应瓶，中间口接回流冷凝管、微型蒸馏头、微型分馏头等，侧口接温度计、加料管等。

⑥ 梨形三口烧瓶（f） 用途似三口烧瓶，主要用于半微量、小量制备实验，作为反应瓶。

（2）冷凝管（图 2-7）

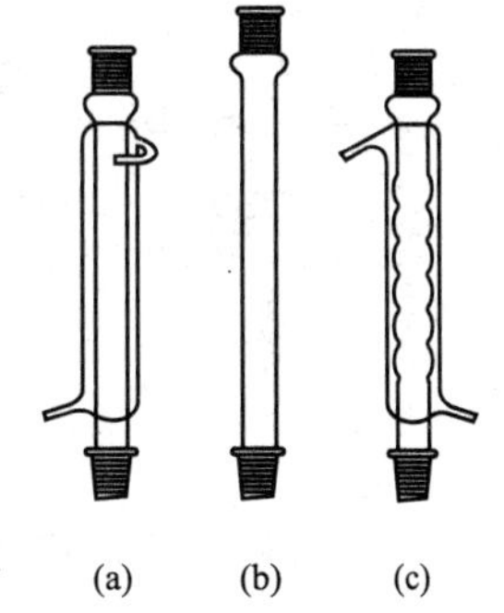

图 2-7 常用冷凝管

① 直形冷凝管（a） 蒸馏物质的沸点在 140℃以下时，要在夹套内通水冷却；但超过 140℃时，冷凝管往往会在内管和外管的接合处炸裂。微量合成实验中，用于加热回流装置。

② 空气冷凝管（b） 当蒸馏物质的沸点高于 140℃时，常用它代替通冷却水的直形冷凝管。

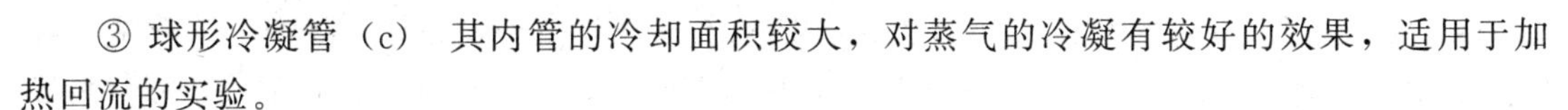

③ 球形冷凝管（c） 其内管的冷却面积较大，对蒸气的冷凝有较好的效果，适用于加热回流的实验。

（3）漏斗（图 2-8）

① 漏斗（a）和（b） 在普通过滤时使用。

② 分液漏斗（c）、（d）和（e） 用于液体的萃取、洗涤和分离；有时也可用于滴加试料。

③ 滴液漏斗（f） 能把液体一滴一滴地加入反应器中，即使漏斗的下端浸没在液面下，也能够明显地看到滴加的快慢。

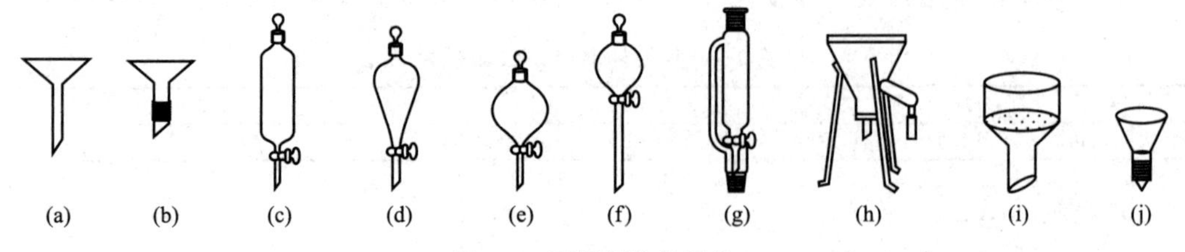

图 2-8　不同用途的漏斗

④ 恒压滴液漏斗（g）　用于合成反应实验的液体加料操作，也可用于简单的连续萃取操作。

⑤ 保温漏斗（h）　也称热滤漏斗，用于需要保温的过滤。它是在普通漏斗的外面装上一个铜质的外壳，外壳中间装水，用煤气灯或酒精灯加热侧面的支管，以保持所需要的温度。

⑥ 布氏漏斗（i）　是瓷质的多孔板漏斗，在减压过滤时使用。小型玻璃多孔板漏斗（j）用于减压过滤少量物质。

⑦ 还有一种类似（b）的小口径漏斗，附带玻璃钉，过滤时把玻璃钉插入漏斗中，在玻璃钉上放滤纸或直接过滤。

（4）常用的配件（图 2-9）　多数用于各种仪器连接。

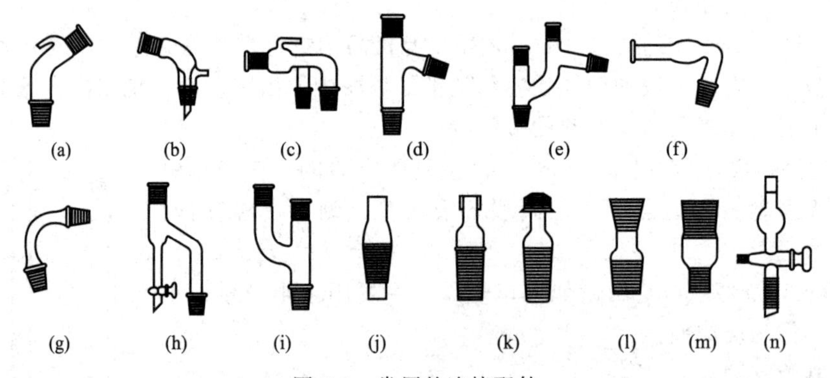

图 2-9　常用的连接配件

（5）有机反应常用的装置

① 回流反应装置（图 2-10）　在室温下，有些反应速率很小或难以进行。为了使反应尽快地进行，常常需要使反应物质较长时间保持沸腾。在这种情况下，就需要使用回流冷凝装置，使蒸气不断地在冷凝管内冷凝而返回反应器中，以防止反应瓶中的物质逃逸损失。图 2-10(a) 是最简单的回流冷凝装置。将反应物质放在圆底烧瓶中，在适当热源上或热浴中加热。直立的冷凝管夹套中自下而上通入冷水，使夹套充满水，水流速度不必很快，能保持蒸气充分冷凝即可。加热的程度也需控制，使蒸气上升的高度不超过冷凝管的 1/3，在一般情况下，蒸气上升至冷凝管下端第一个球即可。

如果反应物怕受潮，可在冷凝管上端口装接氯化钙干燥管来防止空气中湿气侵入［图 2-10(b)］。如果反应中会放出有害气体（如溴化氢），可连接气体吸收装置［图 2-10(c)］。

② 滴加回流反应装置（图 2-11）　有些反应进行剧烈，放热量大，如将反应物一次加入，会使反应失去控制；有些反应为了控制反应物选择性，也不能将反应物一次加入。在这

些情况下，可采用滴加回流冷凝装置，将一种试剂逐渐滴加进去。常用恒压滴液漏斗和小分液漏斗滴加。

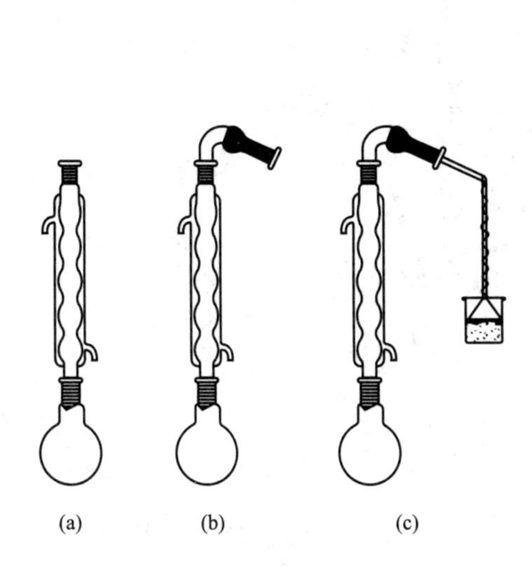

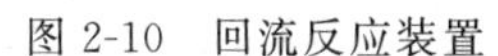

图 2-10 回流反应装置

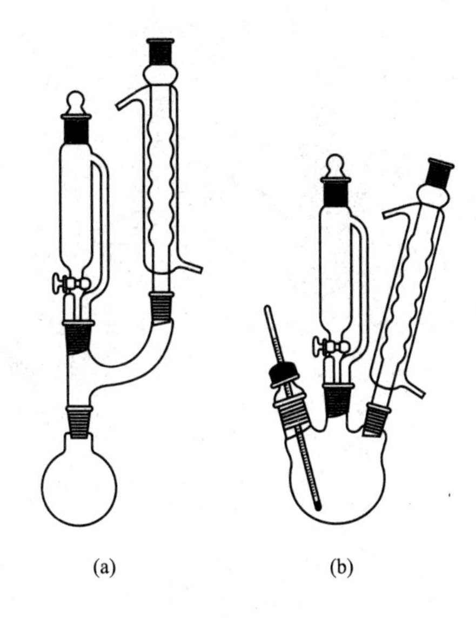

图 2-11 滴加回流反应装置

③ 回流分水反应装置（图 2-12） 在进行某些可逆平衡反应时，为了使正向反应进行到底，可将反应产物之一不断从反应混合物体系中除去，常采用回流分水装置除去生成的水。在图 2-12 的装置中，有一个分水器，回流下来的蒸气冷凝液进入分水器，分层后，有机层自动被送回烧瓶，而生成的水可从分水器中放出。

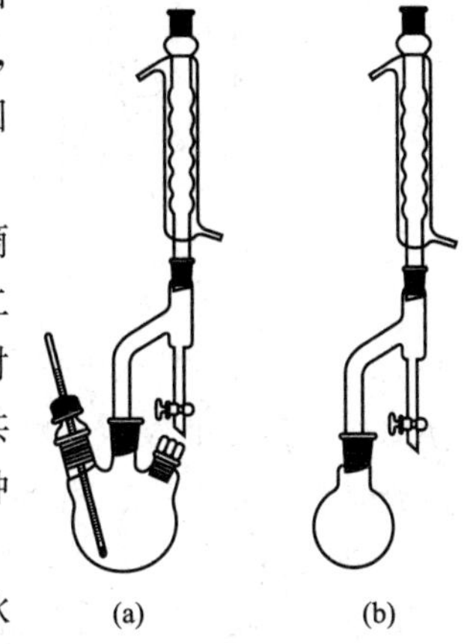

图 2-12 回流分水反应装置

④ 滴加蒸出反应装置（图 2-13） 有些有机反应需要一边滴加反应物一边将产物或产物之一蒸出反应体系，防止产物发生二次反应。对于可逆平衡反应，蒸出产物能使反应进行到底，这时常用图 2-13 的反应装置来进行操作，反应产物可单独或形成共沸混合物不断在反应过程中蒸馏出去，并可通过滴液漏斗将一种试剂逐渐滴加进去，以控制反应速率或使这种试剂消耗完全。

必要时可在上述各种反应装置的反应烧瓶外面用冷水浴或冰水浴进行冷却，在某些情况下也可用热浴加热。

⑤ 气体吸收装置（图 2-14） 气体吸收装置用于吸收反应过程中生成的有刺激性和水溶性的气体（如 HBr、HCl、SO_2、NO_2 等）。图 2-14 中（a）和（b）可作少量气体的吸收装置。（a）中的玻璃漏斗应略微倾斜，使漏斗口一半在水中，一半在水面上。这样，既能防止气体逸出，又可防止水被倒吸至反应瓶中。若反应过程中有大量气体生成或气体逸出很快时，可使用图 2-14(c) 的装置，水自上端流入（可利用冷凝管流出的水）吸滤瓶中，在恒定的平面上溢出。粗的玻璃管恰好伸入水面，被水封住，以防止气体逸出进入大气中。图中的粗玻璃管也可用 Y 形管代替。

⑥ 促进或控制反应的常用方法 在化学反应中，促进或控制反应的常用方法有加热、冷却和搅拌（或振摇）。可采用以下几种方式：水浴、电热套加热或油浴。

（6）仪器装置方法 有机化学实验常用的玻璃仪器装置，一般皆用铁夹将仪器依次固定

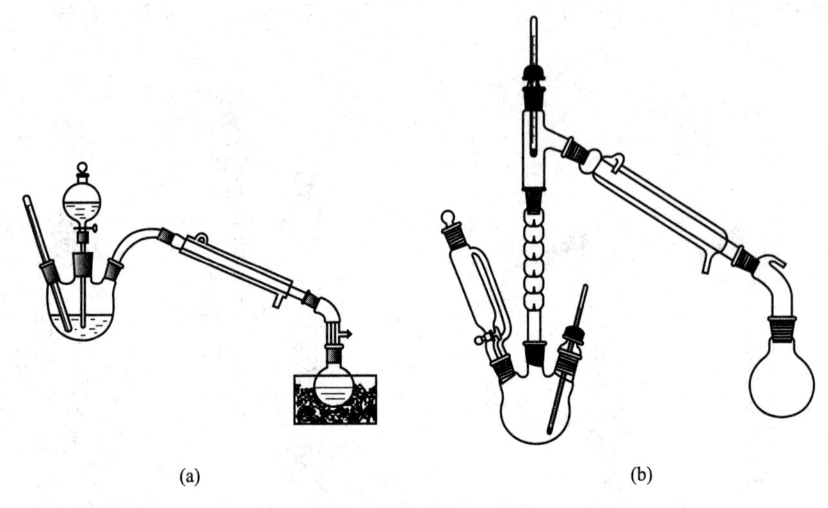

图 2-13 滴加蒸出反应装置

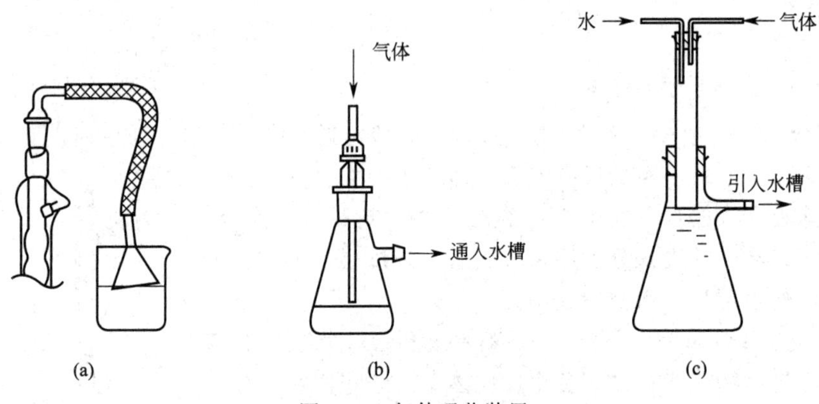

图 2-14 气体吸收装置

于铁架上。铁夹的双钳应贴有橡皮、绒布等软性物质，或缠上石棉绳、布条等。用铁夹夹玻璃器皿时，先用左手手指将双钳夹紧，再拧紧铁夹螺丝，待夹钳手指感到螺丝触到双钳时，即可停止旋动，做到夹物不松不紧。在装配实验装置时，使用的玻璃仪器和配装件应该是洁净干燥的。圆底烧瓶或三口烧瓶的大小应使反应物占烧瓶容量的 1/3～1/2，最多不超过 2/3。首先将烧瓶固定在合适的高度（下面可以放置煤气灯、电炉、热浴或冷浴），然后逐一安装冷凝管和其他配件。需要加热的仪器，应夹住仪器受热最少的部位，如圆底烧瓶靠近瓶口处，冷凝管则应夹住其中央部位。

以回流装置［图 2-10(b)］为例，装置仪器时先根据热源高低（一般以铁圈或三脚架高低为准）用铁夹夹住圆底烧瓶瓶颈，垂直固定于铁架上，铁架上搁一石棉网或热浴，烧瓶瓶底应距石棉网 1～2mm 为宜。铁架应正对实验台外面，不要歪斜。若铁架歪斜，重心不一致，装置不稳。然后将冷凝管下端正对烧瓶口用铁夹垂直固定于烧瓶上方，再放松铁夹，将冷凝管放下，使磨口塞塞紧后，再将铁夹稍旋紧，固定好冷凝管，使铁夹位于冷凝管中部偏上一些。用合适的橡皮管连接冷凝水，进水口在下方，出水口在上方。最后在冷凝管顶端装接干燥管。

安装标准磨口玻璃仪器装置时，应注意安装得正确、整齐、稳妥、端正，使磨口连接处不受歪斜的应力，否则易将仪器折断，特别在加热时，仪器受热，应力更大。

(7) 仪器装置的拆卸　仪器装置操作后要及时拆卸。拆卸时按装配相反的顺序逐个拆除，后装配上的仪器先拆卸下来。在松开一个铁夹时，必须用手托住所夹的仪器，特别是像恒压滴液漏斗等倾斜安装的仪器，绝不能让仪器对磨口施加侧向压力，否则仪器将会损坏。拆卸下来的仪器连接磨口处涂有密封油脂时，要用石油醚棉花球擦洗干净。用过的仪器及时洗刷干净，干燥后放置。

(8) 使用标准磨口仪器时的注意事项

① 使用时，应轻拿轻放。

② 磨口处要洁净，不得粘有固体物质；清洗时，应避免用去污粉擦洗磨口。否则，会使磨口连接不严密导致漏气，甚至会损坏磨口。

③ 仪器用完后应立即拆卸洗净，各个部件分开存放。若长期放置，磨口的连接处常会粘牢，难以拆开。带旋塞或具塞的仪器清洗后，应在塞子和磨口的接触处夹放纸片，以防日久粘住。

④ 常压使用时的磨口无需涂润滑剂，以免沾污反应物或产物。若反应中有强碱，则应涂润滑剂，以免磨口连接处因碱腐蚀粘牢而无法拆开。减压蒸馏时，磨口处应涂真空脂，以免漏气。

⑤ 如遇玻璃磨口接头粘住难以打开时，可采取以下措施：

a. 将磨口竖立，往缝隙间滴几滴甘油。如果甘油能慢慢地渗入磨口，则最终使连接处松开。

b. 用热风吹，用热毛巾包裹，或在教师指导下小心地用灯焰烘烤磨口的外部几秒钟(仅使外部受热膨胀，内部还未热起来)，再试验能否将磨口打开。

c. 将粘住的磨口仪器放在水中逐渐煮沸，常常也能使磨口打开。

d. 用木板沿磨口轴线方向轻轻地敲外磨口的边缘，振动也会使磨口打开。

2.5　天平及常用光、电仪器

2.5.1　电子天平

电子天平（图 2-15）是用电磁力平衡被称物体重力的天平，是一种先进的称量仪器。其特点是性能稳定、操作简便、称量准确可靠且速度快、灵敏度高，并且具有自动检测系统、简便的自动校准装置以及超载保护等装置，能进行自动校正、去皮及质量电信号输出等。

(1) 电子分析天平的基本参数

① 精度（d）：指每次读数的误差最大值。

微量/超微量天平：$d \leqslant 0.001$mg

分析天平：$d = 0.1$mg；$d = 0.01$mg 等

精密天平（有时亦称台秤）：$d \geqslant 1$mg

天平精度越高，对称量条件要求越高。

② 严禁超过天平最大允许承载质量。

③ 每次称样需两次读数，最大称样误差为 $2d$。

④ 天平的选择：由称量允许误差及称样量决定。

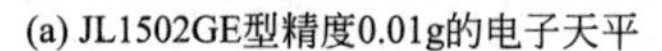
(a) JL1502GE型精度0.01g的电子天平

(b) 精度0.1mg的电子天平

图 2-15　电子天平

例如：常量分析中通常要求称量误差 $E\leqslant 0.1\%$，使用 $d=0.1\text{mg}$ 的分析天平，每次称样质量 $m\geqslant 0.2/0.1\%=200\text{mg}$。

（2）电子分析天平操作规程

① 电子分析天平放置后不可随意移动（移动后需重新调节水平并校准）；

② 水平调节：调节天平底部螺丝，使水平仪内空气泡位于圆环的中央；

③ 接通电源，预热 30min（经常使用时，最好一直保持通电状态）；

④ 开机：按“ON/OFF”键，天平自检通过后显示“0.0000g”，进入工作状态；

⑤ 校准：可利用内置或外置标准砝码和“CAL”键对天平进行校准（定期校准即可，无需每次开机都校准）；

⑥ 称量：根据具体情况采用直接、增量或减量的方式进行称量；

⑦ 称量结束后，按“ON/OFF”键关机，套好防尘罩并在仪器记录本上登记。

（3）天平使用注意事项

① 天平应置于稳定的工作台上，避免振动、气流及阳光照射。

② 实验器皿或样品应放在秤盘正中间；实验器皿容器及样品必须与天平温度相近。

③ 称量样品时只需开关侧门，动作要轻，读数时需关闭侧门等待数据稳定。

④ 称量吸湿性或挥发性、腐蚀性样品时，需放入具塞容器中称量。称量尽量快速，注意不要将被称物（特别是腐蚀性物品）洒落在秤盘或底板上。若有液体滴于秤盘上，立即用吸水纸轻轻吸干，不可用抹布等粗糙物擦拭；若有固体试样撒落，用毛刷轻扫清理干净。

⑤ 称量时应取出干燥剂，完毕后再放入。

⑥ 同一个实验应使用同一台天平进行称量，以免因称量而产生误差。

⑦ 每次使用完天平后，应对天平内部、外部周围区域进行清理，不可把待称量物品长时间放置于天平周围，影响后续使用。

⑧ 经常检查天平的防潮硅胶，若变红，应及时更换。

（4）称量方法

① 直接称量法　用于直接称量某一固体物体的质量。

适用对象：洁净干燥的器皿、棒状或块状金属及其他整块不易潮解或升华的固体样品（除此之外的样品不能直接放在秤盘），如小烧杯、金属、合金等。用此法称量时，要求所称物体洁净、干燥，不易潮解、升华，并无腐蚀性。

操作：天平显示“0.0000g”（必要时按“TARE”键），然后将被称物直接放在秤盘上，稳定后读数即所称样品质量。

注意事项：不能用手直接取放被称取物，可以用一干净的纸带套住（也可戴专用手套）。

② 固定质量称量法　又称增量法。用于称量指定质量的试样。如称量基准物质，来配制一定浓度和体积的标准溶液。用此法称量时，要求试样为性质稳定、不易吸湿、不与空气中各种组分发生作用的粉末状试样。

适用对象：性质稳定的颗粒或粉末状样品；若颗粒足够小且操作仔细，可进行指定质量的称取（如 0.4903g $K_2Cr_2O_7$）。

操作：将洁净的实验器皿如小烧杯或称量纸等放在秤盘上，待读数稳定后按“TARE”键使读数为“0.0000”，然后将所需样品转移到实验器皿内（通常采用药匙），读数所示质量即所称样品质量。

操作时应注意：加样或取出牛角勺时，试样不能掉落在秤盘上；称好的样品必须定量地转入处理样品的接收器中。

③ 递减称量法　用于称量一定质量范围的待测试样或基准物，又称减量法或差减法。此法比较简便、快速、准确，是最常用的一种称量法。

适用对象：一般的颗粒或粉末状样品（称量条件下稳定，不易升华）；略易吸潮的样品；转移质量较难精确控制，不能进行指定质量的称取。

操作：如图 2-16 所示。从干燥器中取出装有试样的称量瓶（戴 PVC 手套或者用干净的纸带），放在电子天平秤盘上称重后去皮，拿到接收器上方。右手用纸片夹住瓶盖柄，打开瓶盖；左手拿瓶体，将瓶身慢慢向下倾斜，并用瓶盖轻轻敲击瓶口，使试样慢慢落入容器内（不要把试样撒在容器外）。当估计倾出的试样已接近所要求的质量时，慢慢将称量瓶竖起，并用瓶盖轻轻回敲瓶口，使黏附在瓶口上部的试样落入瓶内，盖好瓶盖，将称量瓶放回秤盘上称重。若倾出的试样量不够时，重复上述操作；如倾出试样大大超过所需要的质量，只能弃去重做。可连续称取多份样品。

(a) 取放称量瓶的方法

(b) 倾样法

图 2-16　递减称量法

注意事项：称量过程中，称量瓶除放在秤盘上或戴手套或用纸带拿在手中外，不得放在台面等其他地方，以免沾污；套上或取出纸带时，不要碰到称量瓶口，纸带应放在清洁的地方；粘在瓶口上的试样尽量处理干净以免粘到瓶盖上或丢失；倾样时要在接收容器的正上方打开瓶盖或盖上瓶盖，以免可能黏附在瓶盖上的试样掉落它处；称完后将称量瓶放回干燥器中。

2.5.2 酸度计

酸度计又称 pH 计，是一种通过测量电势差测量溶液 pH 值的仪器。除测量溶液的酸度外，还可以粗略地测量氧化还原电对的电极电势及配合磁力搅拌器进行定位滴定等。实验室常用的酸度计型号有很多，它们的原理相同，只是结构和精密度不同。

(1) 基本原理

酸度计测 pH 值的方法是电位测定法。酸度计主要由参比电极（饱和甘汞电极）、测量电极（玻璃电极）和精密电位计三部分组成。

饱和甘汞电极（图 2-17）：由金属汞、氯化亚汞和饱和氯化钾溶液组成。它的电极反应是：

$$Hg_2Cl_2+2e^- = 2Hg+2Cl^-$$

饱和甘汞电极的电极电势不随溶液的 pH 变化而变化，在一定的温度和浓度下是一定值，在 25℃时为 0.245V。

玻璃电极（图 2-18）：玻璃电极的电极电势随溶液 pH 的变化而改变。它的主要部分是头部的玻璃球泡，它由特殊的敏感玻璃膜构成。薄玻璃膜对氢离子有敏感作用，当它浸入被测溶液内，被测溶液的氢离子与电极玻璃球泡表面水化层进行离子交换，玻璃球泡内层也同样产生电极电势。内层氢离子浓度不变，而外层氢离子浓度在变化。因此，内外层的电势差也在变化，所以该电极的电极电势随待测溶液的 pH 值不同而改变。

$$E_{玻}=E^{\ominus}_{玻}+0.0591\lg[H^+]=E^{\ominus}_{玻}-0.0591pH$$

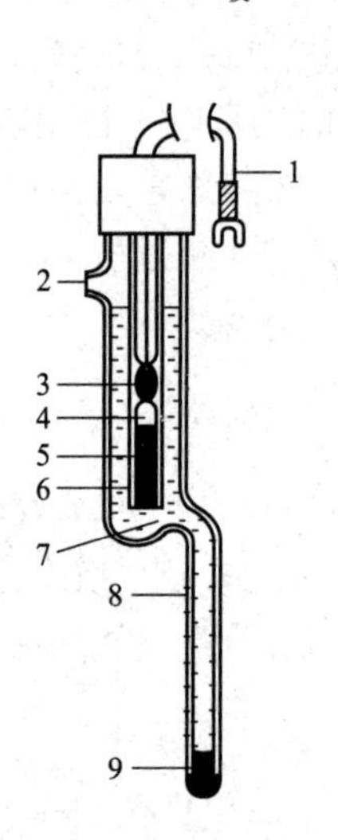

图 2-17 饱和甘汞电极

1—电极引线；2—侧管；3—汞；4—甘汞糊；5—石棉或纸浆；6—玻璃管；7—KCl 溶液；8—电极玻壳；9—素烧瓷片

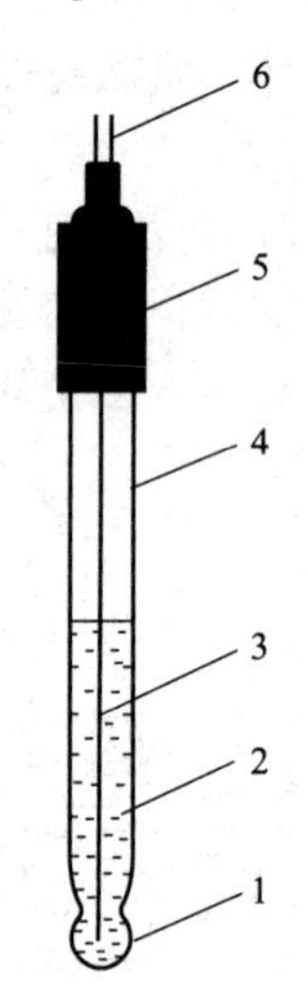

图 2-18 玻璃电极

1—玻璃膜球；2—内参比溶液；3—内参比电极；4—玻璃电极杆；5—绝缘帽；6—导线

将玻璃电极和饱和甘汞电极一起浸在被测溶液中组成电池，并连接精密电位计，即可测定电池电动势 E，在 25℃时，

$$E=E_{正}-E_{负}=E_{甘汞}-E_{玻}=0.245-E_{玻}^{\ominus}+0.0591\text{pH}$$

整理上式得

$$\text{pH}=\frac{E+E_{玻}^{\ominus}-0.245}{0.0591}$$

$E_{玻}$ 可以用一个已知 pH 的缓冲溶液代替待测溶液而求得。

由上述可知，酸度计的主体是精密电位计，用来测量电池的电动势。为了省去计算过程，酸度计把测得的电池电动势直接用 pH 刻度值表示出来，因而从酸度计上可以直接读出溶液的 pH 值。

复合电极是目前使用最普遍的电极，复合了参比电极和玻璃电极这两种电极的功能，操作更加简便。如图 2-19 所示，pH 复合电极主要由电极球泡、玻璃支持杆、内参比电极、内参比溶液、外壳、外参比电极、外参比溶液、液接界、电极帽、电极导线、插口等组成。

图 2-19　E-201C 型复合 pH 电极

图 2-20　PHS-3C 型数字酸度计

(2) PHS-3C 型数字酸度计（图 2-20）使用方法　在此不详细介绍。操作主要分为两步：①标定；②测量。

2.5.3　分光光度计

(1) 基本原理　物质分子对可见光或紫外光的选择性吸收在一定的实验条件下符合朗伯-比尔（Lambert-Beer）定律，当一束单色光通过一定浓度范围的稀的有色溶液时，溶液中的吸光分子对光的吸收程度 A 与溶液的浓度 c（$\text{mol}\cdot\text{L}^{-1}$）或液层厚度 b（cm）成正比，其关系为

$$A=\lg\frac{I_0}{I_t}=\varepsilon bc$$

式中，A 为吸光度；ε 为摩尔吸光系数（与入射光的波长、吸光物质的性质、温度等有关，是有色物质在一定波长下的特征常数），$\text{L}\cdot\text{mol}^{-1}\cdot\text{cm}^{-1}$；$b$ 为样品溶液的厚度；c 为溶液中待测物质的浓度。

朗伯-比尔定律中，透过光的强度 I_t 与入射光的强度 I_0 的比值 I_t/I_0 称为透光度，用 T 表示，吸光度与透光度的关系为 $A=-\lg T$。

测定时，一般把有色溶液盛在厚度 b 一定的吸收池中，根据 A 与 c 的线性关系，通过测定标准溶液和试样溶液的吸光度，用图解法或计算法，求得试样中待测物质的浓度。

(2) 分光光度计的光学系统（图 2-21）

(3) 721N 型分光光度计（图 2-22）操作步骤

① 开机，预热 30min。

② 旋转“波长调节旋钮”调整波长。调整时目光应垂直观察“波长指示窗”中刻线，

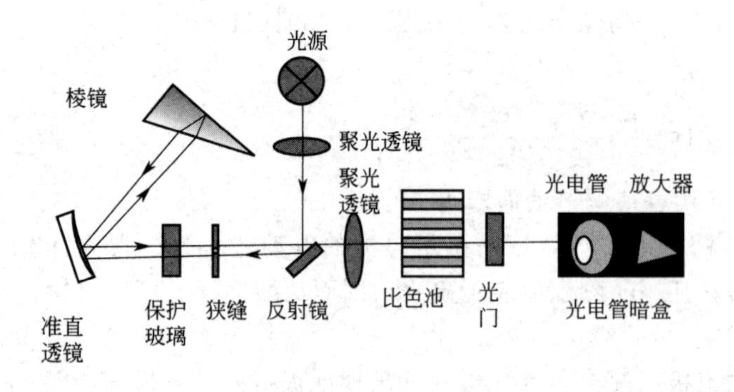

图 2-21　721N 型分光光度计的光学系统

图 2-22　721N 型分光光度计

并规定由短波向长波（顺时针）旋转，使所需波长移至刻线下。

③ 调整滤光片位置滤光片拨杆用于在 340～380nm 波段时将滤光片加入光路，以减少此波段的杂光干扰，提高光度测量的准确性。工作于其他波长时，将滤光片退出光路，以不妨碍光线通过。

④ 打开样品室盖，将参比样品和测试样品放入比色皿槽架，拉动比色皿槽架拉杆，使参比样品对准光路后，合上样品室盖，选择透射比测试模式，如初开机可免选择。按 100% 键使仪器自动调整 100%。打开样品室盖，按 0%键使仪器自动调整 0%。如发现调整 100% 和调整 0%相互有影响，可交替进行多次，直至调整成功。允许最后一位跳 1。调整成功后测透射比可立即进行。

当重新设置波长后，必须在透射比测试模式下重新调整 100%和调整 0%。

⑤ 按“模式”键，进入吸光度测试模式。拉动比色皿槽架拉杆，使待测样品的比色皿对准光路，由数据显示窗读出样品的吸光度值，记录数据。测试结束，关闭仪器电源。

(4) 注意事项

① 清洁仪器外表时，请勿使用乙醇、乙醚等有机溶剂，要用温水清洗。

② 不使用时请加防尘罩。

③ 仪器应防震、防潮、避光、防腐蚀。

④ 使用时，用手捏住比色皿的毛玻璃面，切勿触及透光面，以免沾污或磨损透光面。

⑤ 进行测定时，先洗干净比色皿，再用待测溶液润洗 2～3 次。待测液加至比色皿的 2/3～3/4 高度为宜。比色皿外壁的液体用擦镜纸吸干。

⑥ 按由稀到浓的顺序测定一系列溶液的吸光度。

⑦ 比色皿每次使用后应用石油醚清洗，再用蒸馏水冲洗。倒置晾干后存放在比色皿盒内。

2.5.4 阿贝折射仪

(1) 基本原理

光在两种不同介质中的传播速度是不相同的。光线从一种介质进入另一种介质，光的传播方向与两种介质的界面不垂直时，则在界面处的传播方向发生改变。这种现象称为光的折射现象（图 2-23）。

根据折射定律，波长一定的单色光在确定的外界条件下（温度、压力等），从一种介质 A 进入另一种介质 B 时，入射角 α 和折射角 β 的正弦之比与两种介质的折射率 N 与 n 具有如下关系：

$$\sin\alpha/\sin\beta=n/N$$

当介质为真空时，$N=1$，为介质B的绝对折射率，则有

$$n=\sin\alpha/\sin\beta$$

如果介质A为空气，$N_{空气}=1.00027$（空气的绝对折射率），则

$$\sin\alpha/\sin\beta=n/N_{空气}=n/1.00027=n'$$

式中，n'为介质B的相对折射率。n与n'数值相差很小，常以n代替n'。但进行精密测定时，应加以校正。

折射率是有机化合物最重要的物理常数之一，它能精确且方便地测定。作为液体物质纯度的标准，比沸点更为可靠。它的数值与物质结构、光源的波长、温度和压力等有关。通常大气压的变化影响不明显，只在精密测定时才考虑。折射率表示为n_D^{20}，指在20℃时用钠光D线测定的值，可认为是标准值。在温度t测定的折射率可通过下式换算成标准值n_D^{20}：$n_D^{20}=n_D^t+0.00045(t-20)$。

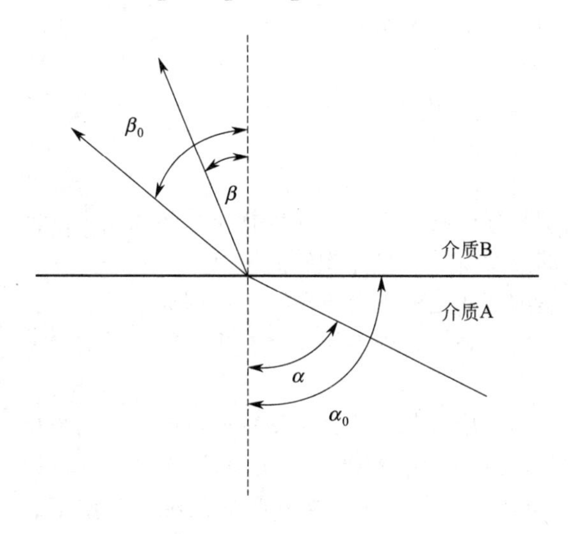

图 2-23　光的折射现象

图 2-24　WYA-2S型阿贝折射仪

用折射率可鉴定未知化合物。如果一个化合物是纯的，那么就可以根据所测得的折射率排除考虑中的其他化合物，而识别出这个未知物。

折射率也用于确定液体混合物的组成。在蒸馏两种或两种以上的液体混合物且当各组分的沸点彼此接近时，可利用折射率来确定馏分的组成。因为当组分的结构相似和极性小时，混合物的折射率和物质的量组成之间常成线性关系。例如，由1mL四氯化碳和1mL甲苯组成的混合物，n_D^{20}为1.4822，而纯四氯化碳和纯甲苯在同温度下n_D^{20}分别为1.4651和1.4994。所以，要分馏此混合物时，就可利用这一线性关系求得馏分的组成。

（2）实验室现用的阿贝折射仪　如图2-24所示。其操作步骤为：

① 检查上、下棱镜表面，滴加1～2滴丙酮或无水乙醇清洗镜面后，闭合两棱镜，旋紧锁钮。

② 用干净滴管吸取1～2滴被测样品于棱镜工作表面上，然后将上面的进光棱镜盖上。调节反射镜使光进入棱镜组，使光线最大化地均匀进入棱镜中，并从测量望远镜中观察，使视场最明亮，使视场十字线交点最清晰；同时旋转调节手轮，直到观察到视场中出现半明半暗现象，并在交界处有彩色光带，转动目镜下方的消色散手柄，使彩色光带消失，得到清晰

的明暗界线；继续旋转调节手轮，使明暗分界线正好与目镜中的十字线交点重合，如图 2-25 所示。

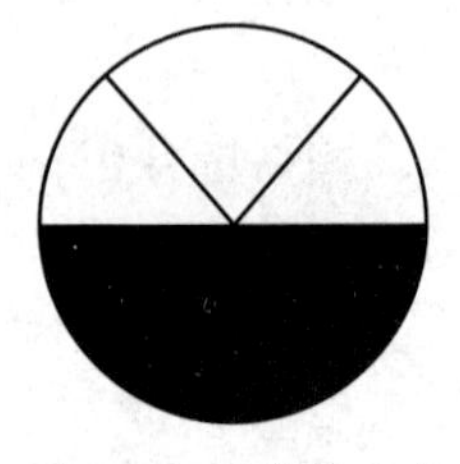
图 2-25　十字线交点

③ 按“READ”键，显示窗中“00000”消失，显示“—”，数秒后“—”消失，显示被测样品的折射率。

本仪器折射棱镜部件中有通恒温水结构，如需测定样品在某一特定温度下的折射率，仪器可外接恒温器，将温度调节到所需温度再进行测量。

（3）使用折射仪注意事项

① 不要使仪器暴晒于日光下。

② 注意保护棱镜，不能在镜面上造成刻痕；滴加液体时，滴管的末端切勿触及棱镜，要特别注意保护棱镜镜面。

③ 每次滴加样品前应洗净镜面，擦拭镜面时，只能用擦镜纸轻擦；避免使用对棱镜、金属保温套及其间的胶合剂有腐蚀或溶解作用的液体；使用完毕，应用丙酮或 95% 乙醇洗净镜面，晾干后，放两层擦镜纸在棱镜镜面之间，再合上棱镜。

④ 不能测量具有酸性、碱性或腐蚀性的液体。

⑤ 测量完毕，拆下连接恒温槽的橡胶管，棱镜夹套内的水要排尽。

2.5.5　熔点仪

熔点是指物质在大气压力下固态与液态处于平衡时的温度。将晶体物质加热到一定温度时，晶体就开始由固态转变为液态，测定此时的温度就是该晶体物质的熔点。

熔点测定是辨认物质本性的基本手段，也是纯度测定的重要方法之一。因此，熔点仪在化学工业、医药研究中具有重要地位，是生产药物、香料、染料及其他有机晶体物质的必备仪器，也是实验室常用的基础仪器之一。

纯净的固体有机物，一般都有固定的熔点，而且熔点范围（又称熔程或熔距，是指由始熔至全熔的温度间隔）很小，一般不超过 0.5～1℃；若物质不纯时，熔点就会下降（可以用拉乌尔定律来解释），且熔点范围就会扩大。可利用这一性质来判断物质的纯度和鉴别未知化合物。例如，一个未知化合物，测得其熔点与某一已知化合物的熔点相同或者十分相近时，将未知样品与已知样品等量混合后测定其混合熔点。若熔点没有变化，且熔点范围不超过 1℃时，一般可以认为二者是同一物质，如果混合熔点发生变化，熔点范围扩大，则可判定它们不是同一物质。这种鉴定方法叫作混合熔点法。

测量熔点的方法有两种：一种是毛细管熔点测定，另一种是熔点仪测定熔点。基于科技的发展与进步，熔点仪不断更新换代，具有许多实用性功能，且操作方便，数据精确，故实验室现在常采用熔点仪测定熔点。图 2-26 是实验室常用的两种熔点仪。

2.5.6　旋光仪

手性化合物能使偏振光的振动平面旋转一定角度，这个角度称为旋光度。由此，手性化合物又称旋光性物质或光学活性物质。大多数生物碱和生物体内的有机分子都是光学活性物质。光学活性物质使偏振光振动平面向右旋转（顺时针方向）的叫右旋光物质，向左旋转（逆时针方向）的叫左旋光物质。在给定的实验条件下测得的旋光度可以换算成比旋光度，进而计算出旋光性化合物的光学纯度。这些对鉴定、合成、研究旋光性化合物都是重要的。

（1）旋光度、比旋光度　定量测定溶液或液体物质旋光度的仪器是旋光仪。在旋光仪中

(a) YRT-3型熔点仪

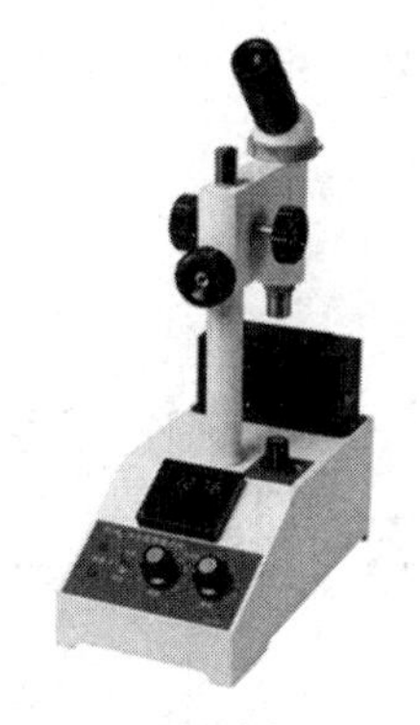

(b) SGW X-4型显微熔点仪(单目)

图 2-26　熔点仪

起偏镜是产生偏振光的，检偏镜是测定光学活性物质使偏振光旋转的角度和方向的。测得的旋光度 α 的大小与测定时所用样品的浓度、盛样管的长度、测定的温度、所用光波的波长及样品溶剂的性质有关。通常用比旋光度［α］表示物质的旋光度。比旋光度是一常数：

$$[\alpha]_{\lambda}^{t}=\frac{\alpha}{\rho l}$$

式中　α——旋光仪测得的旋光度；

l——样品管的长度，dm；

λ——光源的波长，通常是钠光源中的 D 线，以 D 表示；

t——测定时的温度，℃；

ρ——溶液质量浓度，$g \cdot mL^{-1}$。如果测量的旋光性物质为纯液体，则 ρ 为纯液体的密度，$g \cdot cm^{-3}$。

表示比旋光度时通常还需标明测定时所用的溶剂。

旋光方向用（+）和（−）表示，右旋光用（+）表示，左旋光用（−）表示，外消旋体用（±）或（dl）表示。

由比旋光度可以计算出光学活性物质的光学纯度（op），其定义是：旋光性物质的比旋光度除以光学纯样品在相同条件下的比旋光度：

$$op=\frac{[\alpha]_{D}^{t}\text{ 观察值}}{[\alpha]_{D}^{t}\text{ 理论值}}\times 100\%$$

（2）旋光仪光路及工作原理（图 2-27）

（3）WZZ-3 型数字式旋光仪（图 2-28）操作方法

① 打开电源开关，预热 10～15min。

② 将仪器右侧的光源开关上扳到直流位置。

③ 显示模式的改变。显示模式分为 4 类：MODE：1——旋光度；MODE：2——比旋光度；MODE：3——浓度；MODE：4——糖度。

④ 显示形式。

⑤ 将装有蒸馏水或其他空白溶剂的试管放入样品室，盖上箱盖，按“清零”键，显示“0”读数。试管中若有气泡，应先让气泡浮在凸颈处，通光面两端的雾状水滴应用软布擦干。试管螺帽不宜旋得过紧，以免产生应力，影响读数。试管安放时注意标记的位置和方向。

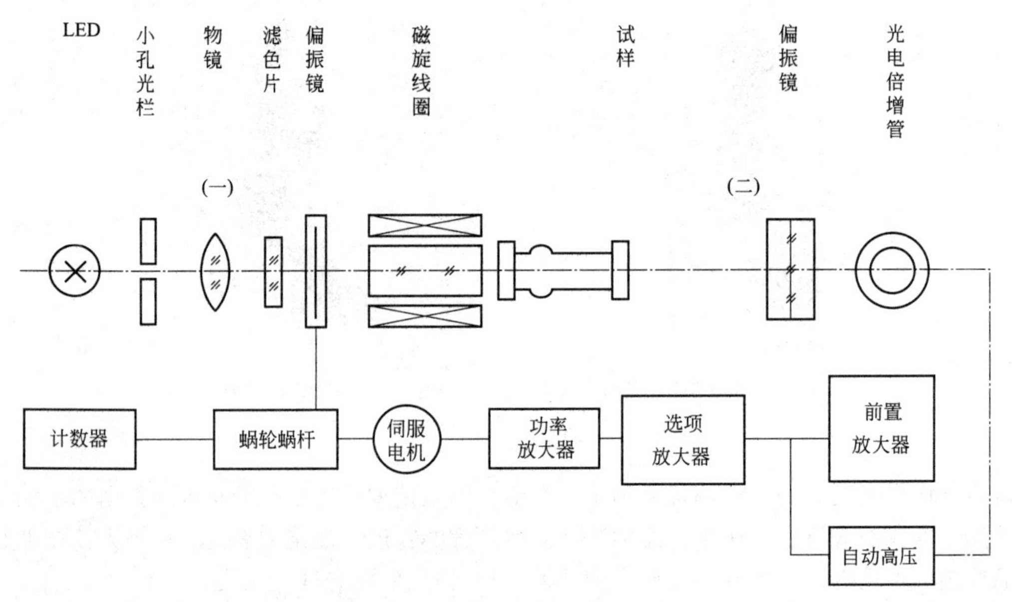

图 2-27　旋光仪光路及工作原理

⑥ 取出试管。将待测样品注入试管，按相同的位置和方向放入样品室内，盖好箱盖。仪器将显示出该样品的旋光度。

⑦ 如样品超过测量范围，仪器在±45°处来回振荡。此时，取出试管，仪器即自动转回零位。此时可稀释样品后重测。

⑧ 仪器使用完毕后，应关闭光源、电源开关。

⑨ 每次测量前，请校零。如有误差，请按“清零”键。

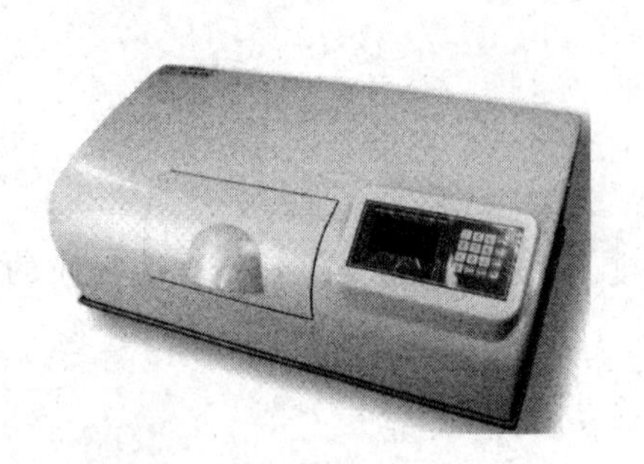

图 2-28　WZZ-3 型数字式旋光仪

图 2-29　PXS-270 型离子计

2.5.7 离子计

离子计是一种能精密测量溶液中离子浓度的电化学分析仪器。（图 2-29）操作简单方便，可直接显示氟离子浓度值。因此只需要在测量前，用标准溶液对氟离子浓度计进行校准即可。

（1）原理　当氟电极与含氟的试液接触时，电池的电动势（E）随溶液中氟离子活度的变化而改变（遵循 Nernst 方程）。当溶液的总离子强度为定值且足够时，服从下述关系式：

$$E=E^{\ominus}-\frac{2.303RT}{F}\lg c_{F^-}$$

E 与 $\lg c_{F^-}$ 成直线关系，$\frac{2.303RT}{F}$为该直线的斜率，亦为电极的斜率。

氟离子电极的测量范围：10^{-6}～10^{-1} mol·L^{-1} 氟离子浓度；温度范围：5～45℃；样品 pH 值：4～8。

（2）离子计的使用方法

① 开机。

② 功能设置。

③ 电极的标定：采用一点标定法或二点标定法。

④ pX 值的测量。

⑤ 电极电位（mV）的测量。

第3章

基础化学实验基本操作

3.1 玻璃仪器的洗涤、干燥与保管

3.1.1 玻璃仪器的洗涤

通常根据实验的要求、污染物的性质、仪器沾污的程度来选用洗涤方法。常用的洗涤方法如下：

① 刷洗　用水和毛刷刷洗，除去仪器上的灰尘、其他不溶性杂质和可溶性杂质。

② 用去污粉、洗衣粉或洗涤剂洗　洗去油污和有机物质。若油污和有机物质仍洗不干净，可用热碱液洗。

③ 用铬酸洗液洗　在进行精确的定量实验时，对仪器的洁净程度要求很高，所用仪器形状特殊，这时要用铬酸洗液洗。5%铬酸洗液配制方法是：将 25g 重铬酸钾固体在加热条件下溶于 50mL 水中，稍冷后，慢慢加入 450mL 浓硫酸，边加边搅拌，冷后装瓶备用。切勿将重铬酸钾溶液加到浓硫酸中。

铬酸洗液洗涤方法如下：

a. 将玻璃器皿用水或洗涤剂洗刷一遍。尽量把器皿内的水去掉，以免冲稀洗液。

b. 将洗液倒入待洗容器，反复浸润内壁，使污物被氧化溶解。

c. 将洗液倒回原瓶内，以便重复使用。

d. 洗液瓶的瓶塞要塞紧，以防洗液吸水失效。

如果用洗液先将仪器浸泡一段时间，或用热的洗液洗，则效果更好。

使用铬酸洗液时必须注意以下几点：

a. 绝不允许将毛刷放入洗液中刷洗。

b. 使用后的洗液应倒回原来瓶内，可以反复使用直至失效为止。新配制的洗液为红褐色，氧化能力很强。当洗液用久后变为黑绿色，即说明洗液无氧化洗涤力。

c. 洗液具有很强的腐蚀性，会灼伤皮肤和破坏衣物。若不慎把洗液洒在皮肤、衣物或实验桌上，应立即用水冲洗。

d. Cr(Ⅵ) 有毒，若将残液排放至下水道，会污染环境，造成危害，要尽量避免使用。若使用时，清洗器壁的第一、第二次残液回收处理，不要直接排放至下水道。处理方法是加入 $FeSO_4$，使 Cr(Ⅵ) 还原成无毒的 Cr(Ⅲ) 再排放。

用厨用洗洁精代替铬酸洗液刷洗分析仪器，可以得到很好的效果。厨用洗洁精是一种以非离子型表面活性剂为主要成分的中性洗液，具有较强的去污去油能力。使用时配成1%～2%的溶液，按常规方法洗涤。

④ 用盐酸-乙醇溶液洗　将盐酸和乙醇按 1∶2 体积比进行混合，此洗涤液主要用于洗涤被染色的吸收池、比色管、吸量管等。洗涤时最好将器皿在此液中浸泡一定时间，然后再用水冲洗。

⑤ 用浓 HCl 洗　可以洗去附着在器壁上的氧化剂，如二氧化锰。大多数不溶于水的无机物都可洗去，如灼烧过沉淀物的瓷坩埚，可先用热 HCl（1∶1）洗，再用铬酸洗液洗。

⑥ 用氢氧化钠的高锰酸钾溶液洗　可以洗去油污和有机物，洗后在器壁上留下的二氧化锰沉淀可再用浓盐酸洗。

⑦ 其他洗涤方法　除上述方法外，还可根据污物的性质选用适当试剂。如 AgCl 沉淀，可用氨水洗涤；硫化物沉淀可用硝酸加盐酸洗涤。

玻璃器皿洗净的标志是：器皿倒置，水顺着器壁流下，内壁被水均匀润湿，有一层既薄又均匀的水膜，不挂水珠。

3.1.2 玻璃仪器的干燥

① 晾干　不急用的仪器，洗净后可倒挂在干净的实验柜内或仪器架上，自然干燥。

② 烘箱烘干　将洗净的仪器水分尽量倒干后，仪器口朝下放进烘箱内，在烘箱最下层放一搪瓷盘，盛接从仪器上滴下来的水，以免水滴到电热丝上，损坏电热丝。厚壁玻璃仪器，如吸滤瓶以及有刻度的仪器，如量筒，不宜在烘箱中干燥。少量玻璃仪器可在红外干燥箱中干燥。

③ 烤干　一些常用的烧杯、蒸发皿等可放在石棉网上，用小火烤干。试管可用试管夹夹住，在火焰上来回移动，直至烤干，但必须使管口低于管底，以免水珠倒流至试管灼热部分，使试管炸裂，待烤到不见水珠后，将试管口朝上赶尽水汽。

④ 气流烘干　试管、量筒、烧瓶等适合于在气流烘干器上烘干。

⑤ 电吹风吹干　若仪器急需干燥，可用吹风机吹干。对一些不能受热的容量器皿可用冷风吹干。

⑥ 用有机溶剂干燥　带有刻度的计量仪器，不能用加热的方法进行干燥，因为加热会影响仪器的精密度。可以加一些易挥发的有机溶剂（如酒精或1∶1酒精丙酮溶液）到洗净的仪器中，倾斜并转动仪器，使器壁上的水与这些有机溶剂互相溶解混合，然后倾出，少量残留在仪器中的混合物，很快就挥发而干燥。若用吹风机向仪器中吹风，则干得更快。

3.1.3 玻璃仪器的保管

① 仪器应按种类、规格顺序存放，并尽可能倒置，既可自然干燥，又能防尘。如烧杯可直接倒扣在实验柜内，可在柜子的隔板上钻孔，将锥形瓶、烧瓶、量筒等仪器倒插于孔中，或插在木钉上。

② 实验用完的玻璃仪器要及时洗净干燥，放回原处。

③ 移液管洗净后置于防尘的盒中或移液管架上。

④ 滴定管用后洗干净，注满蒸馏水，上盖玻璃短管或塑料套管；也可倒置夹于滴定管夹上。

⑤ 比色皿用毕洗净，倒放在铺有滤纸的小磁盘中，晾干后放在比色皿盒中。

⑥ 带磨口塞的仪器，如容量瓶、比色管等，在清洗前用细棉线把瓶塞拴好，以免瓶塞混错而漏水。需要长期保存的磨口玻璃仪器要在塞间垫一片纸，以免日久粘住。

⑦ 成套仪器如索氏提取器、凯氏定氮仪等，用完后立即洗净，成套放在专用的包装盒中保存。

3.2 基本度量仪器的使用方法

3.2.1 量筒和量杯

量筒和量杯（图3-1）是基础化学实验中经常使用的度量液体体积的量器。量筒分为量出式和量入式两种，实验室普遍使用的是量出式。量入式带有磨口塞，用途和用法同容量瓶类似，其精度介于容量瓶和量出式量筒之间，在实验中用得不多。量杯的精度又不及量筒。量筒和量杯都不能用作精密测量的容器，只能用来测量液体的大致体积。

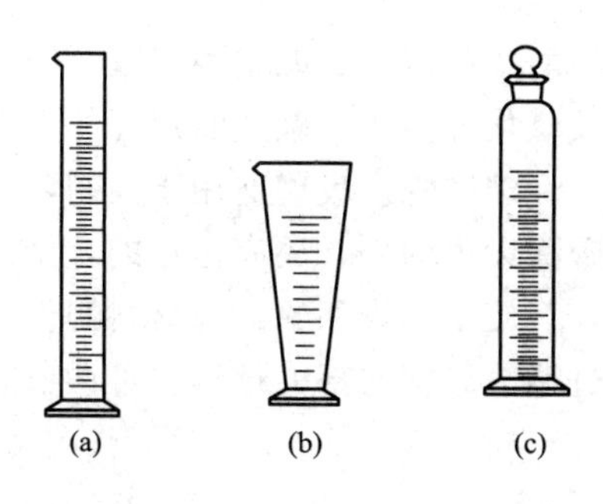

图 3-1　量出式量筒（a）、量杯（b）和量入式量筒（c）

市售量筒（杯）有 5mL、10mL、25mL、50mL、100mL、500mL、1000mL 等各种规格。量取液体（图 3-2）体积时，要选用大小合适的量筒。一般来说，在保证量出液体体积的前提下，尽量选择量程最小的量筒，否则会造成较大误差。读数（图 3-3）时，视线与量筒内液面最凹处（半月形弯曲面）处于同一水平线上。

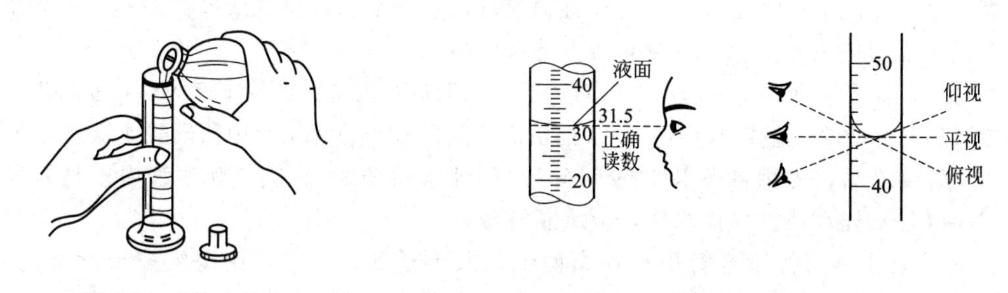

图 3-2　液体的量取　　　　图 3-3　量筒的读数

量筒不能用作反应容器，不能量取热液体。不能对量筒进行加热，受热条件下，量筒非常容易破裂。量筒易倾倒而损坏，用时应放在台面中间，用后放在平稳处。

3.2.2　滴定管

滴定管（图 3-4）是滴定分析时准确测量放出的溶液体积的量器。常量分析中最常用的是 50mL 滴定管，其最小分度值为 0.1mL，读数可估计到 0.01mL。此外，还有容积为 10mL、5mL、2mL 和 1mL 的半微量和微量滴定管，最小分度值为 0.05mL、0.01mL 或 0.005mL。

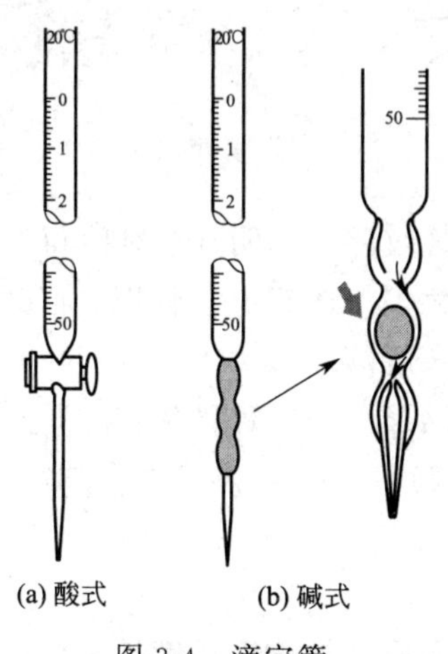

图 3-4　滴定管

按用途不同，滴定管可分为酸式滴定管和碱式滴定管。酸式滴定管用玻璃磨口活塞控制溶液流量，可装入酸性、中性及氧化性溶液。碱式滴定管的下端连接一段放有玻璃珠的橡皮管，橡皮管的下端再连接一支尖嘴玻璃管。玻璃珠用于控制溶液的流量。碱式滴定管可盛碱性溶液和无氧化性溶液。滴定管除无色的外，还有棕色的，用以装见光易分解的溶液。

实验室使用的新型滴定管，其旋塞用聚四氟乙烯材料制作。聚四氟乙烯旋塞弹性好、耐腐蚀、密封性好。如漏水，通过调节旋塞尾部的螺帽，可调节旋塞与旋塞套的紧密度，因而此类滴定管不用涂凡士林。

(1) 酸式滴定管的准备

① 检查与清洗　检查玻璃活塞是否配套紧密，如不紧密，并有漏水现象，不宜使用。根据实验要求、污物性质和沾污程度来进行清洗。常用的清洗方法为：a. 首先用自来水冲洗。b. 若污物洗不掉，改用合成洗涤剂洗。c. 若还不能洗净时，可用铬酸洗液洗涤。方法是：关闭活塞，倒入 10～15mL 铬酸洗液于酸式滴定管中，一手拿住滴定管上端无刻度处，另一手拿住活塞上端无刻度处，边转动边将洗液向管口一头倾斜（防止活塞脱落），逐渐端平滴定管，让洗液布满全管。然后竖直滴定管，打开活塞，将洗液放回原瓶中。如果内壁污染严重，改用热洗液浸泡一段时间后再洗涤干净。

总之，要根据具体情况选用有针对性的洗涤剂进行清洗。如管壁有 MnO_2 沉淀时，可用亚铁盐溶液进行冲洗。盛装 $AgNO_3$ 标准溶液后产生的棕黑色污垢要用稀硝酸或氨水清洗。

污物清洗后，先用自来水冲洗干净，再用纯水润洗 3～4 次。观察管内壁是否完全被水均匀润湿且不挂水珠。如挂水珠，应重新洗涤。

② 涂凡士林　将滴定管平放在桌面上，取出活塞，洗净，用滤纸擦干活塞及活塞槽。将滤纸卷成小卷，插入活塞槽进行擦拭，用食指蘸少许凡士林在活塞孔两边均匀地、薄薄地涂上一层，活塞中间有孔的部位及孔的近旁不能涂，如图 3-5 所示。将涂好凡士林的活塞放入活塞槽中（不能转动插入）。将活塞按紧后向同一方向不断转动，直到从外面观察油膜均匀透明为止。旋转时，应有一定的挤压力，以免活塞来回移动，使孔受堵，如图 3-6 所示。

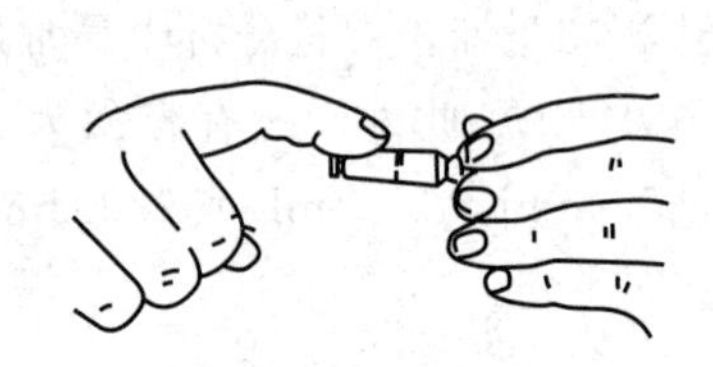

图 3-5　涂凡士林

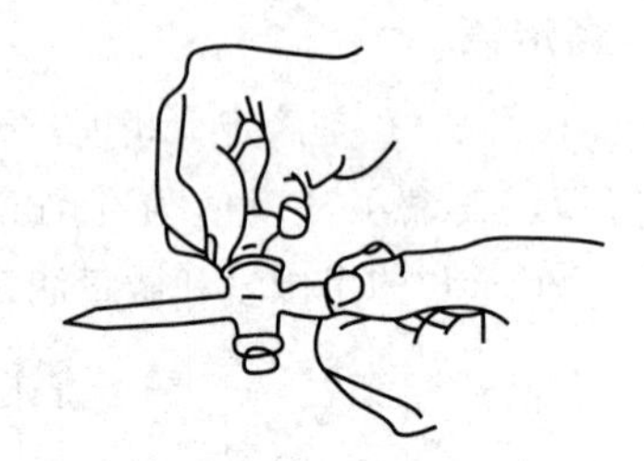

图 3-6　转动活塞

若发现活塞转动不灵活或出现纹路，说明凡士林涂得不够；如果凡士林从活塞缝隙溢出或挤入活塞孔，说明凡士林涂得太多。遇到上述情况，必须重新涂凡士林。涂好凡士林后，在活塞小头上套橡皮圈，防止活塞脱落。

③ 检漏　在滴定管中装自来水至“0”刻度以上，垂直固定在滴定管夹上静置约 2min，观察有无水滴漏下。然后将活塞旋转 180°，再检查。如漏水，应该拔出旋塞，用滤纸将活塞和活塞槽擦干后重新涂凡士林。

(2) 碱式滴定管的准备

检查下端橡胶管是否老化、变质，橡皮管长度是否合适。橡胶管不宜过长，否则滴定管内液位高时橡胶管膨胀会影响读数。检查玻璃珠的大小是否合适。玻璃珠过大，不便操作，过小会漏液。玻璃珠不合要求，应及时更换。要达到既不漏液，又能灵活控制滴液速度的目的。碱式滴定管检漏的方法：将滴定管装满水后垂直固定在滴定管夹上静置 2min，观察是否漏液。若不漏即可使用；若漏液，需更换玻璃珠或橡胶管。

碱式滴定管的洗涤方法和酸式滴定管基本相同。如需用铬酸洗液时，不能让铬酸洗液接触橡胶管。

（3）润洗与装液

① 润洗　用滴定液润洗滴定管 3～4 次，每次用 10～15mL。两手平持滴定管，边转动边倾斜管身，使滴定液洗遍全部内壁。从管口放出部分滴定液，然后打开活塞冲洗管尖，尽量放净残留液。对于碱式滴定管，玻璃珠下方部位要仔细润洗。

② 装液　润洗滴定管后，左手前三指持滴定管上部无刻度处使刻度面向手心，将滴定管稍微倾斜，右手拿试剂瓶将滴定液直接倒至“0”刻度以上。

（4）排气泡

装满滴定液后检查管尖是否充满溶液。若有气泡，对于酸式滴定管，一手持滴定管使其倾斜约 30°，另一只手迅速打开旋塞，溶液快速冲出将气泡带走；对于碱式滴定管，可把橡胶管向上弯曲，让尖嘴斜向上，挤捏玻璃珠右上方，使溶液和气泡从尖嘴管口喷出，如图 3-7 所示。气泡排完后，再补充滴定液至“0”刻度附近。

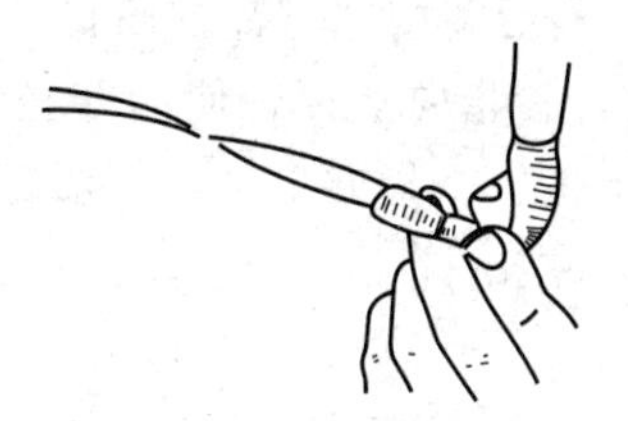

图 3-7　碱式滴定管排气泡

（5）读数

做到准确读数，要注意以下几点：

① 滴定管上的最小刻度为 0.1mL，读数时需估读一位，要读到 0.01mL。

② 读数时滴定管要垂直：静置 2min 后，将滴定管从滴定管夹上取下，用右手大拇指和食指捏住滴定管上端无刻度或无溶液处，使滴定管保持自然垂直状态，然后读数。

③ 读数时视线要水平：无色或浅色溶液应读取弯月面的最低点，即读取视线与弯月面相切的刻度。视线不水平会使读数偏低或偏高，如图 3-8(a) 所示。深色溶液如 $KMnO_4$ 溶液等，应读取视线与液面两侧最高点平齐的刻度，如图 3-8(b) 所示。初读数与终读数应用同一标准。

④“蓝白线”滴定管读数：“蓝白线”滴定管是白色衬背上标有蓝线的滴定管。无色溶液读数时，以 2 个弯月面相交的最尖部分为准，如图 3-8(c) 所示，当视线与此点水平时即可读数。深色溶液读数时仍取视线与液面两侧最高点相齐的刻度。

⑤ 读数卡的用法：在滴定管背面衬上一黑白两色卡片，中间部分为 3cm×1.5cm 的黑纸，如图 3-8(d) 所示。读数时将卡片放在滴定管的背后，使黑色部分在弯月面下约 1mm 处。此时可看到弯月面反射层全部成为黑色，这时弧形液面界线十分清晰，易于读取黑色弯月面下缘最低点的刻度。

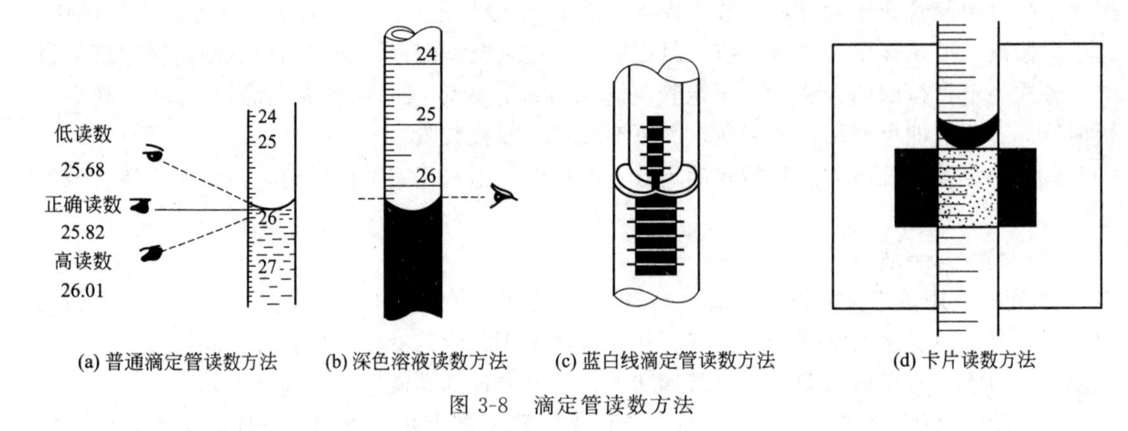

(a) 普通滴定管读数方法　(b) 深色溶液读数方法　(c) 蓝白线滴定管读数方法　(d) 卡片读数方法

图 3-8　滴定管读数方法

因读数不准而引起的误差，是滴定分析误差的主要来源之一。因此一定要做到正确、准确读数。

(6) 滴定操作

① 酸式滴定管　将滴定管垂直固定在右边的滴定管夹上，活塞柄向右。左手从滴定管后向右伸出，拇指在滴定管前，食指和中指在管后，三个指头平行地轻轻控制活塞旋转，并向左轻轻扣住（手心切勿顶住活塞，以免漏液），无名指及小拇指向手心弯曲并向外顶住活塞下面的玻璃管，如图 3-9 所示。当活塞按逆时针方向转动时，拇指移向活塞柄靠身体的一端（与中指在一端），拇指向下按，食指向上顶，使活塞轻轻转动。活塞按顺时针方向转动时，拇指移向食指一端，拇指向下按，中指向上顶，使活塞轻轻转动。注意转动时中指和食指不能伸直，应微微弯曲以做到向左扣住。

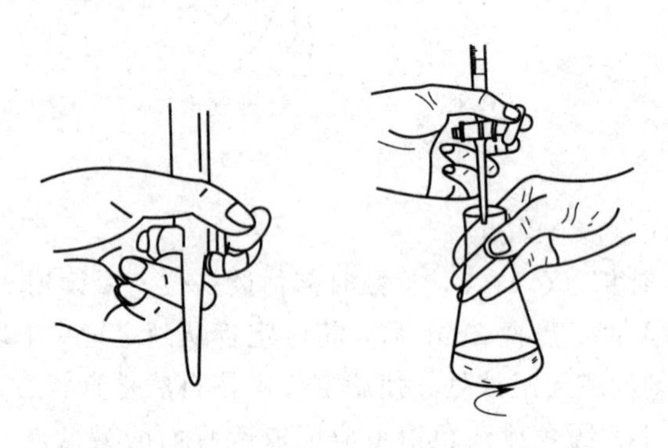

图 3-9　酸式滴定管的操作和左手旋转活塞法

② 碱式滴定管：左手拇指和食指挤橡胶管内的玻璃珠，无名指和小指夹住尖嘴玻管，向外侧挤压橡皮管，将玻璃珠移至手心一侧，在玻璃珠旁形成空隙使溶液流下［图 3-10 (a)］。注意：不要用力捏玻璃珠，也不要上、下挤玻璃珠，尤其不要挤玻璃珠下面的橡胶管，避免空气进入橡胶管形成气泡带来读数误差。

③ 滴定（图 3-10）　滴定一般在锥形瓶或烧杯中进行。滴定时，滴定管的尖嘴要伸入锥形瓶或烧杯 1～2cm 深处。若用烧杯，滴定管尖嘴应靠在烧杯内壁上，以防溶液溅出。若用锥形瓶，右手拿锥形瓶颈部，距离滴定台面约 1cm。滴定时，左手控制活塞或挤玻璃珠调节溶液流速。右手持锥形瓶，向同一方向做圆周运动（在烧杯中滴定用玻璃棒搅拌）。滴定接近终点时，应放慢速度，一滴一滴加入，最后要半滴半滴加入，每加一滴（或半滴）充分摇

匀，仔细观察滴定终点溶液颜色的变化情况。

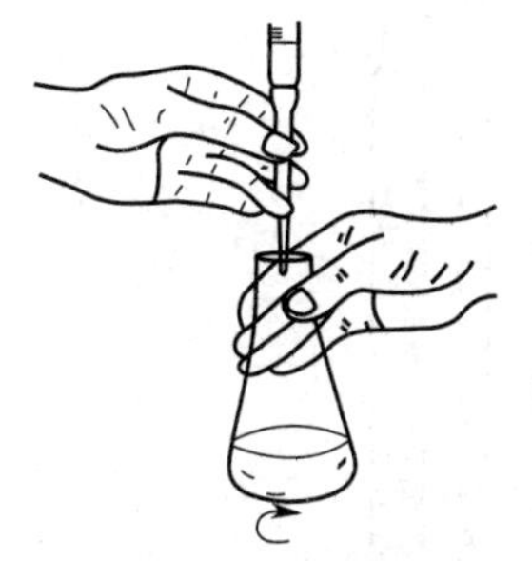

(a) 碱式滴定管的操作

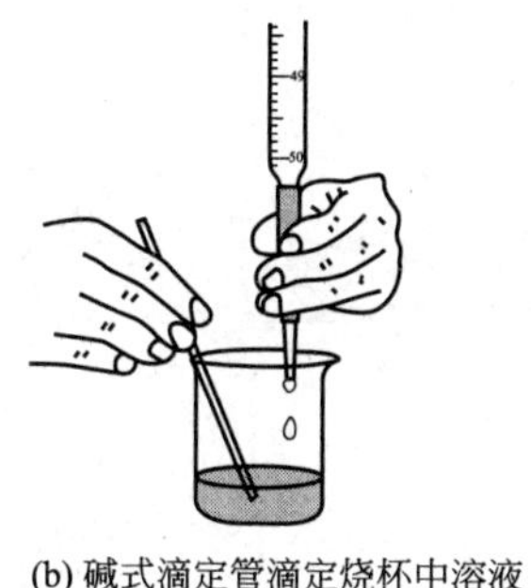

(b) 碱式滴定管滴定烧杯中溶液

(c) 碘量瓶的滴定
(把玻璃塞夹在右手的中指和无名指中间)

图 3-10　滴定的操作

④ 熟练掌握控制溶液流速的三种方法　连续式滴加，即“见滴成线”，控制滴定速度每秒 3～4 滴，即每分钟约 10mL，不能滴成“流水成线”；间隙式滴加，能自如控制溶液一滴一滴地加入；半滴滴加，悬而不落，只加半滴，甚至不到半滴的方法，做到控制滴定终点恰到好处。

⑤ 滴定操作注意事项

a. 滴定前调零　每次滴定最好从 0.00mL 开始，或不超过 1.00mL。这样每次滴定所用溶液基本在滴定管的同一部位，可以抵消内径不一或刻度不均匀引起的误差。

b. 控制滴定速度　根据反应情况控制滴定速度，尤其近终点时要一滴一滴或半滴半滴地滴加。

c. 摇动或搅拌　摇动锥形瓶时，应微动腕关节，使溶液向同一个方向旋转，而不能前后振荡。玻璃棒搅拌烧杯溶液也应向同一方向划弧线，不得碰击烧杯壁。

d. 正确判断终点　滴定时，应仔细观察溶液落点周围溶液颜色的变化，而不是看滴定管上体积的变化。

e. 两个半滴处理　滴定前悬挂在滴定管尖上的半滴溶液应去掉。滴定完应使悬挂的半滴溶液沿锥形瓶壁流入瓶内，并用洗瓶冲洗锥形瓶颈内壁。若在烧杯中滴定，应用玻璃棒碰接悬挂的半滴溶液，然后将玻璃棒伸入溶液中搅拌。

(7) 滴定结束　将滴定管中剩余溶液回收到指定容器中。洗干净后装满纯水，上盖玻璃短管或塑料套管，固定在滴定管夹上备用；也可倒置夹于滴定管夹上。

3.2.3　移液管和吸量管

移液管（图 3-11）是准确移取一定体积液体的量器。它的中间有一膨大部分（称为球部），上下两段细长。上端刻有环形标线，球部标有容积和温度。常用的移液管有 5mL、10mL、20mL、25mL、50mL 等多种规格。

吸量管（图 3-12）是具有分刻度的玻璃管，又称刻度移液管。常用的吸量管有 1mL、2mL、5mL、10mL 等。用它可以吸取标示范围内所需任意体积的溶液，但取满刻度时准确度不如移液管。

(1) 洗涤　移液管或吸量管的洗涤应达到管内壁和其下部的外壁不挂水珠。

先用水洗，若达不到洗涤要求时，将移液管插入洗液中，用洗耳球慢慢吸取洗液至管内容积 1/3 处，用食指按住管口把管横过来，转动移液管，使洗液布满全管。稍停片刻后将洗

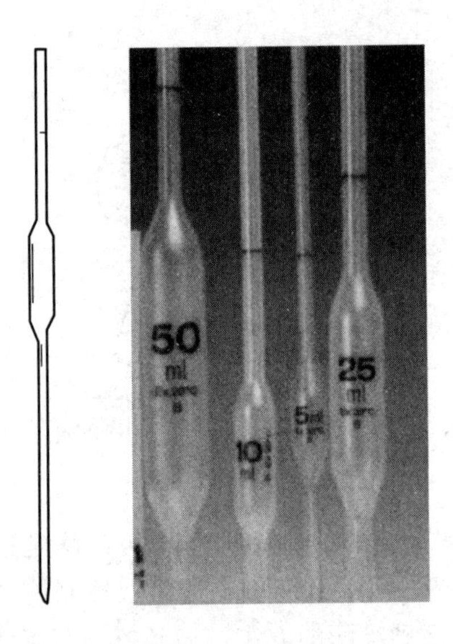

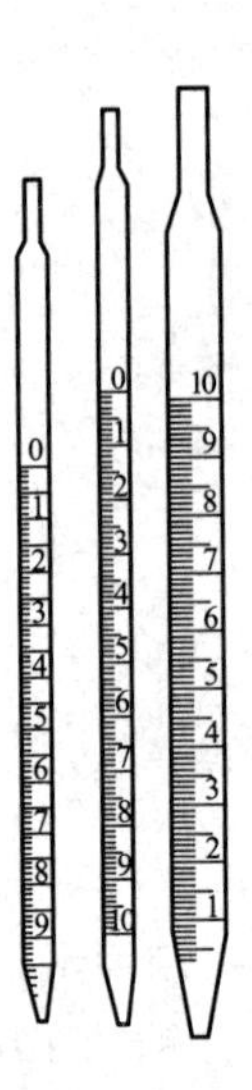

图 3-11　移液管

图 3-12　吸量管

液放回原瓶。如果内壁沾污严重，可把移液管放在高型玻璃筒或量筒中用洗液浸泡 20min 左右（或数小时），然后用自来水冲洗、纯水润洗 3～4 次，润洗的水从管尖放出，最后用洗瓶吹洗管的外壁。

（2）润洗　为保证移取的溶液浓度不变，先用滤纸将移液管尖内外的水吸净，然后用少量被移取的溶液润洗三次，勿使溶液回流，以免稀释溶液。

（3）移液　右手大拇指和中指拿住管颈标线的上部，将移液管下端垂直伸入液面下 1～2cm 深处。左手轻压洗耳球空气后，对准移液管口，慢慢松开洗耳球，使溶液吸入管中，随着液面的下降，移液管应逐渐下移，如图 3-13(a) 所示。当溶液上升到高于标线时，移去洗耳球，立即用食指按住管口。将移液管离开液面，管尖靠在器壁上，稍微放松食指，同时轻轻转动移液管，使液面缓慢下降，当溶液弯月面与标线相切时，立即按紧食指使溶液不再

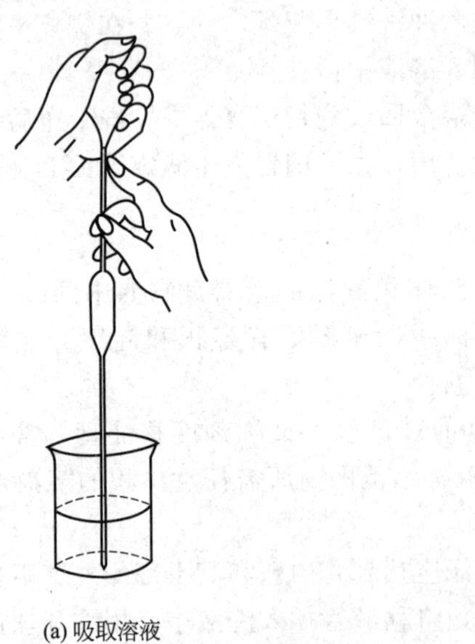

图 3-13　移液管的操作

流出。把管尖靠在接收容器内壁上，接收容器倾斜至和实验台面成45°而移液管直立。松开食指让溶液自由流出，如图3-13(b) 所示。待溶液全部流出后再停顿15s左右，然后将移液管顺同一方向转动两周后取出移液管。勿将残留在尖嘴内的溶液吹入接收容器中，因校准移液管时，没有把这部分体积计算在内。如移液管上标有“吹”字样时，则一定要将残留在管尖的溶液吹入接收容器中。

吸量管的操作方法同上。使用吸量管时，通常是使液面从吸量管的最高刻度降到某一刻度，两刻度之间的体积差即为所需体积。在同一实验中尽可能使用同一吸量管的同一部位。

3.2.4 容量瓶

容量瓶是一种细颈梨形的平底玻璃瓶，带有磨口玻璃塞或塑料塞，颈部刻有环形标线。一般表示在20℃时充至标线时，溶液体积为一定值。常用的容量瓶规格有25mL、50mL、100mL、250mL、500mL和1000mL等。瓶上标有“In”字样，属于量入式量器。

容量瓶主要用于配制准确浓度的溶液或定量地稀释溶液。

(1) 检查是否漏水　加自来水至标线附近，盖好瓶塞。左手食指按住瓶塞，其余手指拿住瓶颈标线以上部位。右手指尖托住瓶底边缘，如图3-14(a) 所示。将瓶倒立2min，如不漏水，将瓶直立，转瓶塞180°后，再倒立2min，仍不漏水方可使用。

(2) 检查刻度标线距离瓶口是否太近　如果刻度标线离瓶口太近，则不便混匀溶液，不宜使用。

(3) 洗涤　先用少量洗液润洗，再用自来水洗三次，最后用纯水洗三次。

(4) 配制溶液　将准确称量置于小烧杯中的固体试剂，用少量纯水或其他溶剂将其完全溶解后再定量转移至容量瓶中。转移时，右手拿玻璃棒悬空伸入容量瓶内，玻璃棒下端靠在瓶颈内壁，左手拿烧杯，使烧杯嘴紧靠玻璃棒，使溶液沿玻璃棒流入容量瓶中，如图3-14(b) 所示。溶液流完后，将烧杯轻轻沿玻璃棒向上提起使附着在玻璃棒和烧杯嘴之间的液滴回到烧杯中（玻璃棒不要靠在烧杯嘴一边），同时使烧杯直立。用少量溶剂冲洗玻璃棒和烧杯内壁，再将溶液同样转入容量瓶中。重复操作4～5次，以保证定量转移。然后补充溶剂至容积的2/3处时，用右手食指和中指夹住瓶塞扁头，将容量瓶拿起，向同一方向摇动几周使溶液初步混匀（切勿盖瓶塞或倒置容量瓶）。继续加溶剂至标线下1cm左右，等1～2min待附在瓶颈内壁的溶液流下后，再用纯水瓶或细长滴管滴加溶剂恰至弯月面下缘与刻

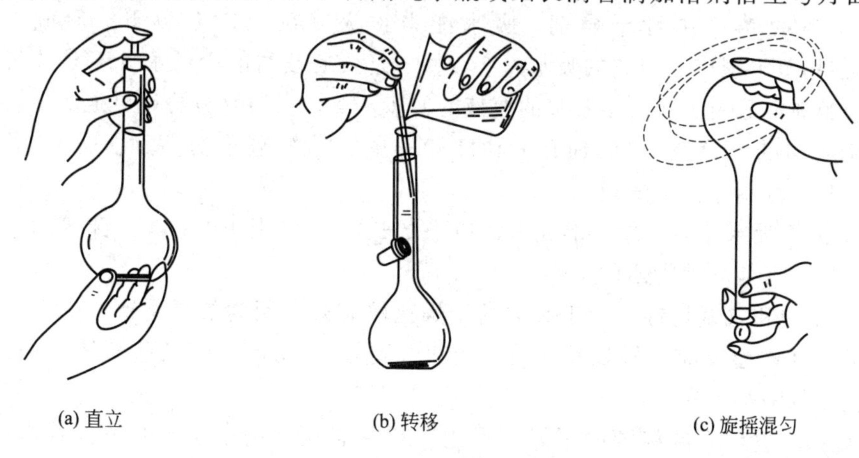

图3-14　容量瓶的操作

度标线相切。盖紧瓶塞，将容量瓶倒置，使气泡上升到顶。振摇几次再倒转过来，如此反复10次左右，使瓶内溶液充分混合均匀，如图3-14(c)所示。

稀释溶液时，用移液管准确移取一定体积的溶液于容量瓶中，加溶剂至刻度标线，按上述方法混匀溶液。容量瓶不能长期存放配好的溶液。溶液如需保存，应转移到清洁、干燥的磨口试剂瓶中。容量瓶用毕后应立即用水冲洗干净。如长期不用，磨口处应洗净擦干，并用纸片将磨口隔开。容量瓶不得在烘箱中烘烤，也不能用其他任何方法加热。

3.3 物质的干燥

3.3.1 液体的干燥

在有机化学实验中，在蒸掉溶剂和进一步提纯所提取的物质之前，常常需要除掉溶液或液体中含有的水分，一般可用某种无机盐或无机氧化物作为干燥剂来达到干燥的目的。

(1) 干燥剂的分类

① 能和水结合成水合物的干燥剂，如氯化钙、硫酸镁和硫酸钠等。

② 能和水起化学反应，形成另一种化合物的干燥剂，如五氧化二磷、氧化钙等。

③ 能吸附水的干燥剂，如分子筛、硅胶等。

(2) 干燥剂的选择

选择干燥剂时，首先必须考虑干燥剂和被干燥物质的化学性质。能和被干燥物质起化学反应的干燥剂，通常是不能使用的。干燥剂也不应该溶解在被干燥的液体里。其次还要考虑干燥剂的干燥能力、干燥速度、价格和被干燥液体的干燥程度等。下面介绍几种最常用的干燥剂。

① 无水氯化钙　吸水能力大（在30℃以下形成$CaCl_2 \cdot 6H_2O$），便宜，在实验室中广泛使用。但它的吸水速度不快，因而干燥时间较长。

工业上生产的氯化钙往往还含有少量的氢氧化钙，因此这一干燥剂不能用于酸或酸性物质的干燥。同时氯化钙还能和醇、酚、酰胺、胺及某些醛和酯等形成配合物，所以也不能用于这些化合物的干燥。

② 无水硫酸镁　很好的中性干燥剂，价格不太贵，干燥速度快，可用于干燥不能用氯化钙来干燥的许多化合物，如某些醛、酯等。

③ 无水硫酸钠　中性干燥剂，吸水能力很大（在32.4℃以下，形成$Na_2SO_4 \cdot 10H_2O$），使用范围很广。但它的吸水速度较慢，且最后残留的少量水分不易被其吸收。因此，这一干燥剂常适用于含水量较多的溶液的初步干燥，残留水分再用更强的干燥剂来进一步干燥。硫酸钠的水合物（$Na_2SO_4 \cdot 10H_2O$）在32.4℃就会分解而失水，所以温度在32.4℃以上时不宜用它作干燥剂。

④ 碳酸钾　吸水能力一般（形成$K_2CO_3 \cdot 2H_2O$），可用于胺、酮、酯等的干燥；但不能用于酸、酚和其他酸性物质的干燥。

⑤ 氢氧化钠和氢氧化钾　用于胺类的干燥比较有效。因为氢氧化钠（或氢氧化钾）能和很多有机化合物起反应（例如酸、酚、酯和酰胺等），也能溶于某些液体有机化合物中，所以它的使用范围很有限。

⑥ 氧化钙　适用于低级醇的干燥。氧化钙和氢氧化钙均不溶于醇类，对热都很稳定，又均不挥发，故不必从醇中除去，即可对醇进行蒸馏。由于它具有碱性，不能用于酸性化合

物和酯的干燥。

⑦ 金属钠　用于干燥乙醚、脂肪烃和芳烃等。这些物质在用钠干燥以前，首先要用氯化钙等干燥剂把其中的大量水分去掉。使用时，金属钠要用刀切成薄片，最好用金属钠压丝机（图 3-15）把钠压成细丝后投入液体中，以增大钠和液体的接触面。常常通过加热回流促进除水速率。

图 3-15　金属钠压丝机

⑧ 分子筛（4A，5A）　用于中性物质的干燥。它的干燥能力强，一般用于要求含水量很低的物质的干燥。分子筛较贵，常常使用后在真空加热下活化，再重新使用。经常通过加热回流促进吸水速率。

各类有机化合物常用的干燥剂见表 3-1。

表 3-1　有机化合物常用的干燥剂

有机化合物	适用干燥剂
饱和烃类	CaH_2，$LiAlH_4$，分子筛
卤代烃类	P_2O_5，$CaCl_2$，Na_2SO_4，$MgSO_4$
醇类	CaO，K_2CO_3，Na_2SO_4，$MgSO_4$
醛类	Na_2SO_4，$MgSO_4$，硅胶
酮类	K_2CO_3，Na_2SO_4，$MgSO_4$，$CaSO_4$
醚类	Na，$CaCl_2$，CaH_2，$LiAlH_4$，Na_2SO_4，硅胶
酸类、酚类	P_2O_5，Na_2SO_4，$MgSO_4$，$CaSO_4$，硅胶
酯类	K_2CO_3，$CaCl_2$，Na_2SO_4，$MgSO_4$，CaH_2，硅胶
胺类	$NaOH$，KOH，K_2CO_3，Na_2SO_4，$MgSO_4$，硅胶
硝基化合物	$CaCl_2$，Na_2SO_4，$MgSO_4$，硅胶

（3）操作方法　将液体置于锥形瓶中，取适量的干燥剂小心加入液体中，然后塞上塞子，振摇片刻，以增加液固两相间的接触，促进干燥。放置一定时间后，将已干燥的液体通过置有折叠滤纸或一小团脱脂棉的漏斗，直接滤入烧瓶中进行蒸馏。对于某些干燥剂，如金属钠、氧化钙、五氧化二磷等，由于它们和水反应后生成比较稳定的产物，有时可不必过滤而直接进行蒸馏。

干燥剂的用量不能过多，否则由于固体干燥剂的表面吸附，被干燥物质会有较多的损失；如果干燥剂用量太少，则加入的干燥剂会溶解在所吸附的水中，在此情况下，可用吸管除去水层，再加入新的干燥剂。所用的干燥剂颗粒不要太大，但也不要呈粉状。颗粒太大，表面积减小，吸水作用不大；粉状干燥剂在干燥过程中容易成泥浆状，分离困难。

3.3.2 固体的干燥

固体在空气中自然晾干是最简便、最经济的干燥方法。把要干燥的物质先放在滤纸或多孔性的瓷板上面压干，再在一张滤纸上薄薄地摊开并覆盖起来，放在空气中慢慢地晾干。

烘干可以很快地使物质干燥。把要烘干的物质放在表面皿或蒸发皿中，置于水浴、沙浴或两层隔开的石棉网的上层烘干，也可置于恒温干燥箱或用红外线灯烘干。在烘干过程中，要注意防止过热。容易分解或升华的物质，最好放在干燥器或真空干燥器中干燥。如果烘干小量物质，可用图 3-16 所示的手枪式真空恒温干燥器干燥，手枪把内可装入合适的干燥剂。

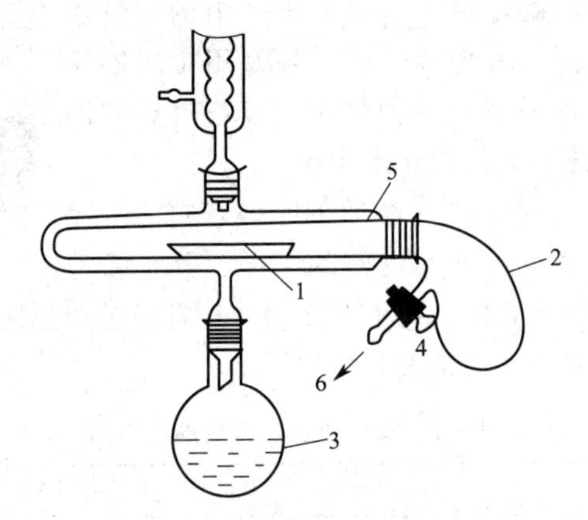

图 3-16 手枪式真空恒温干燥器

1—放样品小船；2—曲颈瓯（放干燥剂）；3—盛溶剂的烧瓶；4—活塞；5—夹层；6—接抽气泵

3.4 物质的分离与提纯

3.4.1 倾析法

倾析法是固液分离的方法之一，也称倾注法、倾泻法。如果沉淀的相对密度较大或晶体颗粒较大，静置后能较快沉降，常用倾析法分离和洗涤沉淀。操作时将沉淀上部的清液缓慢沿玻璃棒倾入另一容器中，如图 3-17。然后在盛沉淀的容器中加入少量洗涤液（如纯水），充分搅拌后静置，待沉淀沉降后倾去洗涤液，重复 2～3 次既可将沉淀洗净。

3.4.2 过滤法

过滤法是最常用的固液分离方法之一。当溶液和沉淀的混合物通过过滤器（如滤纸或玻璃砂芯漏斗）时，沉淀留在过滤器上，溶液通过过滤器流入另一容器中，过滤后的溶液称为滤液。

在实验时应根据具体要求选用合适类型和规格的滤纸，无机和有机实验中常选用定性滤纸，重量分析中常选用定量滤纸（或称无灰滤纸）。滤纸一般为圆形，按直径分有 11cm、9cm、7cm 等几种；按滤纸孔隙大小分“快速”“中速”和“慢速”3 种。根据沉淀的性质选择合适的滤纸，如 $BaSO_4$、$CaC_2O_4 \cdot 2H_2O$ 等细晶形沉淀，应选用“慢速”滤纸过滤；$Fe_2O_3 \cdot nH_2O$ 等胶状沉淀，应选用“快速”滤纸过滤；$MgNH_4PO_4$ 等粗晶形沉淀，应选用“中速”滤纸过滤。根据沉淀量的多少，选择滤纸的大小。沉淀的总体积不得超过滤纸锥体高度的 1/3，滤纸的大小与漏斗的大小相适应，一般滤纸上沿应低于漏斗上沿约 0.5～1cm。

图 3-17 倾析法过滤

常用的过滤方法有常压过滤、减压过滤和热过滤三种。

(1) 常压过滤（普通过滤） 常压过滤最为简便和常用，适用于胶体和细小晶体的过滤，其缺点是过滤速度较慢。一般是使用玻璃漏斗和滤纸进行过滤。

① 漏斗的选择　漏斗分长颈和短颈两种（图 3-18）。在质量分析时，须用长颈漏斗。长颈漏斗颈长为 15～20cm，颈的直径一般为 3～5mm，以便在颈内容易保留水柱，漏斗锥体角应为 60°，颈口处磨成 45°角。漏斗应洗干净后再使用。

② 滤纸的折叠　采用四折法将滤纸对折两次折叠成四层（图 3-19），展开成圆锥体。所得锥体半边为一层，另半边为三层。将半边为三层的滤纸外层撕下一小角，以便其内层滤纸紧贴漏斗。撕下的滤纸角保存在洁净而干燥的表面皿上（以备在重量分析中擦拭烧杯壁和玻璃棒上残留的沉淀）。将滤纸放入漏斗中，三层的一边应放在漏斗出口较短的一边，用食指按住三层一边，用洗瓶吹入少量蒸馏水将滤纸润湿。轻压滤纸，使它紧贴在漏斗壁上，并赶走气泡。然后加水至滤纸边缘，此时漏斗颈内应全部充满水，形成水柱。滤纸上的水全部流尽后，漏斗颈内的水柱应仍能保留，这样，由于液体的重力可起抽滤作用，加快过滤速度。若水柱没有形成，可用手指堵住漏斗下口，稍掀起滤纸的一边，用洗瓶向滤纸和漏斗间的空隙内加水，直到漏斗颈及锥体的一部分被水充满，然后边按紧滤纸边慢慢松开下面堵住出口的手指，此时应该形成水柱。如仍不能形成水柱，可能是漏斗形状不规范或者漏斗颈不干净。

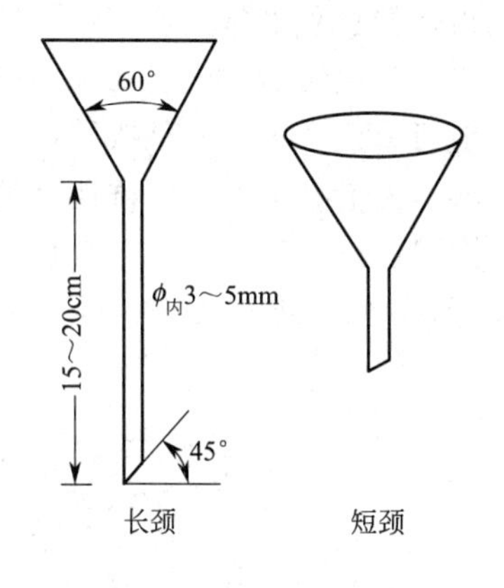

图 3-18　漏斗

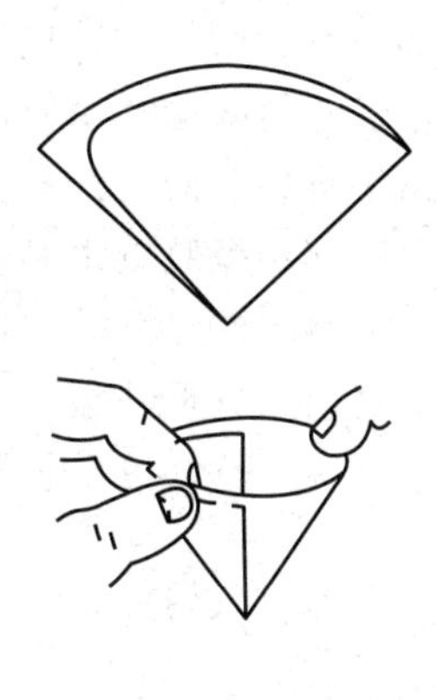

图 3-19　滤纸的折叠

③ 倾注法过滤沉淀　其操作方法如图 3-20 所示。将准备好的漏斗放在漏斗架上，漏斗颈下部尖端长的一边紧靠烧杯壁，将玻璃棒垂直对着滤纸三层的一边约 2/3 滤纸高度处，并尽可能接近滤纸，但不要接触滤纸，烧杯嘴贴紧玻璃棒，将上层清液沿玻璃棒倾入漏斗[图 3-20(a)]。注意漏斗中的液面不得高于滤纸高度的 2/3，以免部分沉淀可能因毛细作用越过滤纸上缘而损失。暂停倾注时，应将烧杯嘴沿玻璃棒向上提，逐渐扶正烧杯，使烧杯嘴的液滴流入烧杯[图 3-20(b)]。将玻璃棒放入烧杯中，此时玻璃棒不能靠在烧杯嘴上，因为此处可能沾有少量的沉淀。如此反复操作，尽可能将沉淀的上层清液转入漏斗中，而不将滤液搅混过滤，以防沉淀堵塞滤纸孔隙而影响过滤速度。

④ 沉淀的初洗　上层清液倾注完毕后，用洗瓶每次以少量洗涤液（10～15mL）吹洗烧杯内壁四周，使黏附着的沉淀进入烧杯底部，充分搅拌，待沉淀沉降后，再用倾注法将上层清液倾入漏斗中。如此洗涤沉淀 4～5 次，每次应尽可能把洗涤液倾倒尽，再加第二份洗涤液。

⑤ 沉淀的转移和洗涤　往烧杯中加适量的洗涤液，充分搅拌均匀。将沉淀和洗涤液一起沿玻璃棒注入漏斗滤纸上，如此重复操作 2～3 次，即可将大部分沉淀转移到滤纸上。然

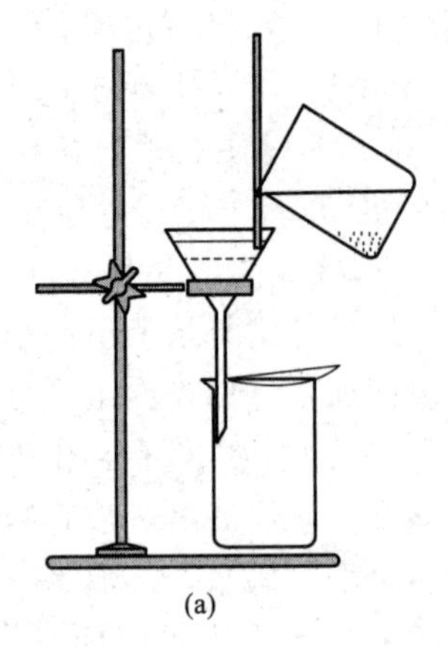
(a)

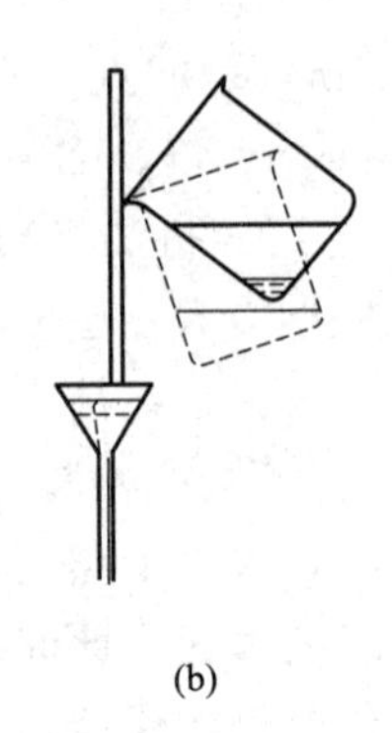
(b)

图 3-20　常压过滤

后将玻璃棒横放在烧杯口上，玻璃棒下端比烧杯口长出 2～3cm，左手食指按住玻璃棒，大拇指在前，其余手指在后，拿起烧杯，放在漏斗上方，倾斜烧杯使玻璃棒仍指向三层滤纸的一边，右手握住洗瓶冲洗烧杯壁上附着的沉淀，使之全部转移至漏斗中，如图 3-21 所示。最后用保存的小块滤纸擦拭玻璃棒，再放入烧杯中，用玻璃棒压住滤纸进行擦拭。擦拭后的滤纸块，用玻璃棒拨入漏斗中，用洗涤液再冲洗烧杯，将残存的沉淀全部转入漏斗中。有时也可用淀帚擦洗烧杯上的沉淀，然后洗净淀帚。淀帚一般可自制：剪一段乳胶管，一端套在玻璃棒上，另一端用橡胶胶水黏合，用夹子夹扁晾干即成。然后在滤纸中用洗瓶将洗涤液以螺旋形从上往下移动洗涤沉淀（图 3-22）几次，直至沉淀洗涤干净。洗涤应遵循“少量多次”的原则，每次螺旋形洗涤时，用尽量少的洗涤液将沉淀集中到滤纸的底部（图 3-23），沥后，再洗第二次，这样可以提高洗涤效果。

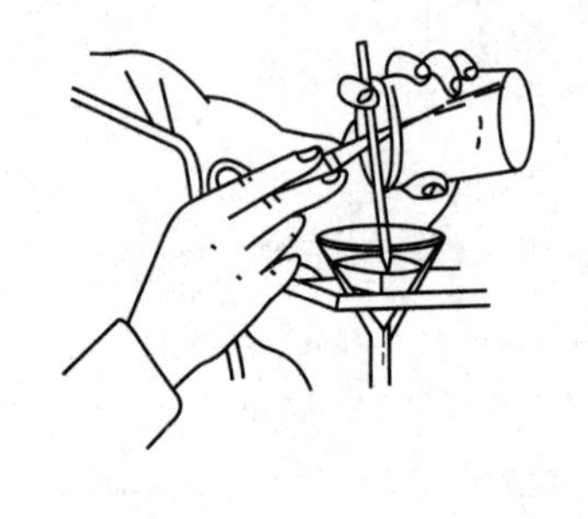
图 3-21　沉淀的转移

图 3-22　沉淀的洗涤

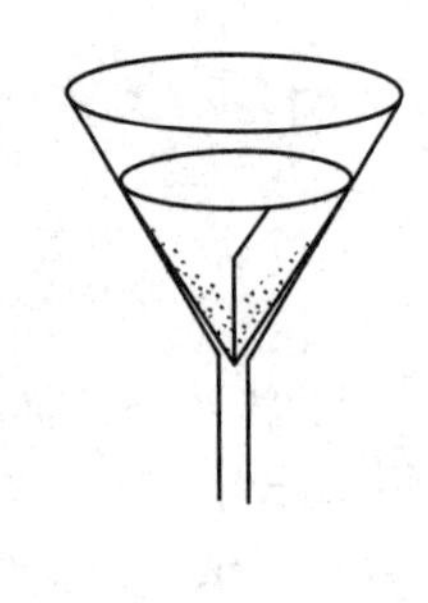
图 3-23　沉淀集中到滤纸底部

（2）减压过滤（抽滤或吸滤）　此方法过滤速度快，沉淀抽得较干，适合大量溶液与沉淀的分离。不宜过滤细小颗粒沉淀和胶体沉淀，因小颗粒沉淀易堵塞滤纸或滤板口，而胶体沉淀易透滤。

减压过滤装置包括：布氏漏斗、吸滤瓶、安全瓶和减压泵，如图 3-24。

布氏漏斗管下端的斜面朝向吸滤瓶支管（图 3-25）。滤纸应剪成比漏斗的内径略小，但能完全盖住所有的小孔。过滤时，应先用溶剂把平铺在漏斗上的滤纸润湿，然后开动水泵，使滤纸紧贴在漏斗上。小心地把要过滤的混合物倒入漏斗中，使固体均匀地分布在整个滤纸面上，一直抽到几乎没有液体滤出为止。为了尽量把液体除净，可用玻璃瓶塞压挤滤饼。

在漏斗上洗涤滤饼的方法：把滤饼尽量地抽干、压干，拔掉抽气的橡皮管（或打开安全

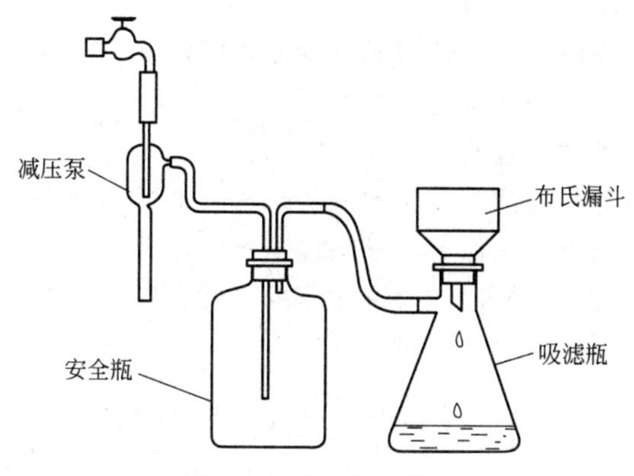

图 3-24　减压过滤装置

瓶上的阀门）通大气，恢复常压，把少量溶剂均匀地洒在滤饼上，以溶剂刚好盖住滤饼为宜。静置片刻，让溶剂渗透滤饼，待有滤液从漏斗下端滴下时，重新抽气，再把滤饼抽干、压干。这样反复几次，就可把滤饼洗净。必须记住：在停止抽滤时，应先拔去橡皮管（或将安全瓶上的玻璃阀打开）通大气，然后关闭水泵。取下漏斗倒扣在清洁的滤纸或表面皿上，轻轻敲打漏斗边缘，或用右手“拍击”左手，或用洗耳球吹漏斗下口，使滤饼脱离漏斗而倾入滤纸或表面皿上。滤液从吸滤瓶的上口倒入洁净的容器中，不可从侧面的支管倒出，以免污染滤液。

强酸性或强碱性溶液过滤时，应在布氏漏斗上铺玻璃布、涤纶布或氯纶布来代替滤纸。

有些沉淀不能与滤纸一起灼烧，因其易被还原，如 AgCl 沉淀。有些沉淀不需灼烧，只需烘干即可称量，如丁二肟镍沉淀、磷钼酸喹啉沉淀等，但也不能用滤纸过滤，因为滤纸烘干后，重量改变很多。在这些情况下，应该用微孔玻璃漏斗（或坩埚）过滤，如图 3-26 所示。

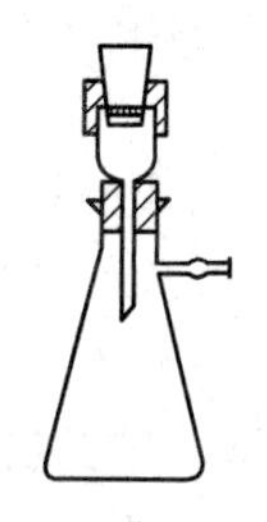

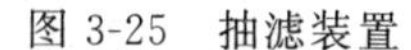

图 3-25　抽滤装置

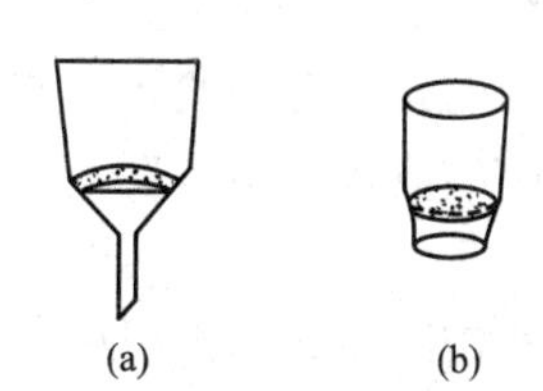

图 3-26　微孔玻璃漏斗（a）和微孔玻璃坩埚（b）

微孔玻璃漏斗（或坩埚）的滤板是用优良的硬质高硼玻璃粉末在高温熔结而成的。按照微孔的孔径，由大到小分为六级，G1～G6（或称 1～6 号）。1 号的孔径最大（80～120μm），6 号孔径最小（2μm）。定量分析中常用（G3～G5）号过滤细晶形沉淀。使用此类滤器时，需用减压过滤法。

微孔玻璃漏斗（或坩埚）在使用前，先用强酸（HCl 或 HNO_3）处理，再用水洗净。洗涤时在吸滤瓶瓶口配一块稍厚的橡皮垫，垫上挖一个圆孔，将微孔玻璃漏斗（或坩埚）插入圆孔中；再将强酸倒入微孔玻璃漏斗中，然后减压抽滤，即可洗净漏斗（或坩埚）。抽滤结束时，应先通大气，再关闭减压泵，否则减压泵中的水会倒吸入吸滤瓶中。

微孔玻璃漏斗（或坩埚）不耐强碱，因强碱会损坏漏斗（或坩埚）的微孔。因此，不可用强碱处理，也不适于过滤强碱溶液。

将已洗净、烘干且恒重的微孔玻璃坩埚（或漏斗）置于干燥器中备用。过滤时，所用装置和上述洗涤时装置相同，在开动水流泵抽滤下，用倾泻法进行过滤，其操作与上述用滤纸过滤相同，不同之处是在抽滤下进行。

（3）热过滤　用玻璃漏斗过滤热的饱和溶液时，由于温度降低，常在漏斗中或其颈部析出晶体，使过滤困难，这时可以用保温漏斗来过滤，即热过滤。

为了尽量利用滤纸的有效面积以加快过滤速度，过滤热的饱和溶液时，常使用折叠式滤纸，其折叠方法如图 3-27 所示。

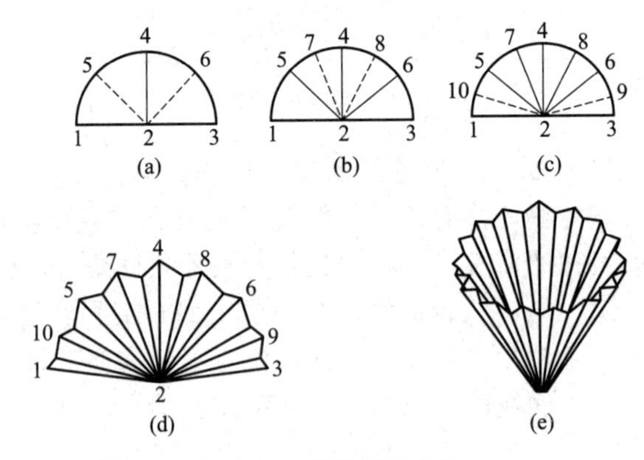

图 3-27　滤纸折叠方法

先把滤纸折成半圆形，再对折成圆形的四分之一，展开如图 3-27(a)；再以 1 对 4 折出 5，3 对 4 折出 6，1 对 6 折出 7，3 对 5 折出 8，如图 3-27(b)；以 3 对 6 折出 9，1 对 5 折出 10，如图 3-27(c)；然后在 1 和 10，10 和 5，5 和 7……9 和 3 间各反向折叠，如图 3-27(d)；把滤纸打开，在 1 和 3 的地方各向内折叠一个小叠面，最后做成如图 3-27(e) 的折叠滤纸。每次折叠时，在折纹近集中点处切勿对折纹重压，否则过滤时滤纸的中央易破裂。使用前宜将折好的折叠滤纸翻转并作整理后放入漏斗中。

过滤时，先将夹套内的水加热，当到达所需温度时，将热的饱和溶液逐渐地倒入漏斗中；在漏斗中的液体仍不宜积得太多，以免析出晶体，堵塞漏斗；最好在漏斗上盖上一表面皿。

也可用布氏漏斗趁热进行减压过滤。为了避免漏斗破裂和在漏斗中析出晶体，最好先用热水浴或水蒸气浴，或在干燥箱中预热漏斗，然后再用来进行减压过滤。

3.4.3　离心分离

离心分离适用于少量、微量物质的分离。把盛混合物的离心试管放入离心机中进行离心沉淀，固体沉降于试管底部。用滴管小心地吸去上层清液，也可将其倾出。如果沉淀需要洗涤，可以加入少量洗涤液，用玻璃棒充分搅动，再进行离心分离，如此重复操作 2～3 遍即可。

3.4.4　结晶与重结晶

晶体从溶液中析出的过程称为结晶。

结晶是提纯固态物质的重要方法之一。结晶时要求溶质的浓度达到饱和，通常有两种方法：一种是蒸发法，即通过蒸发、浓缩，减少一部分溶剂，使溶液达到饱和而析出结晶，此法主要用于溶解度随温度改变而变化不大的物质（如氯化钠）；另一种是冷却法，即通过降低温度使溶液冷却达到饱和而析出晶体，此法主要用于溶解度随温度下降而明显减小的物质（如硝酸钾）。有时需将两种方法结合使用。

晶体颗粒的大小与结晶条件有关。如果溶质的溶解度小，或溶液的浓度高，或溶剂的蒸发速度快，或溶液冷却快，析出的晶粒就细小，反之，就可得到较大的晶体颗粒。在实际操作中，可以根据需要控制适宜的结晶条件，以得到大小合适的晶体颗粒。

当溶液发生过饱和现象时，可以振荡容器、用玻璃棒搅动或轻轻地摩擦器壁，或投入几粒晶种，促使晶体析出。

当第一次得到的晶体纯度不符合要求时，可将所得的晶体溶于少量溶剂中，再进行蒸发（或冷却）、结晶、分离，如此反复操作称为重结晶。重结晶是提纯固体物质常用的重要方法之一，它适用于溶解度随温度改变而有显著变化的物质的提纯。有些物质的纯化，需经过几次重结晶才能完成。重结晶的一般过程：使待重结晶物质在较高的温度（接近溶剂沸点）下溶于合适的溶剂里；趁热过滤以除去不溶物质和有色杂质（加活性炭煮沸脱色）；将溶液冷却，使晶体从过饱和溶液里析出，而可溶性杂质仍留在溶液里；然后进行减压过滤，把晶体从母液中分离出来；用少量溶剂洗涤晶体以除去吸附在晶体表面的母液。

（1）溶剂的选择　进行重结晶时，要正确地选择溶剂，这对重结晶操作有很重要的意义。在选择溶剂时，必须考虑被溶解物质的成分和结构，相似的物质相溶。例如，含羟基的物质一般都能或多或少地溶解在水里，高级醇（由于碳链的增长）在水中的溶解度显著减小，而在乙醇和烃类化合物中的溶解度相应地增大。

理想的溶剂必须具备以下条件：

① 不与被重结晶的物质发生化学反应；

② 在高温时，重结晶物质在溶剂中的溶解度较大，而在低温时很小；

③ 杂质的溶解度或是很大（待重结晶物质析出时，杂质仍留在母液内）或是很小（待重结晶物质溶解在溶剂里，通过过滤除去杂质）；

④ 容易和重结晶物质分离，容易挥发（溶剂的沸点低），易于结晶分离除去；

⑤ 能得到较好的结晶。

此外，也需适当考虑溶剂的毒性、易燃性、价格和溶剂回收等因素。

常用溶剂见表 3-2。

表 3-2　重结晶常用的单一、混合溶剂

单一溶剂			混合溶剂
名称	沸点/℃	密度/g·cm^{-3}	
水	100.9	1.00	水-乙醇
甲醇	64.96	0.79	水-丙酮
乙醇	78.5	0.79	水-乙酸
丙酮	56.2	0.79	甲醇-水
乙醚	34.51	0.71	甲醇-乙醚
石油醚	30.0～60.0	0.68～0.72	甲醇-二氯乙烷
环己烷	80.8	0.78	石油醚-苯

续表

单一溶剂			混合溶剂
名称	沸点/℃	密度/g·cm^{-3}	
苯	80.10	0.88	石油醚-丙酮
甲苯	110.6	0.87	氯仿-石油醚
乙酸乙酯	77.06	0.90	乙醚-丙酮
三氯甲烷	61.70	1.49	乙醇-乙醚-乙酸乙酯
四氯化碳	76.54	1.58	氯仿-乙醇
硝基甲烷	120.0	1.14	苯-无水乙醇

为了选择合适的溶剂，除需要查阅化学手册外，有时还需要采用试验的方法。其方法是：取几个小试管，各放入约0.2g待重结晶的物质，分别加入0.5～1mL不同种类的溶剂，加热到完全溶解，冷却后，能析出最多量晶体的溶剂，一般可认为是最合适的。如果固体物质在3mL热溶剂中仍不能全溶，可以认为该溶剂不适用于重结晶。如果固体在热溶剂中能溶解，而冷却后无晶体析出，这时用玻璃棒在液面下的试管内壁上摩擦，可以促使晶体析出，若还得不到晶体，则说明此固体在该溶剂中的溶解度很大，这样的溶剂不适用于重结晶。如果物质易溶于某一溶剂而难溶于另一溶剂，且该两溶剂能互溶，那么就可以用二者配成的混合溶剂来进行试验。常用的混合溶剂有乙醇-水、甲醇-甲基叔丁基醚、苯-甲基叔丁基醚等。

（2）操作　通常在锥形瓶中进行重结晶，因为这样便于取出生成的晶体。使用易挥发或易燃的溶剂时，为了避免溶剂的挥发和发生着火事故，把待重结晶的物质放入锥形瓶中，锥形瓶上装回流冷凝管。溶剂可由冷凝管上口加入。先加入少量溶剂，加热到沸腾，然后逐渐地添加溶剂（加入后，再加热煮沸），直到固体全部溶解为止。但应注意，不要因为重结晶的物质中含有不溶解的杂质而加入过量的溶剂。除高沸点溶剂外，一般都在水浴上加热。切记：在加入可燃性溶剂时，要先把灯火移开，防止着火事故发生。

所得到的热饱和溶液，如果含有不溶的杂质，应趁热把这些杂质过滤除去。溶液中存在的有色杂质，一般可利用活性炭脱色。活性炭的用量，以能完全除去颜色为度。为了避免过量，应分成小量，逐次加入。须在溶液的沸点以下加活性炭，并不断搅动，以免发生暴沸。每加一次后，都须再把溶液煮沸片刻，然后用保温漏斗或布氏漏斗趁热过滤。应选用优质滤纸，或用双层滤纸，以免活性炭透过滤纸进入滤液中。过滤时，可用表面皿覆盖漏斗（凸面向下），以减少溶剂的挥发。

静置等待结晶时，必须使过滤的热溶液慢慢地冷却，这样所得的晶体比较纯净。一般地讲，溶液浓度较大、冷却较快时，析出的晶体较细，所得的晶体也不够纯净。热的滤液在碰到冷的吸滤瓶壁时，往往很快析出晶体，但其质量往往不好，常需把滤液重新加热使晶体完全溶解，再让它慢慢冷却下来。有时晶体不易析出，用玻璃棒摩擦器壁或投入晶种（同一物质的晶体），可促使晶体较快地析出。为了使晶体更完全地从母液中分离出来，最后可用冰水浴将盛溶液的容器冷却。

晶体全部析出后，仍用布氏漏斗于减压下将晶体滤出。

在重结晶操作中，一般都需要使用相当量的溶剂。用有机液体作溶剂时，溶剂一定要回收，使用过的溶剂倒入指定的回收瓶中。

3.4.5 升华

固体物质具有较高的蒸气压时，往往不经过熔融状态就直接变成蒸气，这种过程叫作升华。蒸气遇冷，再直接变成固体。

容易升华的物质含有不挥发性杂质时，可以用升华方法进行精制。用这种方法制得的产品，纯度较高，但损失较大。

升华前，必须把待升华的物质干燥。

把待精制的物质放入蒸发皿中。用一张穿有若干小孔的圆滤纸把锥形漏斗的口包起来，把此漏斗倒盖在蒸发皿上，漏斗颈部塞一团疏松的棉花，如图 3-28(a) 所示。

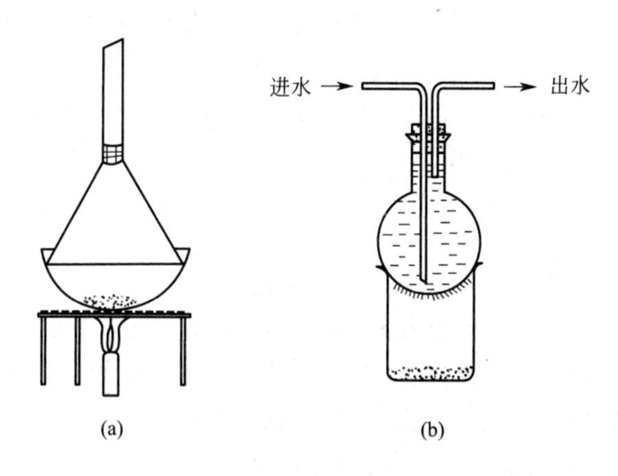

图 3-28 升华

在沙浴或石棉铁丝网上将蒸发皿加热，逐渐地升高温度，使待精制的物质气化，蒸气通过滤纸孔，遇到冷的漏斗内壁，又凝结为晶体，附着在漏斗的内壁和滤纸上。穿小孔的滤纸可防止升华后形成的晶体落回到下面的蒸发皿中。较大量物质的升华，可在烧杯中进行。烧杯上放置一个通冷水的烧瓶，使蒸气在烧瓶底部凝结成晶体并附着在瓶底上[图 3-28(b)]。

3.4.6 萃取和洗涤

萃取和洗涤是利用物质在互不相溶的溶剂中的溶解度不同而进行分离的操作。萃取和洗涤在原理上是一样的，只是目的不同。从混合物中抽取的物质，如果是所需要的，这种操作叫作萃取或提取；如果是不需要的，这种操作叫作洗涤。

(1) 液-液萃取　通常用分液漏斗进行液-液萃取。必须事先检查分液漏斗的瓶塞和旋塞是否严密，以防分液漏斗在使用过程中发生泄漏而造成损失（检查的方法通常是先用水试验）。

在萃取或洗涤时，先将液体与萃取用的溶剂（或洗液）由分液漏斗的上口倒入，盖好瓶塞，振荡漏斗，使两液层充分接触。振荡的操作方法一般是先把分液漏斗倾斜，使漏斗的上口略朝下，如图 3-29，右手捏住漏斗上口颈部，并用食指根部压紧瓶塞，以免塞子松开，左手握住旋塞；握持旋塞的方式既要能防止振荡时旋塞转动或脱落，又要便于灵活地旋开旋塞。振荡后，令漏斗仍保持倾斜状态，旋开旋塞，放出蒸气或发生的气体，使内外压力平衡；若在漏斗内盛有易挥发的溶剂，如乙醚、苯等，或用碳酸钠溶液中和酸液，振荡后，更应注意及时旋开旋塞，放出气体。振荡数次后，将分液漏斗放在铁圈上（最好把铁圈用石棉绳缠扎起来），静置之，使乳浊液分层，如图 3-30。有时有机溶剂和某些物质的溶液一起振荡，会形成较稳定的乳浊液。在这种情况下，应该避免剧烈的振荡。如果已形成乳浊液，且一时又不易分层，可加入食盐等电解质，使溶液饱和，以降低乳浊液的稳定性；轻轻地旋转漏斗，也可加速分层。在一般情况下，长时间静置分液漏斗，可达到使乳浊液分层的目的。

分液漏斗中的液体分成清晰的两层以后，就可以进行分离。分离液层时，下层液体应经旋塞放出，上层液体应从上口倒出。如果上层液体也经旋塞放出，则漏斗旋塞下面颈部所附着的残液会把上层液体弄脏。

先把顶上的瓶塞打开（或旋转瓶塞，使塞子上的凹缝或小孔道对准漏斗上口颈部的小孔，以使内容物与大气相通），把分液漏斗的下端靠在接收器的壁上。旋开旋塞，让液体流下，当液面间的界线接近旋塞时，关闭旋塞，静置片刻，这时下层液体往往会增多一些。再把下层液体仔细地放出，然后把剩下的上层液体从上口倒到另一个容器里。

在萃取或洗涤操作时，上下两层液体都应该保留到实验完毕。否则，如果中间的操作发生错误，便无法弥补和检查。

在萃取过程中，将一定量的溶剂分做多次萃取，其效果要比一次萃取为好。

（2）液-固萃取　从固体混合物中萃取所需要的物质，最简单的方法是把固体混合物先研细，放在容器里，加入适当溶剂，用力振荡，然后用过滤或倾析的方法把萃取液和残留的固体分开。若被提取的物质特别容易溶解，也可以把固体混合物放在放有滤纸的锥形玻璃漏斗中，用溶剂洗涤。这样，所要萃取的物质就可以溶解在溶剂里，而被滤取出来。如果被萃取物质的溶解度很小，则用洗涤方法要消耗大量的溶剂和很长的时间。在这种情况下，一般用索氏（Soxhlet）提取器（图 3-31）来萃取：将滤纸做成与提取器大小相适应的套袋，然后把固体混合物放置在纸套袋内，装入提取器内；加热使溶剂的蒸气从烧瓶进到冷凝管中，冷凝后，回流到固体混合物里，溶剂在提取器内到达一定的高度时，就和所提取的物质一同从侧面的虹吸管流入烧瓶中。溶剂就这样在仪器内循环流动，把所要提取的物质集中到下面的烧瓶里。

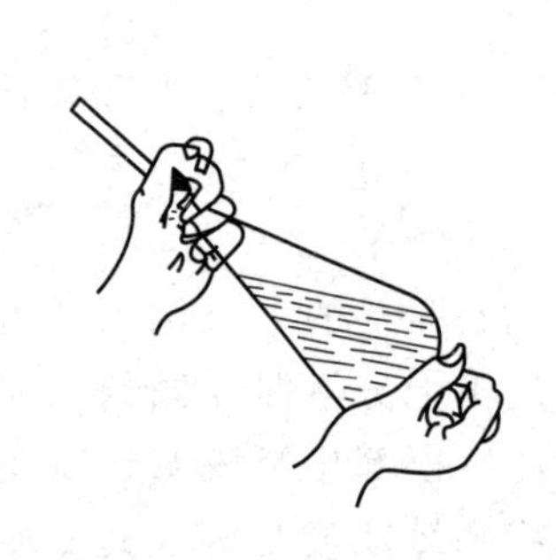

图 3-29　振摇放气

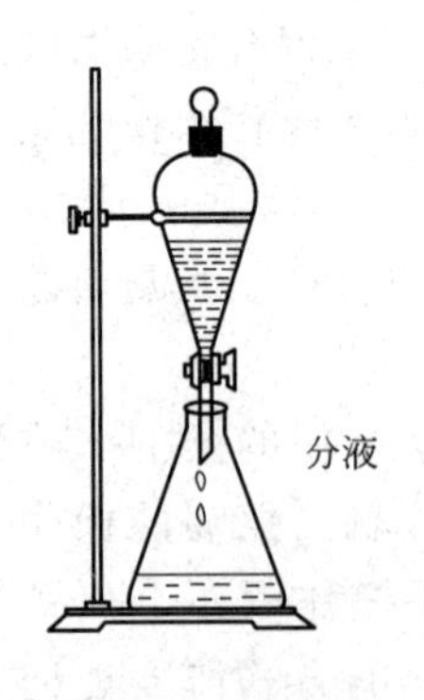

图 3-30　静置分层

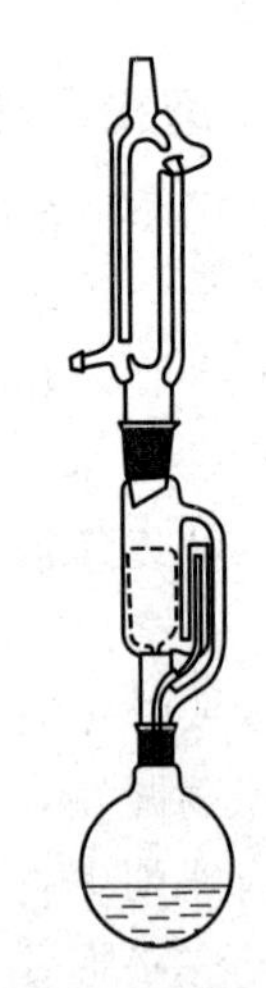

图 3-31　索氏（Soxhlet）提取器

3.4.7 常压蒸馏

液体化合物在一定的温度下具有一定的蒸气压，将液体加热，它的蒸气压随着温度的升高而增大，当液体的蒸气压增大至与外界施予液面的总压力（通常指大气压）相等时，就有大量的气泡从液体内部逸出，即液体沸腾，这时的温度称为液体的沸点。

蒸馏是将液体加热至沸腾变为蒸气，又将蒸气冷凝为液体这两个过程的联合操作。

蒸馏是分离和提纯液态有机化合物最常用的重要方法之一。通过蒸馏可除去不挥发性杂质及有色的杂质，可分离沸点差大于 30℃的液体混合物，还可以测定纯液体有机物的沸点及定性检验液体有机物的纯度。在通常情况下，纯净的液体在一定条件下具有一定的沸点。如果在蒸馏过程中，沸点发生变动，那就说明物质不纯。但是具有固定沸点的液体不一定都是纯化合物，因为某些化合物往往能和其他组分形成二元或三元恒沸混合物，它们也有一定的沸点。因此，不能认为沸点一定的物质都是纯物质。

(1) 蒸馏装置　蒸馏装置主要包括蒸馏烧瓶、冷凝管和接收器三部分。

蒸馏烧瓶是蒸馏时最常用的仪器，它由圆底烧瓶和蒸馏头组成。所选用圆底烧瓶的大小，应由所蒸馏的液体的体积来决定。通常所蒸馏的液体的体积应占圆底烧瓶容量的 1/3～2/3。如果装入的液体量过多，当加热到沸腾时，液体可能冲出，或者液体飞沫被蒸气带出，混入馏出液中；如果装入的液体量太少，在蒸馏结束时，相对地会有较多的液体残留在圆底烧瓶内蒸不出来。

蒸馏装置的装配方法如下。在铁架台上，首先根据热源高度固定好圆底烧瓶的位置，装上蒸馏头。把温度计插入螺口接头中，螺口接头装配到蒸馏头上磨口，调整温度计的位置，务使在蒸馏时它的水银球能完全为蒸气所包围。这样才能正确地测量出蒸气的温度。通常温度计水银球的上端应恰好位于蒸馏头支管的底边所在的水平线上[图 3-32(a)]。在另一铁架台上，用铁夹夹住冷凝管的中上部，调整铁台和铁夹的位置，使冷凝管的中心线和蒸馏头支管的中心线在一条直线上，移动冷凝管，把蒸馏头的支管和冷凝管严密地连接起来，铁夹应调节到正好在冷凝管的中央部位。再装上接引管和接收器。在蒸馏挥发性小的液体时，也可不用接引管。在同一实验桌上装置几套蒸馏装置且相互间的距离较近时，每两套装置的相对位置必须或是蒸馏烧瓶对蒸馏烧瓶，或是接收器对接收器；避免使一套装置的蒸馏烧瓶与另一套装置的接收器紧密相邻，这样有着火的危险。

如果蒸馏出的物质易受潮分解，可在接引管上连接一个氯化钙干燥管，以防止湿气的侵入；如果蒸馏的同时还放出有毒气体，则需装配气体吸收装置[图 3-32(b)]。

如果蒸出的物质易挥发、易燃或有毒，则可在接收器上连接一长橡皮管，通入水槽的下水管内或引出室外。

要把反应混合物中挥发性物质蒸出时，可用一根 75°弯管把圆底烧瓶和冷凝器连接起来[图 3-32(c)]。当蒸馏沸点高于 140℃的物质时，应该换用空气冷凝管[图 3-32(d)]。

(2) 蒸馏操作　蒸馏装置安装好后，取下温度计接头，把要蒸馏的液体经长径漏斗倒入圆底烧瓶里。漏斗的下端须伸到蒸馏头支管的下面。若液体里有干燥剂或其他固体物质，应在漏斗上放滤纸，或放一小撮松软的棉花或玻璃毛等，以滤去固体；若液体较少时，可直接用倾斜法小心将液体倒入圆底烧瓶里，如果用滤纸过滤，将会损失较多的液体。操作方法是把圆底烧瓶取下来，把液体小心地倒入圆底烧瓶里。

加热前需往圆底烧瓶中投入 2～3 粒沸石。沸石是把未上釉的瓷片敲碎成半粒米大小的小粒。沸石的作用是防止液体暴沸，使沸腾保持平稳。当液体加热到沸点时，沸石产生细小

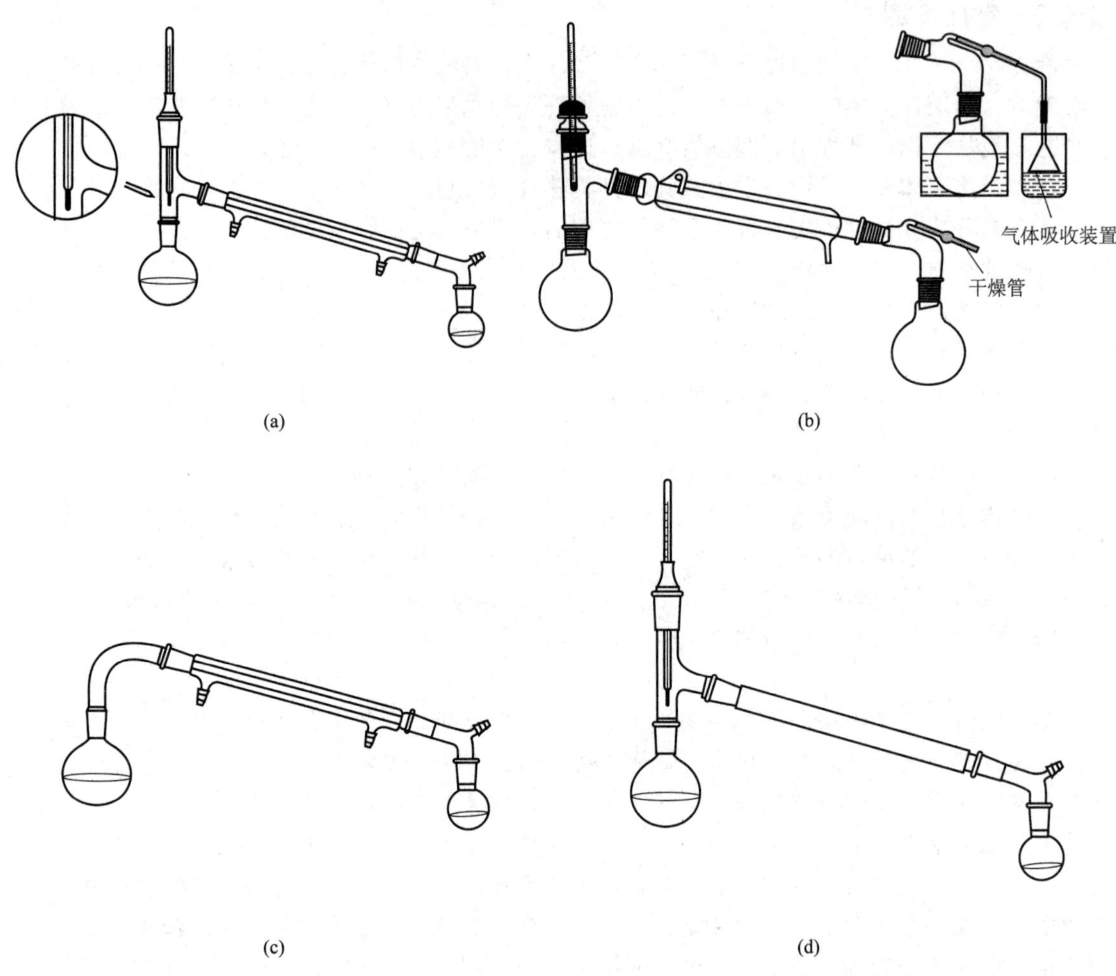

图 3-32　常压蒸馏装置

的气泡，成为沸腾中心。在持续沸腾时，沸石可以继续有效；如果中途停止加热，再次加热蒸馏时，应补加新的沸石。如果事先忘记加入沸石，绝不能在液体加热到近沸腾时补加，因为这样会引起剧烈的暴沸，使部分液体冲出瓶外，有时还会发生着火事故。应该待液体冷却一段时间后，再行补加。如果蒸馏的液体很黏稠或含有较多的固体，加热时很容易发生局部过热和暴沸现象，加入的沸石也往往失效。在这种情况下，可以选用油浴或电热包加热。

选用合适的热浴加热或在石棉网上加热时，要根据所蒸馏液体的沸点、黏度和易燃程度等情况来决定。利用酒精灯加热时，蒸馏烧瓶不能直接放在石棉网上，瓶底距离石棉网距离0.5～1cm 。

用套管式冷凝管时，套管中应通自来水，自来水用橡皮管接到下端的进水口，而从上端出来，用橡皮管导入下水道。

加热前，应再次检查仪器是否装配严密，必要时，应做最后调整。开始加热时，可以让温度上升稍快些。开始沸腾时，应密切注意蒸馏烧瓶中发生的现象；当冷凝的蒸气环由瓶颈逐渐上升到温度计水银球的周围时，温度计的水银柱就很快地上升。调节火焰或浴温，使从冷凝管流出液滴的速度约为每秒钟 1～2 滴。在预习报告上记录第一滴馏出液滴入接收器时的温度。当温度计的读数稳定时，另换接收器集取。如果温度变化较大，须多换几个接收器集取。所用的接收器都必须洁净，且事先都须称量过。记录每个接收器内馏分的温度范围和质量。若要集取的馏分温度范围已有规定，即可按规定集取。馏分的沸点范围越窄，则馏分的纯度越高。

蒸馏的速度不应过慢，否则易使水银球周围的蒸气短时间中断，致使温度计上的读数有不规则的变动；蒸馏速度也不能太快，否则易使温度计上的读数不正确。在蒸馏过程中，温度计的水银球上应始终附有冷凝的液滴，以保持气液两相的平衡。

蒸馏低沸点易燃液体时（例如乙醚），附近禁止有明火，绝不能用灯火直接加热，也不能用在灯火上加热的水浴加热，而应该用预先热好的水浴。为了保持必需的温度，可以适时地向水浴中添加热水。

当烧瓶中仅残留少量液体时，应停止蒸馏。

3.4.8 分馏

分馏是利用分馏柱将多次气化-冷凝过程在一次操作中完成的方法。因此，分馏实际上是多次蒸馏。它更适合于分离提纯沸点相差不大甚至仅相差 1～2℃的液体有机混合物。此技术在化学工业和实验室中广泛应用。

将几种具有不同沸点而又可以完全互溶的液体混合物加热，当其总蒸气压等于外界压力时，就开始沸腾汽化，蒸气中易挥发液体的成分较在原混合液中为多。在分馏柱内，当上升的蒸气与下降的冷凝液互相接触时，上升的蒸气部分冷凝放出热量使下降的冷凝液部分气化，两者之间发生热量交换，其结果是，上升蒸气中易挥发组分增加，而下降的冷凝液中高沸点组分（难挥发组分）增加，如此继续多次，就等于进行了多次的气液平衡，即达到了多次蒸馏的效果。这样，靠近分馏柱顶部易挥发物质的组分比率高，而在烧瓶里高沸点组分（难挥发组分）的比率高。这样只要分馏柱足够高，就可将组分完全彻底分开。

实验室常用的分馏柱有刺形分馏柱（韦氏分馏柱）和填充式分馏柱（赫姆帕分馏柱），如图 3-33 所示。刺形分馏柱构造简单，操作方便，样品浪费少，但分馏效率较低。填充式分馏柱内可填充不同形状的金属片或金属丝、陶瓷环、陶瓷片、玻璃珠、玻璃管等，目的是提高液相与气相的接触面积，提高分馏效率。分馏柱中以填充式分馏柱的分馏效果最好。

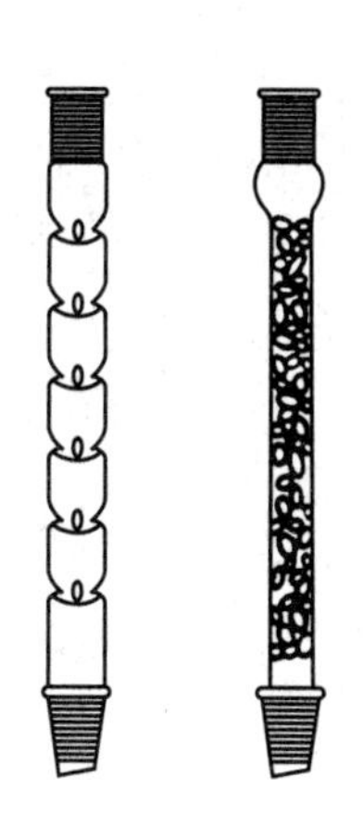

图 3-33　分馏柱

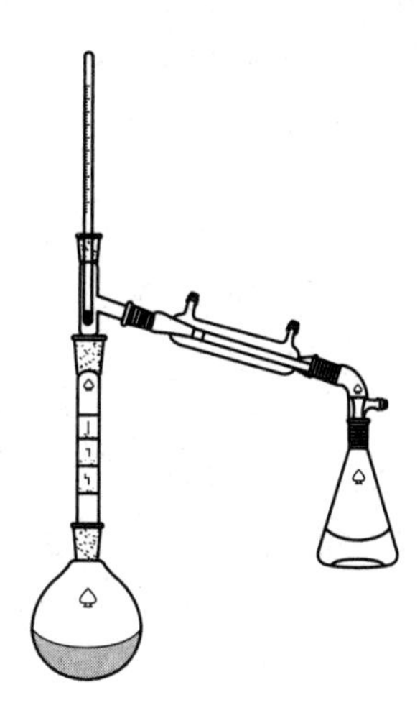

图 3-34　分馏装置

简单分馏装置和操作：简单的分馏装置包括热源、蒸馏器、分馏柱、冷凝管和接收器五个部分（如图 3-34）。安装操作与蒸馏类似，自下而上，先夹住蒸馏瓶，再装上韦氏分馏柱和蒸馏头。调节夹子使分馏柱垂直，装上冷凝管并在指定的位置夹好夹子，夹子一般不宜夹得太紧，以免应力过大造成仪器破损，再装上接液管和接收瓶。

简单分馏操作和蒸馏大致相同，将待分馏的混合物放入圆底烧瓶中，加入沸石。柱的外围可用石棉绳包住，这样可减少柱内热量的散发，减少风和室温的影响。选用合适的热浴加热，液体沸腾后要注意调节浴温，使蒸气慢慢升入分馏柱，约 10～15min 后蒸气到达柱顶（可用手摸柱壁，若烫手表示蒸气已到达该处）。在有馏出液滴出后，调节浴温使得蒸出液体的速度控制在每秒钟 2～3 滴，这样可以得到比较好的分馏效果。待低沸点组分蒸完后，再渐渐升高温度。当第二个组分蒸出时会产生沸点的迅速上升。上述情况是假定分馏体系有可能将混合物的组分进行严格的分馏。如果不是这种情况，一般会有相当大的中间馏分。

为达到较好的分离效果，应注意以下几点：

① 分馏一定要缓慢进行，要控制好恒定的蒸馏速度；

② 要有相当量的液体沿柱流回烧瓶中，即要选择合适的回流比；

③ 尽量减少分馏柱的热量散失和波动。

3.4.9 水蒸气蒸馏

水蒸气蒸馏是将水蒸气通入不溶或难溶于水但有一定挥发性的有机物质（近 100℃时其蒸气压至少为 1333.2Pa）中，使该有机物质在低于 100℃的温度下，随着水蒸气一起蒸馏出来的一种分离方法。

根据道尔顿分压定律，两种互不相溶的液体混合物的蒸气压等于两液体单独存在时的蒸气压之和。当组成混合物的两液体的蒸气压之和等于大气压时，混合物就开始沸腾（此时的温度为共沸点），混合物的沸点将比其中任一组分的沸点都要低。因此，对不溶于水的有机物质进行水蒸气蒸馏，能在比该物质的常压沸点低得多的温度，而且比 100℃还要低的温度，就可使该物质蒸馏出来。

在馏出物中，随水蒸气一起蒸馏出的有机物质同水的质量（m_A 和 m_{H_2O}）之比，等于两者的分压（p_A 和 p_{H_2O}）分别和两者的分子量（M_A 和 18）的乘积之比，所以馏出液中有机物质同水的质量之比可按下式计算：

$$\frac{m_A}{m_{H_2O}}=\frac{M_A p_A}{18 p_{H_2O}}$$

例如：苯甲醛和水的混合物用水蒸气蒸馏时，苯甲醛的沸点是 179℃，水的沸点是 100℃，混合物的沸点为 97.9℃。此时：

$p=101.325\text{kPa}$，

$p_{H_2O}=93.792\text{kPa}$，

$p_{C_6H_5CHO}=7.533\text{Pa}$。

水和苯甲醛的分子量分别为：$M_{H_2O}=18$ 和 $M_{C_6H_5CHO}=106.12$。

$m_{H_2O}/m_{C_6H_5CHO}=p_{H_2O}M_{H_2O}/p_{C_6H_5CHO}M_{C_6H_5CHO}$

$=93.792\times18/(7.533\times106.12)$

$=1688.256/799.402$

$=16.88/7.99$

即蒸出 16.88g 水能够带出 7.99g 苯甲醛。苯甲醛在溶液中的组分占 32.13%。

水蒸气蒸馏是用于分离和提纯有机化合物的重要方法之一，常用于下列情况：

① 混合物中含有大量固体，用蒸馏、过滤或萃取等方法难以分离；

② 在常压下普通蒸馏会发生分解的高沸点有机物；

③ 脱附混合物中被固体吸附的液体有机物；

④ 从某些天然物中提取有效成分。

水蒸气蒸馏要求被分离提纯的物质具备下列条件：

① 不溶或难溶于水；

② 长时间与水共沸不发生化学反应；

③ 在100℃左右时，具有一定的蒸气压，一般应不小于1.33kPa（10mmHg）。

水蒸气蒸馏装置与操作：水蒸气蒸馏装置如图3-35(a)所示，主要由水蒸气发生器A、三口或二口圆底烧瓶D和长的直形水冷凝管F组成。若反应在圆底烧瓶内进行，可在圆底烧瓶上装配蒸馏头（或克氏蒸馏头）代替三口烧瓶[图3-35(b)]。铁质发生器A通常可用二口或三口烧瓶代替。器内盛水约占其容量的1/2，可从其侧面的玻璃水位管查看器内的水平面。长玻璃管B为安全管。管的下端接近器底，根据管中水柱的高低，可以估计水蒸气压力的大小。圆底烧瓶D应当用铁夹夹紧，其中口通过螺口接头插入水蒸气导管C，其侧口插入馏出液导管E。导管C外径一般不小于7mm，以保证水蒸气畅通，其末端应接近烧瓶底部，以便水蒸气和蒸馏物质充分接触并起搅动作用。导管E应略微粗一些，其外径约为10mm，以便蒸气能畅通地进入冷凝管中。若管E的直径太小，蒸气的导出将会受到一定的阻碍，这会增加烧瓶D中的压力。导管E在弯曲处前的一段应尽可能短一些；在弯曲处后一段则允许稍长一些，因它可起部分冷凝作用。用长的直形水冷凝管F可以使馏出液充分冷却。由于水的蒸发潜热较大，冷却水的流速也宜稍大一些。发生器A的支管和水蒸气导管C之间用一个T形管连接。在T形管的支管上套一段短橡皮管，用螺旋夹旋紧，它可以用以除去水蒸气中冷凝下来的水分。在操作中，如果发生不正常现象，应立刻打开夹子，使与大气相通。

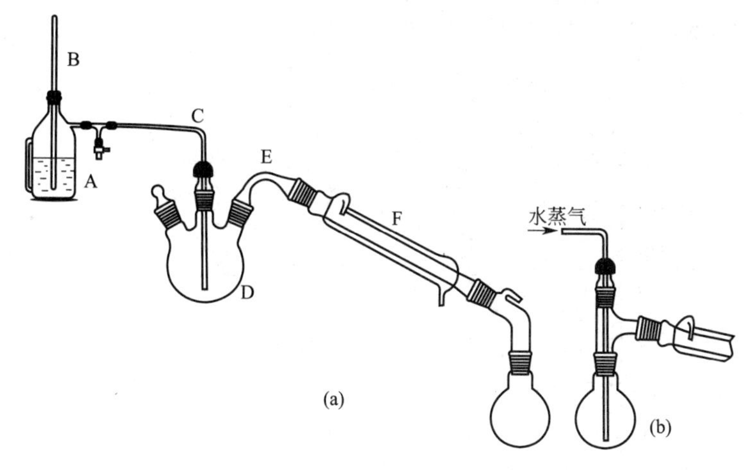

图3-35　水蒸气蒸馏装置

A—水蒸气发生器；B—安全管；C—水蒸气导管；D—三口圆底烧瓶；E—馏出液导管；F—冷凝管

把要蒸馏的物质倒入烧瓶D中，其量约为烧瓶容量的1/3。操作前，水蒸气蒸馏装置应经过检查，必须严密不漏气。开始蒸馏时，先把T形管上的夹子打开，用直接火把发生器里的水加热到沸腾。当有水蒸气从 T 形管的支管冲出时，再旋紧夹子，让水蒸气通入烧瓶中，这时可以看到瓶中的混合物翻腾不息，稍后在冷凝管中就会出现有机物质和水的混合物。调节火焰，便瓶内的混合物不致飞溅得太厉害，并控制馏出液的速度约为每秒钟 2～3 滴。为了使水蒸气不致在烧瓶内过多地冷凝，在蒸馏时通常也可用小火将烧瓶加热。在操作时，要随时注意安全管中的水柱是否发生不正常的上升现象，以及烧瓶中的液体是否发生倒吸现象，一旦发生这种现象，应立刻打开夹子，移去热源，找出故障原因；排除故障后，才能继续蒸馏。

当馏出液澄清透明不再含有有机物质的油滴时，可停止蒸馏。这时应首先打开夹子，然后移去火焰。

3.4.10 减压蒸馏

液体的沸点是指它的蒸气压等于外界压力时的温度，因此液体的沸点是随外界压力的变化而变化的。如果借助于真空泵降低系统内压力，就可以降低液体的沸点，这种在较低压力下进行蒸馏的操作称为减压蒸馏。

减压蒸馏亦是分离提纯液态有机化合物常用的方法。它特别适用于那些在常压蒸馏时未达沸点即已受热分解、氧化或聚合的物质。

在进行减压蒸馏前，应先从文献中查阅该化合物在所选择的压力下的相应沸点。如果文献中缺乏此数据，可根据图 3-36 的沸点-压力经验曲线，近似地找出该物质在此压力下的沸点。例如，某一个液体化合物常压下的沸点为 290℃，现欲找出其在 20mmHg 的沸点为多少度，可在图 3-36 的 B 线上找出相当于 290℃的点，将此点与 C 线上 20mmHg 处的点连成一直线，把此线延长与 A 线相交，其交点所示的温度就是此物质在 20mmHg 时的沸点，约为 160℃。

一般的高沸点有机化合物，当压力降低到 2670 Pa（20mmHg）时，沸点比常压沸点要低 100～120℃。当减压蒸馏在 1333～1999Pa（10～15mmHg）进行时，压力每相差 133.3Pa（1mmHg），沸点相差约 1℃。当要进行减压蒸馏时，估计出相应的沸点，对具体操作和选择合适的温度计与热浴都有一定的参考价值。

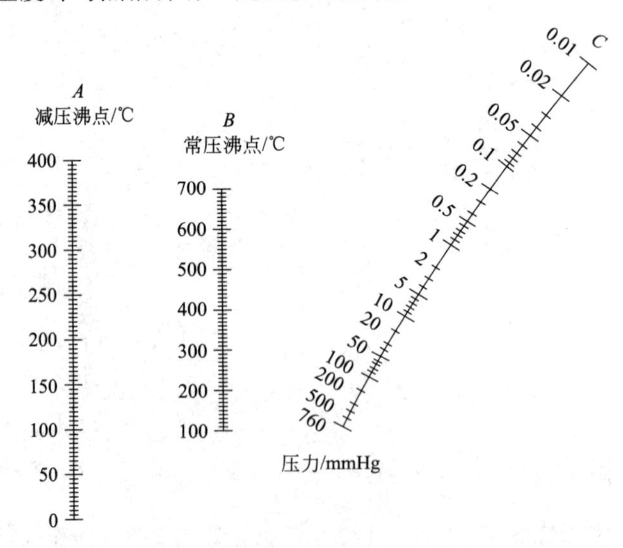

图 3-36 有机液体在常压和减压下的沸点-压力经验曲线

（1）减压蒸馏装置（图 3-37）

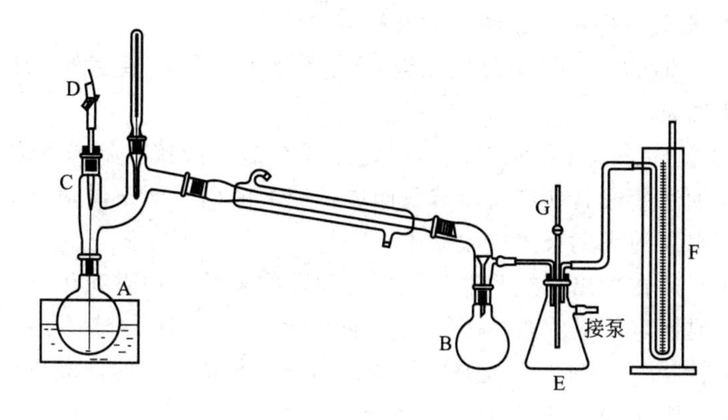

(a) 接水泵

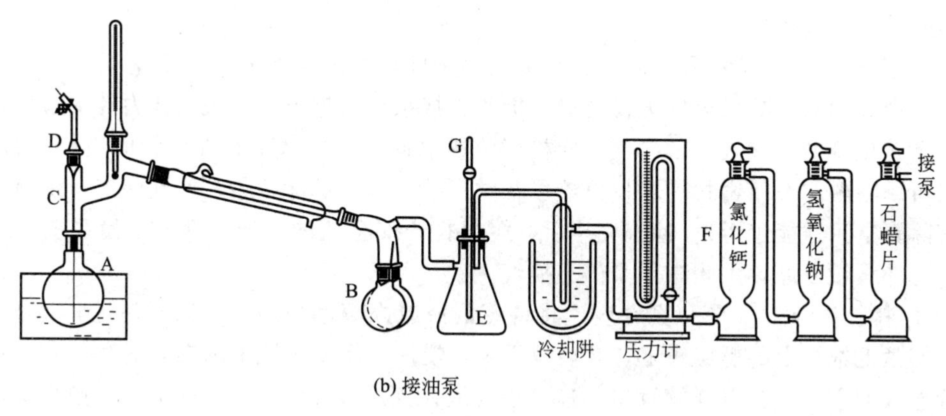

(b) 接油泵

图 3-37 减压蒸馏装置

① 蒸馏部分

a. 减压蒸馏瓶（克氏蒸馏瓶）有两个颈，其目的是避免减压蒸馏时瓶内液体由于沸腾而冲入冷凝管中，瓶的一颈中插入温度计，另一颈中插入一根距瓶底约 1～2mm 的末端拉成细丝的玻璃毛细管（6mm）。毛细管的上端连有一段带螺旋夹的橡皮管，螺旋夹用以调节进入空气的量，使极少量的空气进入液体，呈微小气泡冒出，作为液体沸腾的汽化中心，使蒸馏平稳进行，同时又起搅拌作用。

b. 根据蒸出液体的沸点选择热浴和冷凝管。

c. 蒸馏时，若要收集不同的馏分而又不中断蒸馏，则可用两尾或多尾接液管。转动多尾接液管，就可使不同的馏分进入指定的接收器中。

② 抽气部分

a. 水泵（水循环泵） 如不需要很低的压力时可用水泵，其抽空效率可达 1067～3333Pa（8～25mmHg）。用水泵抽气时，应在水泵前装上安全瓶，以防水压下降时，水流倒吸。停止蒸馏时要先放气，然后关水泵。

b. 油泵 油泵的效能取决于油泵的机械结构以及真空泵油的好坏。好的油泵能抽至真空度为 133.3Pa 以下。油泵结构较精密，工作条件要求较严。蒸馏时，如果有挥发性的有机溶剂、水或酸的蒸气，都会损坏油泵及降低其真空度。因此，使用时必须十分注意油泵的保护。因此，使用油泵时必须注意下列几点：

a. 在蒸馏系统和油泵之间，必须装有吸收装置。

b. 蒸馏前必须用水泵彻底抽去系统中的有机溶剂蒸气。

c. 能用水泵减压蒸馏的物质尽量使用水泵；如蒸馏物中含有挥发性杂质，可先用水泵减压抽除，然后改用油泵。

③ 保护和测压装置部分　使用水泵减压时，必须在馏出液接收器与水泵之间装上安全瓶，安全瓶由耐压的抽滤瓶或其他广口瓶装置而成，瓶上的两通活塞供调节系统内压力及防止水压骤然下降时，水泵的水倒吸入接收器中。

若使用油泵，还必须在馏出液接收器与油泵之间顺次安装冷却阱和几个吸收塔。冷却阱中冷却剂的选择随需要而定。吸收塔（干燥塔）通常设三个：第一个装无水 $CaCl_2$ 或硅胶，吸收水汽；第二个装粒状 NaOH，吸收酸性气体；第三个装切片石蜡，吸收烃类气体。

实验室通常利用水银压力计来测量减压系统的压力。水银压力计又有开口式和封闭式两种。

（2）减压蒸馏操作

① 检查气密性　旋紧毛细管上的螺旋夹 D，打开安全瓶上的二通活塞 G，然后开启减压泵。逐渐关闭 G，减压至压力稳定后，折叠连接系统的橡皮管，观察压力计水银柱是否有变化，无变化说明不漏气。如漏气，应检查装置中各部分的塞子和橡皮管的连接是否紧密，必要时可用熔融的石蜡密封。磨口仪器可在磨口接头的上部涂少量真空油脂进行密封（密封应在解除真空后才能进行）。检查完毕后，缓慢打开安全瓶的二通活塞 G，使系统与大气相通，压力计缓慢复原，关闭减压泵停止抽气。

② 加料、调节空气量和真空度　将待蒸馏液装入蒸馏烧瓶中，以不超过其容积的 1/2 为宜。旋紧毛细管上的螺旋夹 D，开启减压泵，慢慢关闭安全瓶上的二通活塞至完全，调节毛细管导入的空气量，以连续冒出一连串小气泡为宜。缓慢调节安全瓶上的二通活塞，使系统达到所需压力并稳定。

③ 加热蒸馏　通入冷凝水，开始加热蒸馏。待液体开始沸腾时，调节热源的温度，控制馏出速度为每秒 1～2 滴，收集馏分。当温度上升至超过所需范围，或蒸馏瓶中仅残留少量液体时，停止蒸馏。

④ 结束操作　蒸馏完毕，先移去热源，再旋开螺旋夹 D，待蒸馏烧瓶稍冷后再慢慢打开安全瓶上的活塞 G，平衡内外压力（注意：这一操作须特别小心，一定要慢慢地旋开旋塞，使压力计中的水银柱慢慢地恢复到原状，如果引入空气太快，水银柱会很快地上升，有冲破 U 形管压力计的可能），然后关闭抽气泵。

用油泵进行减压蒸馏操作时，一般要求先用水泵减压蒸除低沸点的有机溶剂和易挥发的酸性气体，再用油泵减压蒸馏收集目标馏分。这样可更好地保护油泵，并防止蒸馏的混合物在减压时暴沸冲出；只需直接加一个干冰-丙酮冷却阱保护油泵，而不需要加石蜡塔、氯化钙塔、氢氧化钠碱塔，从而获得较高的真空度。

第 4 章

无机化学实验

实验一　实验室安全教育、玻璃仪器的洗涤和干燥、基本操作训练

一、实验目的

（1）学习化学实验室守则和安全规则，学习实验室意外事故的处理和“三废”处理知识。

（2）熟悉无机化学实验常用仪器的名称、规格、使用方法和注意事项。

（3）练习并掌握常用玻璃仪器的洗涤和干燥方法。

（4）学习无机化学实验中常用的基本操作。

二、实验仪器和试剂

仪器：无机化学实验中常用的仪器。

试剂：$CaCl_2$(S)，$1mol\cdot L^{-1}$ H_2SO_4。

三、实验内容

1. 学习化学实验室守则和安全规则、实验室意外事故处理和“三废”处理知识。

2. 学习无机化学实验常用仪器的名称、规格、使用方法和注意事项。

3. 玻璃仪器的洗涤和干燥。

（1）洗涤方法

① 冲洗法　对于尘土或可溶性污物，用水冲洗。

② 刷洗法　内壁附有不易冲洗掉的物质，可用毛刷刷洗。

③ 药剂洗涤法　对于不溶性物、油污、有机物等污物，可用药剂来洗涤。

去污粉（碱性）：Na_2CO_3＋白土＋细砂

铬酸洗液：$K_2Cr_2O_7+H_2SO_4$(浓)

王水洗液：$HNO_3+HCl(1:3)$

特殊物质的去除：应根据沾在器壁上的各种物质的性质，采用适当的方法和药品来进行处理。

（2）洗涤次序　倒净废液→清水冲洗→洗液浸洗→清水荡洗→去离子水漂洗。

仪器刷洗后，都要用水冲洗干净，最后再用去离子水冲洗三次，把由自来水中带来的钙、镁、氯等离子洗去。

仪器洗涤干净的标准：仪器外观清洁、透明，器壁均匀地附着一层水膜，既不聚成水滴，也不成股流下。

练习：洗涤容量瓶1个、移液管1支、量筒1支、试管5支，烧杯1个，锥形瓶1个。

（3）干燥

① 晾干法　倒置让水自然挥发，适于容量仪器。

② 烤干法　适于可加热或耐高温的仪器，如试管、烧杯等。

③ 烘干法　在电烘箱中于105℃烘半小时，或在气流烘干器上烘干。

④ 快干法　一般只在实验中临时使用。将仪器洗净后倒置控水，注入少量（3～5mL）能与水互溶且挥发性较大的有机溶剂（常用无水乙醇、丙酮或乙醚等），将仪器转动使溶剂

在内壁流动，待内壁全部浸湿倾出溶剂（应回收），并擦干仪器外壁，再用电吹风机的热风迅速将内壁残留的易挥发物赶出，达到快干的目的。

练习：用烤干法干燥一支试管。

用气流烘干器烘干 2 支 5mL 离心试管、2 个 100mL 烧杯。

4. 练习无机化学实验常用的一些基本操作（根据不同专业实验学时进行选择）。

（1）固体、液体试剂的取用和估量。

（2）试管实验的操作。

（3）各种试纸如 pH 试纸、$Pb(Ac)_2$ 试纸 、淀粉-碘化钾试纸等的使用。

（4）电子天平的使用（学会固体试剂的称量）。

① 天平的分类。

② 天平的使用程序：预热→开机→校准→称量→关机。

③ 注意事项。

④ 称量练习　用精度为 0.01g 的电子天平称取 1～2g $CaCl_2$（注意正确读数），放入 100mL 烧杯中备用。

（5）沉淀的制备及分离（学习固体的溶解、离心分离沉淀、常压过滤分离沉淀）。

向盛有 $CaCl_2$ 固体的烧杯中，加 50mL 纯水，搅拌溶解，配成 $CaCl_2$ 水溶液。按一定的比例关系，取 $1mol \cdot L^{-1}$ H_2SO_4 溶液和 $CaCl_2$ 溶液，制得 $CaSO_4$ 沉淀。

① 离心分离　用一只离心试管取上述制得的 $CaSO_4$ 沉淀少量（注意：不得超过试管的 1/2）；另取一只，装入等体积的水，对称地放入电动离心机套管内，然后慢慢启动离心机，逐渐加速，进行沉淀的分离实验。旋转 1～2min 后，切断电源，让离心机自然停止。

离心后，沉淀沉入试管底部，用一干净的滴管，将清液吸出，转移至另一只干净的试管中（注意滴管插入的深度，尖端不应接触沉淀）。此过程为沉淀的分离。

将少量的纯水加入已分离出溶液的沉淀中，用玻璃棒轻轻搅拌，再离心操作。离心后，沉淀沉入试管底部，用一干净的滴管，将上层清液吸出，转移至另一只干净的试管中。然后再向沉淀中加入少量纯水，用玻璃棒轻轻搅拌，再离心操作。反复几次，直到达到要求。此过程为沉淀的洗涤。

② 常压过滤　选取大小合适的滤纸，折叠好后紧贴长颈漏斗，用纯水润湿并形成水柱。将漏斗放在漏斗架上按倾注法过滤沉淀。然后进行沉淀的初洗、转移和洗涤，将沉淀都集中到滤纸底部。详细操作方法见 3.4.2 过滤法中的常压过滤。

四、注意事项

（1）铬酸、王水洗液有强烈的腐蚀作用并有毒，勿用手接触。

（2）洗涤仪器的原则是少量多次。

（3）洗干净的仪器，不能用布和软纸擦拭。

（4）带有刻度的计量仪器不能使用加热的方法进行干燥，否则会影响仪器的精度。

（5）对于厚壁瓷质的仪器不能烤干，但可烘干。

五、思考题

（1）本次实验洗涤了哪些玻璃仪器，各用什么方法洗涤的？玻璃仪器洗干净的标准是什么？

（2）玻璃仪器洗净后能否用手或滤纸对其内部擦洗？

（3）烤干试管时，为什么开始管口要略向下倾斜？

（4）固体和液体试剂的取用方法及注意事项有哪些？

（5）加热试管中液体、固体试样时应注意哪些问题？

实验二　灯的使用、玻璃管的加工和塞子的钻孔

一、实验目的

（1）了解酒精灯和酒精喷灯的构造和原理，掌握其正确的使用方法。

（2）掌握玻璃管（棒）的截断、弯曲、拉制和熔烧等基本操作。

（3）练习塞子钻孔的基本操作。

（4）完成玻璃棒、滴管的制作。

二、实验仪器和试剂

仪器：座式酒精喷灯，锉刀，打孔器，胶塞，钦木塞，火柴，玻璃管（棒）等。

试剂：酒精。

三、实验内容与步骤

1. 灯的使用

酒精灯和酒精喷灯是实验室常用的加热器具。酒精灯的温度一般可达 400～500℃；酒精喷灯可达 700～1000℃。

（1）酒精灯

① 结构　酒精灯一般是由玻璃制成的。它由灯壶、灯帽和灯芯构成（图 4-1）。酒精灯的正常火焰分为三层（图 4-2）。内层为焰心，温度最低。中层为内焰（还原焰），由于酒精蒸气燃烧不完全，并分解为含碳的产物，这部分火焰具有还原性，称为“还原焰”，温度较高。外层为外焰（氧化焰），酒精蒸气完全燃烧，温度最高。进行实验时，一般都用外焰来加热。

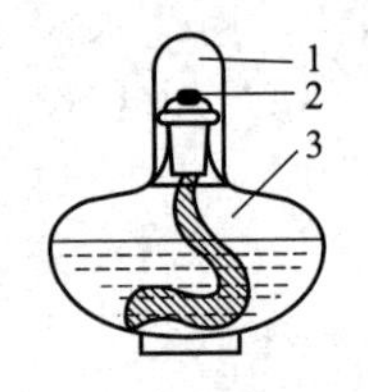

图 4-1　酒精灯的构造

1—灯帽；2—灯芯；3—灯壶

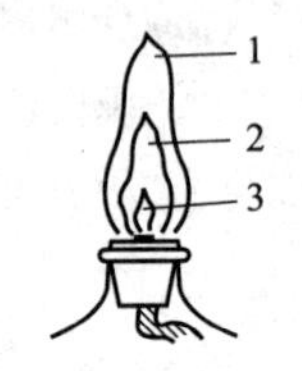

图 4-2　酒精灯的灯焰

1—外焰；2—内焰；3—焰心

② 使用

a. 准备　整灯芯，吹气。新酒精灯首先要配好灯芯。灯芯通常是用多股棉纱拧在一起或编织而成的，它插在灯芯瓷套管中。灯芯不宜过短，一般浸入酒精后还要多出 4～5 cm。旧灯，尤其是长时间未用的酒精灯，取下灯帽后，应提起灯芯瓷套管，用洗耳球或嘴轻轻地向灯壶内吹几下以赶走其中聚集的酒精蒸气，再放下套管检查灯芯，若灯芯不齐或烧焦都应用剪刀修整为平头等长，如图 4-3 所示。

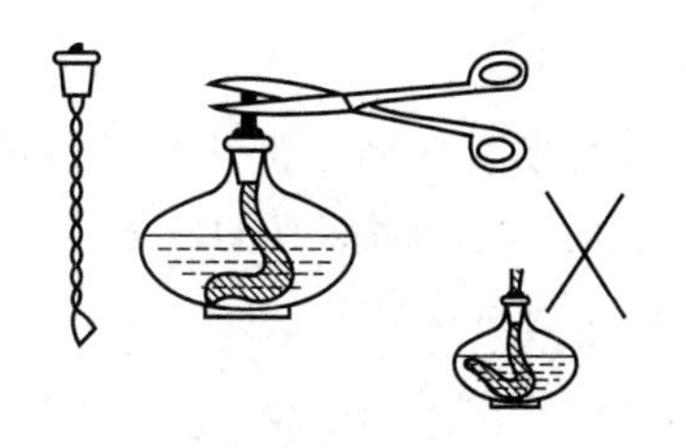

图 4-3　检查灯芯并修整

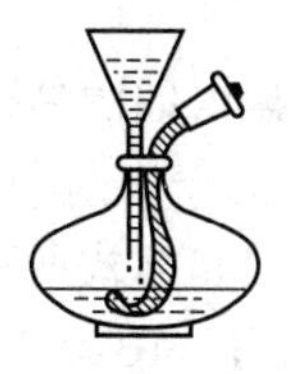

图 4-4　添加酒精

b. 添加酒精　灯壶内的酒精少于其容积的 1/2 时，应及时添加酒精，但酒精不能装得太满，以不超过灯壶容积的 2/3 为宜。添加酒精时，要借助小漏斗（图 4-4），以免将酒精洒出。燃着的酒精灯，若需添加酒精，必须熄灭火焰，绝不允许在酒精灯燃着时添加酒精，否则容易起火而造成事故。

c. 点燃　浸透灯芯，火柴点燃，严禁对燃（图 4-5）。新装的灯芯须放入灯壶内酒精中浸泡，而且将灯芯不断移动，使灯芯全部都浸透酒精，然后调好其长度，才能点燃。

图 4-5　点燃

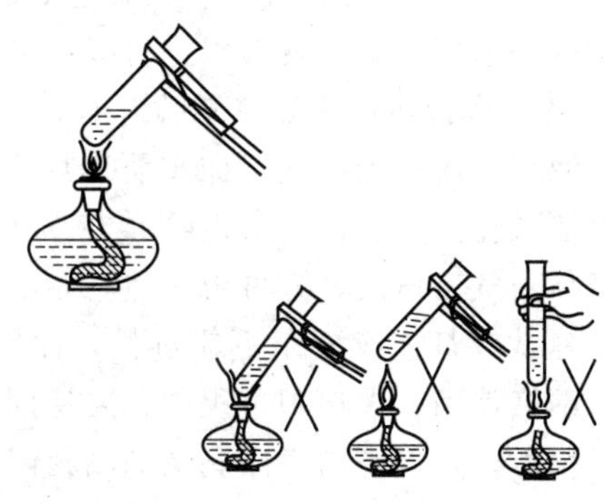

图 4-6　加热方法

d. 加热　用外焰来加热器具。加热的器具与灯焰的距离要合适，过高或过低都不正确。被加热的器具与酒精灯焰的距离可以通过铁圈或垫木来调节。被加热的器具必须放在支撑物（三角架或铁圈等）上，可以用坩埚钳或试管夹夹持，绝不允许用手拿着仪器加热。例：加热试管里液体时，液体不超过试管容积 1/3，试管与桌面成 45° 角（图 4-6）。

e. 提温　若要使灯焰平稳，并适当提高温度，可以加一金属网罩（图 4-7）。

f. 熄灭　加热完毕或因添加酒精要熄灭酒精灯时，必须用灯帽盖灭，盖灭后需重复盖一次，让空气进入且让热量散发，以免冷却后盖内造成负压使盖打不开。绝不允许用嘴吹灭酒精灯（图 4-8）。

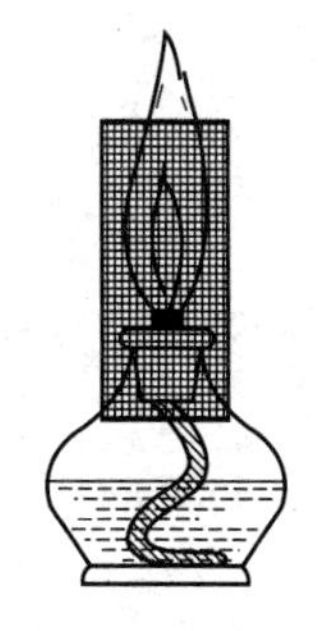

图 4-7　提高温度的方法

图 4-8　熄灭酒精灯

（2）酒精喷灯

工作原理：点燃预热盘内的酒精以加热灯芯管，灯芯上吸附的酒精汽化从喷气孔喷出，遇空气火焰会自动在灯管口产生。火焰的大小与喷气孔的大小及酒精蒸气的压强及空气的进入量有关。酒精喷灯有座式和挂式两种，本次实验使用座式酒精喷灯。

① 座式酒精喷灯的构造（图 4-9）

② 使用

a. 使用酒精喷灯时，首先用捅针捅一捅酒精蒸气出口，以保证出气口畅通。

b. 添加酒精：用烧杯取适量酒精，拧下铜帽，用漏斗向酒精壶内添加酒精，酒精量不超过其体积的 2/3。

c. 往预热盘中加适量酒精并点燃，充分预热，保证酒精全部汽化，并适时调节空气调节器。

d. 当灯管中冒出的火焰呈浅蓝色，并发出“哧哧”的响声时，拧紧空气调节器，此时就可以进行玻璃管加工。

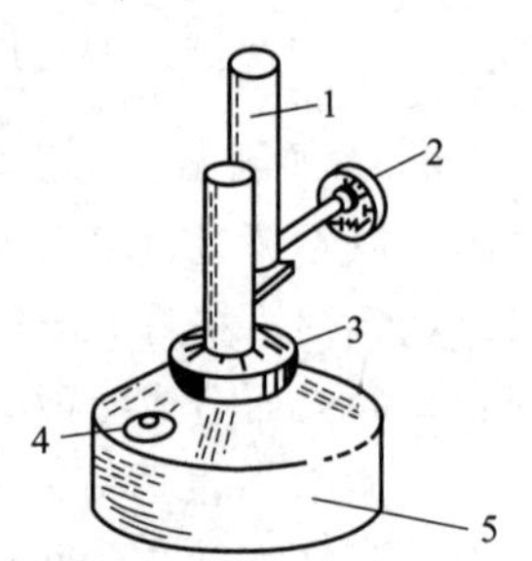

图 4-9　座式酒精喷灯

1—灯管；2—空气调节器；3—预热盘；4—铜帽；5—酒精壶

e. 若一次预热后不能点燃喷灯时，可在火焰熄火后重新往预热盘添加酒精（用石棉网或湿抹布盖在灯管上端即可熄灭酒精喷灯），重复上述操作点燃。但连续两次预热后仍不能点燃时，则需用捅针疏通酒精蒸气出口后，方可再预热。

f. 座式喷灯连续使用不应过长，如果超过半个小时，应先暂时熄灭喷灯。冷却、添加酒精后继续使用。在使用过程中，要特别注意安全，手尽量不要碰到酒精喷灯金属部位。若长期不用时，须将酒精壶内剩余的酒精倒出。

2. 玻璃管的加工

（1）截断　将玻璃管（棒）平放在桌面上，依需要的长度左手按住要切割的部位，右手用锉刀的棱边在要切割的部位按一个方向（不要来回锯）用力锉出一道凹痕[图 4-10(a)]。然后双手持玻璃管（棒），两拇指齐放在凹痕背面，并轻轻地由凹痕背面向外推折，同时两食指和拇指将玻璃管（棒）向两边拉，如此将玻璃管（棒）截断[图 4-10(b)]。

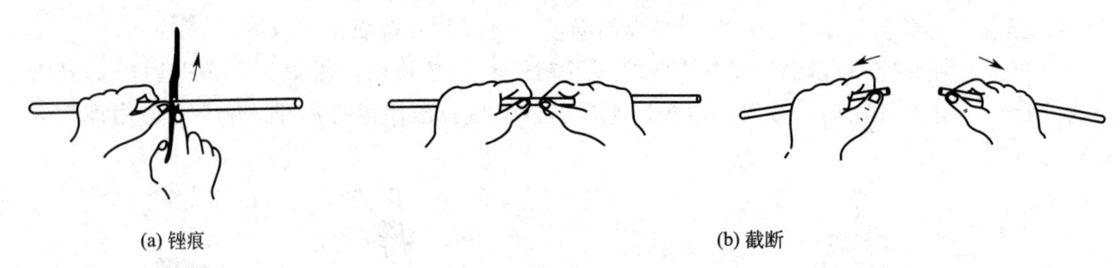

图 4-10　玻璃管（棒）的截断

（2）熔光　切割的玻璃管（棒），其截断面的边缘很锋利，容易割破皮肤、橡皮管或塞子，所以必须放在火焰中熔烧，使之平滑，这个操作称为熔光（图 4-11）。将刚切割的玻璃管（棒）的一头插入火焰中熔烧。熔烧时，角度一般为 45°，并不断来回转动玻璃管（棒），直至管口变成红热平滑为止。

熔烧时，加热时间过长或过短都不好。过短，管（棒）口不平滑；过长，管径会变小。转动不匀，会使管口不圆。灼热的玻璃管（棒），应放在石棉网上冷却，切不可直接放在实验台上，以免烧焦台面，也不要用手去摸，以免烫伤。

（3）弯曲

a. 烧管（图 4-12）先将玻璃管用小火预热一下，然后双手持玻璃管，把要弯曲的部位斜插入喷灯火焰中，以增大玻璃管的受热面积，同时缓慢而均匀地不断转动玻璃管，使之受热均匀。两手用力均等，转速缓慢一致，以免玻璃管在火焰中扭曲。加热至玻璃管发黄变软时，即可自火焰中取出，进行弯管。

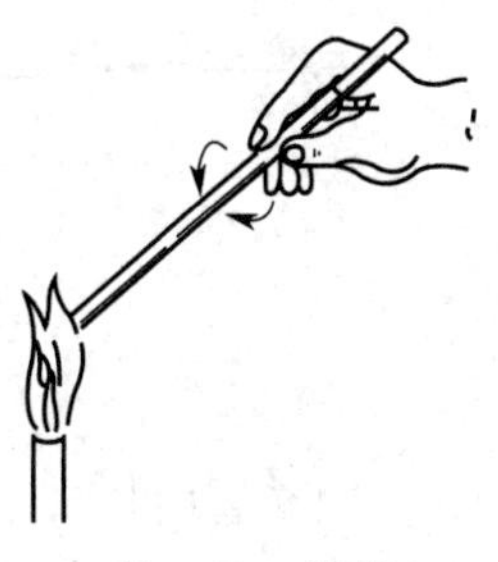

图 4-11　熔光

b. 弯管（图 4-13）将变软的玻璃管取离火焰后稍等 1～2s，使各部温度均匀，用“V”字形手法（两手在上方，玻璃管的弯曲部分在两手中间的正下方）缓慢地将其弯成所需的角度。弯好后，待其冷却变硬才可撒手，将其放在石棉网上继续冷却。冷却后，应检查其角度是否准确，整个玻璃管是否处于同一个平面。

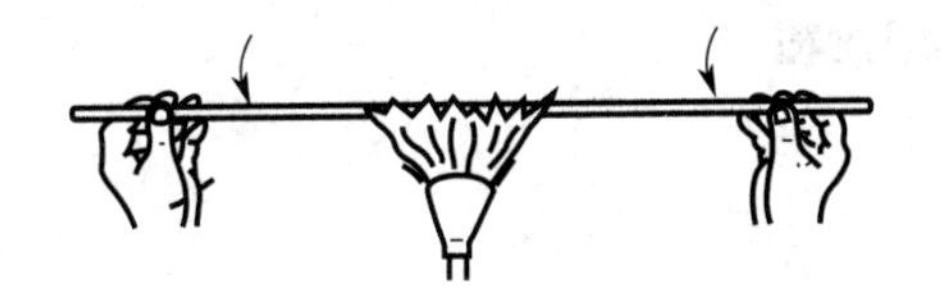

图 4-12　烧管方法

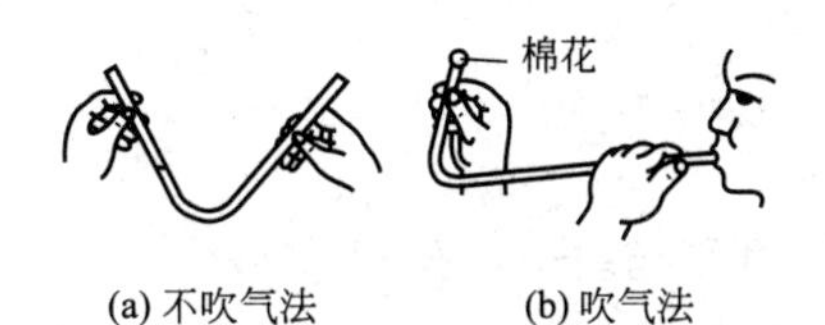

图 4-13　弯管方法

120°以上的角度可一次弯成，但弯制较小角度的玻璃管，或灯焰较窄，玻璃管受热面积较小时，需分几次弯制（切不可一次完成，否则弯曲部分的玻璃管会变形）。首先弯成一个较大的角度，然后在第一次受热弯曲部位稍偏左或稍偏右处进行第二次加热弯曲，如此第三次、第四次加热弯曲，直至变成所需的角度为止。

注意：

ⅰ. 在火焰上加热尽量不要往外拉。

ⅱ. 弯成角度后，在管口轻轻吹气使弯曲处圆滑。

图 4-14 为几种弯管好坏的比较和分析。

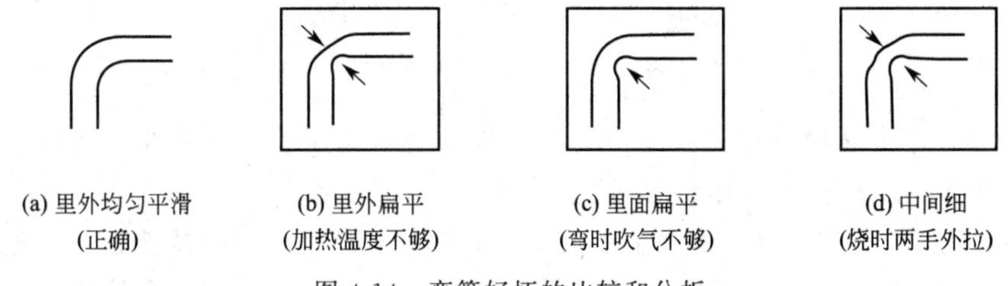

图 4-14　弯管好坏的比较和分析

（4）制作毛细管和滴管

a. 烧管 拉细玻璃管时，加热玻璃管的方法与弯玻璃管时基本一样，不过要烧得时间长一些，玻璃管软化程度更大一些，烧至红黄色。

b. 拉管（图 4-15）待玻璃管烧成红黄色软化以后，取出，两手顺着水平方向边拉边旋转玻璃管，拉到所需要的细度时，一手持玻璃管向下垂一会儿。冷却后，按需要长短截断，形成两个尖嘴管。如果要求细管部分具有一定的厚度，应在加热过程中当玻璃管变软后，将其轻缓向中间挤压，减短它的长度，使管壁增厚，然后按上述方法拉细。

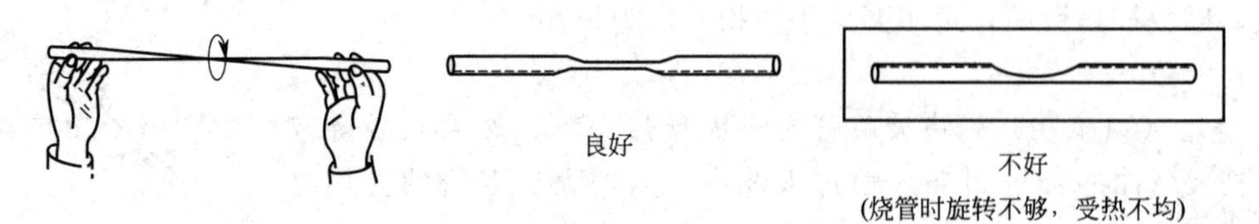

图 4-15　拉管方法和拉管好坏比较

c. 制滴管的扩口（图 4-16）将未拉细的另一端玻璃管口以 40°角斜插入火焰中加热，并不断转动。待管口灼烧至红热后，用金属锉刀柄斜放入管口内迅速而均匀地旋转，将其管口扩开。另一扩口的方法是待管口烧至稍软化后，将玻璃管口垂直放在石棉网上，轻轻向下按一下，将其管口扩开。冷却后，安上胶头即成滴管。

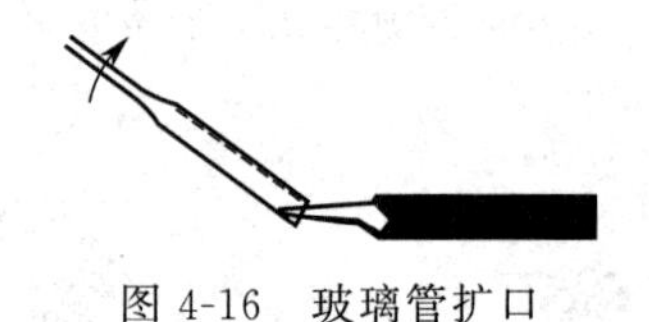
图 4-16　玻璃管扩口

3. 塞子与塞子钻孔

为了能在塞子上装置玻璃管、温度计等，塞子需预先钻孔。常用的钻孔器是一组直径不同的金属管。它的一端有柄，另一端很锋利，可用来钻孔。

① 塞子大小的选择（图 4-17）　塞子的大小应与仪器的口径相适合，塞子塞进瓶口或仪器口的部分不能少于塞子本身高度的 1/2，也不能多于 2/3。

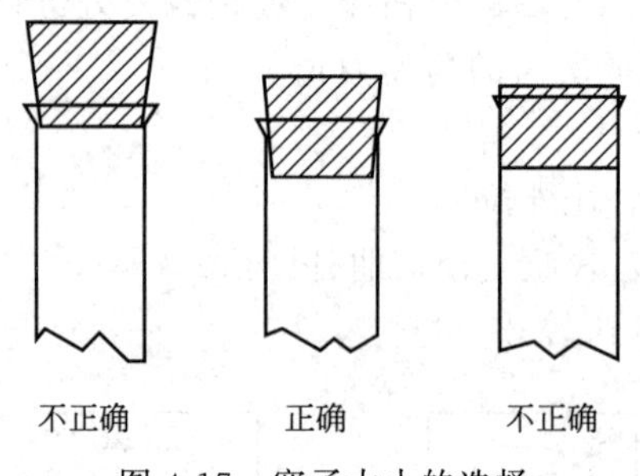

图 4-17　塞子大小的选择

② 钻孔器大小的选择　选择一个比要插入橡皮塞的玻璃管口径略粗一点的钻孔器，因为橡皮塞有弹性，孔道钻成后由于收缩孔径变小。

③ 钻孔的方法（图 4-18）　将塞子小头朝上平放在实验台上的一块垫板上（避免钻坏台面），左手用力按住塞子，不得移动，右手握住钻孔器的手柄，并在钻孔器前端涂点甘油或水。将钻孔器按在选定的位置上，沿一个方向，一面旋转一面用力向下钻。钻孔器要垂直于塞子的面，不能左右摆动，更不能倾斜，以免把孔钻斜。钻至深度约达塞子高度一半时，反方向旋转并拔出钻孔器，用带柄捅条捅出嵌入钻孔器中的橡皮或软木。然后调换塞子大头，对准原孔的方位，按同样的方法钻孔，直到两端的圆孔贯穿为止；也可以不调换塞子的方位，仍按原孔直接钻通到垫板上为止。拔出钻孔器，再捅出钻孔器内嵌入的橡皮或软木。

孔钻好以后，检查孔道是否合适，如果选用的玻璃管可以毫不费力地插入塞孔里，说明塞孔太大，塞孔和玻璃管之间不够严密，塞子不能使用。若塞孔略小或不光滑，可用圆锉适

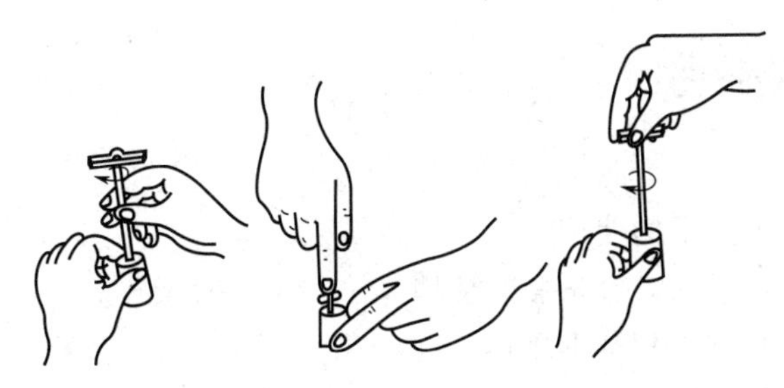

图 4-18　钻孔的方法

当修整。

④ 玻璃导管与塞子的连接　先用右手拿住导管靠近管口的部位，并用少许甘油或水将管口润湿[图 4-19(a)]，然后左手拿住塞子，将导管口略插入塞子，再用柔力慢慢地将导管转动着逐渐旋转进入塞子[图 4-19(b)]，穿过塞孔至所需的长度为止。也可以用布包住导管，将导管旋入塞孔[图 4-19(c)]。如果用力过猛或手持玻璃导管离塞子太远，都有可能将玻璃导管折断，刺伤手掌。温度计插入塞孔的操作方法与上述一样，但开始插入时，要特别小心，以防温度计的水银球破裂。

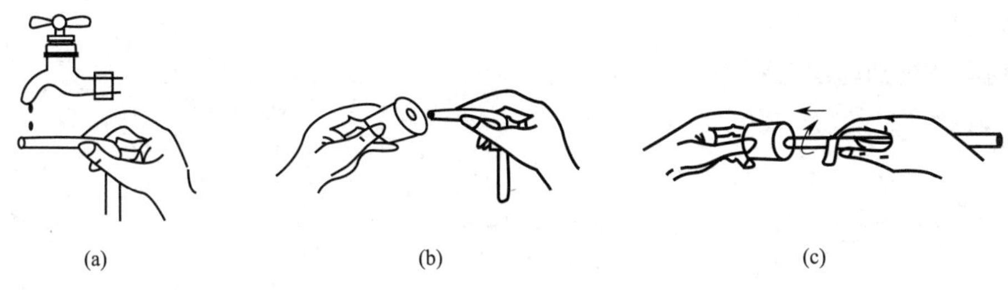

(a)　　(b)　　(c)

图 4-19　导管与塞子的连接

四、注意事项

(1) 切割玻璃管、玻璃棒时要防止划伤手。

(2) 使用酒精喷灯前，必须先准备一块湿抹布备用。

(3) 灼热的玻璃管、玻璃棒，要按先后顺序放在石棉网上冷却，切不可直接放在实验台上，防止烧焦台面；未冷却之前，也不要用手去摸，防止烫伤手。

(4) 钻孔时，要在实验台上放一块垫板，避免钻坏台面。使用时在钻孔器前端涂点甘油或水。

五、思考题

(1) 酒精灯和酒精喷灯在使用过程中，需注意哪些安全问题？

(2) 加工玻璃管时，要注意哪些问题？

(3) 切割玻璃管（棒）时，应怎样正确操作？

(4) 弯曲和拉细玻璃管时，玻璃管的温度有什么不同？为什么要不同？弯制好的玻璃管，如果和冷的物件接触会发生什么不良的后果？应怎样避免？

(5) 塞子如何选择？塞子钻孔要注意什么问题？

(6) 加热试管中液体、固体试样时应注意哪些问题？

实验三 溶液的配制

一、实验目的

（1）巩固台秤和电子天平的使用。

（2）学习移液管、吸量管、容量瓶的使用方法。

（3）掌握溶液的配制方法和基本操作。

（4）了解特殊溶液的配制方法。

二、实验原理

在化学实验中，常常需要配制各种溶液来满足不同实验的要求。如果实验对溶液浓度的准确度要求不高，一般利用台秤、量筒、带刻度烧杯等低准确度的仪器配制就能满足需要。如果实验对溶液浓度的准确度要求较高，如定量分析实验，需要使用分析天平、移液管、容量瓶等高准确度的仪器配制溶液。对于易水解的物质，在配制溶液时还要考虑先用相应的酸溶解易水解的物质，再加水稀释。无论是粗配还是准确配制一定体积、一定浓度的溶液，首先要计算所需试剂的用量，包括固体试剂的质量或液体试剂的体积（称量或量取），然后再进行配制。

1. 用固体试剂配制溶液

（1）质量分数（x）或（w）

因为
$$x=\frac{m_{溶质}}{m_{溶液}}$$

所以
$$m_{溶质}=\frac{xm_{溶剂}}{1-x}=\frac{x\rho_{溶剂}V_{溶剂}}{1-x}$$

溶剂为水时
$$m_{溶质}=\frac{xV_{溶剂}}{1-x}$$

（2）质量摩尔浓度（m 或 b）
$$b=\frac{n_{溶质}(\mathrm{mol})}{m_{溶剂}(\mathrm{kg})}$$

$$b=\frac{m_{溶质}\times 1000}{M_{溶质}V_{溶剂}\rho_{溶剂}} \quad m_{质}=\frac{M_{溶质}b\rho_{溶剂}V_{溶剂}}{1000}$$

（3）物质的量浓度（c）
$$c=\frac{n_{溶质}(\mathrm{mol})}{V_{溶液}(\mathrm{L})}$$

$$c=\frac{m_{溶质}}{M_{溶质}V_{溶液}} \quad m_{溶质}=cV_{溶液}M_{溶质}$$

2. 用液体（或浓溶液）试剂配制溶液

（1）质量分数（十字交叉法）

① 混合两种已知浓度的溶液，配制所需浓度溶液的计算方法是：把所需的溶液浓度放在两条直线交叉点上（即中间位置），已知溶液浓度放在两条直线的左端（较大的在上，较小的在下）。然后每条直线上两个数字相减。差额写在同一直线另一端（右边的上、下），这样就得到所需的已知浓度溶液的份数。

例如，由85%和40%的溶液混合，制备60%溶液：

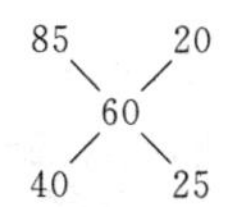

需将 20 份 85%的溶液和 25 份 40%的溶液混合。

② 用溶剂稀释原液制成所需浓度的溶液，在计算时只需将左下角较小的浓度写成零表示是纯溶剂即可。

例如，用水把 35%的水溶液稀释成 25%的溶液：

35　　25
　25
0　　10

取 25 份 35%的水溶液兑 10 份的水，就得到 25%的溶液。

(2) 物质的量浓度 (c)

① 由已知物质的量浓度溶液稀释：$c_1V_1=c_2V_2$

② 由已知质量分数溶液配制：如用浓 H_2SO_4 ($\rho=1.84g/cm^3$，$w=98\%$) 配制物质的量浓度为 c，体积为 V(mL) 的稀硫酸溶液，需要浓硫酸的体积数：

$$V_{H_2SO_4}=\frac{cV_{溶液}\ M_{H_2SO_4}}{\rho w1000}$$

三、实验仪器和试剂

仪器：烧杯，移液管，吸量管，容量瓶，量筒，试剂瓶，称量瓶，量杯，玻璃棒，洗耳球，电子天平（精度：0.0001g），台秤（精度：0.01g）。

试剂：$CuSO_4.5H_2O$(AR，S)，$K_2Cr_2O_7$(AR，S)，NaOH(AR，S)，浓硫酸，醋酸（$2.00mol\cdot L^{-1}$）。

四、实验内容与步骤

1. 配制方法讲解

(1) 一般溶液的配制（近似配制）

仪器：台秤、量筒、量杯、烧杯、玻璃棒等。

方法：称固体→溶解→稀释到所需体积（在带刻度烧杯中进行即可）。

量取浓溶液→混合→稀释到所需体积（在带刻度烧杯中进行即可）。

(2) 标准溶液的配制（精确配制）

仪器：电子天平、吸量管、移液管、容量瓶、玻璃棒。

方法：精确称量→溶解→转移→定容→装入干净且干燥的试剂瓶中。

移取浓溶液→混合→定容→装入干净且干燥的试剂瓶中。

2. 基本操作讲解

① 台秤和电子天平的使用。

② 量筒和量杯的使用。

③ 移液管、吸量管和洗耳球的使用。

④ 容量瓶的使用。

3. 操作练习

① 用硫酸铜晶体（$CuSO_4 \cdot 5H_2O$）配制 0.1mol·L^{-1} 硫酸铜溶液 50mL。

② 用氢氧化钠固体（NaOH）配制 1mol·L^{-1}NaOH 溶液 100mL。

③ 精确配制 $K_2Cr_2O_7$ 标准溶液：准确称取 0.4903g $K_2Cr_2O_7$ 基准试剂（预先干燥过）于小烧杯中，加水溶解，定量转移至 100mL 容量瓶中，加水稀释至刻度，摇匀。计算其准确浓度。

④ 用浓 H_2SO_4 配制 3mol·L^{-1} H_2SO_4 溶液 50mL（浓硫酸为 98%，密度 1.84g·cm^{-3}）。

⑤ 由已知准确浓度的 2.00mol·L^{-1} 的 HAc 溶液配制 0.200mol·L^{-1} 的 HAc 溶液 50mL。

五、思考题

（1）用移液管移取溶液时，为什么要用待取溶液润洗 2～3 次？

（2）用容量瓶配制溶液时，要不要把容量瓶烘干？怎样检查容量瓶是否漏水？

（3）配制硫酸铜溶液时，用分析天平称取硫酸铜晶体，用量筒量取水配制溶液。此操作正确吗？为什么？

（4）如何配制 $SnCl_2$ 溶液？

（5）配制稀 H_2SO_4 溶液时烧杯中先加水还是先加酸，为什么？用到哪些仪器？各步操作应注意什么？

实验四　胶体的配制

一、实验目的

（1）学会氢氧化铁胶体的制备方法。

（2）掌握胶体聚沉的方法。

二、实验原理

（1）胶体溶液是一种高度分散的多相热力学不稳定系统，具有很大的比表面和表面能。

（2）胶体的制备通常采用凝聚法。

（3）胶体的破坏常采用加入强电解质溶液、加入相反电荷的溶液以及加热的方法。

三、实验仪器和试剂

仪器：试管，烧杯，量筒，酒精灯，铁架台（铁环），洗瓶，石棉网，胶头滴管，试管夹。

试剂：饱和 $FeCl_3$ 溶液（5.67mol·L^{-1}），0.05mol·L^{-1}Na_2SO_4 溶液，5mol·L^{-1} NaCl 溶液。

四、实验步骤

（1）水解反应制备 $Fe(OH)_3$ 溶胶

在 100mL 烧杯中加入蒸馏水 20mL，加热至沸腾，用滴管逐滴滴加 5.67mol·L^{-1} 的 $FeCl_3$ 溶液 1～2mL，边滴边搅拌。继续加热至溶液呈红褐色，停止加热，写出反应式。

(2) 胶体的聚沉

① 加热　取一支试管，加入 2mL 所制备的 $Fe(OH)_3$ 溶胶，在酒精灯上加热，观察现象。

② 电解质对溶液的凝聚作用　取两支试管，各加入 $Fe(OH)_3$ 溶胶 2mL，第一支试管滴加 $0.05mol \cdot L^{-1}$ Na_2SO_4 至浑浊；第二支试管滴加 $5mol \cdot L^{-1}$ 的 NaCl 溶液至浑浊，观察现象。

五、实验结果分析

写出实验现象，并解释原因。

六、思考题

(1) 电解质对溶胶的稳定性有何影响？

(2) 由 $FeCl_3$ 溶液制备 $Fe(OH)_3$ 溶胶时，应注意什么？

实验五　缓冲溶液的配制和性质、溶液 pH 值的测定

一、实验目的

(1) 学习常用缓冲溶液的配制方法。

(2) 加深对缓冲溶液性质的理解。

(3) 学习吸量管的使用方法。

二、实验原理

普通溶液不具备抗酸、抗碱、抗稀释作用。

缓冲溶液通常是由足够浓度的弱酸及其共轭碱、弱碱及其共轭酸或多元酸的酸式盐及其次级盐组成的，具有抵抗外加的少量强酸或强碱、或适当稀释而保持溶液 pH 值基本不变的作用。

本实验通过普通溶液和配制成的缓冲溶液对加入酸、碱或适当稀释前后 pH 值的变化，来探讨缓冲溶液的性质。

根据缓冲溶液中共轭酸碱对所存在的质子转移平衡：

$$HB \rightleftharpoons B^- + H^+$$

缓冲溶液 pH 值的计算公式为：

$$pH = pK_a + \lg \frac{[B^-]}{[HB]} = pK_a + \lg \frac{[\text{共轭碱}]}{[\text{共轭酸}]} = pK_a + \lg \text{缓冲比}$$

式中，pK_a 为共轭酸解离常数的负对数。此式表明：缓冲溶液的 pH 值主要取决于弱酸的 pK_a 值，其次取决于其缓冲比。

需注意的是，由上述公式算得的 pH 值是近似的，准确的计算应该用活度而非浓度。要配制准确 pH 值的缓冲溶液，可参考有关手册和参考书上的配方，它们的 pH 值是由精确的实验方法确定的。

缓冲容量 (β) 是衡量缓冲能力大小的尺度。缓冲容量 (β) 的大小与缓冲溶液总浓度、缓冲组分的比值有关。

$$\beta=2.303\times\frac{[HB][B^-]}{[HB]+[B^-]}=2.303\times\frac{[B^-]}{1+缓冲比}$$

缓冲溶液总浓度越大则β越大；缓冲比越趋向于1，则β越大，当缓冲比为1时，β达极大值。

实验室中最简单的测定缓冲容量的方法，是利用酸碱指示剂变色来进行判断。本实验使用甲基红指示剂。甲基红指示剂的变色范围见表4-1。

表4-1 甲基红指示剂变色范围

pH值	<4.2	4.2～6.3	>6.3
颜色	红色	橙色	黄色

三、实验仪器和试剂

仪器：吸量管（5mL×2，10mL×2），移液管（2mL×5，5mL×1），比色管（10mL×2，20mL×1），试管（15mL×13），滴管，玻璃棒，洗瓶等。

试剂：$1.0mol\cdot L^{-1}$ HAc，$0.1mol\cdot L^{-1}$ HAc，$1.0mol\cdot L^{-1}$ NaAc，$0.10mol\cdot L^{-1}$ NaAc，$1.0mol\cdot L^{-1}$ NaOH，$1.0mol\cdot L^{-1}$ HCl，$0.1mol\cdot L^{-1}$ NaCl蒸馏水，甲基红指示剂，广泛pH试纸。

四、实验步骤

1. 缓冲溶液的配制

按照表4-2中用量，用吸量管配制甲、乙、丙缓冲溶液于3支已标号的比色管中，备用。

2. 缓冲溶液的性质

① 缓冲溶液的抗酸、抗碱、抗稀释作用　取7支试管，按表4-3分别加入溶液，用广泛pH试纸测pH值。然后，分别在各试管中滴加2滴$1mol\cdot L^{-1}$ HCl溶液或2滴$1mol\cdot L^{-1}$ NaOH溶液，再测pH值。记录实验数据，解释所得结果。

② 缓冲容量与缓冲溶液总浓度（c）及缓冲比$\frac{[B^-]}{[HB]}$的关系　取6支试管，按表4-4分别加入溶液，测pH值。然后，在1～4号试管中各加2滴$1mol\cdot L^{-1}$ HCl溶液或2滴$1mol\cdot L^{-1}$ NaOH，再测pH值。5～6号试管中分别滴入2滴甲基红指示剂，溶液呈红色。然后一边振摇一边逐滴加入$1.0mol\cdot L^{-1}$ NaOH溶液，直至溶液的颜色刚好变成黄色，记录所加的滴数。记录实验现象，解释所得结果。

五、数据记录与结果分析

表4-2 缓冲溶液的配制

编号	试剂	浓度/$mol\cdot L^{-1}$	用量/mL	总体积/mL
甲	HAc	1.0	6.00	12.00
	NaAc	1.0	6.00	
乙	HAc	0.10	4.00	8.00
	NaAc	0.10	4.00	
丙	HAc	0.10	0.30	3.00
	NaAc	0.10	2.70	

表 4-3　缓冲溶液的抗酸、抗碱、抗稀释作用

实验编号	1	2	3	4	5	6	7
缓冲溶液(甲)/mL	2.0	2.0	—	—	—	—	2.0
H_2O /mL	—	—	2.0	2.0	—	—	5.0
NaCl /mL	—	—	—	—	2.0	2.0	—
pH 值(1)							
$1.0mol \cdot L^{-1}$ HCl /滴	2	—	2	—	2	—	—
$1.0mol \cdot L^{-1}$ NaOH /滴	—	2	—	2	—	2	—
pH 值(2)							
｜ΔpH 值｜							

结论：

表 4-4　缓冲容量 β 与缓冲比 $\left(\frac{[B^-]}{[HB]}\right)$ 及缓冲溶液总浓度（c）间的关系

实验项目	β 与 c 关系				β 与 $\frac{[B^-]}{[HB]}$ 关系	
实验编号	1	2	3	4	5	6
缓冲溶液(甲)/mL	2.0	—	2.0	—	—	—
缓冲溶液(乙)/mL	—	2.0	—	2.0	2.0	—
缓冲溶液(丙)/mL	—	—	—	—	—	2.0
pH 值(1)						
甲基红指示剂/滴	—	—	—	—	2	2
溶液颜色	—	—	—	—		
$1.0mol \cdot L^{-1}$ HCl /滴	2	2	—	—	—	—
$1.0mol \cdot L^{-1}$ NaOH /滴	—	—	2	2	至溶液刚好变成黄色	至溶液刚好变成黄色
pH 值(2)						
｜ΔpH 值｜						

结论：

六、思考题

（1）为什么缓冲溶液具有缓冲能力？

（2）缓冲溶液的 pH 值由哪些因素决定？

（3）缓冲容量 β 的影响因素有哪些？

实验六　粗食盐提纯

一、实验目的

（1）熟悉粗食盐的提纯过程及基本原理。

（2）巩固固体试样的称量、溶解、过滤、蒸发（浓缩）和结晶等基本操作。

（3）学习减压过滤的操作方法。

（4）熟悉 Ca^{2+}、Mg^{2+}、SO_4^{2-} 等离子的定性检验方法。

二、实验原理

粗食盐中通常含有 K^+、Ca^{2+}、Mg^{2+}、SO_4^{2-}、CO_3^{2-} 等可溶性杂质离子，还含有不溶性的杂质如泥沙。科学研究用的 NaCl 以及医用生理盐水所用的盐都需要较纯的 NaCl，因此，必须将上述杂质除去。不溶性的杂质可用溶解、过滤方法除去。可溶性杂质要加入适当的化学试剂除去。除去粗食盐中可溶性杂质（Ca^{2+}、Mg^{2+}、SO_4^{2-}、CO_3^{2-}）的方法是：

① 在粗食盐溶液中加入稍过量的 $BaCl_2$ 溶液，可将 SO_4^{2-} 转化为 $BaSO_4$ 沉淀，过滤除去 SO_4^{2-}。

$$SO_4^{2-}+Ba^{2+} \longequal BaSO_4\downarrow$$

② 向食盐溶液中加入 NaOH 和 Na_2CO_3 可将 Mg^{2+}、Ca^{2+} 和 Ba^{2+} 转化为 $Mg_2(OH)_2CO_3$、$CaCO_3$、$BaCO_3$ 沉淀后过滤除去。

$$2Mg^{2+}+2OH^{-}+CO_3^{2-} = Mg_2(OH)_2CO_3\downarrow \text{(碱式碳酸镁)}$$

$$Ca^{2+}+CO_3^{2-} = CaCO_3\downarrow$$

$$Ba^{2+}+CO_3^{2-} = BaCO_3\downarrow$$

③ 用稀 HCl 溶液调节食盐溶液 pH 值至 3～4，可除去 OH^- 和 CO_3^{2-} 两种离子。

$$OH^{-}+H^{+} = H_2O$$

$$CO_3^{2-}+2H^{+} = CO_2\uparrow+H_2O$$

K^+ 含量较少，可用浓缩结晶的方法留在母液中。

三、实验仪器和试剂

仪器：蒸发皿，烧杯（250mL，100mL），水泵，试管，表面皿，离心试管，量筒（100mL，10mL），玻璃棒，布氏漏斗，吸滤瓶，漏斗架。

试剂：粗食盐（固体），HCl 溶液（$2mol\cdot L^{-1}$），镁试剂，NaOH 溶液（$2mol\cdot L^{-1}$），Na_2CO_3 溶液（$1mol\cdot L^{-1}$），pH 试纸，$BaCl_2$ 溶液（$1mol\cdot L^{-1}$），$(NH_4)_2C_2O_4$ 溶液（$0.5mol\cdot L^{-1}$），Na_2SO_4 溶液（$2mol\cdot L^{-1}$）。

四、实验步骤

1. 粗食盐的提纯

（1）溶解粗食盐　用天平称取 10g 粗食盐放入 100mL 烧杯中，加 40mL 蒸馏水，加热搅拌使大部分固体溶解，剩下少量不溶的泥沙等杂质。

（2）除去 SO_4^{2-}　边加热边搅拌边滴加 $1mol\cdot L^{-1}$ $BaCl_2$ 溶液（2mL 左右），继续加热使 $BaSO_4$ 沉淀完全。2～4min 后停止加热。待沉淀下降后，吸取上面清液 1～2mL 于离心试管中离心分离，同时烧杯中物质继续加热近沸，在离心澄清液中滴加 $1mol\cdot L^{-1}$ $BaCl_2$ 溶液 2 滴，振荡试管，观察是否有浑浊产生（用蒸馏水加 $BaCl_2$ 做对比试验）。如无浑浊现象，说明 SO_4^{2-} 已经沉淀完全，将离心液倒回烧杯中（如有浑浊现象，则说明 SO_4^{2-} 尚未完全沉淀。将离心液倒回以后，继续滴加 8～10 滴 $BaCl_2$ 溶液，然后再取样检验，直至 SO_4^{2-} 沉淀完全）。继续加热近沸 5min，以使 $BaSO_4$ 晶粒长大，易于沉降和过滤。静置片刻，即可用倾注法过滤。用少量蒸馏水洗涤沉淀 2～3 次，滤液收集在 250mL 的烧杯中。

（3）除去 Mg^{2+}、Ca^{2+} 和 Ba^{2+}　将液加热近沸，在不断搅拌下加入 1mL $2mol\cdot L^{-1}$ NaOH 溶液和 4mL $1mol\cdot L^{-1}Na_2CO_3$ 溶液，加热至沸。待沉淀稍沉降后，吸取上面清液约 1mL 于离心试管中离心分离，在离心澄清液中加入 $2mol\cdot L^{-1}Na_2SO_4$ 溶液 1～2 滴，振荡试管，观察是否有浑浊产生。若无白色浑浊现象，表明上面所加过量的 Ba^{2+} 已沉淀完全，弃去试液（为什么不能倒回烧杯中?），若有白色浑浊现象，则在溶液中再加 0.5～1mL Na_2CO_3 溶液（视浑浊程度而定），加热近沸，然后再取样检验，直至 Ba^{2+} 沉淀完全。静置片刻，用倾注法过滤，滤液收集在 100mL 的烧杯中。

(4) 除去 OH^- 和 CO_3^{2-}　在滤液中逐滴加入 2mol·L^{-1}HCl 溶液，使 pH 值达到 3～4。

(5) 蒸发与结晶　将滤液放入蒸发皿中，小火加热，待溶液浓缩至糊状，停止加热。冷却后减压过滤（详细操作方法见 3.4.2 中的减压过滤，指导教师讲解并演示），将 NaCl 晶体抽干，把晶体转移至事先称量好的表面皿中，放入烘箱内烘干（100～105℃下干燥 20min）。冷却，称出表面皿与晶体的总质量，计算产率。

$$产率=\frac{精盐质量(g)}{10g}\times 100\%$$

2. 产品纯度的检验

取粗食盐和精盐各 1g 放入试管内，分别溶于 5mL 蒸馏水中，然后各分三等份，盛在 6 支试管中，分成 3 组，用对比法比较它们的纯度。

(1) SO_4^{2-} 的检验　向第 1 组试管中各滴加 2 滴 1mol·L^{-1} $BaCl_2$ 溶液，观察现象。

(2) Ca^{2+} 的检验　向第 2 组试管中各滴加 2 滴 0.5mol·L^{-1} $(NH_4)_2C_2O_4$ 溶液，观察现象。

(3) Mg^{2+} 的检验　向第 3 组试管中各滴加 2 滴 2mol·L^{-1} 的 NaOH 溶液，使溶液呈碱性（怎么检验），再加入 2～3 滴镁试剂，观察有无蓝色沉淀生成。

五、注意事项

(1) 粗食盐颗粒要研细。

(2) 溶液在蒸发浓缩时应不断搅拌，当晶膜产生后应立即停止搅拌，且不可蒸干。

(3) 普通过滤与减压过滤的合理使用。

六、思考题

(1) 在除 Ca^{2+}、Mg^{2+}、SO_4^{2-} 等离子时，为什么要先加 $BaCl_2$ 溶液，后加 Na_2CO_3 溶液？能否先加 Na_2CO_3 溶液？

(2) 过量的 Ba^{2+} 如何除去？能否用 $CaCl_2$ 代替毒性大的 $BaCl_2$ 来除去食盐中的 SO_4^{2-}？

(3) 怎样除去实验过程中所加的过量沉淀剂 $BaCl_2$、NaOH 和 Na_2CO_3？

(4) 加 HCl 除 CO_3^{2-} 时为什么要把溶液的 pH 值调至 3～4？调至恰为中性好不好？

(5) 简要回答减压过滤的正确操作方法。

实验七　硫酸铜的提纯

一、实验目的

(1) 了解用化学法提纯硫酸铜的基本原理。

(2) 掌握溶解、加热、蒸发浓缩、过滤、重结晶等基本操作。

二、实验原理

粗硫酸铜中含有不溶性杂质和可溶性杂质 $FeSO_4$、$Fe_2(SO_4)_3$ 及其他重金属盐等。不溶性杂质可通过常压、减压过滤的方法除去。可溶性杂质 Fe^{2+}、Fe^{3+} 的除去方法是：先将 Fe^{2+} 用氧化剂 H_2O_2 或 Br_2 氧化成 Fe^{3+}，然后调节溶液的 pH 值在 3.5～4 之间，使 Fe^{3+}

水解成为 $Fe(OH)_3$ 沉淀而除去，反应式如下：

$$2Fe^{2+}+H_2O_2+2H^+ \xlongequal{} 2Fe^{3+}+2H_2O$$

$$Fe^{3+}+3H_2O \xlongequal{} Fe(OH)_3\downarrow+3H^+$$

控制 pH 值在 3.5～4 是因为 Cu^{2+} 在 pH 值大于 4.1 时有可能产生 $Cu(OH)_2$ 沉淀，而 Fe^{3+} 则不同，根据溶度积规则进行计算，其完全沉淀时的 pH 值是大于 3.3，因此控制溶液的 pH 值在 3.3～4.1，便可使 Fe^{3+} 完全沉淀而 Cu^{2+} 不沉淀，从而实现分离。pH 值相对越高，Fe^{3+} 沉淀就越完全。其他可溶性杂质因含量少，可以通过重结晶的方法除去。

硫酸铜的纯度检验是将提纯过的样品溶于蒸馏水中，加入过量的氨水使 Cu^{2+} 生成深蓝色的$[Cu(NH_3)_4]^{2+}$，Fe^{3+} 形成 $Fe(OH)_3$ 沉淀。过滤后用 HCl 溶解 $Fe(OH)_3$，然后加 KSCN 溶液，Fe^{3+} 愈多，红棕色愈深。其反应式为：

$$Fe^{3+}+3NH_3\cdot H_2O \xlongequal{} Fe(OH)_3\downarrow+3NH_4^+$$

$$2Cu^{2+}+SO_4^{2-}+2NH_3\cdot H_2O \xlongequal{} \underset{\text{浅蓝色}}{Cu_2(OH)_2SO_4}\downarrow+2NH_4^+$$

$$Cu_2(OH)_2SO_4+2NH_4^++6NH_3\cdot H_2O \xlongequal{} \underset{\text{深蓝色}}{2[Cu(NH_3)_4]^{2+}}+SO_4^{2-}+8H_2O$$

$$Fe(OH)_3+3H^+ \xlongequal{} Fe^{3+}+3H_2O$$

$$Fe^{3+}+n SCN^- \xlongequal{} [Fe(SCN^-)_n]^{3-n}\ (n=1\sim6)$$

三、实验仪器和试剂

仪器：台秤，研钵，漏斗，漏斗架，布氏漏斗，吸滤瓶，烧杯，玻璃棒，蒸发皿，25mL 比色管，水泵（或油泵）。

试剂：粗硫酸铜，H_2SO_4（$1mol\cdot L^{-1}$），HCl（$2mol\cdot L^{-1}$），H_2O_2（3%），NaOH（$2mol\cdot L^{-1}$），KSCN（$1mol\cdot L^{-1}$），$NH_3\cdot H_2O$（$1mol\cdot L^{-1}$、$6mol\cdot L^{-1}$）。

材料：滤纸，pH 试纸。

四、实验步骤

1. 粗硫酸铜的提纯

用台秤称取 8g 粗硫酸铜，放在 100mL 洁净的小烧杯中，加入 25mL 蒸馏水，加热并不断用玻璃棒搅拌使其完全溶解，停止加热。

往溶液中滴加 1～2mL 3% H_2O_2，将溶液加热使其充分反应并分解过量的 H_2O_2，同时在不断搅拌下逐滴加入 0.5～$1mol\cdot L^{-1}$ NaOH（自己稀释），调节溶液的 pH 值，直到 pH 值在 3.5～4 之间。再加热片刻，静置使水解生成的 $Fe(OH)_3$ 沉降。常压过滤，滤液转移至洁净的蒸发皿中。

用 $1mol\cdot L^{-1}$ H_2SO_4 调节滤液的 pH 值到 1～2，然后加热、蒸发、浓缩至溶液表面出现一层晶膜时，即停止加热，冷却至室温。将析出的晶体转移至布氏漏斗，减压抽滤，取出晶体，用滤纸吸干其表面水分，称重，计算产率。

2. 硫酸铜纯度的检验

称取 1g 提纯过的硫酸铜晶体，放在小烧杯中，用 10mL 蒸馏水溶解，加入 1mL $1mol\cdot L^{-1}$ H_2SO_4 酸化，再加入 2mL 3% H_2O_2，充分搅拌后，煮沸片刻，使溶液中的 Fe^{2+} 全部氧化成Fe^{3+}。待溶液冷却后，逐滴加入6mol·L^{-1}氨水，并不断搅拌直至生成的蓝色沉淀溶解为深蓝色溶液为止。

常压过滤，并用滴管将1mL1mol·L^{-1}氨水滴在滤纸上，直至蓝色洗去为止。弃去滤液，用3mL 2mol·L^{-1}HCl溶解滤纸上的氢氧化铁。如有$Fe(OH)_3$未溶解，可将滤下的滤液再滴加到滤纸上。在滤液中滴入2滴1mol·L^{-1}KSCN溶液，观察溶液的颜色，根据溶液颜色的深浅可以比较Fe^{3+}的多少，评定产品的纯度。

五、注意事项

(1) 注意控制各步的pH值。

(2) 蒸发浓缩时，要小火加热。

(3) 注意滤纸的使用。

六、思考题

(1) 粗硫酸铜中Fe^{2+}杂质为什么要氧化成Fe^{3+}除去？采用H_2O_2作氧化剂比其他氧化剂有什么优点？

(2) 为什么除Fe^{3+}后的滤液还要调节pH值≈2，再进行蒸发浓缩？

实验八　硫酸铜晶体中结晶水含量的测定

一、实验目的

(1) 学习测定晶体里结晶水含量的方法。

(2) 练习坩埚的使用方法，初步学会研磨操作。

(3) 巩固电子天平的使用，掌握恒重方法。

二、实验原理

很多离子型的盐类从水溶液中析出时，常含有一定量的结晶水。结晶水与盐类结合得比较牢固，但加热到一定温度时，可以脱去一部分或全部的结晶水。

硫酸铜晶体是一种比较稳定的结晶水合物，当加热到280℃时将失去全部结晶水，形成白色的无水$CuSO_4$粉末。根据加热前后的质量差，可推算出其晶体的结晶水含量。

$CuSO_4\cdot 5H_2O$晶体在不同温度下按下列反应逐步脱水：

$$CuSO_4\cdot 5H_2O \xlongequal{110℃} CuSO_4\cdot 3H_2O + 2H_2O$$

$$CuSO_4\cdot 3H_2O \xlongequal{140℃} CuSO_4\cdot H_2O + 2H_2O$$

$$CuSO_4\cdot H_2O \xlongequal{280℃} CuSO_4 + H_2O$$

三、实验仪器和试剂

仪器：台秤，分析天平，研钵，坩埚，坩埚钳，三角架，泥三角，玻璃棒，干燥器，酒精灯。

试剂：硫酸铜晶体。

四、实验步骤

（1）研磨　先用滤纸吸干硫酸铜晶体表面的水，再在研钵中将硫酸铜晶体研碎，防止加热时硫酸铜晶体发生迸溅。

（2）称量　先准确称出一干燥洁净的坩埚质量（m_0），再将准确称取的1.5g已经研碎的硫酸铜晶体置于坩埚中，准确称出并记录坩埚和硫酸铜晶体的总质量（m_1）。

（3）加热　将盛有硫酸铜晶体的坩埚放在三角架上的泥三角上，用酒精灯缓慢加热（图4-20），同时用玻璃棒轻轻搅拌硫酸铜晶体，直至蓝色硫酸铜晶体完全变成白色粉末，且不再有水蒸气逸出，然后将坩埚放在干燥器里冷却。干燥器启盖方法见图4-21。

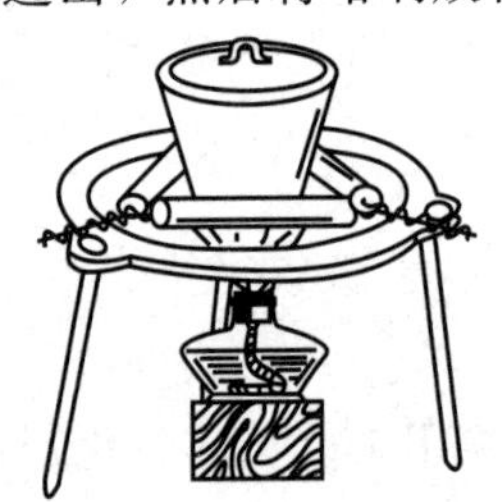
图4-20　坩埚加热

图4-21　干燥器启盖方法

（4）称量　待坩埚冷却后，称量并记录坩埚和无水硫酸铜的总质量（m_2）。

（5）再加热称量　把盛有无水硫酸铜的坩埚再加热，然后放在干燥器里冷却后再称量，恒重至两次称量之差≤0.001g。

（6）计算　根据实验数据计算硫酸铜晶体里结晶水的质量分数和化学式中 x 的实验值。

$$w(\text{结晶水})=\frac{m(\text{结晶水})}{m(\text{硫酸铜晶体})}=\frac{18x}{160+18x}$$

$$
\begin{array}{lll}
CuSO_4 \cdot xH_2O & \xrightarrow{\triangle} CuSO_4 & + xH_2O \\
160+18x & 160 & 18x \\
m_1-m_0 & m_2-m_0 & m_1-m_2
\end{array}
$$

$$x=\frac{160\times(m_1-m_2)}{18\times(m_2-m_0)}$$

（7）实验误差分析　根据硫酸铜晶体的化学式计算结晶水的质量分数。将实验测定的结果与理论值进行比较，并计算实验误差，分析误差产生原因。

五、注意事项

（1）小火加热，试样脱水后在干燥器中冷却。

（2）加热脱水一定要完全，晶体完全变为白色，不能是浅蓝色。

（3）注意恒重操作。

（4）注意控制脱水温度。

六、思考题

（1）为了保证硫酸铜晶体分解完全，可采取哪些措施？

（2）为什么将坩埚放在干燥器中冷却？

（3）为了防止硫酸铜晶体温度过高变成黑色，可采取哪些措施？

（4）为了使实验数据更接近于理论值，除了上述措施外，还可采取哪些措施？

实验九　化学反应速率与活化能

一、实验目的

（1）测定过二硫酸铵氧化碘化钾的反应速率并计算反应级数、反应速率常数和活化能。

（2）加深理解浓度、温度和催化剂对反应速率的影响。

（3）练习恒温水浴操作，掌握温度计的正确使用方法。

（4）初步掌握数据处理和作图方法。

二、实验原理

在水溶液中过二硫酸铵与碘化钾的反应为：

$$(NH_4)_2S_2O_8 + 3KI = (NH_4)_2SO_4 + K_2SO_4 + KI_3$$

其离子反应为：

$$S_2O_8^{2-} + 3I^- = 2SO_4^{2-} + I_3^- \quad (1)$$

反应速率方程为：

$$v = kc^m_{S_2O_8^{2-}} c^n_{I^-}$$

式中，v 是瞬时速率。若 $c_{S_2O_8^{2-}}$、c_{I^-} 是起始浓度，则 v 表示初速率（v_0）。在实验中只能测定出在一段时间内反应的平均速率。

$$\bar{v} = -\frac{\Delta c_{S_2O_8^{2-}}}{\Delta t}$$

在此实验中近似地用平均速率代替初速率：

$$v_0 = kc^m_{S_2O_8^{2-}} c^n_{I^-} = \frac{-\Delta c_{S_2O_8^{2-}}}{\Delta t}$$

为了能测出反应在 Δt 时间内 $S_2O_8^{2-}$ 浓度的改变量，需要在混合 $(NH_4)_2S_2O_8$ 和 KI 溶液的同时，加入一定体积已知浓度的 $Na_2S_2O_3$ 溶液和淀粉溶液，这样在反应（1）进行的同时还进行着另一反应：

$$2S_2O_3^{2-} + I_3^- = S_4O_6^{2-} + 3I^- \quad (2)$$

此反应几乎是瞬间完成，反应（1）比反应（2）慢得多。因此，反应（1）生成的 I_3^- 立即与 $S_2O_3^{2-}$ 反应，生成无色的 $S_4O_6^{2-}$ 和 I^-，而观察不到碘与淀粉呈现的特征蓝色。当 $S_2O_3^{2-}$ 消耗尽，反应（2）不进行，反应（1）还在进行，则生成的 I_3^- 遇淀粉呈蓝色。

从反应开始到溶液出现蓝色这一段时间 Δt 里，$S_2O_3^{2-}$ 浓度的改变值为：

$$\Delta c_{S_2O_3^{2-}} = -[c_{S_2O_3^{2-}(终)} - c_{S_2O_3^{2-}(始)}] = c_{S_2O_3^{2-}(始)}$$

再从反应（1）和反应（2）对比，则得：

$$\Delta c_{S_2O_8^{2-}} = \frac{c_{S_2O_3^{2-}(始)}}{2}$$

通过改变 $S_2O_8^{2-}$ 和 I^- 的初始浓度，测定消耗等量的 $S_2O_8^{2-}$ 的物质的量浓度 $\Delta c_{S_2O_8^{2-}}$ 所需的不同时间间隔，即计算出反应物不同初始浓度的初速率，确定出速率方程和反应速率常数。

三、实验仪器和试剂

仪器：烧杯，量筒，秒表（可用手机代替），温度计。

试剂：$(NH_4)_2S_2O_8$(0.20mol·L^{-1})，KI(0.20mol·L^{-1})，$Na_2S_2O_3$(0.010mol·L^{-1})，KNO_3(0.20mol·L^{-1})，$(NH_4)_2SO_4$(0.20mol·L^{-1})，$Cu(NO_3)_2$(0.02mol·L^{-1})，淀粉溶液（0.4%），碎冰等。

四、实验步骤

1. 浓度对化学反应速率的影响

在室温条件下进行表4-5中编号Ⅰ的实验。用量筒分别量取20.0mL 0.20mol·L^{-1} KI溶液，8.0mL 0.010mol·L^{-1} $Na_2S_2O_3$ 溶液和2.0mL 0.4%淀粉溶液，全部注入烧杯中，混合均匀。

然后用另一量筒取20.0mL 0.2mol·L^{-1} $(NH_4)_2S_2O_8$ 溶液，迅速倒入上述混合溶液中，同时开动秒表，并不断搅拌，仔细观察。

当溶液刚出现蓝色时，立即按停秒表，记录反应时间和室温。

按表4-5各溶液用量进行实验。

表4-5　浓度对化学反应速率的影响　　室温：　℃

实验编号		Ⅰ	Ⅱ	Ⅲ	Ⅳ	Ⅴ
试剂用量/mL	0.20mol·L^{-1} $(NH_4)_2S_2O_8$	20.0	10.0	5.0	20.0	20.0
	0.20mol·L^{-1} KI	20.0	20.0	20.0	10.0	5.0
	0.010mol·L^{-1} $Na_2S_2O_3$	8.0	8.0	8.0	8.0	8.0
	0.4% 淀粉溶液	2.0	2.0	2.0	2.0	2.0
	0.20 mol·L^{-1} KNO_3	0	0	0	10.0	15.0
	0.20mol·L^{-1} $(NH_4)_2SO_4$	0	10.0	15.0	0	0
混合液中反应物的起始浓度/mol·L^{-1}	$(NH_4)_2S_2O_8$					
	KI					
	$Na_2S_2O_3$					
反应时间 Δt/s						
$S_2O_8^{2-}$ 的浓度变化 $\Delta c_{S_2O_8^{2-}}$/mol·L^{-1}						
反应速率 v/mol·L^{-1}·s^{-1}						

2. 温度对化学反应速率的影响

按上表实验Ⅳ中的药品用量，将装有KI、$Na_2S_2O_3$、KNO_3 和淀粉混合溶液的烧杯和装有 $(NH_4)_2S_2O_8$ 溶液的小烧杯，放在冰水浴中冷却，待温度低于室温10℃时，将两种溶液迅速混合，同时计时并不断搅拌，出现蓝色时记录反应时间。

用同样方法在热水浴中进行高于室温10℃时的实验，数据记入表4-6中。

表4-6　温度对化学反应速率的影响

实验编号	Ⅵ	Ⅳ	Ⅶ
反应温度 t/℃			
反应时间 Δt/s			
反应速率 v/mol·L^{-1}·s^{-1}			

3. 催化剂对化学反应速率的影响

按实验Ⅳ药品用量进行实验，在 $(NH_4)_2S_2O_8$ 溶液加入KI混合液之前，先在KI混合液中加入2滴 $Cu(NO_3)_2$（$0.02mol \cdot L^{-1}$）溶液，搅匀，其他操作同实验1。与表4-5中实验Ⅳ的反应速率进行定性比较，得出结论。

五、数据处理

1. 反应级数和反应速率常数的计算

$$v = kc^m_{S_2O_3^{2-}} c^n_{I^-}$$

两边取对数：　　$\lg v = m\lg c_{S_2O_8^{2-}} + n\lg c_{I^-} + \lg k$

当 c_{I^-} 不变（实验Ⅰ、Ⅱ、Ⅲ）时，以 $\lg v$ 对 $\lg c_{S_2O_8^{2-}}$ 作图，得一直线，斜率为 m。同理，当 $c_{S_2O_8^{2-}}$ 不变（实验Ⅰ、Ⅳ、Ⅴ）时，以 $\lg v$ 对 $\lg c_{I^-}$ 作图，得 n，此反应的级数为 $m+n$。利用实验1的一组实验数据即可求出反应速率常数 k。

实验编号	Ⅰ	Ⅱ	Ⅲ	Ⅳ
$\lg v$				
$\lg c_{S_2O_8^{2-}}$				
$\lg c_{I^-}$				
m				
n				
反应速率常数 $k/mol^{-1} \cdot L \cdot s^{-1}$				

2. 反应活化能的计算

$$\lg k = A - \frac{E_a}{2.30RT}$$

测出不同温度下的 k 值，以 $\lg k$ 对 $\frac{1}{T}$ 作图，得直线，斜率为 $-\frac{E_a}{2.30R}$，可求出反应的活化能 E_a。

实验编号	Ⅵ	Ⅶ	Ⅳ
反应速率常数 $k/mol^{-1} \cdot L \cdot s^{-1}$			
$\lg k$			
$\frac{1}{T}$			
反应活化能 $E_a/kJ \cdot mol^{-1}$			

本实验活化能测定值的误差不超过10%（文献值：$51.8kJ \cdot mol^{-1}$）。

六、注意事项

（1）本实验对试剂有一定的要求。碘化钾溶液应为无色透明溶液，不宜使用有碘析出的浅黄色溶液。过二硫酸铵溶液要新配制的，因为时间长了过二硫酸铵易分解。如所配制过二硫酸铵溶液的pH值小于3，说明该试剂已有分解，不适合本实验使用。所用试剂中如混有少量 Cu^{2+}、Fe^{3+} 等杂质，对反应会有催化作用，必要时需滴入几滴 $0.10mol \cdot L^{-1}$ EDTA溶液。

（2）在做温度对化学反应速率影响的实验时，如室温低于10℃，可将温度条件改为室温、高于室温10℃、高于室温20℃三种情况进行。

（3）若提前配制 $Na_2S_2O_3$，可加少量 Na_2CO_3 作稳定剂。

（4）反应中的搅拌速度对反应时间也有影响，搅拌得越快，反应时间越短。同一组实验，要用同一种速度搅拌。

（5）为使实验测得的数值更准确，$(NH_4)_2S_2O_8$ 必须最后加入，且要一次性快速加入。

七、思考题

（1）根据化学反应方程式，是否能确定反应级数？用本实验的结果加以说明。

（2）若不用 $S_2O_8^{2-}$，而用 I^- 或 I_3^- 的浓度变化来表示反应速率，则反应速率常数 k 是否一样？

（3）为什么可以由反应溶液中出现蓝色的时间长短来计算反应速率？溶液出现蓝色后，反应是否终止了？

（4）用阿伦尼乌斯方程计算反应的活化能，并与作图法得到的值进行比较。

（5）下列操作对实验结果有何影响？

① 先加 $(NH_4)_2S_2O_8$ 溶液，最后加 KI 溶液。

② 没有迅速连续加入 $(NH_4)_2S_2O_8$ 溶液。

③ $(NH_4)_2S_2O_8$ 的用量过多或过少。

实验十　醋酸解离度和解离常数的测定

一、实验目的

（1）学会测定醋酸解离度和解离常数。

（2）了解酸度计的工作原理，学会正确使用 PHS-3C 型数字酸度计。

（3）练习和巩固容量瓶、移液管、滴定管的使用。

二、实验原理

醋酸 CH_3COOH（简写为 HAc）是一元弱酸，在溶液中存在下列解离平衡：

$$HAc(aq)+H_2O(l) \rightleftharpoons H_3O^+(aq)+Ac^-(aq)$$

忽略水的解离，其解离常数：

$$K_a=\frac{[H_3O^+][Ac^-]}{[HAc]} \approx \frac{[H_3O^+]^2}{[HAc]}$$

首先，一元弱酸的浓度是已知的，其次在一定温度下，通过测定弱酸的 pH 值，由 $pH=-\lg[H_3O^+]$，可计算出其中的 $[H_3O^+]$。对于一元弱酸，当 $c/K_a \geqslant 500$ 时，存在下列关系式：

$$\alpha \approx \frac{[H_3O^+]}{c} \qquad K_a=\frac{[H_3O^+]^2}{c}$$

由此可计算出醋酸在不同浓度时的解离度（α）和醋酸的解离常数（K_a）。

或者也可由 $K_a=c\alpha^2$ 计算出弱酸的解离常数（K_a）。

三、实验仪器和试剂

仪器：移液管，吸量管，容量瓶，碱式滴定管，锥形瓶，烧杯，量筒，PHS-3C型酸度计。

试剂：冰醋酸（或醋酸），NaOH标准溶液（$0.1mol \cdot L^{-1}$），标准缓冲溶液（pH＝6.86、4.00），酚酞溶液（$1g \cdot L^{-1}$）。

四、实验内容

（1）配制250mL浓度为$0.1mol \cdot L^{-1}$的醋酸溶液　用量筒量取4mL 36%（约$6.2mol \cdot L^{-1}$）的醋酸溶液置于烧杯中，加入250mL蒸馏水稀释，混匀即得250mL浓度约为$0.1mol \cdot L^{-1}$的醋酸溶液，将其储存于试剂瓶中备用。

（2）醋酸溶液的标定　用移液管准确移取25.00mL醋酸溶液（V_1）于锥形瓶中，加入1滴酚酞指示剂，用标准NaOH溶液（c_2）滴定，边滴边摇，待溶液呈浅红色，且半分钟内不褪色即为终点。由滴定管读出所消耗的NaOH溶液的体积V_2，根据公式$c_1V_1=c_2V_2$计算出醋酸溶液的浓度c_1。平行做三次实验，计算出醋酸溶液浓度的平均值。

（3）pH值的测定　分别用吸量管或移液管准确量取2.50mL、5.00mL、10.00mL、25.00mL上述醋酸溶液于四个50mL的容量瓶中，用蒸馏水定容，得到一系列不同浓度的醋酸溶液。将该四溶液及$0.1mol \cdot L^{-1}$原溶液按浓度由低到高的顺序，分别用pH计测定它们的pH值。

（4）由测得的醋酸溶液pH值计算醋酸的解离度、解离常数。

五、数据记录与处理

编号	V_{HAc}/mL	$c_{HAc}/mol \cdot L^{-1}$	pH值	$[H^+]/mol \cdot L^{-1}$	α	K_a
1	2.50					
2	5.00					
3	10.00					
4	25.00					

六、注意事项

（1）测定醋酸溶液pH值用的小烧杯，必须洁净且干燥。否则，会影响醋酸起始浓度，以及所测得的pH值。

（2）吸量管的使用与移液管类似，但如果所需液体的量小于吸量管体积时，溶液仍需吸至刻度线，然后放出所需量的液体。不可只吸取所需量的液体，然后完全放出。

（3）酸度计使用时，按浓度由低到高的顺序测定pH值。每次测定完毕，都必须用蒸馏水将电极头清洗干净，并用滤纸擦干。

七、思考题

（1）用酸度计测定醋酸溶液的pH值，为什么要按浓度由低到高的顺序进行？

（2）本实验中各醋酸溶液的$[H^+]$测定，可否改用酸碱滴定法进行？

（3）醋酸的解离度和解离常数是否受醋酸浓度变化的影响？

（4）若所用醋酸溶液的浓度极稀，是否还可用公式$K_a=\frac{[H_3O^+]^2}{c}$计算解离常数？

实验十一　碘化铅溶度积常数的测定（分光光度法）

一、实验目的

（1）了解用分光光度法测定难溶盐溶度积常数的原理和方法。

（2）学习 721N 型分光光度计的使用。

（3）学习标准曲线的绘制，学会用标准曲线法计算溶液浓度的方法。

（4）巩固吸量管的使用。

二、实验原理

碘化铅的溶度积表示式为 $K_{sp}=c(Pb^{2+})c^2(I^-)$

	Pb^{2+} +	$2I^- = PbI_2$ (s)
初始浓度/$mol \cdot L^{-1}$	c	a
反应浓度/$mol \cdot L^{-1}$	$\frac{a-b}{2}$	$a-b$
平衡浓度/$mol \cdot L^{-1}$	$c-\frac{a-b}{2}$	b

$$K_{sp}=\left(c-\frac{a-b}{2}\right)\times b^2$$

三、实验仪器和试剂

仪器：721N 型分光光度计，比色皿（1cm，5 个），烧杯（50mL，6 个），试管（100mm×10mm，6 支），吸量管（2mL 4 支、5mL 4 支、10mL 1 支），漏斗（3 个）。

试剂：HCl（6.0$mol \cdot L^{-1}$），KI（0.0350$mol \cdot L^{-1}$，0.0035$mol \cdot L^{-1}$），KNO_2（0.0200$mol \cdot L^{-1}$、0.0100$mol \cdot L^{-1}$），$Pb(NO_3)_2$（0.0150$mol \cdot L^{-1}$）。

材料：滤纸，镜头纸，橡皮塞 。

四、实验内容

1. 绘制 I^- 浓度的标准曲线

在 5 支洁净干燥的小试管中分别加入 0.0035$mol \cdot L^{-1}$ KI 溶液 1.00mL、1.50mL、2.00mL、2.50mL、3.00mL，再分别加入 0.0200$mol \cdot L^{-1}$ KNO_2 溶液 2.00mL、纯水 3.00mL 及 1 滴 6.0$mol \cdot L^{-1}$ HCl 溶液。摇匀后，分别倒入比色皿中。以水作参比溶液，在 520nm 波长下测定吸光度 A。以测得的吸光度 A 为纵坐标，以相应 I^- 浓度为横坐标，绘制出 A-[I^-] 的标准曲线。

注意：氧化后得到的 I_2 浓度应小于室温下 I_2 的溶解度。不同温度下 I_2 的溶解度见表 4-7。

表 4-7　不同温度下 I_2 的溶解度

温度/℃	20	30	40
溶解度/$g \cdot (100gH_2O)^{-1}$	0.029	0.039	0.052

2. 制备 PbI_2 饱和溶液

① 取 3 支洁净、干燥的大试管，按表 4-8 用量，用吸量管加入 0.0150$mol \cdot L^{-1}$

$Pb(NO_3)_2$ 溶液、0.0350mol·L^{-1} KI 溶液和纯水，使每个试管中的总体积为 10.00mL。

表 4-8　PbI_2 饱和溶液的制备

试管编号	$Pb(NO_3)_2$ 溶液体积/mL	KI 溶液体积/mL	H_2O 体积/mL
1	5.00	3.00	2.00
2	5.00	4.00	1.00
3	5.00	5.00	0.00

② 用橡皮塞塞紧试管，充分振荡试管，大约摇 20min 后，将试管放在试管架上静置 3～5min。

③ 在装有干燥滤纸的干燥漏斗上，将制得的含有 PbI_2 固体的饱和溶液过滤，同时用干燥的试管接取滤液。弃去沉淀，保留滤液。

④ 用吸量管吸取 1 号、2 号、3 号 PbI_2 饱和溶液 2mL，分别放在 3 支干燥的小试管中。再分别加入 0.010mol·$L^{-1}$$KNO_2$ 溶液 4mL 及 1 滴 6.0mol·L^{-1} HCl 溶液。摇匀后，分别倒入 1cm 比色皿中，以水作参比溶液，在 520nm 波长下用 721N 型分光光度计测定溶液的吸光度 A。

五、数据记录和处理

将实验测得的吸光度值记录在表 4-9 中，并利用关系式，计算出 PbI_2 的溶度积常数。

表 4-9　数据记录及处理

试管编号	1	2	3
$Pb(NO_3)_2$ 溶液(0.0150mol·L^{-1})体积/mL			
KI 溶液(0.0350mol·L^{-1})体积/mL			
H_2O 体积/mL			
溶液总体积/mL			
I^- 的初始浓度/mol·L^{-1}			
溶液的吸光度 A			
由标准曲线查得稀释后的 I^- 的浓度/mol·L^{-1}			
推算 I^- 的平衡浓度 b/mol·L^{-1}			
$c^2(I^-)$,b^2			
I^- 的减少浓度$(a-b)$/mol·L^{-1}			
Pb^{2+} 的初始浓度 c/mol·L^{-1}			
Pb^{2+} 的减少浓度$\frac{a-b}{2}$/mol·L^{-1}			
Pb^{2+} 的平衡浓度$\left(c-\frac{a-b}{2}\right)$/mol·$L^{-1}$			
$K_{sp}=\left(c-\frac{a-b}{2}\right)\times b^2$			
K_{sp} 的平均值			

六、注意事项

(1) 一定要用干燥的小试管配制溶液。

(2) 配制 PbI_2 饱和溶液时，一定要充分振荡，使 PbI_2 沉淀完全。

七、思考题

(1) 配制 PbI_2 饱和溶液时为什么要充分振荡？

(2) 如果用没有干燥的小试管配制比色溶液，对实验结果将产生什么影响？

(3) 使用 721N 型分光光度计应注意什么？

(4) 查文献资料，测定溶度积常数还有哪些方法。

实验十二 氧化还原反应和氧化还原平衡

一、实验目的

(1) 学会装配原电池。

(2) 掌握电极的本性、电对的氧化型或还原型物质的浓度、介质的酸度等因素对电极电势、氧化还原反应的方向、产物、速率的影响。

(3) 通过实验了解化学电池电动势。

二、实验原理

对于电极反应：

$$\text{氧化态(Ox)} + ne^- = \text{还原态(Red)}$$

根据能斯特公式，有

$$E = E^{\ominus} + \frac{RT}{nF}\ln\frac{[\text{氧化型}]}{[\text{还原型}]} = E^{\ominus} + \frac{0.05915}{n}\lg\frac{[\text{氧化型}]}{[\text{还原型}]}$$

式中，$R = 8.314\text{J}\cdot\text{mol}^{-1}\cdot\text{K}^{-1}$；$T = 298.15\text{K}$；$F = 96485\text{C}\cdot\text{mol}^{-1}$。

电极电势的大小与 $E^{\ominus}$（电极本性）、氧化态和还原态的浓度、溶液的温度以及介质酸度等有关。

对于电池反应，

$$aA + bB = cC + dD$$

对应的能斯特方程是

$$E_{\text{池}} = E^{\ominus}_{\text{池}} = -\frac{0.05915}{n}\lg\frac{[C]^c[D]^d}{[A]^a[B]^b}$$

电极电势愈大，表明电对中氧化态氧化能力愈强，而还原态还原能力愈弱，电极电势大的氧化态能氧化电极电势比它小的还原态。$E_+ > E_-$ 是氧化还原反应自发进行的判据。在实际应用中，若 $E^{\ominus}_+$ 与 $E^{\ominus}_-$ 的差值大于 0.5V，可以忽略浓度、温度等因素的影响，直接用 $E^{\ominus}_{\text{池}}$ 数值的大小来确定该反应进行的方向。

三、实验仪器和试剂

仪器：电极（锌片、铜片），回形针，红色石蕊试纸（或酚酞试纸），导线，表面皿，砂纸，滤纸，试管，烧杯，伏特计，U 形管。

试剂：琼脂（固体），氟化铵（固体），$KMnO_4$(0.01mol·L^{-1})，HAc(6mol·L^{-1})，H_2SO_4(1mol·L^{-1})，NaOH(6mol·L^{-1})，$NH_3 \cdot H_2O$(浓)，$ZnSO_4$(1mol·L^{-1})，$CuSO_4$(0.01mol·L^{-1}、1mol·L^{-1})，KI(0.1mol·L^{-1})，KBr(0.1mol·L^{-1})，$FeCl_3$(0.1mol·L^{-1})，$Fe_2(SO_4)_3$(0.1mol·L^{-1})，$FeSO_4$(0.1mol·L^{-1})，Na_2SO_4(1mol·L^{-1})，Na_2SO_3(0.1mol·L^{-1})，H_2O_2(3%)，KIO_3(0.1mol·L^{-1})，溴水（0.1mol·L^{-1}），碘水(0.1mol·L^{-1})，KCl（饱和），CCl_4，酚酞指示剂，淀粉溶液（0.4%）。

四、实验步骤

1. 氧化还原反应和电极电势

① 在试管中加入 0.5mL 0.1mol·L^{-1} KI 溶液和 2 滴 0.1mol·L^{-1} $FeCl_3$ 溶液，摇匀后加入 0.5mL CCl_4，充分振荡，观察 CCl_4 层颜色有无变化。

② 用 0.1mol·L^{-1} KBr 溶液代替 KI 进行同样的实验，观察现象。

③ 往两支试管中分别加入 3 滴碘水、溴水，然后加入约 0.5mL 0.1mol·L^{-1} $FeSO_4$ 溶液，摇匀后，加入 0.5mL CCl_4，充分振荡，观察 CCl_4 层有无变化。

根据以上实验结果定性比较 Br_2/Br^-、I_2/I^- 和 Fe^{3+}/Fe^{2+} 三个电对的电极电势。

2. 浓度对电极电势的影响

① 向一个小烧杯中加入约 30mL 1mol·L^{-1} $ZnSO_4$ 溶液，在其中插入锌片；向另一个烧杯中加入约 30mL 1mol·L^{-1} $CuSO_4$ 溶液，在其中插入铜片。用盐桥将两烧杯连接，组成一个原电池，如图 4-22。用导线将锌片和铜片分别与伏特计的负极和正极相接，测量两极之间的电压。

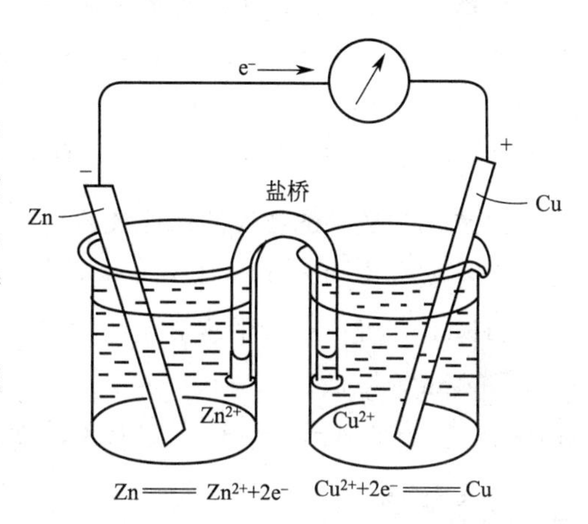

图 4-22 Cu-Zn 原电池

在 $CuSO_4$ 溶液中注入浓氨水至生成的沉淀溶解为止，形成深蓝色的溶液：

$$Cu^{2+}+4NH_3 \xlongequal{} [Cu(NH_3)_4]^{2+}$$

测量电压，观察有何变化？

再于 $ZnSO_4$ 溶液中加入浓氨水至生成的沉淀完全溶解为止：

$$Zn^{2+}+4NH_3 \xlongequal{} [Zn(NH_3)_4]^{2+}$$

测量电压，观察又有何变化？利用 Nernst 方程来解释实验现象。

② 自行设计并测定下列浓差电池电动势，将实验值与计算值进行比较。

$$Cu \mid CuSO_4(0.01mol \cdot L^{-1}) \parallel CuSO_4(1mol \cdot L^{-1}) \mid Cu$$

在浓差电池的两极各连一个回形针，然后在表面皿上放一小块滤纸，滴加 1mol·L^{-1} Na_2SO_4 溶液，使滤纸完全润湿，再加入酚酞 2 滴。将两极的回形针压在纸上，使其相距约 1mm，稍等片刻，观察所压处，哪一端出现红色？

3. 酸度和浓度对氧化还原反应的影响

（1）酸度的影响

① 在 3 支均盛有 0.5mL 0.1mol·L^{-1} Na_2SO_3 溶液的试管中，分别加入 0.5mL 1mol·L^{-1} H_2SO_4 溶液及 0.5mL 蒸馏水和 0.5mL 6mol·L^{-1} NaOH 溶液，混合均匀后，再各滴加 2 滴 0.01mol·L^{-1} $KMnO_4$ 溶液，观察颜色变化有何不同，写出反应式。

②在试管中加入 0.5mL 0.1mol·L^{-1} KI 溶液和 2 滴 0.1mol·L^{-1} KIO_3 溶液，再加几滴淀粉溶液，混合后观察溶液颜色有无变化。然后加 2～3 滴 1mol·L^{-1} H_2SO_4 溶液酸化混合液，观察有何变化？最后滴加 2～3 滴 6mol·L^{-1} NaOH 使混合液呈碱性，又有什么变化？写出有关反应式。

(2) 浓度的影响

① 向盛有 H_2O、CCl_4 和 0.1mol·L^{-1} $Fe_2(SO_4)_3$ 各 0.5mL 的试管中，加入 0.5mL 0.1mol·L^{-1}KI 溶液，振荡后观察 CCl_4 层的颜色。

② 向盛有 CCl_4、0.1mol·L^{-1} $FeSO_4$ 和 0.1mol·L^{-1} $Fe_2(SO_4)_3$ 各 0.5mL 的试管中，加入 0.5mL 0.1mol·L^{-1}KI 溶液，振荡后观察 CCl_4 层的颜色。与上一实验中 CCl_4 层颜色有何区别?

③ 在实验①的试管中加入少许 NH_4F 固体，振荡观察 CCl_4 层颜色变化。

说明浓度对氧化还原反应的影响。

4. 酸度对氧化还原反应速率的影响

在两支各盛 0.5mL 0.1mol·L^{-1}KBr 溶液的试管中，分别加入 0.5mL 1mol·L^{-1} H_2SO_4 和 6mol·L^{-1}HAc 溶液，然后各加入 2 滴 0.01mol·L^{-1} $KMnO_4$ 溶液，观察 2 支试管中紫红色褪去的速率。分别写出有关反应方程式。

5. 氧化数居中的物质的氧化还原性

① 在试管中加入 0.5mL 0.1mol·L^{-1}KI 和 2～3 滴 1mol·L^{-1} H_2SO_4，再加入 1～2 滴 3%H_2O_2，观察试管中溶液颜色的变化。

② 在试管中加入 2 滴 0.01mol·L^{-1} $KMnO_4$ 溶液，再加入 3 滴 1mol·L^{-1} H_2SO_4 溶液，摇匀后滴加 2 滴 3%H_2O_2，观察溶液颜色的变化。

五、注意事项

(1) 加 CCl_4 观察溶液上、下层颜色的变化。

(2) 注意伏特计的偏向及数值。

六、思考题

(1) 讨论氧化还原反应和哪些因素有关?

(2) 电解硫酸钠溶液为什么得不到金属钠?

(3) 什么叫浓差电池? 写出实验步骤 2② 中电池符号、电池反应式，并计算电池电动势。

(4) 介质对 $KMnO_4$ 的氧化性有何影响? 用本实验事实及电极电势予以说明。

实验十三　配位化合物的生成和性质

一、实验目的

(1) 了解配合物的生成，配离子及简单离子的区别。

(2) 比较配离子的稳定性，了解配位平衡与沉淀反应、氧化还原反应以及溶液酸度的关系。

二、实验原理

由一个简单的正离子和几个中性分子或其他离子结合而成的复杂离子叫配离子，含有配离子的化合物叫配合物。配离子在溶液中也能或多或少地解离成简单离子或分子。例如

$[Cu(NH_3)_4]^{2+}$配离子在溶液中存在下列解离平衡：

$$[Cu(NH_3)_4]^{2+} \rightleftharpoons Cu^{2+} + 4NH_3$$

$$K_d = \frac{c(Cu^{2+})c^4(NH_3)}{c\{[Cu(NH_3)_4]^{2+}\}}$$

稳定常数 K_d 表示该离子解离成简单离子趋势的大小。

配离子的解离平衡也是一种化学平衡，向着生成更难解离或更难溶解的物质的方向进行。例如，在 $[Fe(SCN)]^{2+}$ 溶液中加入 F^-，则反应向着生成稳定常数更大的 $[FeF_6]^{3-}$ 配离子方向进行。

螯合物是中心离子与多基配位形成的具有环状结构的配合物。很多金属的螯合物都具有特征颜色，并且很难溶于水而易溶于有机溶剂。例如，丁二肟在弱碱性条件下与 Ni^{2+} 生成鲜红色难溶于水的螯合物，这一反应可作为检验 Ni^{2+} 的特征反应。

三、实验仪器和试剂

仪器：试管，滴管。

试剂：$HgCl_2$（$0.1mol \cdot L^{-1}$），KI（$0.1mol \cdot L^{-1}$），$NiSO_4$（$0.2mol \cdot L^{-1}$），$BaCl_2$（$0.1mol \cdot L^{-1}$），NaOH（$0.1mol \cdot L^{-1}$），$NH_3 \cdot H_2O$（1∶1）、$FeCl_3$（$0.1mol \cdot L^{-1}$，$0.5mol \cdot L^{-1}$），KSCN（$0.1mol \cdot L^{-1}$），$K_3[Fe(CN)_6]$（$0.1mol \cdot L^{-1}$），$AgNO_3$（$0.1mol \cdot L^{-1}$），NaCl（$0.1mol \cdot L^{-1}$），CCl_4，$FeCl_3$（$0.5mol \cdot L^{-1}$），NH_4F（$4mol \cdot L^{-1}$），NaOH（$2mol \cdot L^{-1}$），1∶1 H_2SO_4，NaF（$0.1mol \cdot L^{-1}$），$CuSO_4$（$0.1mol \cdot L^{-1}$），$K_4P_2O_7$（$2mol \cdot L^{-1}$），$NiCl_2$（$0.1mol \cdot L^{-1}$），$NH_3 \cdot H_2O$（$2mol \cdot L^{-1}$），1%丁二肟、乙醚。

四、实验内容

1. 配离子的生成与配合物的组成

① 在试管中加入 $0.1mol \cdot L^{-1}$ $HgCl_2$（剧毒）溶液 10 滴，再逐滴加入 $0.1mol \cdot L^{-1}$KI 溶液。观察红色沉淀的生成。再继续加入 KI 溶液，观察沉淀的溶解。写出相关反应式。

② 在 2 只试管中分别加入 $0.2mol \cdot L^{-1}$ $NiSO_4$ 溶液 10 滴，然后再往这 2 只试管中分别加入 $0.1mol \cdot L^{-1}$ $BaCl_2$ 溶液和 $0.1mol \cdot L^{-1}$ NaOH 溶液。写出相关反应式。

在另一只试管中加入 $0.2mol \cdot L^{-1}$ $NiSO_4$ 溶液 10 滴，逐滴加入 1∶1 $NH_3 \cdot H_2O$。边加边振荡，待生成的沉淀完全溶解后，再适当多加些氨水。然后将此溶液分成两份，分别加入 $0.1mol \cdot L^{-1}$ $BaCl_2$ 溶液和 $0.1mol \cdot L^{-1}$ NaOH 溶液。观察两支试管的实验现象，并写出相关反应式。

2. 简单离子和配离子的区别

在试管中加入 $0.1mol \cdot L^{-1}$ $FeCl_3$ 溶液，加入少量 KSCN 溶液，溶液变红。写出有关反应式。

以 $0.1mol \cdot L^{-1}$ $K_3[Fe(CN)_6]$ 溶液代替 $FeCl_3$ 溶液做同样实验。观察实验现象，并写出有关反应式。

3. 配位平衡的移动

(1) 配位平衡与沉淀反应　在试管中加入 0.1mol・L^{-1} $AgNO_3$ 溶液，滴加 0.1mol・L^{-1} NaCl 溶液，观察现象；然后加入过量的 2mol・L^{-1} 氨水，观察现象，写出反应式，并解释之。

(2) 配位平衡与氧化还原反应　在试管中加入 0.5mol・L^{-1} $FeCl_3$ 溶液，滴加 0.1mol・L^{-1}KI 溶液，然后加入 CCl_4，振荡后观察 CCl_4 层颜色。解释现象并写出有关反应式。

在另一只盛有 0.5mol・L^{-1} $FeCl_3$ 溶液的试管中，先逐滴加入 4mol・L^{-1} NH_4F 溶液变为无色，再加入 0.1mol・L^{-1}KI 溶液和 CCl_4。振荡后，观察 CCl_4 层的颜色，解释之，并写出有关反应式。

(3) 配位平衡与介质的酸碱性　在试管中加入 0.5mol・L^{-1} $FeCl_3$ 溶液 10 滴，逐滴加入 4mol・L^{-1} NH_4F 溶液，呈无色。将此溶液分成两份，分别滴加 2mol・L^{-1}NaOH 溶液和 1∶1 H_2SO_4 溶液，观察现象，并写出有关反应式。

(4) 配离子的转化　往一支试管中加入 2 滴 0.1mol・L^{-1} $FeCl_3$ 溶液，加水稀释至无色，加入 1～2 滴 0.1mol・L^{-1}KSCN 溶液，再逐滴加入 0.1mol・L^{-1}NaF 溶液，观察现象并解释之。

4. 螯合物的形成

① 往试管中加入约 1mL 0.1mol・L^{-1} $CuSO_4$ 溶液，然后逐滴加入 2mol・L^{-1} $K_4P_2O_7$ 溶液，先生成浅蓝色的焦磷酸铜沉淀。继续加入 $K_4P_2O_7$ 溶液，沉淀又溶解，生成深蓝色透明溶液。写出有关反应式。

② 往试管中加入 2 滴 0.1mol・L^{-1} $NiCl_2$ 溶液及约 1mL 蒸馏水，再加入 1～2 滴 2mol・L^{-1} 氨水溶液，使呈碱性。然后加入 2～3 滴丁二肟溶液，观察生成的鲜红色沉淀。最后加入 1mL 乙醚，振荡，观察现象。

五、注意事项

(1) $HgCl_2$ 有毒，使用时注意安全。

(2) 在实验中注意观察颜色的变化，以及沉淀的生成和消失。

六、思考题

(1) 总结本实验观察到的现象，说明配离子和简单离子的区别，以及影响配位平衡的因素有哪些？

(2) 配合物与复盐的主要区别是什么？如何判断某化合物是配合物？

(3) 如何比较配离子的稳定性？

(4) 配位平衡与一般的化学平衡是否相同？

实验十四　硫代硫酸钠的制备

一、目的要求

(1) 了解硫代硫酸钠的制备原理和方法。

(2) 掌握硫代硫酸钠的一些重要性质。

(3) 练习水浴加热，巩固减压过滤等基本操作。

二、实验原理

硫代硫酸钠俗称海波、大苏打，无色、透明的结晶或结晶性细粒，无臭、味咸，易溶于水，难溶于醇。硫代硫酸钠有较强的还原性和配位能力，可用于照相行业的定影剂，洗染业、造纸业的脱氯剂，在定量分析中用作还原剂，在医药中用作急救解毒剂。硫代硫酸钠从水溶液中结晶得五水合物（$Na_2S_2O_3 \cdot 5H_2O$），其中硫的氧化值为+2，结构式为：

$$\left[\begin{array}{ccc} O & & O \\ & \searrow \nearrow & \\ & S & \\ & \swarrow \searrow & \\ O & & S \end{array}\right]^{2-}$$

本实验采用亚硫酸钠法制备硫代硫酸钠，通过近饱和的亚硫酸钠溶液与硫粉共煮来制得。其反应式为：

$$\underset{\substack{126 \\ 5.1g(x)}}{Na_2SO_3} + \underset{\substack{32 \\ 1.5g(y)}}{S} + 5H_2O = \underset{\substack{248 \\ 10g(\text{理论产量})}}{Na_2S_2O_3 \cdot 5H_2O}$$

反应液经脱色、过滤、浓缩结晶、过滤、干燥即得产品。

$Na_2S_2O_3 \cdot 5H_2O$ 于 40～45℃熔化，48℃分解，因此，在浓缩过程中要注意不能蒸发过度。

三、实验仪器和试剂

仪器：电热套，分析天平，100mL 烧杯，3 支试管，10mL 量筒，表面皿，蒸发皿，玻璃棒，石棉网，点滴板，抽滤瓶，布氏漏斗，石蕊试纸。

试剂：Na_2SO_3 固体，硫粉，乙醇，活性炭，0.1mol·L^{-1} $AgNO_3$ 溶液，碘水，淀粉溶液，6mol·L^{-1} HCl 溶液，0.1mol·L^{-1} KBr 溶液。

四、实验步骤

1. 硫代硫酸钠的制备

① 称取 5.1g Na_2SO_3 固体于 100mL 烧杯中，加 50mL 蒸馏水搅拌溶解。

② 称取 1.5g 硫粉于 100mL 烧杯中，加 3mL 乙醇，充分搅拌均匀，再加入 Na_2SO_3 溶液混合，盖上表面皿，加热并不断搅拌。

③ 待溶液沸腾后改用小火加热，保持微沸状态 1h，不断地用玻璃棒充分搅拌，直至仅有少许硫粉悬浮于溶液中，加少量活性炭脱色。

④ 趁热过滤，将滤液转至蒸发皿中，水浴加热浓缩至液体表面出现结晶为止。

⑤ 自然冷却、结晶。

⑥ 减压过滤，滤液回收。

⑦ 用少量乙醇洗涤晶体，用滤纸吸干后，称重，计算产率。

2. 硫代硫酸钠的性质鉴定

取少量自制的 $Na_2S_2O_3 \cdot 5H_2O$ 晶体溶于 10mL 水中，进行以下实验。

(1) $S_2O_3^{2-}$ 的鉴定　在点滴板上加入 $Na_2S_2O_3 \cdot 5H_2O$ 溶液，再加 2 滴 0.1mol·L^{-1} $AgNO_3$溶液。观察现象。写出有关的反应式。

(2) $Na_2S_2O_3 \cdot 5H_2O$ 的稳定性　取少量 $Na_2S_2O_3 \cdot 5H_2O$ 溶于试管中，加入 3 滴

$6mol \cdot L^{-1}$ 盐酸溶液，振荡片刻，用湿润的蓝色石蕊试纸检验逸出气体，观察现象。写出有关的反应式。

(3) $Na_2S_2O_3.5H_2O$ 的还原性　滴入少量的碘水和淀粉溶液于试管中，然后再滴入少量 $Na_2S_2O_3 \cdot 5H_2O$ 溶液于试管中，观察现象。写出有关的反应式。

(4) $Na_2S_2O_3.5H_2O$ 配位性　在点滴板滴加 2 滴 $0.1mol \cdot L^{-1}$ $AgNO_3$ 溶液和 2 滴 $0.1mol \cdot L^{-1}$ KBr 溶液，再滴入 3 滴 $Na_2S_2O_3 \cdot 5H_2O$ 溶液，观察现象。写出有关的反应式。

3. 数据处理

将实际产量除以理论产量（10.0g），就可以得到硫代硫酸钠晶体的产率。

五、注意事项

(1) 反应过程中，应不时地将烧杯壁上的硫粉搅入反应液中。

(2) 注意保持反应液体积不少于 20mL。

(3) 浓缩结晶时，切忌蒸出较多溶剂，避免产物因缺水而固化，得不到 $Na_2S_2O_3 \cdot 5H_2O$ 晶体。蒸发浓缩时，速度太快，产品易于结块；速度太慢，产品不易形成结晶。

(4) 烘干产品时，温度不能高，否则会使硫代硫酸钠分解。

六、思考题

(1) 实验时，硫粉稍有过量，为什么？

(2) 实验中加入乙醇的目的是什么？减压过滤后为什么用乙醇洗涤硫代硫酸钠晶体？

(3) 蒸发浓缩硫代硫酸钠溶液时，为什么不能蒸发得太浓？干燥硫代硫酸钠晶体的温度为什么控制在 40℃以下？

(4) 若所制备的 $Na_2S_2O_3 \cdot 5H_2O$ 产率不高，分析误差来源。

(5) 减压过滤时，布氏漏斗下端应如何放置？

实验十五　ds 区金属（铜、银、锌、镉、汞）

一、实验目的

(1) 了解铜、银、锌、镉、汞氧化物或氢氧化物的酸碱性，硫化物的溶解性。

(2) 掌握 Cu(Ⅰ)、Cu(Ⅱ) 重要化合物的性质及相互转化条件。

(3) 通过实验掌握铜、银、锌、镉、汞的配位能力，以及 Hg_2^{2+} 和 Hg^{2+} 的转化。

二、实验原理

ds 区元素包括周期表中的ⅠB 族（Cu、Ag、Au）和ⅡB（Zn、Cd、Hg），价电子构型为 $(n-1)d^{10}ns^{1\sim2}$。由于它们的 d 层刚好排满 10 个电子，而最外层构型又和 s 区相同，故称为 ds 区。

ds 区元素具有可变的氧化态，可呈现+1、+2 氧化态。它们的盐类很多是共价化合物，它们离子的电子层结构中都具有空轨道，所以它们都能与许多配体形成配合物。

蓝色的 $Cu(OH)_2$ 呈两性，在加热时易脱水而分解为黑色的 CuO。AgOH 在常温下极易脱水而转化为棕色的 Ag_2O。$Zn(OH)_2$ 呈两性，$Cd(OH)_2$ 显碱性，Hg(Ⅰ，Ⅱ) 的氢氧化物极易脱水而转变为黄色的HgO(Ⅱ)和黑色的Hg_2O(Ⅰ)。

易形成配合物是这两副族的特性，Cu^{2+}、Ag^+、Zn^{2+}、Cd^{2+}与过量的氨水反应时分别生成$[Cu(NH_3)_4]^{2+}$、$[Ag(NH_3)_2]^+$、$[Zn(NH_3)_4]^{2+}$、$[Cd(NH_3)_4]^{2+}$。但是Hg^{2+}和Hg_2^{2+}与过量氨水反应时，如果没有大量的NH_4^+存在，并不生成氨配离子。如：

$$HgCl_2 + 2NH_3 = Hg(NH_2)Cl\downarrow(白) + 2NH_4Cl$$

$$Hg_2Cl_2 + 2NH_3 = Hg(NH_2)Cl\downarrow(白) + Hg\downarrow(黑) + NH_4Cl(观察为灰色)$$

Cu^{2+}具有氧化性，与I^-反应，产物不是CuI_2，而是白色的CuI：

$$Cu^{2+} + 3I^- = CuI\downarrow(白) + I_2$$

将$CuCl_2$溶液与铜屑混合，加入浓盐酸，加热可得黄褐色$[CuCl_2]^-$的溶液。将溶液稀释，得白色CuCl沉淀：

$$Cu + Cu^{2+} + 4Cl^- = 2[CuCl_2]^-$$

$[CuCl_2]^-$加水稀释生成CuCl↓（白）和Cl^-。

卤化银难溶于水，但可通过形成配合物而使之溶解。例如：

$$AgCl + 2NH_3 = [Ag(NH_3)_2]^+ + Cl^-$$

红色HgI_2难溶于水，但易溶于过量KI中，形成四碘合汞（Ⅱ）配离子：

$$HgI_2 + 2I^- = [HgI_4]^{2-}$$

黄绿色Hg_2I_2与过量KI反应时，发生歧化反应，生成$[HgI_4]^{2-}$和Hg：

$$Hg_2I_2 + 2I^- = [HgI_4]^{2-} + Hg\downarrow(黑)$$

三、实验仪器和试剂

仪器：试管（10mL），烧杯（250mL），离心机，离心试管。

固体试剂：碘化钾，铜屑。

液体试剂：HCl($2mol\cdot L^{-1}$、浓)，H_2SO_4($2mol\cdot L^{-1}$)，HNO_3($2mol\cdot L^{-1}$、浓)，NaOH($2mol\cdot L^{-1}$、$6mol\cdot L^{-1}$、40%)，氨水（$2mol\cdot L^{-1}$、浓），$CuSO_4$($0.2mol\cdot L^{-1}$)，$ZnSO_4$($0.2mol\cdot L^{-1}$)，$CdSO_4$($0.2mol\cdot L^{-1}$)，$CuCl_2$($0.5mol\cdot L^{-1}$)，$Hg(NO_3)_2$($0.2mol\cdot L^{-1}$)，$SnCl_2$($0.2mol\cdot L^{-1}$)，$AgNO_3$($0.1mol\cdot L^{-1}$，$0.2mol\cdot L^{-1}$)，Na_2S($0.1mol\cdot L^{-1}$)，KI($0.2mol\cdot L^{-1}$)，KSCN($0.1mol\cdot L^{-1}$)，$Na_2S_2O_3$($0.5mol\cdot L^{-1}$)，NaCl($0.2mol\cdot L^{-1}$)，KOH(40%)，金属汞，葡萄糖溶液（10%）。

材料：pH试纸、玻璃棒。

四、实验内容

1. 铜、银、锌、镉、汞氢氧化物或氧化物的生成和性质

（1）铜、锌、镉氢氧化物的生成和性质　向三支分别盛有0.5mL $0.2mol\cdot L^{-1}$ $CuSO_4$、$ZnSO_4$、$CdSO_4$溶液的试管中滴加新配制的$2mol\cdot L^{-1}$ NaOH溶液，观察溶液颜色及状态。

将各试管中沉淀分成两份：一份加$2mol\cdot L^{-1}$ H_2SO_4，另一份继续滴加$2mol\cdot L^{-1}$ NaOH溶液。观察现象，写出反应式。

（2）银、汞氧化物的生成和性质

① 氧化银的生成和性质　取0.5mL $0.1mol\cdot L^{-1}$ $AgNO_3$溶液，滴加新配制的$2mol\cdot L^{-1}$ NaOH溶液，观察Ag_2O（为什么不是AgOH）的颜色和状态。洗涤并离心分离

沉淀，将沉淀分成两份：一份加入 $2mol \cdot L^{-1} HNO_3$，另一份加入 $2mol \cdot L^{-1}$ 氨水。观察现象，写出反应方程式。

② 氧化汞的生成和性质　取 0.5mL $0.2mol \cdot L^{-1} Hg(NO_3)_2$ 溶液，滴加新配制的 $2mol \cdot L^{-1} NaOH$ 溶液，观察溶液颜色和状态。将沉淀分成两份：一份加入 $2mol \cdot L^{-1} HNO_3$，另一份加入 40%NaOH 溶液。观察现象，写出有关反应方程式。

2. 锌、镉、汞硫化物的生成和性质

往三支分别盛有 0.5mL $0.2mol \cdot L^{-1}$ $ZnSO_4$、$CdSO_4$、$Hg(NO_3)_2$ 溶液的离心试管中滴加 $0.1mol \cdot L^{-1} Na_2S$ 溶液。观察沉淀的生成和颜色。

将沉淀离心分离、洗涤，然后将每种沉淀分成三份：一份加入 $2mol \cdot L^{-1}$ 盐酸，另一份中加入浓盐酸，再一份加入王水（自配），分别水浴加热。观察沉淀溶解情况。

根据实验现象并查阅有关数据，对铜、银、锌、镉、汞硫化物的溶解情况作出结论，并写出有关反应方程式。

3. 铜、银、锌、汞的配合物

（1）氨合物的生成　往四支分别盛有 0.5mL $0.2mol \cdot L^{-1} CuSO_4$、$AgNO_3$、$ZnSO_4$、$Hg(NO_3)_2$ 溶液的试管中滴加 $2mol \cdot L^{-1}$ 的氨水。观察沉淀的生成，继续加入过量的 $2mol \cdot L^{-1}$ 氨水，又有何现象发生？写出有关反应方程式。

比较 Cu^{2+}、Ag^{+}、Zn^{2+}、Hg^{2+} 与氨水反应有什么不同。

（2）汞配合物的生成和应用

① 往盛有 0.5mL $0.2mol \cdot L^{-1} Hg(NO_3)_2$ 溶液中，滴加 $0.2mol \cdot L^{-1} KI$ 溶液，观察沉淀的生成和颜色。再往该沉淀中加入少量碘化钾固体（直至沉淀刚好溶解为止，不要过量），溶液显何色？写出反应方程式。

在所得的溶液中，滴入几滴 40% NaOH 溶液，再与氨水反应，观察沉淀的颜色。

② 往 5 滴 $0.2mol \cdot L^{-1} Hg(NO_3)_2$ 溶液中，逐滴加入 $0.1mol \cdot L^{-1} KSCN$ 溶液，最初生成白色 $Hg(SCN)_2$ 沉淀，继续滴加 KSCN 溶液，沉淀溶解生成无色 $[Hg(SCN)_4]^{2-}$ 配离子。再在该溶液中加几滴 $0.2mol \cdot L^{-1} ZnSO_4$ 溶液，观察白色的 $Zn[Hg(SCN)_4]$ 沉淀的生成（该反应可定性检验 Zn^{2+}），必要时用玻璃棒摩擦试管壁。写出有关反应方程式。

4. 铜、银、汞的氧化还原性

（1）氧化亚铜的生成和性质　取 0.5mL $0.2mol \cdot L^{-1} CuSO_4$ 溶液，滴加过量的 $6mol \cdot L^{-1} NaOH$ 溶液，使起初生成的蓝色沉淀溶解成深蓝色溶液。然后在溶液中加入 1mL10%葡萄糖溶液，混匀后微热，有黄色沉淀产生，进而变成红色沉淀。写出有关反应方程式。

将沉淀离心分离、洗涤，然后沉淀分成两份：一份沉淀与 1mL $2mol \cdot L^{-1} H_2SO_4$ 作用，静置一会，注意沉淀的变化。然后加热至沸，观察有何现象。另一份沉淀中加入 1mL 浓氨水，振荡后，静置一段时间，观察溶液的颜色。放置一段时间后，溶液为什么会变成深蓝色？

（2）氯化亚铜的生成和性质　取 10mL $0.5mol \cdot L^{-1} CuCl_2$ 溶液，加入 3mL 浓盐酸和少量铜屑，加热沸腾至其中液体呈深棕色（绿色完全消失）。取几滴上述溶液加入 10mL 蒸

馏水中，如有白色沉淀产生，则迅速把全部溶液倾入100mL蒸馏水中，将白色沉淀洗涤至无蓝色为止。

取少许沉淀分成两份：一份与3mL浓氨水作用，观察有何变化。另一份与3mL浓盐酸作用，观察又有何变化。写出有关反应方程式。

(3) 碘化亚铜的生成和性质　在盛有0.5mL 0.2mol·L^{-1} $CuSO_4$ 溶液的试管中，边滴加0.2mol·L^{-1} KI溶液边振荡，溶液变为棕黄色（CuI为白色沉淀，I_2 溶于KI呈黄色）。再滴加适量0.5mol·L^{-1} $Na_2S_2O_3$ 溶液，以除去反应中生成的碘。观察产物的颜色和状态，写出反应式。

(4) 汞（Ⅱ）与汞（Ⅰ）的相互转化

① Hg^{2+} 的氧化性　在5滴0.2mol·L^{-1} $Hg(NO_3)_2$ 溶液中，逐滴加入0.2mol·L^{-1} $SnCl_2$ 溶液（由适量到过量）。观察现象，写出反应方程式。

② Hg^{2+} 转化为 Hg_2^{2+} 和 Hg_2^{2+} 的歧化分解　在0.5mL 0.2mol·L^{-1} $Hg(NO_3)_2$ 溶液中，滴入1滴金属汞，充分振荡。用滴管把清液转入两支试管中（余下的汞要回收），在一支试管中加入0.2mol·L^{-1} NaCl，另一支试管中滴入2mol·L^{-1} 氨水，观察现象，写出反应式。

五、注意事项

(1) 本实验涉及的化合物种类和颜色较多，要仔细观察。

(2) 和汞有关的实验毒性较大，要做好试剂及废液的回收。

六、思考题

(1) Cu(Ⅰ)和Cu(Ⅱ)稳定存在和转化的条件是什么？

(2) 用平衡原理预测在硝酸亚汞溶液中通入硫化氢气体后，生成的沉淀物为何物，并加以解释。

(3) $AgNO_3$ 中加入NaOH为什么得不到AgOH？

(4) 选用什么试剂来溶解下列沉淀？

氢氧化铜，硫化铜，溴化铜，碘化银。

实验十六　磺基水杨酸合铁(Ⅲ)配合物的组成及稳定常数的测定

一、实验目的

(1) 掌握用比色法测定配合物的组成和配离子的稳定常数的原理和方法。

(2) 进一步学习分光光度计的使用及有关实验数据的处理方法。

二、实验原理

磺基水杨酸（$C_7H_6O_6S$，HO–C₆H₃(COOH)–SO_3H，简式为 H_3R）的一级解离常数 K_1 是 3×10^{-3}，与 Fe^{3+} 可以形成稳定的配合物。溶液pH不同，形成配合物的组成也不同。pH值为2～3时，生成紫红色的螯合物（有一个配位体）；pH值为4～9时，生成红色螯合物（有2

个配位体）；pH 值为 9～11.5 时，生成黄色螯合物（有 3 个配位体）；pH＞12 时，有色螯合物被破坏而生成 $Fe(OH)_3$ 沉淀。

本实验测定 pH 值为 2～3 时，所形成的紫红色磺基水杨酸合铁（Ⅲ）配合物的组成和稳定常数。实验中用高氯酸（$HClO_4$）来控制溶液的 pH 值和作空白溶液。由朗伯-比尔定律可知，所测溶液的吸光度在液层厚度一定时，只与配离子的浓度成正比。通过对溶液吸光度的测定，可以求出该配离子的组成。

下面介绍一种常用的测定方法，即等摩尔系列法：用一定波长的单色光，测定一系列变化组分的溶液的吸光度（中心离子 M 和配体 R 的总物质的量保持不变，而 M 和 R 的摩尔分数连续变化）。显然，在这一系列溶液中，有一些溶液中金属离子是过量的，而另一些溶液中配体是过量的；在这两部分溶液中，配离子的浓度都不可能达到最大值；只有当溶液离子与配体的物质的量之比与配离子的组成一致时，配离子的浓度才能最大。中心离子和配体基本无色，只有配离子有色，所以配离子的浓度越大，溶液颜色越深，其吸光度也就越大。若以吸光度对配体的摩尔分数作图，则从图上最大吸收峰处可以求得配合物的组成 n 值，如图 4-23 所示。根据最大吸收处：

$$\text{配体摩尔分数}=\frac{\text{配体摩尔数}}{\text{总摩尔数}}=0.5$$

$$\text{中心离子摩尔分数}=\frac{\text{中心离子摩尔数}}{\text{总摩尔数}}=0.5$$

$$n=\frac{\text{配体摩尔数}}{\text{中心离子摩尔数}}=1$$

由此可知：中心离子与配体物质的量之比为 1∶1。

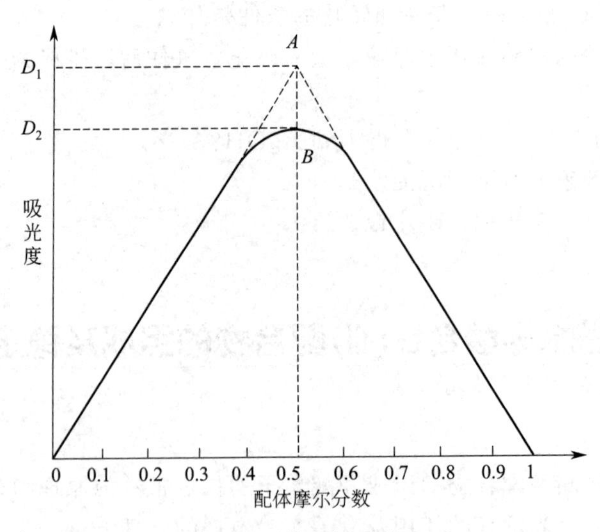

图 4-23　等摩尔系列法

最大吸光度 A 点可被认为 M 和 R 全部形成配合物时的吸光度，其值为 D_1。由于配离子有一部分解离，其浓度会稍小些，实验测得的最大吸光度在 B 点，其值为 D_2，因此配离子的解离度 α 可表示为：

$$\alpha=\frac{D_1-D_2}{D_1}$$

对于1∶1组成的配合物，根据下面关系式即可求出稳定常数K。

平衡浓度 $\quad M + R \rightleftharpoons MR$

$\quad\quad\quad c\alpha \quad c\alpha \quad c-c\alpha$

$$K=\frac{1-\alpha}{c\alpha^2}$$

式中，c是相应于A点的金属离子浓度。

三、实验仪器和试剂

仪器：UV2600型紫外-可见分光光度计，烧杯（100mL），容量瓶（100mL），移液管（10mL），洗耳球，玻璃棒，擦镜纸。

试剂：

$HClO_4$（0.01mol·L^{-1}）：将4.4mL 70% $HClO_4$溶液加入50mL水中，稀释到5000mL。

磺基水杨酸（0.0100mol·L^{-1}）：根据磺基水杨酸的结晶水情况计算其用量[分子式$C_6H_3(OH)(COOH)SO_3H$，无结晶水的磺基水杨酸分子量为218.2]。将准确称量的分析纯磺基水杨酸溶于0.01mol·L^{-1} $HClO_4$溶液中配制成1000mL溶液。

铁标准溶液（0.0100mol·L^{-1}，1000mL）将4.8220g分析纯$(NH_4)Fe(SO_4)_2 \cdot 12H_2O$（分子量为482.2）晶体溶于0.01mol·$L^{-1}$ $HClO_4$溶液中配制成1000mL溶液。

四、实验步骤

1. 溶液的配制

(1) 配制0.0010mol·L^{-1} Fe^{3+}溶液　用移液管吸取10.00mL $(NH_4)Fe(SO_4)_2$（0.0100mol·L^{-1}）溶液，注入100mL容量瓶中，用$HClO_4$(0.01mol·L^{-1})溶液稀释至该度，摇匀，备用。

(2) 配制0.0010mol·L^{-1}磺基水杨酸（H_3R）溶液　用移液管量取10.00mL H_3R（0.0100mol·L^{-1}）溶液，注入100mL容量瓶中，用$HClO_4$(0.01mol·L^{-1})溶液稀释至刻度，摇匀，备用。

2. 系列配离子（或配合物）溶液吸光度的测定

① 用三支移液管或吸量管按下表的体积数量取各溶液，分别注入已编号的11只50mL锥形瓶中，摇匀。

② 用波长扫描方式对其中的5号溶液进行扫描，得到吸收曲线，确定最大吸收波长。

③ 选取上面步骤所确定的扫描波长，在该波长下，分别测定各待测溶液的吸光度，并记录读数。

五、数据记录及处理

① 实验数据记录：

溶液编号	0.01mol·L^{-1} $HClO_4$/mL	0.0010mol·L^{-1} Fe^{3+}/mL	0.0010mol·L^{-1} 磺基水杨酸/mL	磺基水杨酸所占的摩尔分数	吸光度值A
1	10.00	10.00	0.00		
2	10.00	9.00	1.00		

续表

溶液编号	0.01mol·L^{-1} $HClO_4$/mL	0.0010mol·L^{-1} Fe^{3+}/mL	0.0010mol·L^{-1} 磺基水杨酸/mL	磺基水杨酸所占的摩尔分数	吸光度值 A
3	10.00	8.00	2.00		
4	10.00	7.00	3.00		
5	10.00	6.00	4.00		
6	10.00	5.00	5.00		
7	10.00	4.00	6.00		
8	10.00	3.00	7.00		
9	10.00	2.00	8.00		
10	10.00	1.00	9.00		
11	10.00	0.00	10.00		

② 用等摩尔系列法确定配合物组成：根据表中的数据，作吸光度 A 对摩尔比的关系图。将两侧的直线部分延长，交于一点，由交点确定配位数 n。

③ 求算磺基水杨酸合铁（Ⅲ）配合物的组成及其稳定常数：从图中找出 D_1 和 D_2，计算 α 和稳定常数。

六、注意事项

（1）本实验需控制溶液的 pH 值为 2～3。

（2）Fe^{3+} 标准溶液和磺基水杨酸溶液需准确量取。

七、思考题

（1）本实验测定配合物的组成及稳定常数的原理是什么？

（2）用等摩尔系列法测定配合物组成时，为什么溶液中金属离子的物质的量与配位体的物质的量之比正好与配离子组成相同时，配离子的浓度最大？

（3）在测定吸光度时，如果温度变化较大，对测得的稳定常数有何影响？

（4）本实验为什么用 $HClO_4$ 溶液作空白溶液？为什么选用 500nm 波长的光源来测定溶液的吸光度？

（5）使用分光光度计要注意哪些操作？如何正确使用比色皿？

实验十七　综合实验——硫酸亚铁铵的制备和质量鉴定

一、实验目的

（1）了解硫酸亚铁铵的制备方法及复盐的特性。

（2）掌握使用水浴加热、蒸发、结晶、减压过滤等基本操作。

（3）了解检验产品杂质含量的目测比色方法。

（4）掌握 $KMnO_4$ 滴定法测定铁的方法和原理。

二、实验原理

硫酸亚铁铵 $(NH_4)_2SO_4 \cdot FeSO_4 \cdot 6H_2O$ 又称莫尔盐，为浅蓝绿色单斜晶体。它在空气中比一般亚铁盐稳定，不易被氧化，溶于水但不溶于乙醇，而且价格低，制造工艺简单，容易得到较纯净的晶体，因此应用广泛，在化学上用作还原剂，工业上常用作废水处理的混凝剂，在农业上既是农药又是肥料，在定量分析中常用作氧化还原滴定的基准物质。

像所有的复盐一样，硫酸亚铁铵在水中的溶解度比组成它的任何一个组分 $FeSO_4$ 或 $(NH_4)_2SO_4$ 的溶解度都要小。三种物质不同温度下的溶解度见表 4-10。

表 4-10 三种盐不同温度下的溶解度 单位：$g \cdot (100g)^{-1}$

温 度	$FeSO_4 \cdot 7H_2O$	$(NH_4)_2SO_4$	$(NH_4)_2SO_4 \cdot FeSO_4 \cdot 6H_2O$
10℃	20.0	73.0	17.2
20℃	26.5	75.4	21.6
30℃	32.9	78.0	28.1

因此从 $FeSO_4$ 和 $(NH_4)_2SO_4$ 溶于水所制得的浓混合溶液中，很容易得到结晶的莫尔盐。

本实验采用过量铁和稀硫酸作用生成硫酸亚铁：

$$Fe + H_2SO_4 = FeSO_4 + H_2 \uparrow$$

往硫酸亚铁溶液中加入硫酸铵并使其全部溶解，加热浓缩制得混合溶液，再冷却即可得到溶解度较小的硫酸亚铁铵晶体：

$$FeSO_4 + (NH_4)_2SO_4 + 6H_2O = (NH_4)_2Fe(SO_4)_2 \cdot 6H_2O$$

为防止 Fe^{2+} 水解，在制备 $(NH_4)_2Fe(SO_4)_2 \cdot 6H_2O$ 的过程中，溶液应保持足够的酸度。

用目视比色法估计产品中所含杂质 Fe^{3+} 的量。Fe^{3+} 由于能与 SCN^- 生成红色物质 $[Fe(SCN)_n]^{3-n}$，当红色较深时，表明产品中含 Fe^{3+} 较多；当红色较浅时，表明产品中含 Fe^{3+} 较少。所以，只要将所制备的硫酸亚铁铵晶体与 KSCN 溶液在比色管中配制成待测溶液，将它所呈现的红色与含一定 Fe^{3+} 量所配制成的标准 $[Fe(SCN)_n]^{3-n}$ 溶液的红色进行比较，根据红色深浅程度相仿情况，即可知待测溶液中杂质 Fe^{3+} 的含量，从而确定产品的等级。

用 $KMnO_4$ 法测定硫酸亚铁铵中的 Fe^{2+} 含量。测定的反应原理如下：

$$5Fe^{2+} + MnO_4^- + 8H^+ = 5Fe^{3+} + Mn^{2+} + 4H_2O$$

此反应可定量进行，滴定到化学计量点时，微过量的 $KMnO_4$ 即可使溶液呈现微红色，从而指示滴定终点，不需另外再加其他指示剂 。

根据 $KMnO_4$ 标准溶液的浓度和滴定所消耗的体积，即可计算出试样中亚铁的物质的量，进而计算出试样中 Fe^{2+} 的百分含量。

三、实验仪器和试剂

仪器：台秤，水浴锅（可用大烧杯代替），电热套，吸滤瓶，布氏漏斗，真空泵，温度计，比色管（25mL），电子天平，滴定管，蒸发皿，锥形瓶等。

试剂：盐酸（$2mol \cdot L^{-1}$），硫酸（$1mol \cdot L^{-1}$，$3mol \cdot L^{-1}$），标准 Fe^{3+} 溶液（$0.0100mol \cdot L^{-1}$），$Na_2C_2O_4$ 基准试剂（105℃ 干燥 2h 后备用）硫氰酸钾（KSCN，$1mol \cdot L^{-1}$），高锰酸钾（s），铁屑，无水乙醇，pH 试纸。

四、实验步骤

1. 硫酸亚铁的制备

往盛有 2.0g 洁净铁屑的锥形瓶中加入 15mL 3mol·L^{-1} H_2SO_4 溶液，放在低温电炉(或水浴)上加热(在通风条件下进行)。在加热过程中应不时加入少量去离子水，以补充被蒸发的水分，保持原有体积，防止 $FeSO_4$ 结晶出来；同时要控制溶液的 pH 值不大于 1(为什么？如何测量和控制?)，使铁屑与稀硫酸反应至不再冒气泡为止。趁热用普通漏斗过滤，滤液盛接于洁净的蒸发皿中(如果发现滤纸上有晶体析出，可用少量去离子水冲洗)，将留在锥形瓶中及滤纸上的残渣取出，用滤纸片吸干后称量(如果考虑收集反应残渣有困难，可以改用减压过滤，抽滤时加双层滤纸，抽干溶液后，残渣黏附于上层。只要称出两张滤纸的质量差，即可知渣重)。根据已反应的铁屑质量，算出溶液中 $FeSO_4$ 的理论产量。

2. 硫酸亚铁铵的制备

根据 $FeSO_4$ 的理论产量，计算出所需的固体 $(NH_4)_2SO_4$ 质量和室温下配制 $(NH_4)_2SO_4$ 饱和溶液所需的水的体积。将配制好的 $(NH_4)_2SO_4$ 溶液倒入盛 $FeSO_4$ 溶液的蒸发皿中，混合均匀后，调节 pH 值为 1～2，将蒸发皿置于水浴上加热蒸发，至溶液表面出现晶体膜时停止加热。静置，使其自然冷却至室温，析出浅绿色结晶，减压过滤，用少量乙醇洗去晶体表面所吸附的水分。将晶体取出，置于两张洁净的滤纸之间，并轻压以吸收母液。称量，计算理论产量和产率。

3. 目视比色 Fe^{3+} 含量分析

目视比色法是测定杂质含量的一种常用方法，在测定杂质含量后便能确定产品的级别。将产品配成溶液，与各标准溶液进行比色，如果产品溶液的颜色比某一标准溶液的颜色浅，就可确定杂质含量低于该标准溶液中的含量，即低于某一规定的限度，所以这种方法又称限量分析。本实验仅做莫尔盐中 Fe^{3+} 的限量分析。

① 标准溶液的配制：往三支 25mL 的比色管中各加入 2mL 2mol·L^{-1}HCl 和 1mL 1mol·L^{-1}KSCN 溶液。再用移液管分别加入不同体积的标准 0.0100mol·L^{-1} Fe^{3+} 溶液 5mL，最后用去离子水稀释至刻度，制成含 Fe^{3+} 量不同的标准溶液。这三支比色管中所对应的各级硫酸亚铁铵药品规格分别为：

含 Fe^{3+} 0.05mg，符合一级标准。

含 Fe^{3+} 0.10mg，符合二级标准。

含 Fe^{3+} 0.20mg，符合三级标准。

② 称取 1.00g 产品置于比色管中，先用少量不含 O_2 的纯水溶解，再加入 2mL 2.0mol·L^{-1}HCl 溶液和 0.50mL 1.0mol·L^{-1}KSCN 溶液，用除去溶解氧的去离子水稀释至 25mL，摇匀，与 Fe^{3+} 标准溶液比色，确定产品的级别。

在进行比色操作时，可在比色管下衬白瓷板；为了消除周围光线的影响，可用白纸包住盛溶液那部分比色管的四周。从上往下观察，对比溶液颜色的深浅程度，确定产品的等级。

4. $KMnO_4$ 法测定硫酸亚铁铵中的 Fe^{2+} 含量

(1) 0.02mol·L^{-1} $KMnO_4$溶液的配制　用台秤称取 1.7～1.8g $KMnO_4$ 固体，溶在煮沸的 500mL 蒸馏水中，保持微沸约 1h，静置冷却后用倾泻法倒入 500mL 棕色试剂瓶中，注意不能把杯底的棕色沉淀倒进去。标定前，其上层的溶液用玻璃砂芯漏斗过滤。残余溶液和沉淀倒掉。把试剂瓶洗净，将滤液倒回瓶内，摇匀。

（2）$KMnO_4$溶液浓度的标定　准确称取0.15～0.20g预先干燥过的$Na_2C_2O_4$三份，分别置于250mL锥形瓶中，加入10mL蒸馏水使之溶解，再加30mL 1mol·L^{-1} H_2SO_4溶液，并加热至有蒸气冒出（约75～85℃）。趁热用待标定的$KMnO_4$溶液进行滴定。开始滴定时，速度宜慢，在第一滴$KMnO_4$溶液滴入后，不断摇动溶液，当紫红色褪去后再滴入第二滴，在滴定过程中温度不得低于75℃，故可边加热边滴定。待溶液中有Mn^{2+}产生后，反应速率加快，滴定速度可适当加快，但绝不可使$KMnO_4$溶液连续流下。接近终点时，紫红色褪去较慢，应减慢滴定速度同时充分摇匀，以防超过终点。最后滴加半滴$KMnO_4$溶液，在摇匀后30s内仍保持微红色不褪，表明已到终点。记下终读数并计算$KMnO_4$溶液的浓度。

（3）硫酸亚铁铵中试样Fe^{2+}含量的测定　递减称量法准确称取硫酸亚铁铵试样3份，每份约为0.2g，分别放入洁净干燥的锥形瓶中。先取1份称好的硫酸亚铁铵试样，加入3mol·L^{-1} H_2SO_4溶液5mL，去离子水20mL，使试样完全溶解，立即用$KMnO_4$标准溶液滴定至浅粉色，保持1min不褪色即为滴定终点。记录消耗$KMnO_4$标准溶液的体积。平行测定另外2份硫酸亚铁铵试样，计算试样中Fe^{2+}的含量。

$$W_{Fe}=\frac{5c(KMnO_4)V(KMnO_4)M_{Fe}}{1000m_s}\times 100\%$$

五、实验数据记录和整理

① 将实验中所需各物质的量及产量、产率计算结果、产品等级记录于下表中。

已反应的Fe的质量/g	$(NH_4)_2SO_4$饱和溶液		$FeSO_4\cdot(NH_4)_2SO_4\cdot 6H_2O$			
	$(NH_4)_2SO_4$质量/g	H_2O体积/mL	理论产量/g	实际产量/g	产率/%	级别

② 硫酸亚铁铵中的Fe^{2+}含量：自行设计表格记录相关数据，并进行处理，求算出Fe^{2+}含量。

六、注意事项

（1）在制备$FeSO_4$时，应用试纸测试溶液pH值，保持pH≤1，以使铁屑与硫酸溶液的反应能不断进行。

（2）在检验产品中Fe^{3+}含量时，为防止Fe^{2+}被溶解在水中的氧气氧化，可将蒸馏水加热至沸腾，以赶出水中溶解的氧气。

（3）标定时注意三度：溶液的酸度（0.5～1mol·L^{-1}）、滴定时溶液的温度（75～85°C）、滴定时的速度（慢～快～慢，Mn^{2+}自身催化）。

七、思考题

（1）在铁与硫酸反应，蒸发浓缩溶液时，为什么采用水浴？

（2）计算硫酸亚铁铵的产率时，应以什么为准？为什么？

（3）为什么制备硫酸亚铁铵时要保持溶液有较强的酸性？

（4）如何计算$FeSO_4$理论产量和反应所需$(NH_4)_2SO_4$的质量？

（5）以$Na_2C_2O_4$为基准物标定$KMnO_4$溶液的浓度时，应注意哪些反应条件？

（6）用 $KMnO_4$ 溶液滴定 $Na_2C_2O_4$ 时，为什么开始滴定时褪色很慢，随着滴定的进行褪色愈来愈快？如果在开始滴定前加入 1～2 滴 $MnSO_4$ 溶液，会发生什么现象？为什么？

八、实验指导

（1）实验前，指导学生根据实验原理查阅有关资料，设计出制备复盐硫酸亚铁铵的方法。根据设计出的实验方法指导学生列出实验仪器、药品、材料。

（2）实验中进一步指导水浴加热、减压过滤、蒸发、结晶等基本操作。同时注意指导学生在铁屑净化、硫酸亚铁的制备及硫酸亚铁铵复盐制备时，加热过程中应注意的事项。

（3）实验中通过指导使学生掌握目视比色法测定某一物质含量的方法。

（4）通过实验使学生掌握用 $KMnO_4$ 法测定硫酸亚铁铵中 Fe^{2+} 含量的方法。

实验十八　综合实验——三草酸合铁（Ⅲ）酸钾的制备、组成测定及性质

一、实验目的

（1）了解利用沉淀、氧化还原、配位等反应制取 $K_3Fe[(C_2O_4)_3]\cdot 3H_2O$ 的方法。

（2）培养综合应用基础知识的能力。

（3）了解表征配合物结构的方法。

二、实验原理

三草酸合铁（Ⅲ）酸钾，即 $K_3Fe[(C_2O_4)_3]\cdot 3H_2O$，为翠绿色单斜晶体，溶于水，难溶于乙醇。110℃下失去三分子结晶水而成为 $K_3Fe[(C_2O_4)_3]$，230℃时分解。该配合物对光敏感，光照下即发生分解。光解方程式为：

$$2K_3[Fe(C_2O_4)_3]\cdot 3H_2O = 3K_2C_2O_4 + 2FeC_2O_4 + 2CO_2\uparrow + 6H_2O$$

三草酸合铁（Ⅲ）酸钾是制备负载型活性铁催化剂的主要原料，也是一些有机反应很好的催化剂，因而具有工业生产价值。

目前，合成三草酸合铁（Ⅲ）酸钾的工艺路线有多种。例如，可以铁为原料制得硫酸亚铁铵，加草酸钾制得草酸亚铁后经氧化制得三草酸合铁（Ⅲ）酸钾；或以硫酸亚铁加草酸钾形成草酸亚铁，经氧化结晶得三草酸合铁（Ⅲ）酸钾；亦可以三氯化铁、硫酸铁或硝酸铁与草酸钾直接合成三草酸合铁（Ⅲ）酸钾。

本实验以硫酸亚铁铵为原料，与草酸在酸性溶液中先制得草酸亚铁沉淀，然后再用草酸亚铁在草酸钾和草酸的存在下，以过氧化氢为氧化剂，得到铁（Ⅲ）草酸配合物。改变溶剂极性并加少量盐析剂，可析出翠绿色单斜晶体纯三草酸合铁（Ⅲ）酸钾。

用 $KMnO_4$ 标准溶液在酸性介质中滴定，测得草酸根的含量，可以确定配离子的组成。先用过量锌粉将 Fe^{3+} 还原为 Fe^{2+}，然后再用 $KMnO_4$ 标准溶液滴定。有关反应式为：

$$5C_2O_4^{2-} + 2MnO_4^- + 16H^+ = 10CO_2\uparrow + 2Mn^{2+} + 8H_2O$$

$$5Fe^{2+} + MnO_4^- + 8H^+ = 5Fe^{3+} + Mn^{2+} + 4H_2O$$

$$(NH_4)_2Fe(SO_4)_2 + H_2C_2O_4 + 2H_2O = FeC_2O_4\cdot 2H_2O\downarrow + (NH_4)_2SO_4 + H_2SO_4$$

$$2FeC_2O_4 \cdot 2H_2O + H_2O_2 + 3K_2C_2O_4 + H_2C_2O_4 \xlongequal{} 2K_3[Fe(C_2O_4)_3] \cdot 3H_2O$$

三、实验仪器和试剂

仪器：普通电子天平，精密电子天平，抽滤装置，烧杯（100mL），电炉，3个锥形瓶（250mL），酸式滴定管（50mL），表面皿，称量瓶，温度计，量筒（50mL，100mL），滤纸。

试剂：$(NH_4)_2Fe(SO_4)_2 \cdot 6H_2O(s)$，$H_2SO_4$（1mol·$L^{-1}$，3mol·$L^{-1}$），$H_2C_2O_4$（饱和），$K_2C_2O_4$（饱和），$KNO_3$（饱和），乙醇（95%），乙醇-丙酮混合液（1∶1），$K_3[Fe(CN)_6](s)$，H_2O_2（3%），$Na_2C_2O_4$ 基准试剂（105℃干燥2h后备用），$KMnO_4$（0.02mol·L^{-1}，待标定），Zn粉。

四、实验步骤

1. 三草酸合铁（Ⅲ）酸钾的制备

（1）草酸亚铁的制备　称取5g硫酸亚铁铵固体放在100mL烧杯中，然后加15mL纯水和5～6滴1mol·L^{-1} H_2SO_4，加热溶解后，再加入25mL饱和草酸溶液，加热搅拌至沸，然后迅速搅拌片刻，防止暴沸。停止加热，静置。待黄色晶体 $FeC_2O_4 \cdot 2H_2O$ 沉淀后，用倾析法弃去上层清液，加入20mL蒸馏水洗涤晶体，搅拌并温热，静置，弃去上层清液，再加入20mL蒸馏水，反复洗涤，直至洗净为止（如何检验洗净与否?），即得黄色晶体草酸亚铁。

（2）三草酸合铁（Ⅲ）酸钾的制备　往草酸亚铁沉淀中加入饱和 $K_2C_2O_4$ 溶液10mL，313 K下水浴加热，恒温下边搅拌边缓慢滴加20mL 3% H_2O_2 溶液，沉淀转为深棕色。边加边搅拌，加完后，检验Fe(Ⅱ)是否完全转化为Fe(Ⅲ)，若氧化不完全，可补加适量3% H_2O_2 溶液，直至氧化完全。将溶液加热至沸，然后加入20mL饱和草酸溶液，沉淀立即溶解，溶液转为翠绿色（若配合后溶液不呈翠绿色，可通过调节pH使溶液呈翠绿色。调节时用 $K_2C_2O_4$（当pH偏低时）或 $H_2C_2O_4$（当pH偏高时）。若配合后溶液呈灰黄浑浊，可能是 Fe^{2+} 未全部氧化为 Fe^{3+} 所引起，则需加较过量的 H_2O_2 调节。趁热抽滤，滤液转入100mL烧杯中，加入95%乙醇25mL，混匀后冷却，可以看到烧杯底部有晶体析出。为了加快结晶速度，可往其中滴加饱和 KNO_3 溶液。晶体完全析出后，抽滤，用乙醇-丙酮混合液10mL淋洒滤饼，抽干。固体产品置于一表面皿上，置暗处晾干。称重，计算产率。

2. 三草酸合铁（Ⅲ）酸钾组成的测定

（1）$KMnO_4$ 溶液的标定　准确称取0.13～0.17g $Na_2C_2O_4$ 三份，分别置于250mL锥形瓶中，加水50mL使其溶解，加入10mL 3mol·L^{-1} H_2SO_4 溶液，在水浴上加热到75～85℃，趁热用待标定的 $KMnO_4$ 溶液滴定，开始时滴定速度应慢，待溶液中产生了 Mn^{2+} 后，滴定速度可适当加快，但仍须逐滴加入，滴定至溶液呈现微红色并持续30s内不褪色即为终点。根据每份滴定中 $Na_2C_2O_4$ 的质量和消耗的 $KMnO_4$ 溶液体积，计算出 $KMnO_4$ 溶液的浓度。

（2）草酸根含量的测定　把制得的 $K_3Fe[(C_2O_4)_3] \cdot 3H_2O$ 在50～60℃于恒温干燥箱中干燥1 h，在干燥器中冷却至室温，精确称取样品约0.2000～0.3000g，放入250mL锥形瓶中，加入25mL水和5mL 1mol·L^{-1} H_2SO_4，用0.0200mol·L^{-1} $KMnO_4$ 标准溶液滴

定。滴定时先滴入 8mL 左右的 $KMnO_4$ 标准溶液，然后加热到 343～358K（不高于 358K）直至紫红色消失。再用 $KMnO_4$ 滴定热溶液，直至微红色在 30 s 内不消失。记下消耗 $KMnO_4$ 标准溶液的总体积，计算 $K_3Fe[(C_2O_4)_3] \cdot 3H_2O$ 中草酸根的质量分数，并换算成物质的量。滴定后的溶液保留待用。

（3）铁含量的测定　在上述滴定过草酸根的保留液中加锌粉还原，至黄色消失。加热 3min，使 Fe^{3+} 完全转变为 Fe^{2+}，抽滤，用温水洗涤沉淀。滤液转入 250mL 锥形瓶中，再利用 $KMnO_4$ 溶液滴定至微红色，计算 $K_3Fe[(C_2O_4)_3]$ 中铁的质量分数，并换算成物质的量。

3. 性质

① 在表面皿或点滴板上放少许 $K_3[Fe(C_2O_4)_3] \cdot 3H_2O$ 产品，置于日光下一段时间后观察晶体颜色的变化，与放暗处的晶体比较。写出光化学反应。

② 制感光纸：取 0.3g $K_3[Fe(C_2O_4)_3] \cdot 3H_2O$、0.4g 铁氰化钾溶于 5mL 蒸馏水。将溶液涂在纸上即成感光纸。附上图案，在日光下照射数秒钟，曝光部分变深蓝色，被遮盖部分即显示出图案来。

③ 配感光液：取 0.3～0.4g $K_3[Fe(C_2O_4)_3] \cdot 3H_2O$ 溶于 5mL 蒸馏水，用滤纸条做成感光纸。同②操作。曝光后去掉图案，用 3.5%的六氰合铁酸钾（Ⅲ）溶液润湿或漂洗，即显影出图案来。

五、注意事项

（1）40℃水浴下加热，慢慢滴加 H_2O_2，以防止 H_2O_2 分解。

（2）减压过滤要规范。尤其注意在抽滤过程中，勿用水冲洗黏附在烧杯和布氏滤斗上的少量绿色产品，否则，将大大影响产量。

（3）Fe(Ⅱ）一定要氧化完全，如果未被氧化完全，即使加非常多的 $H_2C_2O_4$ 溶液，也不能使溶液变透明，此时应采取趁热过滤，或往沉淀上再加 H_2O_2 等补救措施。

（4）控制好反应后 $K_3[Fe(C_2O_4)_3]$ 溶液的总体积对结晶有利。

（5）制备配合物时，加 H_2O_2 氧化温度不能太高，以 40℃左右手感温热为宜，太高 H_2O_2 易分解，太低反应速率太慢；除去 H_2O_2 可直接加热煮沸，但要不停搅拌，以防暴沸；体积控制在 20mL 左右。草酸不能过量太多，否则在 $K_3[Fe(C_2O_4)_3] \cdot 3H_2O$ 晶体中会混有白色草酸晶体。

六、思考题

（1）加入过氧化氢溶液的速度过慢或过快各有何缺点？用过氧化氢作氧化剂有何优越之处？

（2）制得草酸亚铁后，要洗去哪些杂质？最后一步能否用蒸干溶液的办法来提高产率？

（3）三草酸合铁（Ⅲ）酸钾的制备最后的溶液中加入乙醇的作用是什么？

（4）根据三草酸合铁（Ⅲ）酸钾的性质，应如何保存该化合物？

（5）能否用 $FeSO_4$ 代替硫酸亚铁铵来合成 $K_3Fe[(C_2O_4)_3]$？这时若用 HNO_3 代替 H_2O_2 作氧化剂，写出主要反应式。你认为用哪个作氧化剂较好？为什么？

（6）查询文献资料，找出草酸和草酸钾的溶解度。

实验十九　设计实验——硫酸铝钾大晶体的制备

【设计要求】

（1）查阅相关资料和文献，根据复盐的性质，从简单盐制备20g理论量的硫酸铝钾。

（2）用自制的硫酸铝钾制备硫酸铝钾大晶体。

（3）根据复盐的有关知识，掌握制备简单复盐的基本方法。

（4）查找出 K_2SO_4、$Al_2(SO_4)_3 \cdot 18H_2O$ 和 $KAl(SO_4)_2 \cdot 12H_2O$ 在不同温度下的溶解度。

【提示】

（1）利用原料和硫酸铝钾的溶解度与温度之间的关系，计算出制备20g硫酸铝钾所需要的原料量。

（2）从水溶液中培养某种盐的大晶体，一般可先制得籽晶（较透明的小晶体），然后把籽晶植入饱和溶液中培养。籽晶的生长受溶液的饱和度、温度、湿度及时间等因素影响，必须控制好一定条件，使饱和溶液缓慢蒸发，才能获得大晶体。

【参考方案】

一、实验目的

（1）了解从铝制备硫酸铝钾的原理及过程。

（2）了解从水溶液中培养大晶体的方法，制备硫酸铝钾大晶体。在实验中细致摸索条件，学会及时处理问题的技能。

（3）掌握溶解、结晶、抽滤等基本操作。

二、实验原理

十二水合硫酸铝钾，即明矾，又称白矾、钾矾、钾铝矾、钾明矾，是含有结晶水的硫酸钾和硫酸铝的复盐。化学式 $KAl(SO_4)_2 \cdot 12H_2O$，分子量474.39，正八面体晶型，有玻璃光泽，密度 $1.757g \cdot cm^{-3}$，熔点92.5℃。64.5℃时失去9分子结晶水，200℃时失去12分子结晶水，溶于水，不溶于乙醇。在20℃、1个标准大气压下，明矾在水中的溶解度约为5.90g。

明矾性寒味酸涩，具有较强的收敛作用，中医学认为明矾具有解毒杀虫、燥湿止痒、止血止泻、清热消痰的功效。此外，明矾还是传统的食品改良剂和膨松剂，常用作油条、粉丝、米粉等食品生产的添加剂。明矾是传统的净水剂，一直被人们所广泛使用。但同时，由于含有铝离子，过量摄入会影响人体对铁、钙等成分的吸收，导致骨质疏松、贫血，甚至影响神经细胞的发育。

明矾在生活中较为常见，因此将制备该晶体作为设计实验之一。

1. $KAl(SO_4)_2$ 的制备

$$2Al + 2NaOH + 6H_2O \longrightarrow 2NaAl(OH)_4 + 3H_2 \uparrow$$

金属铝溶于 NaOH 溶液，生成可溶性的四羟基铝酸钠，其他杂质不溶于 NaOH 溶液。用 H_2SO_4 调节此溶液的 pH 值为 8～9，即有 $Al(OH)_3$ 沉淀产生，分离后在沉淀中加入 H_2SO_4 使 $Al(OH)_3$ 溶解，反应式如下：

$$2NaAl(OH)_4 + H_2SO_4 \longequal 2Al(OH)_3 + 2H_2O + Na_2SO_4$$

$$3H_2SO_4 + 2Al(OH)_3 = Al_2(SO_4)_3 + 6H_2O$$

在 $Al_2(SO_4)_3$ 中加入适量的 K_2SO_4 固体，即可得到硫酸铝钾。因为复盐在水中的溶解度比组成它的每一个简单组分的溶解度都要小，可以从 $Al_2(SO_4)_3$ 和 K_2SO_4 溶于水所制得的浓混合溶液中得到结晶的硫酸铝钾。

$$Al_2(SO_4)_3 + K_2SO_4 + 24H_2O = 2KAl(SO_4)_2 \cdot 12H_2O$$

2. 明矾籽晶培养

保持溶液在一个适当的过饱和度，在一定温度下通过溶剂蒸发使晶体析出，静置一段时间使籽晶形成完整晶型。

3. 大晶体制备

通过加热与溶解调解母液的浓度及温度至合适的值，将饱和溶液在室温下静置，靠溶剂的自然挥发形成溶液的准稳定状态，人工投放晶种使之逐渐长成。

三、实验仪器和试剂

仪器：普通电子天平，抽滤装置，烧杯（100mL，250mL），电炉，水浴锅，温度计，量筒（25mL，100mL），玻璃棒，尼龙线或棉线。

试剂：NaOH(AR，s)，铝条（AR，s），H_2SO_4(1∶1，3mol·L^{-1})，K_2SO_4(AR，s)，$KAl(SO_4)_2 \cdot 12H_2O$(AR，s)，pH 试纸，滤纸。

四、实验步骤

1. $Al(OH)_3$ 的制备

称取 4.5g NaOH 于 250mL 烧杯中，加 60mL 纯水溶解。将 2g 剪成小碎片的铝条分批加入 NaOH 溶液中至不产生气泡为止。然后加入约 30mL 纯水，趁热抽滤。将滤液转入 250mL 烧杯，加热煮沸，在不断搅拌下，滴加 3mol·L^{-1} H_2SO_4，使溶液 pH 值为 8～9。继续搅拌，水浴加热数分钟，然后抽滤，并用沸水洗涤沉淀，直至洗涤液的 pH 值降到 7 左右，抽滤。

2. $Al_2(SO_4)_3$ 的制备

将所制的 $Al(OH)_3$ 沉淀转入 250mL 烧杯中，加入约 20mL 1∶1 H_2SO_4，并不断搅拌，同时水浴加热使沉淀溶解，得到 $Al_2(SO_4)_3$ 溶液。

3. $KAl(SO_4)_2 \cdot 12H_2O$ 的制备

将 $Al_2(SO_4)_3$ 溶液与 6.5g K_2SO_4配成的饱和溶液相混合，搅拌均匀，充分冷却后，减压抽滤，尽量抽干，称量，计算产率（硫酸铝钾的理论产量为 35.1g）。$KAl(SO_4)_2 \cdot 12H_2O$ 易溶于水，抽滤时，不可再用水冲洗，以免损失 $KAl(SO_4)_2 \cdot 12H_2O$。

4. 籽晶制备

① 取 20g 产物放入烧杯中（在 40℃、一个标准大气压下，明矾溶解度为 11.7g），加入

适量的水（理论值约为 170mL，实际加水约 100mL，若加水过多，蒸发结晶会比较耗时间）并加热至沸腾。稍冷后，在烧杯口盖上一张滤纸，把系有尼龙线或棉线的玻璃棒放在滤纸上面，让尼龙线或棉线穿过滤纸悬于溶液中间。

② 把溶液置于不易振荡、易蒸发的地方，静置 1～2 天。

③ 把线绳上较小、不规则的籽晶去掉，留下较大的、八面体形状的籽晶。

5. 大晶体的培养

① 将取出籽晶后的溶液加热，使烧杯底部的小晶体溶解，并持续加热一小段时间。

② 将溶液冷却至 30～40℃，若溶液析出晶体，则过滤晶体。若溶液没有饱和则需加入 $KAl(SO_4)_2 \cdot 12H_2O$ 再加热，直至把溶液配成 30～40℃的饱和溶液。在此温度时有利于籽晶快速长大，同时不致于晶体在室温升高时溶解。

③ 把籽晶轻轻吊在饱和溶液中间。

④ 多次重复①②③，直至得到无色、透明、八面体形状的硫酸铝钾大晶体。

注意：溶液饱和度太大，会产生不规则小晶体附在原晶种之上，导致晶体不透明；饱和度太低，则生长缓慢或溶解。

五、思考题

（1）酸化得到氢氧化铝后为什么要抽滤而不是直接继续加硫酸得到硫酸铝？

（2）如何把籽晶植入饱和溶液？

（3）若在饱和溶液中，籽晶长出一些小晶体或烧杯底部出现少量晶体时，对大晶体的培养有何影响？应如何处理？

实验二十　设计实验——碱式碳酸铜的制备

【设计要求、目的】

（1）通过分析生成物颜色、状态探求碱式碳酸铜制备条件。

（2）研究反应物的合理配料比和反应温度。

（3）培养学生独立设计实验的能力。

【参考方案】

一、实验目的

（1）通过分析生成物颜色、状态探求碱式碳酸铜制备条件。

（2）研究反应物的合理配料比，确定制备反应合适的温度条件。

二、实验原理

碱式碳酸铜为天然孔雀石的主要成分，呈暗绿色或淡蓝绿色，铜表面生成的铜锈（铜绿）就是碱式碳酸铜，是铜与含有 CO_2 的潮湿空气接触产生的，分子量 221.12。加热至 200℃即分解，在水中的溶解度很小，新制备的试样在沸水中很易分解。

$$2CuSO_4 + 2Na_2CO_3 + H_2O \xlongequal{} Cu_2(OH)_2CO_3 \downarrow + CO_2 \uparrow + 2Na_2SO_4$$

三、实验仪器和试剂

仪器：烧杯（100mL，250mL），量筒（5mL，10mL，25mL，100mL），电子天平，试管，水浴锅，抽滤装置，滤纸，干燥箱，温度计，玻璃棒。

试剂：$CuSO_4 \cdot 5H_2O$（AR，s），Na_2CO_3（AR，s），$BaCl_2$（$0.1mol \cdot L^{-1}$），H_2SO_4（1∶1，$3mol \cdot L^{-1}$）。

四、实验内容

1. 反应物溶液配制

配制 $0.5mol \cdot L^{-1}$ $CuSO_4$ 溶液和 $0.5mol \cdot L^{-1}$ Na_2CO_3 溶液各 100mL。

2. 制备反应条件的探求

（1）$CuSO_4$ 和 Na_2CO_3 溶液的合适配比的探求　按表中各反应液的体积取样，分别装在八支试管中，并置于 75℃ 的恒温水浴锅内。几分钟后，分别将 $CuSO_4$ 溶液倒入 Na_2CO_3 溶液中，振荡试管，比较各试管中沉淀的速度、沉淀量及颜色，从中寻找出最佳配比。

$CuSO_4$/mL	2.0	2.0	2.0	2.0
Na_2CO_3/mL	1.6	2.0	2.4	2.8

（2）反应温度的探求　三支试管各加入 2.0mL $CuSO_4$ 溶液，另外三支试管各加入上述实验中得到的最佳用量的 Na_2CO_3 溶液。三对试管分别置于室温、50℃、100℃ 恒温水浴锅内，几分钟后将 $CuSO_4$ 溶液倒入 Na_2CO_3 溶液，振荡，观察现象，确定制备反应的最佳温度。

3. 碱式碳酸铜的制备

取 60mL $CuSO_4$ 溶液，根据上述实验得出的反应物最佳配比和温度，同上述操作进行反应，沉淀完全后，用少量蒸馏水洗涤沉淀几次，直至沉淀不含 SO_4^{2-} 为止，用滤纸吸干，100℃下烘干，冷却，称重，计算产率。

4. 设计实验方案

自行设计实验方案，测定产品中铜及碳酸根离子的含量，从而分析所制得碱式碳酸铜质量。

五、实验指导

（1）实验前查阅相关文献和资料，哪些铜盐适合制备碱式碳酸铜。

（2）实验中所给的硫酸铜与碳酸钠的四种配比，有两种配比得到的沉淀颜色、沉淀量差别不很明显，比较难确定。

（3）硫酸铜溶液倒入碳酸钠溶液后，要注意振荡。

（4）反应温度对制备碱式碳酸铜有一定的影响，在 100℃ 时得到的碱式碳酸铜会观察到少量褐色沉淀。实验中分析是什么物质。

（5）思考反应物的种类和反应时间对实验结果有什么影响。

（6）可以采用碘量法测定铜的质量分数。

第 5 章

分析化学实验

- 实验一　滴定分析操作练习
- 实验二　容量仪器的校准
- 实验三　酸碱标准溶液的配制和浓度比较
- 实验四　混合碱含量的测定（双指示剂法）
- 实验五　工业纯碱总碱度的测定
- 实验六　食用白醋中 HAc 含量的测定
- 实验七　玻璃减薄蚀刻废液中氟硅酸的测定
- 实验八　自来水总硬度的测定
- 实验九　农业用硫酸锌中锌含量的测定
- 实验十　硫代硫酸钠标准溶液的配制与标定（间接碘量法）
- 实验十一　维生素 C 片剂中维生素 C 含量的测定（直接碘量法）
- 实验十二　铜盐中铜含量的测定（间接碘量法）
- 实验十三　过氧化氢含量的测定
- 实验十四　水样中化学需氧量（COD）的测定
- 实验十五　生理盐水中氯化钠含量的测定（莫尔法）
- 实验十六　二水合氯化钡中钡含量的测定（硫酸钡晶形沉淀重量分析法）
- 实验十七　物料中微量铁的测定（邻二氮菲分光光度法）
- 实验十八　物质分析方案的综合设计

实验一　滴定分析操作练习

一、实验目的

（1）了解分析化学实验课程的目的、要求和学习方法。

（2）学习并掌握滴定管的使用。

（3）学习并掌握移液管的使用。

二、实验原理

1. 滴定分析原理

滴定分析是将某种标准溶液加到被测物质的溶液中，直到所加标准溶液与被测物质按化学计量关系反应完全为止，然后根据标准溶液的浓度和所加入的体积求出被测物质含量的分析方法。它是一种简便、快速和应用广泛的定量分析方法。此法不仅要求标准溶液的浓度准确，而且要有能准确测量溶液体积的仪器（简称量器）。

滴定管、移液管、吸量管（及微量进样器）和容量瓶等是分析化学实验中测量溶液体积的常用量器。

（1）滴定分析法的分类　根据标准溶液和待测组分间的反应类型，分为4类：酸碱滴定法、配位滴定法、氧化还原滴定法、沉淀滴定法。

（2）滴定分析法对化学反应的要求

① 反应必须按化学计量关系进行，能进行完全，无副反应。

② 反应速率要快。

③ 要有适当的指示剂或其他物理化学方法来确定滴定终点。

（3）滴定分析主要方式

① 直接滴定法　用标准滴定溶液直接滴定待测物质的方法。

② 返滴定法　用过量的标准滴定溶液和待测物质反应，反应完成后，用另一标准溶液滴定剩余标准溶液的滴定方法。

③ 置换滴定法　待测物质与适当试剂反应，置换出等物质的量的生成物，用标准滴定溶液滴定生成物的方法。

④ 间接滴定法　对不能和滴定剂反应的物质，可采用间接滴定法。

2. 滴定分析仪器基本操作技术

（1）讲解并演示滴定管的使用

检查—洗涤—装液—排气泡—调零—读数—滴定—读数。

（2）讲解并演示移液管、吸量管的使用

检查—洗涤—润洗—移液。

（3）容量瓶的使用（下次实验讲授）

检查—洗涤—称取（移取）—溶解—定量转移—定容—摇匀。

（4）滴定操作练习　要求规范、正确。

三、实验仪器和试剂

仪器：酸式滴定管（50mL），移液管（25mL、20mL），锥形瓶（250mL），洗耳球，容量瓶（250mL、100 mL），试剂瓶（500mL），纯水瓶（500mL）等。

试剂：0.1mol·L^{-1} HCl 溶液，0.1mol·L^{-1} NaOH 溶液，甲基橙（1g·L^{-1}）指示剂。

四、实验步骤

① 用洗净的试剂瓶取 0.1mol·L^{-1} HCl 溶液 200mL 后充分摇匀。

② 用洗净的试剂瓶取 0.1mol·L^{-1} NaOH 溶液 200mL 后充分摇匀。

③ 酸滴定碱：用移液管移取 25mL 0.1mol·L^{-1} NaOH 溶液于锥形瓶中，加 1～2 滴甲基橙指示剂，观察锥形瓶中溶液颜色。将 0.1mol·L^{-1} HCl 溶液装入酸式滴定管中，用 HCl 溶液滴定至锥形瓶中的溶液颜色刚好变为橙色，即为终点。平行滴定 3 次，记下起始和终点读数。

五、数据记录

指示剂	甲基橙(1g·L^{-1})		
NaOH 溶液/mL	25.00	25.00	25.00
HCl 溶液起始读数/mL			
HCl 溶液终点读数/mL			

六、思考题

（1）滴定管中存在气泡对滴定有什么影响？应怎样除去？

（2）滴定至临近终点时加入半滴的操作是怎样进行的？

（3）滴定管在装入标准溶液前为什么要用此溶液润洗内壁 2～3 次？用于滴定的锥形瓶或烧杯是否需要干燥？要不要用待装溶液润洗？为什么？

（4）移液管移取溶液时，为什么要伸入液面下 2～3cm？

实验二　容量仪器的校准

一、实验目的

（1）了解容量仪器校准的意义。

（2）学习滴定管、容量瓶的校准及移液管和容量瓶的相对校准方法。

二、实验原理

滴定管、移液管和容量瓶等玻璃仪器，其刻度和标示容量与实际值并不完全相符（存在允差等）。因此，对于准确度要求较高的分析测试，有必要对所使用的容量仪器进行校准。容量仪器的校准方法有称量法和相对校准法。称量法是指用分析天平称量被校量器量入或量出的纯水的质量 m，再根据纯水的密度 ρ 计算出被校量器的实际容量。

各种量器上标出的刻度和容量，一般为 20℃时量器的容量。但在实际校准时，温度不一定是 20℃，且容器中纯水的质量是在空气中称量的。因此用称量法校准时必须考虑三种因素的影响，即空气浮力所致称量质量的改变、纯水的密度随温度的变化和玻璃容器本身容积随温度的变化，并加以校正。由于玻璃的膨胀系数极小，在温度相差不太大时，其容量变化可以忽略。不同温度时纯水的密度见表 5-1。

表 5-1　不同温度下 1mL 纯水的质量

温度/℃	质量/g	温度/℃	质量/g	温度/℃	质量/g
10	0.99839	19	0.99734	28	0.99544
11	0.99832	20	0.99718	29	0.99518
12	0.99823	21	0.99700	30	0.99491
13	0.99814	22	0.99680	31	0.99464
14	0.99804	23	0.99660	32	0.99434
15	0.99793	24	0.99638	33	0.99406
16	0.99780	25	0.99617	34	0.99375
17	0.99765	26	0.99593	35	0.99345
18	0.99751	27	0.99569		

例：某支移液管在 25℃ 时，放出的纯水质量为 24.921g，纯水在 25℃ 的密度为 $0.99617g \cdot mL^{-1}$，则该移液管在 20℃时的实际容积为

$$V_{20}=24.921g/0.99617g \cdot mL^{-1}=25.02mL$$

则这支移液管的校正值为 25.02mL－25.00mL＝＋0.02mL。

需要指出的是，校准不当和使用不当都会产生容量误差，其误差甚至可能超过允差或量器本身的误差。因此，在校准时必须正确、仔细地进行操作。凡要使用校准值的，校准次数不应少于两次，且两次校准数据的偏差应不超过该量器容量允许偏差的 1/4，并取其平均值作为校准值。

有时，只要求两种容器之间有一定的比例关系，而无需知道它们各自的准确体积，这时可用容量相对校准法。经常配套使用的移液管和容量瓶，采用相对校准法更为重要。例如，用 25mL 移液管移取纯水于干净且倒立晾干的 100mL 容量瓶中，到第 4 次重复操作后，观察瓶颈处纯水的弯月面下缘是否刚好与刻线上缘相切。若不相切，应重新作一记号为标线，以后此移液管和容量瓶配套使用时就用校准的标线。

若想更全面、详细地了解容量仪器的校准，可参照 JJG 196—2006《中华人民共和国国家计量检定规程 常用玻璃量器》。

三、实验仪器和试剂

仪器：电子天平（精度 0.0001g），滴定管（50mL），容量瓶（100mL），移液管（25mL），锥形瓶（50mL，带磨口玻璃塞）等。

试剂：纯水。

四、实验步骤

1. 滴定管的校准

取一只洗净且外表干燥的带磨口玻璃塞的锥形瓶，用电子天平称出空瓶质量，可只记录至 0.001g 位。再向已洗净的滴定管中加纯水，并将液面调至 0.00mL 刻度或稍低处，然后从滴定管中放出一定体积（如放出 10mL）的纯水于已称量的锥形瓶中，盖紧塞子，称出其质量，两次质量之差即为放出纯水的质量。放水时滴定管滴嘴应与锥形瓶内壁接触，以便收集管尖余液，放完等 1min 后再准确读数。用此法称量每次从滴定

管中放出的约5mL或10mL纯水（记为V_0）的质量，直到放至50mL，用每次称得的纯水的质量除以实验水温时纯水的密度，即可得到滴定管各部分的实际容量V_{20}。重复校准一次，两次相应区间纯水的质量相差应小于0.02g，求出平均值，并计算校准值$\Delta(V_{20}-V_0)$。

现将在温度为25℃时校准某一支滴定管的实验数据列于表5-2。

表5-2　滴定管的校准实验数据

（水温＝25℃；1mL水的质量＝0.99617g）

滴定管体积读数/mL	放出体积读数/mL	（瓶＋水）质量/g	水质量/g	实际容积/mL	校正容积/mL	总校正容积/mL
0.00		129.26(空瓶)				
10.00	10.00	139.24	9.98	10.02	+0.02	+0.02
20.00	20.00	149.18	9.94	9.98	−0.02	0
30.00	30.00	159.19	10.01	10.05	+0.05	+0.05
40.00	40.00	169.13	9.94	9.98	−0.02	+0.03
50.00	50.00	179.01	9.88	9.92	−0.08	−0.05

参照上表格式作记录，实验完毕后进行计算。根据实验数据，作出校准曲线，如图5-1所示。

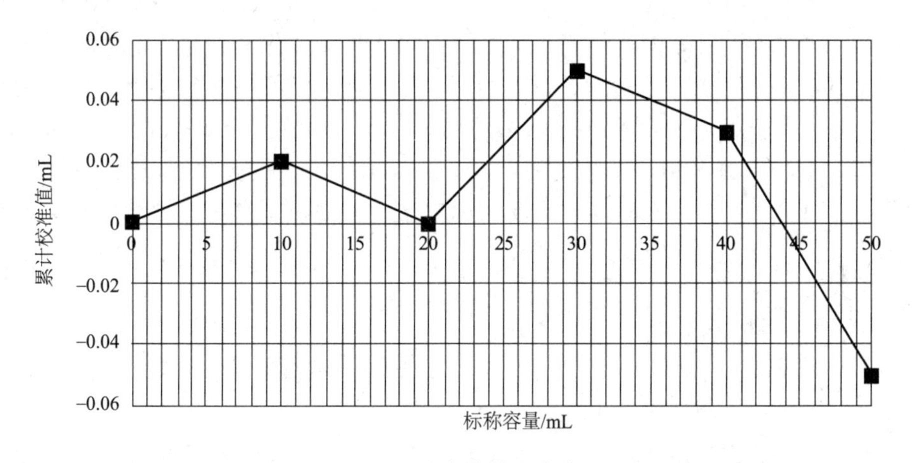

图5-1　滴定管校准曲线

移液管和吸量管也可采用上述称量法进行校准。用称量法校准容量瓶时，不必用锥形瓶称量，且称准至0.01g即可。

2. 移液管和容量瓶的相对校准

用洁净的25mL移液管移取纯水于干净且晾干的100mL容量瓶中，重复操作4次后，观察液面的弯月面下缘是否恰好与标线相切，若不相切，则用透明胶纸在瓶颈上另作标记。经相互校准后，此移液管和容量瓶可配套使用，以新标记为准。

五、思考题

（1）校准滴定管时，锥形瓶和纯水的质量只需称准到0.001g，为什么？

（2）容量瓶校准时为什么需要晾干？在用容量瓶配制标准溶液时是否也要晾干？

(3) 在实际分析工作中如何应用滴定管的校准值?

(4) 怎样用称量法校准移液管?

实验三　酸碱标准溶液的配制和浓度比较

一、实验目的

(1) 巩固滴定管和移液管的使用方法。

(2) 掌握 NaOH、HCl 溶液的配制方法。

(3) 初步掌握半滴操作和用甲基橙、酚酞指示剂确定终点的方法。

(4) 掌握滴定结果的数据记录和处理方法。

二、实验原理

酸碱滴定中常用盐酸和氢氧化钠溶液作为标准溶液。但由于浓盐酸易挥发，氢氧化钠易吸收空气中的水分和二氧化碳，不符合直接法配制的条件，因此只能用间接法配制盐酸和氢氧化钠标准溶液：即先配制近似浓度的溶液，然后用基准物质标定其准确浓度。也可用酸碱溶液中已知其中之一的准确浓度，通过滴定得到它们的体积比，从而求得另一标准溶液的准确浓度。

酸碱指示剂都有一定的变色范围。0.1mol·L^{-1} NaOH 溶液和 0.1mol·L^{-1} HCl 溶液(强碱和强酸)相互滴定，其 pH 值突跃范围为 4.30～9.70 (化学计量点时 pH=7.00)。凡是变色范围全部或部分落在滴定突跃范围之内的指示剂，都可用来指示终点。因此甲基橙(3.1～4.4)、甲基红(4.4～6.2)、中性红(6.8～8.0)、酚酞(8.0～9.6)等指示剂都可指示终点。当指示剂一定时，用一定浓度的 HCl 和 NaOH 相互滴定，指示剂变色时，所消耗的体积比 V_{NaOH}/V_{HCl} 不变，与被滴定溶液的体积无关。借此可检验滴定操作技术和判断滴定终点的能力。

三、实验仪器和试剂

仪器：酸、碱式滴定管(50mL)，移液管(25mL)，锥形瓶，洗耳球，量筒，电子天平(精度 0.01g)，烧杯，试剂瓶(500mL)，纯水瓶等。

试剂：浓盐酸、HCl(6mol·L^{-1})，NaOH(AR，s)，甲基橙指示剂(1g·L^{-1})，酚酞指示剂(1g·L^{-1}，0.1g 酚酞溶于 90mL 95%乙醇中，加水稀释至 100mL)。

四、实验步骤

1. 0.1mol·L^{-1} HCl 溶液(500mL)的配制

用浓盐酸配制时应在通风橱中操作。用 10mL 量筒量取浓盐酸____ mL，倒入盛有 100mL 左右纯水的试剂瓶中，加水稀释至 500mL，盖上玻璃塞。充分摇匀。

本次实验用 6mol·L^{-1} HCl 溶液配制。方法同上。

2. 0.1mol·L^{-1} NaOH 溶液(500mL)的配制

用称量纸或干燥的烧杯(100mL)迅速称取____ gNaOH，加约 30mL 无 CO_2 的纯水溶解，然后转移至棕色试剂瓶中，用纯水稀释至 500mL，摇匀后，用橡皮塞塞紧。

3. 酸碱相互滴定练习

① 用 0.1mol·L^{-1} NaOH 溶液润洗碱式滴定管 2～3 次（每次用量 10～15mL）；装液至“0.00”刻度线以上；排除管尖的气泡；调整液面至 0.00 刻度或稍下处，静置 1min 后，记录初始读数。

② 用 0.1mol·L^{-1} HCl 溶液润洗酸式滴定管 2～3 次；装液；排气泡，调零并记录初始读数。

③ 由碱式滴定管以 10mL·min^{-1} 的流速放出约 25.00mL（读准至 0.01mL）NaOH 溶液于 250mL 锥形瓶中，加 1～2 滴甲基橙指示剂，用 0.1mol·L^{-1} HCl 溶液滴定至由黄色变橙色。反复练习至熟练。

④ 用移液管准确移取 25.00mL HCl 溶液于 250mL 锥形瓶中，加 1～2 滴酚酞指示剂，用 0.1mol·L^{-1} NaOH 溶液滴定至终点（微红），30s 不褪色。练习至熟练。

4. 以甲基橙或酚酞为指示剂进行酸碱相互比较滴定，计算溶液的体积比。

① 将酸（碱）式滴定管分别装好 0.1mol·L^{-1} HCl(NaOH）溶液至零刻度以上，并调整液面至“0.00”刻度附近，准确记录初读数。

② 由碱式滴定管以 10mL·min^{-1} 的流速放出约 25mL（读准至 0.01mL）NaOH 溶液至锥形瓶中，加 1～2 滴甲基橙，用 HCl 溶液滴定至溶液由黄色变成橙色，即为终点，记录所耗 HCl 溶液的体积。

③ 平行测定 3 次（每次测定都必须将溶液重新装至滴定管的零刻度线附近，为什么?），计算 V_{NaOH}/V_{HCl}，要求各次滴定结果与平均值的相对偏差不得大于±0.2%，否则应重做。

④ 用移液管准确移取 25.00mL HCl 溶液于 250mL 锥形瓶中，加 1～2 滴酚酞指示剂，用 0.1mol·L^{-1} NaOH 溶液滴定至微红色（30s 内不褪色）即为终点，记录读数，平行测定 3 次，计算 V_{NaOH}/V_{HCl}。

五、数据记录与处理

1. 以甲基橙为指示剂，用 HCl 溶液滴定 NaOH 溶液

编　号	1	2	3
NaOH 终读数/mL NaOH 初读数/mL V_{NaOH}/mL			
HCl 终读数/mL HCl 初读数/mL V_{HCl}/mL			
V_{NaOH}/V_{HCl}			
V_{NaOH}/V_{HCl} 平均值			
每次测定的绝对偏差			
每次测定的相对偏差/%			
平均偏差			
相对平均偏差/%			

2. 以酚酞为指示剂，用 NaOH 溶液滴定 HCl 溶液

编　号	1	2	3
V_{HCl}/mL	25.00	25.00	25.00
NaOH 终读数/mL NaOH 初读数/mL V_{NaOH}/mL			
V_{NaOH}/V_{HCl}			
V_{NaOH}/V_{HCl} 平均值			
每次测定的绝对偏差			
每次测定的相对偏差/%			
平均偏差			
相对平均偏差/%			

六、注意事项

（1）溶液在使用前须充分摇匀，使每次取出的溶液浓度相同。

（2）固体 NaOH 极易吸收空气中的 CO_2 和水分，因此称量时必须迅速。

（3）装 NaOH 溶液的玻璃试剂瓶要用橡皮塞或塑料塞，不可用玻璃塞。

（4）指示剂加入量要适当，否则会影响终点观察。

七、思考题

（1）浓盐酸的近似摩尔浓度是多少？本实验中为什么用 $6mol \cdot L^{-1}$ HCl 溶液配制 $0.1mol \cdot L^{-1}$ HCl 溶液？

（2）HCl 和 NaOH 溶液能直接配制准确浓度吗？为什么？

（3）为什么用 HCl 溶液滴定 NaOH 溶液时一般采用甲基橙指示剂，而用 NaOH 溶液滴定 HCl 溶液时以酚酞为指示剂？

（4）用 NaOH 溶液滴定 HCl 溶液时，为何酚酞 30s 不褪色即为终点？

实验四　混合碱含量的测定（双指示剂法）

一、实验目的

（1）掌握 HCl 标准溶液的配制和标定方法。

（2）掌握用双指示剂法判断混合碱的组成，及测定碱液中各组分含量的原理和方法。

（3）进一步熟练滴定操作和滴定终点的判断。

（4）了解电子天平的构造并学会其使用方法。

二、实验原理

1. 混合碱的测定

混合碱系指 NaOH 与 Na_2CO_3 或 Na_2CO_3 与 $NaHCO_3$ 等类似的混合物。测定各组分的含量时，可以在同一试液中分别用两种不同的指示剂来指示终点进行测定，这种测定方法即“双指示剂法”。

若混合碱是由 Na_2CO_3 和 NaOH 组成，先以酚酞作指示剂，用 HCl 标准溶液滴定至溶液由红色变成微红色至无色，这是第一个滴定终点。试液中所含 NaOH 完全被中和，Na_2CO_3 也被滴定成 $NaHCO_3$，此时消耗的 HCl 溶液的体积记为 V_1(mL)，溶液中的滴定反应如下：

$$NaOH + HCl \longequal NaCl + H_2O \qquad Na_2CO_3 + HCl \longequal NaCl + NaHCO_3$$

再加入甲基橙指示剂，滴定至溶液由黄色刚好变成橙色，反应为：

$$NaHCO_3 + HCl \longequal NaCl + H_2O + CO_2 \uparrow$$

此时消耗的 HCl 的体积为 V_2(mL)。根据 V_1、V_2 值求出试样中 NaOH、Na_2CO_3 的含量（以质量浓度 $g \cdot L^{-1}$ 表示）。

设混合碱试样体积为 $V_{碱}$(mL)。思考并写出计算各组分含量的表达式：

____

2\. 0.1mol · L^{-1} HCl 溶液的标定

基准物质：无水 Na_2CO_3 或硼砂（$Na_2B_4O_7 \cdot 10H_2O$）

用无水 Na_2CO_3 标定时，用甲基橙作指示剂，终点：黄色→橙色。

$$Na_2CO_3 + 2HCl \longequal 2NaCl + H_2O + CO_2 \uparrow$$

用硼砂标定时，可选用甲基红作指示剂，终点：黄色→浅红色。

$$Na_2B_4O_7 + 5H_2O + 2HCl \longequal 4H_3BO_3 + 2NaCl$$

思考并写出计算盐酸溶液浓度的表达式：

____

注意：标准溶液的浓度要保留 4 位有效数字。

三、实验仪器和试剂

仪器：酸式滴定管（50mL），移液管（10mL），电子天平（精度：0.0001g），锥形瓶，洗耳球，试剂瓶（500mL），量筒，纯水瓶等。

试剂：浓盐酸，HCl 溶液（6mol · L^{-1}），无水 Na_2CO_3（AR，s），甲基橙指示剂（1g · L^{-1}），酚酞指示剂（1g · L^{-1}），溴甲酚绿-二甲基黄混合指示剂（取 4 份 0.2%溴甲酚绿乙醇溶液和 1 份 0.2%二甲基黄乙醇溶液，混匀），混合碱液。

四、实验步骤

1. 0.1mol · L^{-1} HCl 标准溶液的配制

用 10mL 量筒量取 6mol · L^{-1} HCl____mL，倒入盛有 100mL 左右纯水的试剂瓶中，加水稀释至 300mL，盖上瓶塞，充分摇匀。

2. 0.1mol · L^{-1} HCl 标准溶液的标定

用无水 Na_2CO_3 标定：在电子天平上称取 0.15～0.20g 已经烘干的无水碳酸钠三份，分别放在三个已编号的 250mL 锥形瓶内，加水 30mL 溶解，再加入甲基橙指示剂 1～2 滴，摇匀，用盐酸溶液滴定至溶液由黄色变为橙色，即为终点，由碳酸钠的质量及实际消耗的盐酸体积，计算 HCl 溶液的浓度和测定结果的相对偏差。

3. 混合碱的分析

用移液管准确移取 10.00mL 混合碱液于锥形瓶中，加 2～3 滴酚酞，以 0.1mol·L^{-1} HCl 标准溶液滴定至红色变为微红色，为第一终点，记下 HCl 标准溶液体积 V_1。再加入 2 滴甲基橙指示剂，继续用 HCl 标准溶液滴定至溶液由黄色恰变为橙色，为第二终点，记下 HCl 标准溶液体积 V_2。平行测定三次，根据 V_1、V_2 的大小判断混合物的组成，计算各组分的含量。

4. 讲解并演示电子天平的使用方法

① 电子天平的构造原理及特点。

② 电子天平的使用方法：检查水平，检查秤盘；预热 30min 以上；开机，液晶显示屏亮，并显示称量模式 0.0000g；称量；去皮称量；记录数据。

③ 称量方法：直接称量法、固定质量称量法、递减称量法。

五、数据记录与处理

1. 0.1mol·L^{-1} HCl 溶液浓度的标定数据

次数	1	2	3
$m_{Na_2CO_3}$/g			
V_{HCl}/mL			
c_{HCl}/mol·L^{-1}			
$\bar{c}_{HCl}$/mol·L^{-1}			
每次测定的绝对偏差			
每次测定的相对偏差/%			
平均偏差			
相对平均偏差/%			

2. 根据测定结果，判断混合碱的组成：__________，并计算各组分的含量

次数	1	2	3
c_{HCl}/mol·L^{-1}			
$V_{碱液}$/mL			
$V_{HCl,1}$/mL			
$V_{HCl,2}$/mL			
W_1/g·L^{-1}			
W_2/g·L^{-1}			
W_1(平均)			
W_2(平均)			

六、注意事项

(1) 标定 HCl 溶液浓度时，亦可采用溴甲酚绿-二甲基黄混合指示剂，滴定终点时溶液由绿色变为亮黄色（不带黄绿色），变色点时 pH 值为 3.9，酸色橙，碱色绿。

(2) 当混合碱组成为 NaOH 和 Na_2CO_3 时，酚酞指示剂用量可适当多加几滴，否则常因滴定不完全而使 NaOH 的测定结果偏低。此处酚酞指示剂也可用甲酚红-百里酚蓝混合指示剂代替，变色点时 pH 值为 8.3，酸色黄，碱色紫，在 pH=8.2 时为樱桃色，变色较为敏锐。

(3) 第一计量点时颜色变化为红色—微红色，不应有 CO_2 的损失。造成 CO_2 损失的操作是滴定速度过快，溶液中 HCl 局部过量，引起 $NaHCO_3 + HCl \xlongequal{} NaCl + H_2O + CO_2$ 的反应。因此滴定速度宜适中，摇动要均匀。

(4) 混合碱分析中的甲基橙指示剂亦可采用溴甲酚绿-二甲基黄混合指示剂：滴定终点时溶液由绿色变为亮黄色；或者采用溴甲酚绿-甲基红混合指示剂，滴定到终点时，溶液由蓝绿色变为酒红色。

(5) 第二计量点时颜色变化为黄色—橙色。滴定过程中要剧烈摇动，使 CO_2 逸出，避免形成碳酸饱和溶液而使终点提前。

七、思考题

(1) 用双指示剂法测定混合碱组成的方法原理是什么？

(2) 采用双指示剂法测定混合碱，判断下列五种情况下，混合碱的组成？

① $V_1=0$，$V_2>0$；② $V_1>0$，$V_2=0$；③ $V_1>V_2$；④ $V_1<V_2$；⑤ $V_1=V_2$

(3) 差减法称样是怎样进行的？增量法的称样是怎样进行的？它们各有什么优缺点？宜在何种情况下采用？

(4) 酸碱滴定中，选择指示剂的原则是什么？

实验五　工业纯碱总碱度的测定

一、实验目的

(1) 掌握 HCl 标准溶液的配制和标定方法。

(2) 了解基准物质碳酸钠和硼砂的分子式和化学性质。

(3) 掌握强酸滴定二元弱碱的滴定过程、突跃范围及指示剂的选择方法。

(4) 学习容量瓶的使用。

二、实验原理

1. 工业纯碱总碱度的测定

工业纯碱的主要成分为 Na_2CO_3，商品名为苏打，其中可能含有少量 NaCl、Na_2SO_4、$NaHCO_3$ 及 NaOH 等。常用 HCl 标准溶液为滴定剂测定总碱度，以此来衡量产品的质量。

CO_3^{2-} 的 $K_{b1}=1.8\times10^{-4}$，$K_{b2}=2.4\times10^{-8}$，$cK_b>10^{-8}$，可被 HCl 标准溶液准确滴定。

滴定反应为：　　$Na_2CO_3 + 2HCl \xlongequal{} 2NaCl + H_2O + CO_2\uparrow$

化学计量点时，溶液 pH 值为 3.8～3.9，可选用甲基橙作指示剂。溶液由黄色刚好变为橙色时即为终点。

由于试样易吸收水分和 CO_2，应在 270～300℃将试样烘干 2h，以除去吸附水分并使 $NaHCO_3$ 全部转化为 Na_2CO_3，工业纯碱的总碱度通常以 $W_{Na_2CO_3}$ 或 W_{Na_2O} 表示。由于试样均匀性较差，应称取较多试样，使其更具代表性。测定的允许误差可适当放宽。

2. 0.1mol·L^{-1} HCl溶液的标定

同实验四的标定步骤。

三、实验仪器和试剂

仪器：酸式滴定管（50mL），移液管（20mL），容量瓶（100mL），电子天平（精度：0.0001g），锥形瓶，洗耳球，试剂瓶（500mL），纯水瓶等。

试剂：无水碳酸钠（Na_2CO_3基准物质，180℃干燥2～3h，于干燥器中备用），HCl溶液（6mol·L^{-1}），硼砂（$Na_2B_4O_7 \cdot 10H_2O$，置于含有NaCl和蔗糖的饱和液的干燥器内保存，以使相对湿度为60%，防止结晶水失去），甲基橙指示剂（1g·L^{-1}），甲基红指示剂（2g·L^{-1}，60%乙醇溶液），工业纯碱固体试样。

四、实验步骤

1. 0.1mol·L^{-1} HCl标准溶液的配制

用10mL量筒量取6mol·L^{-1}HCl____ mL，倒入盛有100mL左右纯水的试剂瓶中，加水稀释至300mL，盖上瓶塞，充分摇匀。

2. 0.1mol·L^{-1}HCl溶液的标定（选一）

（1）用无水Na_2CO_3标定　准确称取0.15～0.20g无水碳酸钠三份，分别放在三个已编号的250mL锥形瓶内，加纯水30毫升溶解后，再加入1～2滴甲基橙指示剂，摇匀，用盐酸溶液滴定至溶液由黄色恰好变为橙色，即为终点。由碳酸钠的质量及实际消耗的盐酸体积，计算HCl溶液的浓度和测定结果的相对偏差。

（2）用硼砂标定　准确称取0.4～0.6g硼砂三份，分别放在三个已编号的250mL锥形瓶内，加水50mL使之溶解，再加2滴甲基红指示剂，摇匀，用盐酸溶液滴定至溶液由黄色恰好变为浅红色，即为终点，由硼砂的质量及实际消耗的盐酸体积，计算HCl溶液的浓度和测定结果的相对偏差。

3. 工业纯碱总碱度的测定

准确称取约0.7g纯碱试样于小烧杯中，用少量纯水溶解，必要时，可稍加热以促进溶解，冷却后，定量转移至100mL容量瓶中，加水稀释至刻度，摇匀。用移液管移取试液20mL于锥形瓶中，加20mL水，加1～2滴甲基橙指示剂，用0.1mo·L^{-1} HCl标准溶液滴定至溶液由黄色恰变为橙色，即为终点。平行测定三次，记录滴定所消耗的HCl溶液的体积。计算试样中Na_2O或Na_2CO_3的含量，即为总碱度。每次测定的相对偏差应在±0.5%以内。

五、数据记录与处理

参考实验四，写出相关计算表达式，自行设计表格处理数据。

六、注意事项

（1）亦可采用甲基红-溴甲酚绿混合指示剂，滴定终点时溶液由绿色变为暗红色。配制方法：将0.2%的甲基红乙醇溶液与0.1%的溴甲酚绿以1∶3体积比混合。

（2）工业纯碱中含有杂质和水分，组成不太均匀，应多称一些，使之具有代表性，并应预先在270～300℃处理成干基试样。

（3）滴定管、移液管和容量瓶的操作要规范。

七、思考题

(1) 无水 Na_2CO_3 保存不当，吸收了1%的水分，用此基准物质标定 HCl 溶液浓度时，对其结果产生何种影响？

(2) 标定盐酸的两种基准物质无水碳酸钠（Na_2CO_3）和硼砂（$Na_2B_4O_7 \cdot 10H_2O$），各有什么优缺点？

(3) 甲基橙、甲基红及甲基红-溴甲酚绿混合指示剂变色范围各是多少？混合指示剂有什么优点？

实验六　食用白醋中 HAc 含量的测定

一、实验目的

(1) 掌握 NaOH 标准溶液的配制、标定及保存方法。

(2) 了解基准物质邻苯二甲酸氢钾的性质及其应用。

(3) 掌握强碱滴定弱酸的滴定过程、突跃范围及指示剂的选择。

(4) 学习并掌握容量瓶的使用方法。

二、实验原理

1. HAc 浓度的测定

醋酸为有机弱酸（$K_a=1.8\times10^{-5}$），食用白醋中 HAc 的 $cK_a>10^{-8}$，故可在水溶液中用 NaOH 标准溶液直接准确滴定。

滴定反应：$HAc+NaOH \longrightarrow NaAc+H_2O$　弱碱性（化学计量点 pH=8.72）

当用 $0.1mol \cdot L^{-1}$ 的 NaOH 溶液滴定时，突跃范围约为 pH 7.74～9.70。

凡是变色范围全部或部分落在滴定突跃范围之内的指示剂，都可用来指示终点。本次实验选用酚酞作指示剂。终点：无色→微红色（30s 内不褪色）。

食用白醋中醋酸含量大约在 $3\sim5g \cdot (100mL)^{-1}$。

2. NaOH 标准溶液的标定

基准物质：邻苯二甲酸氢钾（$KHC_8H_4O_4$）或草酸（$H_2C_2O_4 \cdot 2H_2O$）。

用邻苯二甲酸氢钾（$KHC_8H_4O_4$）作基准物：易制得纯品；在空气中不吸水，易干燥，易保存；摩尔质量大，可相对降低称量误差。其与 NaOH 反应的计量比为 1∶1。

滴定反应为：

$$C_6H_4(COOH)(COOK) + NaOH \longrightarrow C_6H_4(COONa)(COOK) + H_2O$$

$$c_{NaOH}=\frac{\dfrac{m_{邻苯二甲酸氢钾}}{M_{邻苯二甲酸氢钾}}\times1000}{V_{NaOH}}(mol \cdot L^{-1})$$

化学计量点时，溶液呈弱碱性（pH≈9.20），可选用酚酞作指示剂。

式中，$m_{邻苯二甲酸氢钾}$ 单位为 g；V_{NaOH} 单位为 mL。

用草酸（$H_2C_2O_4 \cdot 2H_2O$）标定：草酸固体在相对湿度为5%～95%时很稳定，不会失水而风化。但草酸水溶液的稳定性较差，久置能自动分解成 CO_2 和 CO；空气能使草酸溶液慢慢氧化，光和 Mn^{2+} 的存在能加快其氧化。所以制成溶液后应立即滴定。

草酸是二元弱酸（$K_{a1}=5.9\times10^{-2}$，$K_{a2}=6.4\times10^{-5}$，用 NaOH 滴定时，两级 H^+ 同时被中和。滴定反应为：

$$H_2C_2O_4+2NaOH \xlongequal{} Na_2C_2O_4+2H_2O$$

化学计量点时，溶液呈弱碱性 pH≈8.4，可选酚酞作指示剂。

$$c_{NaOH}=\frac{2\dfrac{m_{草酸}}{M_{草酸}}\times1000}{V_{NaOH}}(mol\cdot L^{-1})$$

式中，$m_{草酸}$ 单位为 g；V_{NaOH} 单位为 mL。

注意：标准溶液的浓度要保留 4 位有效数字。

三、实验仪器和试剂

仪器：碱式滴定管（50mL），移液管（20mL），容量瓶（100mL），电子天平（精度 0.01g），电子天平（精度 0.0001g），锥形瓶，洗耳球，试剂瓶（500mL），纯水瓶等。

试剂：NaOH(AR，s)，邻苯二甲酸氢钾（AR，在 100～125℃下干燥 1h 后，置于干燥器中备用），酚酞指示剂（$1g\cdot L^{-1}$），食用白醋。

四、实验步骤

（1）$0.1mol\cdot L^{-1}$ NaOH 溶液的配制　称取____g 固体 NaOH，加入新鲜的或煮沸除去 CO_2 的纯水，溶解完全后，转入带橡皮塞的试剂瓶中，加水稀释至 300mL，充分摇匀。

（2）$0.1mol\cdot L^{-1}$ NaOH 溶液的标定　准确称取 0.4～0.6g 已烘干的邻苯二甲酸氢钾三份，分别放入三个已编号的 250mL 锥形瓶中，加 20～30mL 水溶解（可稍加热以促进溶解）后，加入 2～3 滴酚酞指示剂，用待标定的 NaOH 溶液滴定至呈微红色并保持 30s 不褪色即为终点，记录 V_{NaOH}，计算 c_{NaOH} 和标定结果的相对偏差。

长期使用的 NaOH 标准溶液，最好装入聚四氟乙烯塑料瓶中保存。

（3）食用白醋醋酸含量的测定　准确移取食用白醋 10.00mL 置于 100mL 容量瓶中，用纯水定容，摇匀。用 20mL 移液管分取 3 份上述白醋溶液，分别置于 250mL 锥形瓶中，加入 2～3 滴酚酞指示剂，用 NaOH 标准溶液滴定至微红色并 30s 内不褪色即为终点。记录 V_{NaOH}，计算食用白醋中醋酸的含量，用 $g\cdot L^{-1}$ 表示。

请思考并写出计算醋酸含量的表达式。

（4）讲解并演示容量瓶的使用

五、数据记录与处理

1. $0.1mol\cdot L^{-1}$NaOH 溶液浓度的标定

次数	1	2	3
$m_{邻苯二甲酸氢钾}/g$			
V_{NaOH}/mL			
$c_{NaOH}/mol\cdot L^{-1}$			
$\overline{c_{NaOH}}/mol\cdot L^{-1}$			
每次测定的绝对偏差			
每次测定的相对偏差/%			

续表

次数	1	2	3
平均偏差			
相对平均偏差/%			

2. 食用白醋中醋酸含量的测定

次数	1	2	3
$V_{稀释白醋}$/mL			
c_{NaOH}/mol·L^{-1}			
V_{NaOH}/mL			
W_{HAc}/g·L^{-1}			
$\overline{W}_{HAc}$/g·L^{-1}			

六、注意事项

（1）滴定管、移液管和容量瓶的操作要规范。

（2）NaOH标准溶液滴定HAc，属强碱滴定弱酸，CO_2的影响严重，注意除去所用碱标准溶液和纯水中的CO_2。所用纯水不能含CO_2。

（3）碱式滴定管滴定前要排出气泡，滴定过程中不能形成气泡。可用聚四氟乙烯型旋塞滴定管代替碱式滴定管。

七、思考题

（1）与其他基准物质比较，邻苯二甲酸氢钾有什么优点？

（2）称取NaOH及邻苯二甲酸氢钾各用什么天平？为什么？

（3）测定食用白醋时，为什么用酚酞指示剂？能否用甲基橙或甲基红(4.8～6.0)？

（4）标定NaOH溶液，邻苯二甲酸氢钾的质量是怎样计算得来的？

（5）酚酞指示剂使溶液变红后，为什么在空气中放置一段时间后又变为无色？

实验七　玻璃减薄蚀刻废液中氟硅酸的测定

一、实验目的

（1）掌握NaOH标准溶液的配制、标定及保存方法。

（2）了解基准物质邻苯二甲酸氢钾的性质及其应用。

（3）掌握强碱滴定弱酸的滴定过程、突跃范围及指示剂的选择。

二、实验原理

玻璃减薄蚀刻废液的主要成分为：HF、H_2SiF_6、HCl等，将其与原玻璃减薄液进行比较发现，其中除H_2SiF_6外，其他成分完全相同。如果能够将废液中的H_2SiF_6去除或减量，剩余的废酸体系中只需补加相应缺少的酸组分，即可对该体系进行回收，不仅达到了资源回收利用的目的，也避免了废液直接排出对环境造成的污染。这就要求准确测出废液中HF等总酸和H_2SiF_6的含量。

基于氟硅酸与硝酸钾在低温生成氟硅酸钾沉淀，该沉淀水解释放出酸，可以用酸碱滴定法完成测定。

1. HF 等总酸和 H_2SiF_6 含量的测定

氟硅酸与饱和硝酸钾反应，生成氟硅酸钾沉淀和硝酸，先在低温下以氢氧化钠标准溶液滴定反应生成的硝酸及其他酸（微量的 HF）。然后滴定经沸腾水解产生的氢氟酸。根据滴定后者时氢氧化钠标准溶液的用量，计算出氟硅酸的含量。选用酚酞作指示剂。

在 0℃左右氟硅酸与饱和硝酸钾反应生成氟硅酸钾沉淀，同时生成酸。此时，用氢氧化钠标准溶液滴定的酸是样品溶液中氢氟酸、少量硝酸和氟硅酸的总量。其反应式如下：

$$H_2SiF_6 + 2KNO_3 = K_2SiF_6 \downarrow + 2HNO_3$$

$$2NaOH + HF + HNO_3 = NaF + NaNO_3 + 2H_2O$$

据滴定所消耗的碱标液体积，可求出样品中总酸的含量。

滴定后的试样中，加沸水使氟硅酸钾水解，又释出酸。用氢氧化钠标准溶液滴定的酸是氟硅酸析出的，其反应式如下：

$$K_2SiF_6 + 3H_2O = H_2SiO_3 + 4HF + 2KF$$

$$NaOH + HF = NaF + H_2O$$

据滴定所消耗的碱标准溶液体积，可求得样品中氟硅酸的含量。

2. NaOH 标准溶液的标定

用邻苯二甲酸氢钾（$KHC_8H_4O_4$）作基准物。

滴定反应为：

$$C_6H_4(COOH)(COOK) + NaOH = C_6H_4(COONa)(COOK) + H_2O$$

$$c_{NaOH} = \frac{\frac{m_{邻苯二甲酸氢钾}}{M_{邻苯二甲酸氢钾}} \times 1000}{V_{NaOH}} (mol \cdot L^{-1})$$

式中，$m_{邻苯二甲酸氢钾}$ 单位为 g；V_{NaOH} 单位为 mL。

化学计量点时，溶液呈弱碱性（pH≈9.20），可选用酚酞作指示剂。

三、实验仪器和试剂

仪器：滴定管（50mL），具有刻度的塑料管。容量瓶（1000mL），电烘箱，冰箱，电炉，电子天平（精度 0.01g），电子天平（精度 0.0001g），聚乙烯试剂瓶（250mL），聚四氟乙烯烧杯（250mL），锥形瓶，洗耳球、纯水瓶等。

试剂：NaOH（AR，s），邻苯二甲酸氢钾（基准试剂，在 105～110℃下干燥 1h 后，置于干燥器中备用），硝酸钾饱和溶液，酚酞指示剂（$10g \cdot L^{-1}$ 乙醇溶液），玻璃减薄蚀刻废液样品。

四、实验步骤

1. $0.1mol \cdot L^{-1}$ NaOH 溶液的配制与标定

按 GB/T 601—2016 称取 110g 氢氧化钠，溶于 100mL 无二氧化碳的水中，摇匀，注入聚乙烯容器中，密闭放置至溶液清亮。用塑料管量取上层清液 5.4mL，用无二氧化碳的水稀释至 1000mL，摇匀。

按规定称取在 105～110℃电烘箱中干燥至恒重的基准试剂邻苯二甲酸氢钾，加无二氧化碳的水溶解，加 2 滴酚酞指示液（$10g \cdot L^{-1}$），用配制好的氢氧化钠溶液滴定，同时做空白试验。

2. HF 等总酸和氟硅酸含量的测定

称取约 1g 试样，精确至 0.0001g，置于 250mL 聚四氟乙烯烧杯中，加入 5mL 饱和硝酸钾溶液和 5mL 水，于冰箱冷冻室中放置 15min。取出烧杯立即加入冰浴中，加入 3 滴酚酞指示液，在搅拌下迅速用氢氧化钠标准溶液滴定至浅红色保持 15s 不褪色为终点，记下消耗的体积（V_1）。继续将上述滴定后盛有待测溶液的聚四氟乙烯烧杯在电炉上加热至沸腾（或直接加入 100mL 沸水），静置 30s，将滴定管调零后用氢氧化钠标准溶液滴定至浅红色并保持 15s 不褪色为终点，记下消耗的体积（V_2）。

溶液的总酸度以氢氟酸的质量分数计，按下式计算：

$$w_{HF}=\frac{\left(V_1-\frac{V_2}{2}\right)c\times 0.02}{m}\times 100\%$$

氟硅酸含量以氟硅酸（H_2SiF_4）的质量分数计，按下式计算：

$$w_{H_2SiF_6}=\frac{V_2c\times 0.03602}{m}\times 100\%$$

式中　V_1——试样第一次消耗的氢氧化钠标准溶液的体积，mL；

V_2——试样第二次消耗的氢氧化钠标准溶液的体积，mL；

c——氢氧化钠标准溶液浓度的准确数值，$mol \cdot L^{-1}$；

m——样品的质量，g；

0.02——与氢氧化钠标准溶液相当的以克表示的 HF 质量；

0.03602——与氢氧化钠标准溶液相当的以克表示的 H_2SiF_6 质量。

取平行测定结果的算术平均值为测定结果，两次平行测定结果的绝对差值不大于 0.20%。

五、数据记录与处理

自行设计表格处理数据。

六、注意事项

（1）HF 酸对呼吸道黏膜及皮肤有强烈的刺激和腐蚀作用；吸入高浓度的氟化氢可引起眼及呼吸道黏膜刺激症状、支气管炎和肺炎，产生反射性窒息，严重的可导致氟骨症，并能穿透皮肤向深层渗透，形成坏死和溃疡，且不易治愈。实验时一定要做好防护措施。

（2）查阅文献了解 H_2SiF_6 的性质。

七、思考题

（1）可不可以用饱和氯化钾溶液代替饱和硝酸钾溶液来生成沉淀？

（2）比较按 GB/T 601—2016 配制氢氧化钠溶液和按实验六中配制有什么不同？

实验八　自来水总硬度的测定

一、实验目的

（1）了解 EDTA 标准溶液的配制和标定原理。

(2) 掌握配位滴定的原理及其应用。

(3) 掌握钙指示剂和铬黑 T 指示剂的使用，了解金属指示剂的特点。

(4) 了解水硬度的测定意义和常用的硬度表示方法。

(5) 了解 EDTA 法测定自来水总硬度的方法和条件。

(6) 巩固容量瓶的使用方法。

二、实验原理

① 乙二胺四乙酸是一种多元酸（简称 EDTA，用 H_4Y 表示），它难溶于水，22℃时，每 100mL 水中仅能溶解 0.02g。在分析实验中通常使用其二钠盐配制标准溶液。乙二胺四乙酸二钠盐在水溶液中的溶解度较大，22℃时，每 100mL 水中能溶解 11.1g，浓度约为 $0.3mol \cdot L^{-1}$，其水溶液 pH≈4.8。EDTA 因常吸附 0.3%的水分且其中含有少量杂质而不能直接配制标准溶液。

② 标定 EDTA 常用的基准物有 Zn、ZnO、$CaCO_3$、Bi、Cu、$MgSO_4 \cdot 7H_2O$、Hg、Ni、Pb 等，通常选用其中与被测物组分相同的物质作基准物，这样，滴定条件一致，可减小误差。因测水的总硬度，故选用碳酸钙作基准物。

③ EDTA 相当于六元酸，在水中有六级解离平衡。EDTA 是个配位性能很强的配位剂，几乎跟所有的阳离子都可以进行 1∶1 配位，其应用相当广泛。

④ 变色原理：钙指示剂用 H_3Ind 表示。在水中

$$H_3Ind \longrightarrow 2H^+ + HInd^{2-}$$

在 pH≥12 的溶液中，$HInd^{2-}$ 与 Ca^{2+} 形成比较稳定的配离子，其反应式为：

$$\underset{\text{纯蓝色}}{HInd^{2-}} + Ca^{2+} \longrightarrow \underset{\text{酒红色}}{CaInd^-} + H^+$$

所以在钙标准溶液中加入钙指示剂时，溶液呈酒红色。当用 EDTA 溶液滴定时，由于 EDTA 能与 Ca^{2+} 形成比 $CaInd^-$ 更稳定的配离子，在滴定终点附近，$CaInd^-$ 配离子不断转化为较稳定的 CaY^{2-} 配离子，而钙指示剂游离出来。反应：

$$\underset{\text{酒红色}}{CaInd^-} + \underset{\text{无色}}{H_2Y^{2-}} + OH^- \longrightarrow CaY^{2-} + \underset{\text{纯蓝色}}{HInd^{2-}} + H_2O$$

⑤ 用此法测定钙时，若有 Mg^{2+} 共存（pH≥12 时，$Mg^{2+} \rightarrow Mg(OH)_2 \downarrow$），则 Mg^{2+} 不仅不干扰测定，而且使终点变化比 Ca^{2+} 单独存在时更敏锐。当 Ca^{2+}、Mg^{2+} 共存时，终点由酒红色变为纯蓝色，当 Ca^{2+} 单独存在时，则由酒红色变为紫红色，所以标定时常常加入少量 Mg^{2+}。

⑥ 金属离子指示剂：在配位滴定时，与金属离子生成有色配合物来指示滴定过程中金属离子浓度的变化。

$$\underset{\text{颜色甲}}{M + In} \rightleftharpoons \underset{\text{颜色乙}}{MIn}$$

滴入 EDTA 后，金属离子逐步被配位，当达到反应化学计量点时，已与指示剂配位的金属离子被 EDTA 夺出，释放出指示剂的颜色：

$$\underset{颜色乙}{MIn} + Y \rightleftharpoons MY + \underset{颜色甲}{In}$$

指示剂变化的 pM_{ep} 应尽量与化学计量点的 pM_{sp} 一致。金属离子指示剂一般为有机弱酸，存在着酸效应，要求显色灵敏、迅速、稳定。

⑦ 水总硬度的表示法。一般所说的水总硬度就是指水中钙、镁离子的含量。最常用的表示水硬度的单位有：

a. 以度表示，$1° = 10ppm\ CaO = 10mg \cdot L^{-1}\ CaO$，相当于10万份水中含1份CaO。

b. 以水中 $CaCO_3$ 的质量浓度（$mg \cdot L^{-1}$）计，相当于每升水中含有 $CaCO_3$ 多少毫克。

我国《生活饮用水卫生标准》规定，总硬度以 $CaCO_3$ 计，不得超过 $450mg \cdot L^{-1}$。本实验以 $CaCO_3$ 的质量浓度（$mg \cdot L^{-1}$）表示水的硬度。

常识：水的硬度按德国度分为五种：极软水 0°～4°；软水 4°～8°；中等硬水 8°～16°；硬水 16°～30°；极硬水大于 30°。

⑧ 测定水的总硬度，一般采用配位滴定法。在 pH＝10 的 NH_3-NH_4Cl 缓冲溶液中，以铬黑T作为指示剂，用EDTA标准溶液直接滴定水中的 Ca^{2+}、Mg^{2+}，直至溶液由紫红色经紫蓝色转变为蓝色，即为终点。反应如下：

滴定前：$\underset{(蓝色)}{EBT} + Me(Ca^{2+}、Mg^{2+}) \xlongequal{\quad} \underset{pH=10\ (紫红色)}{Me\text{-}EBT}$

滴定开始至化学计量点前：$H_2Y^{2-} + Ca^{2+} \xlongequal{\quad} CaY^{2-} + 2H^+$

$$H_2Y^{2-} + Mg^{2+} \xlongequal{\quad} MgY^{2-} + 2H^+$$

计量点时：

$$H_2Y^{2-} + \underset{(紫蓝色)}{Mg\text{-}EBT} \xlongequal{\quad} MgY^{2-} + \underset{(蓝色)}{EBT} + 2H^+$$

EDTA 和 EBT 分别与 Ca^{2+}、Mg^{2+} 形成配合物，稳定性为：$CaY^{2-} > MgY^{2-} > Mg\text{-}EBT > Ca\text{-}EBT$。

滴定时，Fe^{3+}、Al^{3+} 等干扰离子用三乙醇胺掩蔽，Cu^{2+}、Pb^{2+}、Zn^{2+} 等重金属离子可用 KCN、Na_2S 或巯基乙酸掩蔽。

自来水的总硬度计算表达式为：

$$水总硬度 = \frac{(cV)_{EDTA} M_{CaCO_3}}{水样(mL)} \times 1000$$

三、实验仪器和试剂

仪器：滴定管（50mL），移液管（20mL、100mL），容量瓶（100mL），电子天平（精度 0.01g），电子天平（精度 0.0001g），锥形瓶，洗耳球，烧杯，电热套，试剂瓶（500mL），纯水瓶等。

试剂：乙二胺四乙酸二钠盐（$Na_2H_2Y \cdot 2H_2O$，分子量 372.2），$CaCO_3$（基准物质，于 110℃烘箱中干燥 2h，稍冷后置于干燥器中冷却至室温，备用），1∶1 HCl，镁溶液（溶解 1g $MgSO_4 \cdot 7H_2O$ 于水中，稀释至 200mL），NaOH 溶液（$100g \cdot L^{-1}$），

三乙醇胺溶液（200g・L^{-1}），Na_2S溶液（20g・L^{-1}），NH_3-NH_4Cl缓冲溶液（pH＝10，配制方法：称取54g NH_4Cl溶于少量水后，加浓氨水350mL溶解后稀释至1L），钙指示剂（NN，固体指示剂，0.5g钙指示剂与100g氯化钠研细，混匀），铬黑T（EBT 0.5%，称取0.5g铬黑T，溶于含有25mL三乙醇胺和75mL无水乙醇溶液中，低温保存，有效期约100天）。

四、实验步骤

1. 0.01mol・L^{-1} EDTA溶液的配制

计算配制300mL 0.01mol・L^{-1} EDTA所需EDTA二钠盐的质量______g。称取（用哪种天平?）上述质量的EDTA二钠盐于250mL烧杯中，加适量水，温热溶解，冷却后转入试剂瓶中，摇匀。如溶液需久置，最好储存在聚乙烯瓶中。

2. 以$CaCO_3$为基准物标定EDTA溶液

（1）0.01mol・L^{-1}钙标准溶液的配制　准确称取0.10～0.12g基准$CaCO_3$于100mL小烧杯中，以少量水润湿，从杯嘴边逐滴加入约5mL（1∶1）HCl使$CaCO_3$全部溶解。加水20～30mL，微沸几分钟以除去CO_2，冷却后用水冲洗烧杯内壁，定量转移至100mL容量瓶中，稀释至刻度，摇匀，计算钙标准溶液的浓度。

（2）标定　用移液管吸取20.00mL Ca^{2+}标准溶液于锥形瓶中，加入约25mL水、2mL镁溶液和5mL100g・L^{-1}NaOH溶液（是否需要准确加入?）及20～30mg（绿豆大小）钙指示剂，摇匀后，用EDTA溶液滴定至由酒红色恰变至纯蓝色，即为终点。平行滴定3次，取平均值，计算EDTA的准确浓度。

3. 水的总硬度测定

移取100.0mL自来水样于250mL锥形瓶中，加1∶1的HCl溶液1～2滴酸化水样。煮沸数分钟，除去CO_2。冷却后，加入3mL三乙醇胺溶液（200g・L^{-1}）和1mL Na_2S溶液（20g・L^{-1}）以掩蔽重金属离子，加入5mL NH_3-NH_4Cl缓冲溶液，再加入2～3滴铬黑T指示剂，摇匀，此时溶液呈紫红色。立即用0.01mol・L^{-1} EDTA标准溶液滴定至蓝色，即为终点。平行测定3次，计算水的总硬度。

五、实数据记录与处理

1. 0.01mol・L^{-1} EDTA溶液浓度的标定

编号	1	2	3
m_{CaCO_3}/g			
$c_{Ca^{2+}}$/mol・L^{-1}			
V_{EDTA}/mL			
c_{EDTA}/mol・L^{-1}			
$\bar{c}_{EDTA}$/mol・L^{-1}			
绝对偏差			
相对偏差/%			
平均偏差			
相对平均偏差/%			

2. 自来水总硬度的测定

编号	1	2	3
c_{EDTA}/mol·L^{-1}			
水样体积/mL			
V_{EDTA}/mL			
W_{CaCO_3}/mg·L^{-1}			
$\overline{W}_{CaCO_3}$/mg·L^{-1}			

六、注意事项

（1）配位反应进行的速率较慢（不像酸碱反应能在瞬间完成），故滴定时加入 EDTA 溶液的速度不能太快，在室温低时，尤其要注意。特别是近终点时，应逐滴加入，并充分振摇。

（2）标定 0.01mol·L^{-1}EDTA 溶液时，注意控制 pH 值、滴定速度及终点颜色变化情况。

（3）若自来水样较纯、杂质少，可省去水样酸化、煮沸、加 Na_2S 掩蔽剂等步骤。

七、思考题

（1）以 HCl 溶液溶解 $CaCO_3$ 基准物时，操作中应注意些什么？

（2）用 $CaCO_3$ 为基准物、以钙指示剂为指示剂标定 EDTA 浓度时，应控制溶液的酸度为多大？为什么？如何控制？

（3）配位滴定法与酸碱滴定法相比，有哪些不同点？操作中应注意哪些问题？

（4）用 EDTA 配位滴定法怎样测出水的总硬度？用什么指示剂？发生什么反应？终点变色如何？溶液的 pH 应控制在什么范围？怎样控制？

（5）为什么掩蔽 Fe^{3+}、Al^{3+} 要在酸性溶液中加入三乙醇胺？

实验九　农业用硫酸锌中锌含量的测定

一、实验目的

（1）巩固 EDTA 标准溶液的配制与标定。

（2）进一步熟练配位滴定操作和滴定终点的判断。

（3）熟悉二甲酚橙（XO）指示剂终点颜色判断和近终点时滴定操作控制。

二、实验原理

1. EDTA 的标定

EDTA 是四元酸，常用 H_4Y 表示，是一种白色晶体粉末，在水中的溶解度很小，室温溶解度为 0.02g·(100g H_2O)$^{-1}$。因此，实际工作中常用它的二钠盐 $Na_2H_2Y \cdot 2H_2O$。$Na_2H_2Y \cdot 2H_2O$ 的溶解度较大，在 22℃（295K）时，每 100g 水中可溶解 11.1g。

在配位滴定时，应保证标定、测定条件一致。在测定 Zn^{2+}、Pb^{2+}、Bi^{3+} 时，宜选用金属锌或氧化锌作为基准物质，用二甲酚橙（XO）为指示剂标定 EDTA。

实验中以纯金属为工作基准试剂。预处理：称量前一般应先用稀盐酸洗去氧化层，然后用水洗净，烘干。

二甲酚橙有 6 级酸式解离，其中 H_6In 至 H_2In^{4-} 都是黄色，HIn^{5-} 至 In^{6-} 是红色。

$$\underset{\text{黄色}}{H_2In^{4-}} \rightleftharpoons H^+ + \underset{\text{红色}}{HIn^{5-}} \quad (pK_a = 6.3)$$

从平衡式可知，pH>6.3 指示剂呈现红色；pH<6.3 呈现黄色。二甲酚橙与 M^{n+} 形成的配合物都是红紫色，因此，指示剂只适合在 pH<6 的酸性溶液中使用。标定 Zn^{2+} 的适宜酸度为 pH=5.5，终点时，溶液从红紫色变为纯黄色。化学计量点时，完成以下反应：

$$MIn^{4-} + H_2Y^{2-} \rightleftharpoons MY^{2-} + H_2In^{4-}$$

2. 锌含量的测定

在硫酸锌溶液中加入氟化铵（氟化钠）和碘化钾（如有 Fe^{2+} 存在，加入过氧化氢氧化为 Fe^{3+}）以消除铁等杂质的干扰，在 pH=5～6 的条件下，以二甲酚橙为指示剂，用 EDTA 标准溶液滴定，终点颜色由洋红变为柠檬黄。

三、实验仪器和试剂

仪器：滴定管（50mL），移液管（25mL），容量瓶（250mL），电子天平（精度 0.01g），电子天平（精度 0.0001g），锥形瓶（250mL），洗耳球，聚乙烯瓶（500mL），表面皿，烧杯（100mL，250mL），纯水瓶等。

试剂：碘化钾（AR，s），乙二胺四乙酸二钠盐，锌片，HCl（$0.1mol \cdot L^{-1}$，1∶1），氟化铵（AR，s），氟化钠溶液（$100g \cdot L^{-1}$），过氧化氢（1∶9），铁氰化钾溶液（$100g \cdot L^{-1}$），硫酸溶液（1∶4），六亚甲基四胺溶液（$200g \cdot L^{-1}$），二甲酚橙指示剂溶液（$2g \cdot L^{-1}$），乙酸-乙酸钠缓冲液（pH5～6，将无水乙酸钠 120g 或 199g $CH_3COONa \cdot 3H_2O$ 溶于适量水中，加入冰醋酸 9mL，用水稀释至 1L）。

四、实验步骤

1. $0.02mol \cdot L^{-1}$ EDTA 溶液的配制

称取______g 乙二胺四乙酸二钠二水合物（$C_{10}H_{14}N_2Na_2O_8 \cdot 2H_2O$）溶于适量的水中，稀释至 300mL。储存在聚乙烯瓶内。

2. 以 Zn 为基准物标定 EDTA 溶液

（1）$0.02mol \cdot L^{-1}$ Zn^{2+} 标准溶液的配制　取适量锌片放在 100mL 烧杯中，用 $0.1mol \cdot L^{-1}$ HCl 溶液清洗 1min，再用自来水、纯水洗净，烘干、冷却。用直接称量法在干燥小烧杯中准确称取 0.3～0.4g Zn 于干燥小烧杯中，盖好表面皿。用滴管从烧杯口慢慢加入 5mL 1∶1 盐酸，待 Zn 溶解后吹洗表面皿、杯壁，小心地将溶液转移至 250mL 容量瓶中，用纯水稀释至标线，摇匀。

（2）标定　移取 25.00mL Zn^{2+} 标准溶液于 250mL 锥形瓶中，加水 50mL，3～4 滴二甲酚橙指示剂，10mL $200g \cdot L^{-1}$ 六亚甲基四胺溶液，摇匀后，用 EDTA 标准溶液滴定，溶液由红紫色刚好变为纯黄色即为终点。平行滴定 3 次，计算 EDTA 的准确浓度。

3. 农业用硫酸锌中锌含量的测定

（1）试样溶液的制备　称取 1.0～1.2g（精确至 0.0001g）一水硫酸锌或 1.6～1.8g

(精确至 0.0001g）七水硫酸锌试样，用水溶于 250mL 容量瓶。若溶液浑浊，滴加少量硫酸溶液酸化，用水稀释至刻度，混匀。

移取 10mL 试液于 250mL 烧杯中，加入 50mL 水，摇匀，滴加铁氰化钾溶液，如无蓝色沉淀产生按（2）法测试，如有蓝色沉淀产生则按（3）法进行测试。

（2）无蓝色沉淀　移取 25.0mL 试液于 250mL 烧杯中，用水稀释至 100mL，加入 2g 氟化铵和 0.5g 碘化钾，再加入 2 滴二甲酚橙指示剂溶液，然后滴加六亚甲基四胺溶液呈洋红色，加入 10mL 乙酸-乙酸钠缓冲溶液，用 EDTA 标准溶液缓慢滴定，溶液由洋红色变为柠檬黄即为终点，记下消耗的 EDTA 标准溶液的体积。

（3）有蓝色沉淀　移取 25.0mL 试液于 250mL 烧杯中，加入 2mL 过氧化氢溶液，摇匀，于通风橱内加热至微沸，并保持 2min，冷却后滴加硫酸溶液至溶液透明，用水稀释至 100mL，加入 20mL 氟化钠溶液和 1g 碘化钾，然后加入 2 滴二甲酚橙指示剂溶液，滴加六亚甲基四胺溶液呈洋红色，加入 10mL 乙酸-乙酸钠缓冲溶液，用 EDTA 标准溶液缓慢滴定，溶液由洋红色变为柠檬黄即为终点，记下消耗的 EDTA 标准溶液的体积。平行测定结果的算术平均值作为测定结果。

五、数据记录与处理

写出相关计算表达式，自行设计表格对数据进行处理。

六、思考题

（1）本实验中锌的测定条件是什么？当用纯锌作基准物质标定 EDTA 溶液时，采用何种指示剂，为什么？

（2）用二甲酚橙为指示剂时，如何确定终点？

实验十　硫代硫酸钠标准溶液的配制与标定（间接碘量法）

一、实验目的

（1）掌握 $Na_2S_2O_3$ 标准溶液和 $K_2Cr_2O_7$ 标准溶液的配制方法。

（2）掌握标定 $Na_2S_2O_3$ 溶液的原理和方法。

（3）学习增量法称取基准物质。

（4）熟悉碘量瓶的使用方法。

二、实验原理

$Na_2S_2O_3 \cdot 5H_2O$ 晶体中一般含有少量杂质，如 S、Na_2SO_3、Na_2SO_4 等，同时易风化和潮解，因此不能直接配制标准浓度的溶液，只能用间接法配制。为了获得浓度较稳定的 $Na_2S_2O_3$ 溶液，配制时，必须用新煮沸并冷却的纯水，以抑制纯水中 CO_2、微生物与 $Na_2S_2O_3$ 作用而分解，同时须保持微碱性，加入少量 Na_2CO_3，防止 $Na_2S_2O_3$ 在酸性溶液中分解。

$Na_2S_2O_3$ 标定采用间接碘量法。准确称取一定量的 $K_2Cr_2O_7$ 基准试剂，配成溶液，加入过量的 KI，在酸性溶液中定量地完成下列反应：

$$6I^- + Cr_2O_7^{2-} + 14H^+ \longrightarrow 3I_2 + 2Cr^{3+} + 7H_2O \quad 酸度：[H^+] \approx 1mol \cdot L^{-1}$$

生成的 I_2，立即用 $Na_2S_2O_3$ 溶液滴定。指示剂：淀粉

$$I_2 + 2S_2O_3^{2-} \xlongequal{} 2I^- + S_4O_6^{2-} \quad 酸度：[H^+] \approx 0.2 \sim 0.4 mol \cdot L^{-1}$$

可得到：

$$Cr_2O_7^{2-} \sim 6S_2O_3^{2-}$$

根据 $Na_2S_2O_3$ 消耗的体积，即可计算出 $Na_2S_2O_3$ 的浓度。

思考并写出计算 $Na_2S_2O_3$ 浓度的表达式。

三、实验仪器和试剂

仪器：滴定管（50mL），移液管（20mL），容量瓶（100mL），电子天平（精度 0.01g）、电子天平（精度 0.0001g），碘量瓶，洗耳球，烧杯，电炉，试剂瓶（500mL），纯水瓶等。

试剂：$Na_2S_2O_3 \cdot 5H_2O$（AR，s），$K_2Cr_2O_7$（GR，s，于 135℃烘箱中干燥 0.5～1h，稍冷后置于干燥器中冷却至室温，备用），KI（AR，s），HCl（$6mol \cdot L^{-1}$），淀粉溶液（0.5%），Na_2CO_3（AR，s）。

四、实验步骤

1. $0.1mol \cdot L^{-1}$ $Na_2S_2O_3$ 溶液的配制

计算配制 500mL $0.1mol \cdot L^{-1}$ $Na_2S_2O_3$ 溶液所需 $Na_2S_2O_3 \cdot 5H_2O$ 质量________g。称取上述质量的 $Na_2S_2O_3 \cdot 5H_2O$ 于 250mL 烧杯中，加入适量刚煮沸并已冷却的水，加入 Na_2CO_3 固体约 0.1g，搅拌溶解后转移至 500mL 试剂瓶中，用水多次洗涤烧杯，一并转入试剂瓶中，摇匀备用。

2. $K_2Cr_2O_7$ 标准溶液的配制

精确称取 0.4903g $K_2Cr_2O_7$（预先干燥过）于小烧杯中，加水溶解，定量转移至 100mL 容量瓶中，加水稀释至刻度，摇匀。计算其准确浓度。

3. $0.1mol \cdot L^{-1}$ $Na_2S_2O_3$ 标准溶液的标定

准确移取 20.00mL 标准 $K_2Cr_2O_7$ 溶液于碘量瓶中，加入 2g KI，5mL $6mol \cdot L^{-1}$ HCl，充分混合溶解后，盖好塞子以防止 I_2 因挥发而损失。在暗处放置 5min 后，取出加 100mL 水稀释，用 $Na_2S_2O_3$ 溶液滴定到溶液呈浅黄色时，加 2mL 淀粉溶液。继续滴入 $Na_2S_2O_3$ 溶液，直至蓝色刚刚消失而 Cr^{3+} 的亮绿色出现为止。平行测定三次，计算其平均浓度。写好标签，溶液保存到下次实验用。

五、数据记录与处理

$0.1mol \cdot L^{-1}$ $Na_2S_2O_3$ 标准溶液浓度的标定数据记录如下。

编号	1	2	3
$m_{K_2Cr_2O_7}$/g			
$c_{K_2Cr_2O_7}$/$mol \cdot L^{-1}$			
$V_{K_2Cr_2O_7}$/mL			
$V_{Na_2S_2O_3}$/$mol \cdot L$			
$c_{Na_2S_2O_3}$/$mol \cdot L^{-1}$			
$\bar{c}_{Na_2S_2O_3}$/$mol \cdot L^{-1}$			

续表

编号	1	2	3
绝对偏差			
相对偏差/%			
平均偏差			
相对平均偏差/%			

六、思考题

（1）碘量瓶和锥形瓶有何不同？

（2）标定 $Na_2S_2O_3$ 溶液时，加入的 KI 的量需要很精确吗？为什么？

（3）为什么 $Na_2S_2O_3$ 不能直接配制标准溶液？

实验十一　维生素 C 片剂中维生素 C 含量的测定（直接碘量法）

一、实验目的

（1）掌握 I_2 溶液的配制方法。

（2）掌握标定 I_2 溶液浓度的原理和方法。

（3）通过维生素 C 含量的测定，掌握直接碘量法及其操作。

二、实验原理

1. I_2 溶液的标定

用 $Na_2S_2O_3$ 标准溶液标定，以淀粉溶液为指示剂，用 I_2 溶液滴定。当溶液呈浅蓝色时即为终点。

由式：$I_2+2S_2O_3^{2-} = 2I^- + S_4O_6^{2-}$ 相互滴定，可计算出 I_2 的浓度。

$$c_{I_2} = \underline{\qquad\qquad\qquad}(mol \cdot L^{-1})$$

2. 维生素 C 含量的测定

维生素 C 又称抗坏血酸，分子式为 $C_6H_8O_6$。其分子中的烯二醇基具有还原性，能被 I_2 定量氧化为二酮基而生成脱氢抗坏血酸，因此可用 I_2 标准溶液直接滴定。

```
                         H   OH                         H   OH
┌────O─────┐        |    |         ┌────O─────┐        |    |
C—C═C—C—C—CH  +I2 ⇌  C—C—C—C—C—CH  +2HI
‖   |   |   |    |    |         ‖   ‖   ‖   |    |    |
O  OHOHOHH  OHH               O   O   O   H  OHH
```

其滴定反应式为：　　$C_6H_8O_6+I_2 = C_6H_6O_6+2HI$

其半反应式为：$C_6H_8O_6 \rightleftharpoons C_6H_6O_6+2H^+ +2e^-$　　$E^{\ominus} \approx +0.18V$

思考并写出计算维生素 C 含量的表达式：________________。

用直接碘量法可测定药片、注射液、饮料、蔬菜、水果等中的维生素 C 含量。

维生素 C 的还原性很强，较易被溶液和空气中的氧氧化，在碱性介质中这种氧化作用更强，因此滴定宜在酸性介质中进行，以减少副反应的发生。考虑到 I^- 在强酸性溶液中也易被氧化，故一般选在 pH3～4 的弱酸性溶液中进行滴定。

维生素 C 在医药（常见剂型有片剂和注射剂）和化学上应用非常广泛。在分析化学中常用在光度法和配位滴定法中作还原剂，如使 Fe^{3+} 还原为 Fe^{2+}、Cu^{2+} 还原为 Cu^{+} 等。

三、实验仪器和试剂

仪器：滴定管（50mL），移液管（25mL），电子天平（精度 0.01g），电子天平（精度 0.0001g），碘量瓶，研钵，棕色试剂瓶（500mL），纯水瓶等。

试剂：I_2 溶液（约 0.05mol·L^{-1}，自己配制），$Na_2S_2O_3$ 标准溶液（约 0.1mol·L^{-1}，上次实验留存），KI（AR，s），I_2（AR，s），淀粉溶液（0.5%），HAc（2mol·L^{-1}），维生素 C 片剂。

四、实验步骤

1. 0.05mol·L^{-1} I_2 溶液的配制

称取 3.3g I_2 和 5g KI，置于研钵中，加少量水，在通风橱中研磨。待 I_2 全部溶解后，将溶液转入棕色试剂瓶中，加水稀释至 250mL，充分摇匀。

2. 0.05mol·L^{-1} I_2 溶液的标定

用移液管移取 25.00mL 0.1mol·$L^{-1}$$Na_2S_2O_3$ 标准溶液于 250mL 锥形瓶中，加 50mL 纯水，2mL 0.5%淀粉溶液，然后用 I_2 溶液滴定至溶液呈浅蓝色，即为终点。平行标定三份，计算 I_2 溶液的浓度。

3. 维生素 C 片剂中维生素 C 含量的测定

准确称取 0.1～0.2g 左右磨碎的维生素 C 片剂于锥形瓶中，加入新煮沸的冷纯水 100mL 和 5mL 1∶1 HAc，再加入 2mL 0.5%淀粉溶液后，立即用 I_2 标准溶液滴定至试液呈现稳定的浅蓝色即为终点，平行测定 3 次，计算维生素 C 片剂中维生素 C 的含量。

五、数据记录与处理

1. 0.05mol·L^{-1} I_2 溶液的标定

编号	1	2	3
$c_{Na_2S_2O_3}$/mol·L^{-1}			
$V_{Na_2S_2O_3}$/mL			
V_{I_2}/mL			
c_{I_2}/mol·L^{-1}			
$\bar{c}_{I_2}$/mol·L^{-1}			
绝对偏差			
相对偏差/%			
平均偏差			
相对平均偏差/%			

2. 维生素 C 片剂中维生素 C 含量的测定

编号	1	2	3
$c_{I_2}/mol \cdot L^{-1}$			
$m_{试样}/g$			
V_{I_2}/mL			
$W_{维生素C}/\%$			
$\overline{W}_{维生素C}/\%$			

六、注意事项

（1）抗坏血酸会缓慢地氧化成脱氢抗坏血酸，所以试样必须在每次实验时处理。

（2）维生素 C 在有水和潮湿的情况下易分解成糖醛。

（3）蒸馏水中溶有氧气，能将维生素 C 氧化，使结果偏低，故溶解样品时用新煮沸且放冷的蒸馏水。

七、思考题

（1）配制 I_2 溶液时，加入 KI 的目的是什么？

（2）测定时加入醋酸的作用是什么？

（3）碘量法的误差来源有哪些？应采取哪些措施减小误差？

实验十二　铜盐中铜含量的测定（间接碘量法）

一、实验目的

（1）学习硫代硫酸钠溶液的配制和保存方法。

（2）掌握用铜作基准物标定硫代硫酸钠溶液浓度的原理。

（3）了解碘量法测定铜的原理和方法。

（4）了解淀粉指示剂的作用原理。

二、实验原理

1. 铜盐中铜含量的测定

碘量法是在无机物和有机物分析中广泛应用的一种氧化还原滴定法。很多含 Cu 物质（铜矿、铜盐、铜合金等）中 Cu 含量的测定，常用碘量法。

胆矾（$CuSO_4 \cdot 5H_2O$）在弱酸性溶液中，其 Cu^{2+} 与过量的 KI 作用，生成 CuI 沉淀，同时析出 I_2（在过量 I^- 存在下，以 I_3^- 形式存在）。

$$2Cu^{2+} + 5I^- \xlongequal{\quad} 2CuI\downarrow + I_3^-$$

析出的 I_2 用 $Na_2S_2O_3$ 标准溶液滴定，以淀粉为指示剂，蓝色刚消失时为终点。

$$I_3^- + 2S_2O_3^{2-} \xlongequal{\quad} 3I^- + S_4O_6^{2-}$$

可得到

$$2Cu^{2+} \sim I_2 \sim 2S_2O_3^{2-}$$

Cu^{2+} 与 I^- 之间的反应是可逆的。加入过量 KI，可使 Cu^{2+} 的还原趋于完全。由于 CuI 沉淀强烈吸附 I_3^-，使测定结果偏低，故加入 SCN^- 使 CuI（$K_{sp}=1.1\times10^{-12}$）转化为溶解度更小的 CuSCN（$K_{sp}=4.8\times10^{-15}$）释放出被吸附的 I_3^-，使反应更趋于完全：

$$CuI+SCN^- \longrightarrow CuSCN\downarrow+I^-$$

但 SCN^- 只能在接近终点时加入，否则有可能直接还原 Cu^{2+}，使结果偏低：

$$6Cu^{2+}+7SCN^-+4H_2O \longrightarrow 6CuSCN\downarrow+SO_4^{2-}+CN^-+8H^+$$

溶液的 pH 值一般控制在 3～4 之间。酸度过低，Cu^{2+} 会水解，使反应不完全，结果偏低，而且反应速率慢，终点拖长。酸度过高，I^- 被空气中氧氧化为 I_2，如果有 Cu^{2+} 存在，催化此反应，使结果偏高。

2. $Na_2S_2O_3$ 溶液浓度的标定

标定 $Na_2S_2O_3$ 溶液常用的基准物质有重铬酸钾、碘酸钾、溴酸钾和纯铜等。本实验选择纯铜为基准物质，因测定的是铜盐中铜的含量。这样，滴定条件一致，可减小误差。相关反应式为：

$$2Cu^{2+}+4I^- \longrightarrow 2CuI\downarrow+I_2(\text{为可逆,加 KI}) \quad I_2+I^- \longrightarrow I_3^- \quad I_2+2S_2O_3^{2-} \longrightarrow S_4O_6^{2-}+2I^-$$

三、实验仪器和试剂

仪器：滴定管（50mL），移液管（25mL），容量瓶（250mL），烧杯，洗耳球，电子天平（精度 0.01g），电子天平（精度 0.0001g），表面皿，电热板，碘量瓶，量筒，棕色试剂瓶（500mL）和纯水瓶等。

试剂：$Na_2S_2O_3$ 标准溶液（约 $0.05mol\cdot L^{-1}$，提前 7～10 天配制），纯铜片（AR，s），HNO_3（$6mol\cdot L^{-1}$），淀粉溶液（0.5%），H_2SO_4（1∶1、$1mol\cdot L^{-1}$），KI（$100g\cdot L^{-1}$），KSCN（$100g\cdot L^{-1}$）。

四、实验步骤

1. $0.05mol\cdot L^{-1}$ $Na_2S_2O_3$ 标准溶液的配制

称取______g $Na_2S_2O_3$ 溶于 250mL 新煮沸并冷却的蒸馏水中，加入约 0.1g Na_2CO_3 固体，保存于 500mL 棕色瓶中，置于暗处，7～10 天后标定。

2. 以纯铜为基准物标定 $Na_2S_2O_3$ 溶液

（1）$0.05mol\cdot L^{-1}$ Cu^{2+} 标准溶液的配制　准确称取 0.1g 左右的铜片，置于 250mL 烧杯中。（以下分解操作在通风橱内进行）加入约 3mL $6mol\cdot L^{-1}$ HNO_3，盖上表面皿，放在电热板上微热。待铜完全分解后，慢慢升温蒸发至干。冷却后再加入 H_2SO_4（1∶1）2mL 蒸发至冒白烟、近干（切忌蒸干），冷却，定量转入 250mL 容量瓶中，加水稀释至刻度，摇匀，从而制得 Cu^{2+} 标准溶液。

（2）$0.05mol\cdot L^{-1}$ $Na_2S_2O_3$ 溶液浓度的标定　量取 25.00mL Cu^{2+} 标准溶液于 250mL 碘量瓶中，加水 25mL，混匀，溶液酸度应为 pH3～4。加入 0.5～0.7g KI，立即用待标定的 $Na_2S_2O_3$ 溶液滴定至呈淡黄色。然后加入 2mL 淀粉溶液，继续滴定至浅蓝色。再加入 5mL $100g\cdot L^{-1}$ KSCN 溶液，摇匀后溶液蓝色转深，再继续滴定至蓝色恰好消失即为终点，此时溶液呈米色（或浅肉红色）的 CuSCN 悬浮液。平行测定三次，计算 $Na_2S_2O_3$ 溶液的准确浓度。

3. 硫酸铜试样中铜含量的测定

准确称取 $CuSO_4\cdot5H_2O$ 试样 0.30～0.35g 于 250mL 碘量瓶中，加入 5mL $1mol\cdot L^{-1}$

H_2SO_4 溶液和 30mL 水，溶解试样。加入 5mL $100g \cdot L^{-1}$ KI 溶液，立即用标定过的 $Na_2S_2O_3$ 溶液滴定至呈浅黄色。然后加入 2mL 淀粉溶液，继续滴定至浅蓝色。再加入 5mL $100g \cdot L^{-1}$ KSCN 溶液，摇匀后溶液蓝色转深，再继续滴定至蓝色恰好消失即为终点，此时溶液呈米白色（或浅肉红色）的 CuSCN 悬浮液。平行测定三次，记下消耗的 $Na_2S_2O_3$ 标准溶液的体积，计算试样中铜的百分含量。

五、数据记录和处理

写出相关计算表达式，自行设计表格处理数据。

六、注意事项

（1）酸化试液时，常用 H_2SO_4 或 HAc，而不宜用 HCl 溶液，由于 Cu^{2+} 容易与 Cl^- 形成配离子，I^- 不易从 Cu^{2+} 的氯配合物中将 Cu^{2+} 定量地还原，降低 Cu^{2+} 浓度，使测定结果偏低。

（2）试样中若有 Fe^{3+} 存在，会有干扰，它能氧化 I^-：$2Fe^{3+} + 2I^- \longrightarrow 2Fe^{2+} + I_2$，使结果偏高，故应排除 Fe^{3+} 的干扰。用 NH_4HF_2 掩蔽 Fe^{3+}，同时又可以控制溶液的酸度为 pH3～4。若有 As(Ⅴ)、Sb(Ⅴ) 存在，应将 pH 值调至 4，以免它们氧化 I^-。

（3）间接碘量法中，淀粉指示剂只能在临近终点时加入，即 I_2 的黄色已接近褪去时加入，否则会有较多的 I_2 被淀粉包合，而导致终点滞后。

（4）加入 KI 后，析出 I_2 的速率很快，应立即滴定。

七、思考题

（1）测定铜含量时，加入的 KI 为什么要过量？此量是否要求很准确？若 KI 中含有微量 Fe^{3+}，对测定结果会产生什么影响？

（2）在本次实验中，为什么要加入 KSCN（或 NH_4SCN）？为什么不能过早加入？

（3）碘量法测定铜时，溶液的酸度如何控制？酸性介质如何选择？

实验十三　过氧化氢含量的测定

一、实验目的

（1）学习高锰酸钾标准溶液的配制方法和保存条件。

（2）掌握 $Na_2C_2O_4$ 作基准物质标定 $KMnO_4$ 溶液的原理、滴定条件和方法。

（3）掌握高锰酸钾法测定过氧化氢含量的原理和方法。

（4）了解 $KMnO_4$ 溶液自身指示剂的特点。

二、实验原理

1. $KMnO_4$ 溶液浓度的标定

$KMnO_4$ 是氧化还原滴定中最常用的氧化剂之一。市售的 $KMnO_4$ 常含有少量杂质，如 MnO_2、硝酸盐、硫酸盐和氯化物等，因此不能用直接法配制准确浓度的溶液。另外，$KMnO_4$ 氧化能力很强，易和水中的有机物、空气中的还原性物质作用；$KMnO_4$ 还能自行分解：

$$4KMnO_4+2H_2O \xlongequal{} 4MnO_2+4KOH+3O_2\uparrow$$

光线和 $MnO(OH)_2$、Mn^{2+} 等都能促进 $KMnO_4$ 的分解，故配好的 $KMnO_4$ 溶液应保存在棕色试剂瓶中，于暗处放置数天，待 $KMnO_4$ 把还原性杂质充分氧化后，除去生成的 MnO（OH）$_2$ 沉淀，再标定其准确浓度。

标定 $KMnO_4$ 的基准物质较多，有 As_2O_3、纯铁丝、$Na_2C_2O_4$、$H_2C_2O_4 \cdot 2H_2O$ 等。其中以 $Na_2C_2O_4$ 最常用。$Na_2C_2O_4$ 不含结晶水，不易吸湿，易制得纯品，性质稳定。

其反应如下：

$$2MnO_4^{2-}+5C_2O_4^{2-}+16H^+ \xlongequal{} 2Mn^{2+}+10CO_2\uparrow+8H_2O$$

该反应要在酸性、较高温度和 Mn^{2+} 作催化剂的条件下进行。滴定初期，反应很慢，$KMnO_4$ 溶液必须逐滴加入，如滴加过快，部分 $KMnO_4$ 在热溶液中将按下式分解而产生误差：

$$4KMnO_4+2H_2SO_4 \xlongequal{} 4MnO_2+2K_2SO_4+2H_2O+3O_2\uparrow$$

在滴定过程中逐渐生成的 Mn^{2+} 有催化作用，可使反应速率逐渐加快。

因为 $KMnO_4$ 溶液本身具有特殊的紫红色，极容易观察，故用它作为滴定剂时，不需要另加指示剂。

2. 过氧化氢含量的测定

过氧化氢又称双氧水（市售含量一般为 30%），在工业、生物、医药等方面应用广泛。利用 H_2O_2 的氧化性可漂白毛、丝织物；医药上常用于消毒和杀菌；高浓度的过氧化氢可用作火箭动力助燃剂；工业上利用 H_2O_2 的还原性除去氯气。由于过氧化氢广泛的应用，常需要测定它的含量。

在稀硫酸溶液中，H_2O_2 在室温下能定量、迅速地被高锰酸钾氧化，因此，可用高锰酸钾法测定其含量，其反应式为：

$$2MnO_4^-+5H_2O_2+6H^+ \xlongequal{} 2Mn^{2+}+5O_2\uparrow+8H_2O$$

该反应在开始时比较缓慢，滴入的第一滴 $KMnO_4$ 溶液不容易褪色，待生成少量 Mn^{2+} 后，由于 Mn^{2+} 的催化作用，反应速率逐渐加快。化学计量点后，稍微过量的滴定剂 $KMnO_4$（约 $10^{-6}mol \cdot L^{-1}$）呈现微红色，指示终点的到达，$KMnO_4$ 为自身指示剂。根据 $KMnO_4$ 标准溶液的浓度和滴定所消耗的体积，可算出试样中 H_2O_2 的含量。

三、实验仪器和试剂

仪器：滴定管（50mL），移液管（25mL），容量瓶（250mL），电子天平（精度 0.01g），电子天平（精度 0.0001g），微孔玻璃漏斗，表面皿，烧杯，锥形瓶，水浴锅，量筒（10mL、50mL），棕色试剂瓶（500mL）和纯水瓶等。

试剂：$KMnO_4$（AR，s），$Na_2C_2O_4$（AR 或基准试剂，在 105～115℃条件下干燥 2h 备用），H_2SO_4 溶液（$3mol \cdot L^{-1}$），$MnSO_4$ 溶液（$1mol \cdot L^{-1}$），H_2O_2 样品（市售质量分数约为 30%的 H_2O_2 水溶液）。

四、实验步骤

1. 0.02$mol \cdot L^{-1}$ $KMnO_4$ 溶液的配制

称取稍多于计算量的 $KMnO_4$ 固体____g，置于 1000mL 烧杯中，加 500mL 纯水使其溶解，盖上表面皿，加热至沸并保持微沸状态约 1h，中途或补加一定量的纯水，以保持溶液体积基本不变。冷却后将溶液转移至棕色瓶内，在暗处放置 2～3 天，然后用微孔玻璃漏斗（3 号或 4 号）过滤除去 MnO_2 等杂质，滤液储存于棕色试剂瓶内备用。另外，也可将 $KMnO_4$ 固体溶于煮沸过的纯水中，让该溶液在暗处放置 6～10 天，用微孔玻璃漏斗过滤备用。有时也可不经过滤而直接取上层清液进行实验。

2. 0.02mol · L^{-1} $KMnO_4$ 溶液的标定

准确称取 0.15～0.20g 基准物质 $Na_2C_2O_4$ 三份，分别置于 250mL 锥形瓶中，向其中加入约 40mL 纯水使之溶解，再加入 20mL 3mol · L^{-1} H_2SO_4，然后将锥形瓶置于水浴上加热至 75～85℃（锥形瓶口刚好冒蒸气时），趁热用 $KMnO_4$ 溶液滴定。开始滴定时反应速率很慢，每加入一滴 $KMnO_4$ 溶液，都摇动锥形瓶，使 $KMnO_4$ 紫红色褪去后再继续滴定。待溶液中产生了 Mn^{2+} 后，滴定速度可加快，但绝不可使 $KMnO_4$ 溶液连续流下。临近终点时滴定速度要减慢，同时充分摇匀，直至溶液呈微红色并保持 30s 不褪色即为终点。根据滴定消耗的 $KMnO_4$ 溶液的体积和 $Na_2C_2O_4$ 的量，计算 $KMnO_4$ 溶液的浓度（$KMnO_4$ 标准溶液久置后需重新标定）。

3. H_2O_2 含量的测定

用移液管移取 1.00mL H_2O_2 试样于 250mL 容量瓶中，加水稀释至刻度，摇匀。移取 25.00mL 该稀溶液三份，分别置于 250mL 锥形瓶中，加 10mL 3mol · L^{-1} H_2SO_4 和 2～3 滴 $MnSO_4$ 溶液，然后用 $KMnO_4$ 标准溶液滴至溶液呈微红色并在 30s 内不褪色即为终点。根据 $KMnO_4$ 标准溶液的浓度和滴定消耗的体积，计算 H_2O_2 试样的浓度。

五、数据记录与处理

写出相关计算表达式，自行设计表格处理数据。

六、注意事项

（1）若 H_2O_2 试样中含有乙酰苯胺等稳定剂，则不宜用 $KMnO_4$ 法测定，因为此类稳定剂也消耗 $KMnO_4$。这时可采用碘量法测定，利用 H_2O_2 与 KI 作用析出 I_2，然后用硫代硫酸钠标准溶液滴定生成的 I_2。

（2）用 $Na_2C_2O_4$ 标定 $KMnO_4$ 时，酸度过高，会使 $H_2C_2O_4$ 分解；酸度过低，会使 $KMnO_4$ 分解。温度不得高于 90℃，也不得低于 60℃，否则反应速率过慢，造成终点提前出现。

（3）测定 H_2O_2 含量时，滴定速度不能太快，否则产生 MnO_2，促进 H_2O_2 分解，增加测定误差。

（4）测定 H_2O_2 含量时，滴定速度要和反应速率相一致，开始慢，逐渐加快，近终点时滴定速度逐渐放慢。

（5）双氧水放置过程中，H_2O_2 会缓慢分解为 O_2 与 H_2O，因此滴定时不能加热，否则测量结果偏低。

（6）市售双氧水浓度太大，分解速率快，直接测定误差较大，必须定量稀释后再测定。

七、思考题

（1）用 $Na_2C_2O_4$ 标定 $KMnO_4$ 时，为什么必须在 H_2SO_4 介质中进行？酸度过高或过低有何影响？可以用 HNO_3 或 HCl 调节酸度吗？为什么要加热到 75～85℃？溶液温度过高或过低有何影响？

（2）标定 $KMnO_4$ 溶液时，为什么第一滴 $KMnO_4$ 加入后溶液的红色褪去很慢，而以后红色褪去越来越快？

（3）盛放 $KMnO_4$ 溶液的烧杯或锥形瓶等容器放置较久后，其壁上常出现的棕色沉淀物是什么？此棕色沉淀物用通常方法不容易洗净，应怎样洗涤才能除去此沉淀？

（4）$KMnO_4$ 应装入酸管还是碱管中？为什么？装有 $KMnO_4$ 溶液的滴定管应怎样读数？

实验十四　水样中化学需氧量（COD）的测定

一、实验目的

（1）了解水中化学需氧量（COD）的意义及定义。

（2）掌握酸性高锰酸钾法和重铬酸钾法测定水中 COD 的原理和方法。

（3）学会计算水样中的化学需氧量。

（4）了解环境分析的重要性及水样的采集和保存方法。

二、实验原理

化学需氧量（COD）是指在特定条件下，用强氧化剂定量地氧化水中还原性物质（有机物和无机物）时所消耗氧化剂的数量，以 $mg \cdot L^{-1}$ 表示。COD 是表示水体或污水污染程度的重要综合性指标之一。COD 值越高，说明水体污染越严重。

水中除含有无机还原性物质（如 NO_2^-、S^{2-}、Fe^{2+} 等）外，还含有少量有机物质。如有机物腐烂促使水中微生物繁殖，污染水质。水中 COD 值高则呈现黄色。如作为饮用水，危害人体健康。如果工业用此水也不利，因有明显的酸性，对蒸汽锅炉有侵蚀作用，还影响印染产品质量等。所以水中 COD 值的测定是很重要的。

COD 的测定，目前多采用酸性高锰酸钾和重铬酸钾法两种方法。酸性 $KMnO_4$ 法适合测定地面水、河水等污染不十分严重的水质，简便、快速。$K_2Cr_2O_7$ 法适合测定污染较严重的水，此方法氧化率高，重现性好。

酸性高锰酸钾法：在酸性（稀硫酸）介质中，向水样中加入过量的 $KMnO_4$ 标准溶液，加热煮沸使水中的有机物充分与之作用。过量的 $KMnO_4$ 用过量的 $Na_2C_2O_4$ 标准溶液还原，剩余的 $Na_2C_2O_4$ 标准溶液再用 $KMnO_4$ 标准溶液回滴，当溶液颜色由无色变成微红色且在半分钟内不褪色时即为终点。反应式如下：

$$4MnO_4^- + 5C + 12H^+ \xlongequal{} 4Mn^{2+} + 5CO_2\uparrow + 6H_2O$$

$$2MnO_4^- + 5C_2O_4^{2-} + 16H^+ \xlongequal{} 2Mn^{2+} + 8H_2O + 10CO_2\uparrow$$

重铬酸钾法：在强酸性溶液中，以 Ag_2SO_4 作催化剂，加入一定量的 $K_2Cr_2O_7$ 氧化水样中的还原性物质。过量的 $K_2Cr_2O_7$ 以试亚铁灵为指示剂，用硫酸亚铁铵标准溶液滴定，可求出水样中的需氧量。氯离子存在会影响测定，可在回流前向水样中加入 $HgSO_4$，使 Cl^- 生成 $HgCl_2$ 配合物，从而抑制 Cl^- 的干扰。反应式如下：

$$6Fe^{2+} + Cr_2O_7^{2-} + 14H^+ \xlongequal{} 6Fe^{3+} + 2Cr^{3+} + 7H_2O$$

三、实验仪器和试剂

仪器：滴定管（50mL），移液管（10mL、25mL、100mL），容量瓶（250mL），电子天平（精度 0.01g），电子天平（精度 0.0001g），微孔玻璃漏斗，表面皿，烧杯，玻璃珠，锥形瓶，水浴锅，量筒（10mL、50mL），棕色试剂瓶（500mL），纯水瓶，250mL 磨口锥形瓶，冷凝回流装置，电热套等。

试剂：$KMnO_4$（AR，s），$Na_2C_2O_4$（AR 或基准试剂，在 105～115℃条件下干燥 2h 备用），重铬酸钾（AR 或基准试剂），H_2SO_4 溶液（浓、$6mol \cdot L^{-1}$），H_2SO_4-Ag_2SO_4 溶液（于 500mL 浓 H_2SO_4 中加入 5g Ag_2SO_4，放置 1～2h，不时摇动使其溶解），Hg_2SO_4（AR，s），硫酸亚铁铵（AR，s），试亚铁灵指示剂（称取 1.485g 1,10-邻菲啰啉 $C_{12}H_8N_2 \cdot H_2O$ 和 0.695g $FeSO_4 \cdot 7H_2O$ 溶于水中，稀释至 100mL，储存于棕色瓶内），沸石。

四、实验步骤

1. 酸性高锰酸钾法

（1）$0.002mol \cdot L^{-1}$ $KMnO_4$ 溶液的配制　称取稍多于计算量的 $KMnO_4$ 固体____g，放入 250mL 烧杯中，用煮沸并冷却的纯水分数次使其溶解（每次加水约 25mL），充分搅拌后，将上层清液倒入洁净的棕色试剂瓶中，直至 $KMnO_4$ 全部溶解。用纯水稀释至 500mL，盖紧瓶塞，摇匀。静置一周后，用微孔玻璃漏斗（3 号或 4 号）过滤除去 MnO_2 等杂质，滤液储存于棕色试剂瓶内备用。

（2）$0.005mol \cdot L^{-1}$ $Na_2C_2O_4$ 标准溶液的配制　准确称取 $Na_2C_2O_4$ 0.15～0.17g 于 100mL 烧杯中，加水溶解后定量转移至 250mL 容量瓶中，以水稀释至刻度线。精确计算 $Na_2C_2O_4$ 标准溶液的浓度。

（3）$0.002mol \cdot L^{-1}$ $KMnO_4$ 溶液的标定　准确移取 25.0mL $Na_2C_2O_4$ 标准溶液于 250mL 锥形瓶中，加入 10mL $6mol \cdot L^{-1}$ H_2SO_4，水浴加热到 75～85℃，用 $KMnO_4$ 溶液滴定，滴定速度按由慢到快到慢的顺序滴加，至溶液呈微红色且在半分钟内不褪色时即为终点。平行滴定三次。根据滴定消耗的 $KMnO_4$ 溶液的体积和 $Na_2C_2O_4$ 的量，计算 $KMnO_4$ 溶液的浓度。

（4）水样中 COD 的测定　准确移取 100.00mL 水样，置于 250mL 锥形瓶中，加 10mL $6mol \cdot L^{-1}$ H_2SO_4 和 3～4 粒玻璃珠，由滴定管准确加入 10.00mL $0.002mol \cdot L^{-1}$ $KMnO_4$ 溶液，立即加热煮沸，从冒出第一个大气泡开始用小火煮沸 10min（红色不应褪去，若褪去，应补加 $0.002mol \cdot L^{-1}$ 的 $KMnO_4$ 至样品呈稳定的红色），取下锥形瓶，放置 0.5～1.0min，趁热准确加入 10.00mL $Na_2C_2O_4$ 标准溶液，充分摇匀，此时溶液应当由红色变为无色（否则补加 $Na_2C_2O_4$ 标准溶液）。趁热用 $0.002mol \cdot L^{-1}$ $KMnO_4$ 标准溶液滴定，先加入 1 滴 $KMnO_4$ 溶液，摇动溶液，使红色褪去，再继续滴定，随着反应速率的加快，可逐渐加快滴定速度，快到终点时逐滴加入，直至加入一滴（最好半滴）$KMnO_4$ 溶液至锥形瓶中，溶液呈微红色且半分钟不褪色即为终点。平行滴定三次，记录滴定体积。

另取 100.00mL 纯水代替水样，同上述操作，求空白试验值，计算需氧量时将空白值减去。

2. 重铬酸钾法

（1）$0.04mol \cdot L^{-1}$ 重铬酸钾（$K_2Cr_2O_7$）标准溶液的配制　准确称取已在 130～140℃

烘干 2h 的基准或优质重铬酸钾 1.1767g 溶于水中，移入 100mL 容量瓶，稀释至标线，充分摇匀。计算准确浓度。

（2）$0.1mol \cdot L^{-1}$ 硫酸亚铁铵标准溶液［$(NH_4)_2Fe(SO_4)_2 \cdot 6H_2O$］ 称取 9.87g 硫酸亚铁铵溶于水中，边搅拌边缓慢加入 5mL 浓硫酸，冷却后移入 250mL 容量瓶中，加水稀释至标线，摇匀。使用前，用重铬酸钾标准溶液标定。

（3）$0.1mol \cdot L^{-1}$ 硫酸亚铁铵浓度的标定 准确吸取 10.00mL $K_2Cr_2O_7$ 标准溶液于 250mL 锥形瓶中，加纯水 100mL 后摇匀，缓慢加入 30mL 浓硫酸，混匀。冷却后，加入 3 滴试亚铁灵指示液（约 0.15mL），用硫酸亚铁铵溶液滴定，溶液的颜色由黄色经蓝绿色至红褐色即为终点。平行测定三次，记录硫酸亚铁铵的消耗量 V（mL），计算其浓度。

（4）水样中 COD 的测定

① 取 25.00mL 混合均匀的水样（或适量水样稀释至 20.00mL）置于 250mL 磨口的回流锥形瓶中，准确加入 10.00mL $K_2Cr_2O_7$ 标准溶液及数粒沸石，连接磨口回流冷凝管，从冷凝管上口慢慢地加入 30mL 硫酸-硫酸银溶液，轻轻摇动锥形瓶使溶液混匀，加热回流 2h（自开始沸腾时计时）。

② 冷却后，用 90mL 纯水从上部慢慢冲洗冷凝管壁，取下锥形瓶。溶液总体积不得少于 140mL，否则因酸度太大，滴定终点不明显。

③ 溶液再度冷却后，加 3 滴试亚铁灵指示液，用硫酸亚铁铵标准溶液滴定，溶液的颜色由黄色经蓝绿色至红褐色即为终点，记录硫酸亚铁铵标准溶液的用量 V_1。

④ 测定水样的同时，取 25.0mL 纯水，按同样的操作步骤做空白试验。记录测定空白时硫酸亚铁铵标准溶液的用量 V_0。

五、数据记录与处理

写出相关计算表达式，自行设计表格处理数据。

六、注意事项

（1）水样采集后，应当加入硫酸使 $pH<2$，抑制微生物繁殖。试样尽快分析，必要时在 0～5℃保存 48h 内测定。取水样的量由外观可初步判断：洁净透明的水样取 100mL，污染严重、浑浊的水取样 10～30mL，补加蒸馏水至 100mL。

（2）水样中加入 $KMnO_4$ 煮沸后，若紫红色消失说明加入的 $KMnO_4$ 量不够，应继续加入适量的 $KMnO_4$ 直至呈现稳定的紫红色。

（3）滴定草酸钠时温度不要超过 85℃。如果温度超过 85℃，草酸钠会分解，影响实验结果。

（4）从冒第一个大气泡时，必须要小火加热，防止溶液暴沸，引起溶液飞溅，造成烫伤，并对实验结果产生误差。

（5）在煮沸加入 $KMnO_4$ 的水样过程中特别需要注意安全，溶液很容易发生暴沸，要时时注意，当溶液快沸腾时应立即撤下来等温度下降后再继续加热。

（6）重铬酸钾法对未经稀释的水样，其 COD 测定上限为 $700mg \cdot L^{-1}$。超过此限时必须经稀释后测定。对于污染严重的水样，可选取所需体积 1/10 的试样和 1/10 的试剂，放入 10mm×150mm 硬质玻璃管中，摇匀后，用酒精灯加热至沸腾数分钟，观察溶液是否变成蓝绿色，如呈蓝绿色，应再适当减少试样，重复以上试验，直至溶液不变蓝色为止。从而确定待测水样适当的稀释倍数。

（7）对于 COD 值小于 $50mg \cdot L^{-1}$ 的水样，应采用低浓度的重铬酸钾标准溶液氧化，加热回流以后，采用低浓度的硫酸亚铁铵标液回滴。

（8）废水中氯离子含量超过 $30mg \cdot L^{-1}$ 时，应先把 0.4g 硫酸汞加入回流锥形瓶中，再加 20.00mL 废水（或适量废水稀释至 20.00mL），摇匀。使用 0.4g 硫酸汞配位氯离子的最高量可达 40mg，如取用 20.00mL 水样，即最高可配位 $2000mg \cdot L^{-1}$ 氯离子浓度的水样。若氯离子的浓度较低，也可少加硫酸汞，使保持硫酸汞：氯离子＝10：1（质量比）。若出现少量氯化汞沉淀，并不影响测定。

$$(HgSO_4 + 4Cl^- \longrightarrow HgCl_4^{2-} + SO_4^{2-})$$

七、思考题

（1）测定水中 COD 的意义何在？有哪些方法测定 COD？

（2）水样中 Cl^- 含量高时对测定有何干扰？应采用什么方法消除？

（3）清洁的地面水、轻度污染的水源、较严重污染的水源，COD 值有什么差别？

（4）水样中加入 $KMnO_4$ 溶液沸水中加热 30min 后应当是什么颜色？若无色说明什么问题？应如何处理？

实验十五　生理盐水中氯化钠含量的测定（莫尔法）

一、实验目的

（1）学习 $AgNO_3$ 标准溶液的配制和标定。

（2）掌握用莫尔法进行沉淀滴定的原理、方法和实验操作。

（3）掌握铬酸钾指示剂的正确使用。

二、实验原理

沉淀滴定法是基于沉淀反应的滴定分析法。比较有实际意义的是生成微溶性银盐的沉淀反应，以这类反应为基础的沉淀滴定法称为银量法。根据指示剂的不同，按创立者的名字命名，银量法可以分为莫尔法、福尔哈德法、法扬司法等。由于莫尔法的操作最为简单，尽管相对干扰较为严重，但在测定氯离子含量时多数仍选用莫尔法。

此法是在中性或弱碱性溶液中，以 K_2CrO_4 为指示剂，以 $AgNO_3$ 标准溶液进行滴定。AgCl 沉淀的溶解度比 $AgCrO_4$ 小，因此，溶液中首先析出 AgCl 沉淀。当 AgCl 定量沉淀后，过量 1 滴 $AgNO_3$ 溶液即与 CrO_4^{2-} 生成砖红色 Ag_2CrO_4 沉淀，指示到达终点。主要反应式如下：

$$Ag^+ + Cl^- \longrightarrow AgCl\downarrow\text{（白色）} \qquad K_{sp}=1.8\times10^{-10}$$

$$2Ag^+ + CrO_4^{2-} \longrightarrow AgCrO_4\downarrow\text{（砖红色）} \qquad K_{sp}=2.0\times10^{-12}$$

滴定必须在中性或弱碱性溶液中进行，最适宜的 pH 值范围为 6.5～10.5。如果有铵盐存在，溶液的 pH 值需控制在 6.5～7.2 之间。

指示剂的用量对滴定有影响，一般以 $5\times10^{-3}mol \cdot L^{-1}$ 为宜。凡是能与 Ag^+ 生成难溶性化合物或配合物的阴离子都干扰测定，如 PO_4^{3-}，AsO_4^{3-}，SO_3^{2-}，S^{2-}，CO_3^{2-}，$C_2O_4^{2-}$ 等。其中，H_2S 可加热煮沸除去；将 SO_3^{2-} 氧化成 SO_4^{2-} 后就不再干扰测定。大量 Cu^{2+}、

Ni^{2+}、Co^{2+}等有色离子将影响终点观察。凡是能与CrO_4^{2-}指示剂生成难溶化合物的阳离子也干扰测定，如Ba^{2+}、Pb^{2+}能与CrO_4^{2-}分别生成$BaCrO_4$和$PbCrO_4$沉淀。Ba^{2+}的干扰可通过加入过量的Na_2SO_4消除。Al^{3+}、Fe^{3+}、Bi^{3+}、Sn^{4+}等高价金属离子在中性或弱碱性溶液中易水解产生沉淀，会干扰测定。

三、实验仪器和试剂

仪器：滴定管（50mL），移液管（20mL），吸量管（1mL），容量瓶（100mL），烧杯，电子天平（精度0.01g），电子天平（精度0.0001g），锥形瓶（250mL），洗耳球，棕色试剂瓶（500mL）和纯水瓶等。

试剂：NaCl基准试剂（在500～600℃高温炉中灼烧0.5h后，放置干燥器中冷却。也可将NaCl置于带盖的瓷坩埚中，加热，并不断搅拌，待爆炸声停止后，继续加热15min，然后将坩埚放入干燥器中冷却后使用），$AgNO_3$（AR，s），K_2CrO_4溶液（$50g \cdot L^{-1}$），生理盐水（0.9%）。

四、实验步骤

1. $0.1mol \cdot L^{-1}$ $AgNO_3$溶液的配制

称取4.3g $AgNO_3$于100mL烧杯中，用适量不含Cl^-的纯水溶解后，将溶液转入500mL棕色试剂瓶中，用水稀释至250mL，摇匀。在暗处避光保存。

2. $0.1mol \cdot L^{-1}$ $AgNO_3$溶液的标定

准确称取0.5～0.65g NaCl基准物于小烧杯中，用蒸馏水溶解后，定量转入100mL容量瓶中，以水稀释至刻度，摇匀。

用移液管移取20.00mL NaCl溶液注入250mL锥形瓶中，加入20mL水（沉淀滴定中，为减少沉淀对被测离子的吸附，一般滴定的体积以大些为好，故需加水稀释试液），用吸量管加入1mL K_2CrO_4溶液，在不断摇动条件下，用$AgNO_3$溶液滴定至呈现砖红色即为终点。平行标定3份。根据$AgNO_3$溶液的体积和NaCl的质量，计算$AgNO_3$溶液的浓度。

3. 生理盐水中NaCl含量的测定

准确移取50mL 0.9%生理盐水于100mL容量瓶中，用纯水稀释到刻度，摇匀。准确移取稀释试样20.00mL于250mL锥形瓶中，加$50g \cdot L^{-1}$ K_2CrO_4溶液1mL，在不断摇动下，用$AgNO_3$标准溶液滴定至溶液呈砖红色即为终点。平行测定三次，根据$AgNO_3$标准溶液的浓度和滴定中消耗的体积，计算试样中Cl^-的含量。

必要时进行空白测定，即取20.00mL蒸馏水按上述同样操作测定，计算时应扣除空白测定所耗$AgNO_3$标准溶液的体积。

五、数据记录与处理

写出相关计算表达式，自行设计表格处理数据。

六、注意事项

（1）指示剂用量大小对测定有影响，必须定量加入。溶液较稀时，须作指示剂的空白校正，方法如下：取1mL K_2CrO_4指示剂溶液，加入适量水，然后加入无Cl^-的$CaCO_3$固体

（相当于滴定时 AgCl 的沉淀量），制成相似于实际滴定的浑浊溶液。逐渐滴入 $AgNO_3$ 溶液，至与终点颜色相同为止，记录读数。从测定时滴定试液所消耗的 $AgNO_3$ 体积中扣除此读数。

（2）$AgNO_3$ 若与有机物接触，则起还原作用，加热颜色变黑，所以不要使 $AgNO_3$ 与皮肤接触。

（3）实验结束后，盛装 $AgNO_3$ 溶液的滴定管应先用蒸馏水冲洗 2～3 次，再用自来水冲洗，以免产生氯化银沉淀，难以洗净。含银废液要回收，不能随意倒入水池。

七、思考题

（1）莫尔法测氯时，为什么溶液的 pH 值需控制在 6.5～10.5？

（2）以 K_2CrO_4 作指示剂时，指示剂浓度过大或过小对测定有何影响？

（3）能否用莫尔法以 NaCl 标准溶液直接滴定 Ag^+？为什么？

（4）配制好的 $AgNO_3$ 溶液要储存于棕色瓶中，并置于暗处，为什么？

实验十六　二水合氯化钡中钡含量的测定（硫酸钡晶形沉淀重量分析法）

一、实验目的

（1）理解晶形沉淀的生成原理和沉淀条件。

（2）熟悉并掌握重量分析的基本操作和实验过程：沉淀的生成、陈化、过滤、洗涤、转移、烘干、炭化、灰化、灼烧和恒重。

（3）学会测定可溶性钡盐中钡含量的方法，并用换算因数计算测定结果。

二、实验原理

$BaSO_4$ 重量法既可用于测定 Ba^{2+} 的含量，也可用于测定 SO_4^{2-} 的含量。

称取一定量的 $BaCl_2 \cdot 2H_2O$，以水溶解，加稀 HCl 溶液酸化，加热至微沸，在不断搅动的条件下，慢慢地加入稀、热的 H_2SO_4，Ba^{2+} 与 SO_4^{2-} 反应，形成晶形沉淀。沉淀经陈化、过滤、洗涤、转移、烘干、炭化、灰化、灼烧后，以 $BaSO_4$ 形式称量，可得到 $BaCl_2 \cdot 2H_2O$ 中钡的含量。

$BaCl_2 \cdot 2H_2O$ 中 Ba 的含量计算：

$$W_{Ba}=\frac{m_{BaSO_4}\times\dfrac{M_{Ba}}{M_{BaSO_4}}}{m_{BaCl_2}\cdot 2H_2O}\times 100\%$$

Ba^{2+} 可生成一系列微溶化合物，如 $BaCO_3$、BaC_2O_4、$BaCrO_4$、$BaHPO_4$、$BaSO_4$ 等，其中以 $BaSO_4$ 溶解度最小，100mL 溶液中，100℃时溶解 0.4mg，25℃时仅溶解 0.25mg。当过量沉淀剂存在时，溶解度大为减小，一般可以忽略不计。

硫酸钡重量法一般在 $0.05mol \cdot L^{-1}$ 左右盐酸介质中进行沉淀，这是为了防止产生 $BaCO_3$、$BaHPO_4$、$BaHAsO_4$ 沉淀以及防止生成 $Ba(OH)_2$ 共沉淀。同时，适当提高酸度，增加 $BaSO_4$ 在沉淀过程中的溶解度，以降低其相对过饱和度，有利于获得较好的晶形沉淀。

用 $BaSO_4$ 重量法测定 Ba^{2+} 时，一般用稀 H_2SO_4 作沉淀剂。为了使 $BaSO_4$ 沉淀完全，

H_2SO_4 必须过量。H_2SO_4 在高温下可挥发除去，故沉淀带下的 H_2SO_4 不会引起误差，因此沉淀剂可过量 50%～100%。如果用 $BaSO_4$ 重量法测定 SO_4^{2-}，沉淀剂 $BaCl_2$ 只允许过量 20%～30%，因为 $BaCl_2$ 灼烧时不易挥发除去。

$PbSO_4$、$SrSO_4$ 的溶解度均较小，Pb^{2+}、Sr^{2+} 对钡的测定有干扰。NO_3^-、ClO_3^-、Cl^- 等阴离子和 K^+、Na^+、Ca^{2+}、Fe^{3+} 等阳离子均可以引起共沉淀现象，故应严格控制沉淀条件，减少共沉淀现象，以获得纯净的 $BaSO_4$ 晶形沉淀。

三、实验仪器和试剂

仪器：电子天平（精度 0.0001g），铁架台，铁圈 1 个，玻璃漏斗 1 个，移液管，洗耳球，定量滤纸（慢速或中速），试管，瓷坩埚（25mL）2 个，烧杯（250mL，100mL），表面皿，电炉，马弗炉等。

试剂：H_2SO_4（$1mol \cdot L^{-1}$），H_2SO_4（$0.1mol \cdot L^{-1}$：取 10mL $1mol \cdot L^{-1}$ 的 H_2SO_4 溶液倒入 90～100mL 蒸馏水中搅拌均匀），HCl（$2mol \cdot L^{-1}$），HNO_3（$2mol \cdot L^{-1}$），$AgNO_3$（$0.1mol \cdot L^{-1}$），$BaCl_2 \cdot 2H_2O$（AR）。

四、实验步骤

1. 称样及沉淀的制备

准确称取两份 0.4～0.6g $BaCl_2 \cdot 2H_2O$ 试样，分别置于 250mL 烧杯中，加入约 100mL 水，3mL $2mol \cdot L^{-1}$ HCl 溶液，搅拌溶解，加热至近沸。

另取 4mL $1mol \cdot L^{-1}$ H_2SO_4 两份于两个 100mL 烧杯中，加水 30mL，加热至近沸，趁热将 H_2SO_4 溶液用小滴管逐滴地加入热的钡盐溶液中，并用玻璃棒不断搅拌，直至 H_2SO_4 溶液加完为止。待 $BaSO_4$ 沉淀下沉后，于上层清液中加入 1～2 滴 $0.1mol \cdot L^{-1}$ H_2SO_4 溶液，仔细观察沉淀是否完全。沉淀完全后，盖上表面皿（切勿将玻璃棒拿出杯外），放在水浴中保温 40min 陈化。

2. 沉淀的过滤与洗涤

用慢速或中速滤纸采用倾泻法过滤。用 $0.1mol \cdot L^{-1}$ H_2SO_4 洗涤沉淀 3～4 次，每次约 10mL。然后，将沉淀定量转移到滤纸上，用折叠滤纸时撕下的小片滤纸擦拭杯壁，并将此小片滤纸放于漏斗中，再用 $0.1mol \cdot L^{-1}$ 稀 H_2SO_4 洗涤 4～6 次，直至洗涤液中不含 Cl^- 为止（检查方法：用试管或表面皿收集 2mL 滤液，加 1 滴 $2mol \cdot L^{-1}$ HNO_3 酸化，加入 2 滴 $AgNO_3$ 溶液，若无白色浑浊产生，表示 Cl^- 已洗净）。

3. 空坩埚恒重

安排好时间，洗净两个瓷坩埚，烘干，然后在 800～820℃ 马弗炉中灼烧。第一次灼烧 30～45min，取出稍冷片刻后，转入干燥器中冷至室温后称重。然后再放入同样温度的马弗炉中，进行第二次灼烧 15～20min，取出稍冷后，转入干燥器中冷至室温，再称重，如此同样操作，直至恒重为止。恒重是指两次灼烧后，称得重量差在 0.2～0.3mg。

4. 沉淀的灼烧和恒重

将折叠好的沉淀滤纸包置于已恒重的瓷坩埚中，经烘干、炭化、灰化后，在（800±20)℃ 马弗炉中灼烧至恒重。计算 $BaCl_2 \cdot 2H_2O$ 中 Ba 的含量。

五、数据记录和处理

$BaCl_2 \cdot 2H_2O$ 中 Ba 的含量测定数据整理如下：

序号	1	2
$BaCl_2 \cdot 2H_2O$ 的质量/g		
瓷坩埚＋$BaSO_4$ 的质量/g		
空坩埚质量/g		
$BaSO_4$ 的质量/g		
W_{Ba}/%		
$\overline{W}_{Ba}$/%		

六、注意事项

（1）溶液加热时，需盖表面皿，不能因沸腾而溅失。

（2）滴加沉淀剂时，滴管不能离液面太高，防止溶液溅出。

（3）用玻璃棒搅拌时，不要触及杯壁和杯底，防止划伤烧杯，使沉淀黏附在烧杯划痕内难以洗下。

（4）在上层清液加稀 H_2SO_4 1～2 滴，若出现浑浊表示沉淀不完全，需继续滴加，直至沉淀完全。

（5）倾泻法过滤沉淀是化学分析中最常用的方法。其主要操作是用洗涤液少量多次洗涤烧杯中的剩余沉淀，直至沉淀完全转移到滤纸上。少量多次洗涤沉淀，是为了溶解其中的微溶杂质，尽可能提高产物的纯度，也能使沉淀完全转移到滤纸上。

（6）坩埚钳使用时，应先用砂纸打磨，钳头向上放于桌上，保持干净。称重时，坩埚及坩埚盖放进天平中，或从天平中取出时，均应通过坩埚钳进行操作，不能用手直接拿取。

（7）沉淀及滤纸的干燥、炭化和灰化过程，应在煤气灯或电炉上进行，不能在马弗炉中进行。

（8）滤纸灰化时空气要充足，否则 $BaSO_4$ 易被滤纸的炭还原为灰黑色的 BaS，反应式为：$BaSO_4 + 4C = BaS + 4CO\uparrow$，$BaSO_4 + 4CO = BaS + 4CO_2\uparrow$。如遇此情况，可加入 2～3 滴（1∶1）$H_2SO_4$，小心加热，冒烟后重新灼烧。

（9）灼烧温度不能太高，如超过 950℃，可能有部分 $BaSO_4$ 分解：$BaSO_4 = BaO + SO_3\uparrow$

（10）沉淀恒重的方法也可按生产单位的操作进行。即将沉淀转到未恒重的坩埚中，在经干燥、炭化、灰化后在 800～850℃ 马弗炉中灼烧至恒重。这时“沉淀＋坩埚”质量为 W_1。然后，用毛刷将坩埚中的沉淀刷干净，称出空坩埚的质量 W_2。由差减法（$W_1 - W_2$）即可得出 $BaSO_4$ 沉淀质量。

七、思考题

（1）为什么要在稀热 HCl 溶液中不断搅拌条件下，逐滴加入沉淀剂沉淀 $BaSO_4$？HCl 加入太多有何影响？

（2）为什么要在热溶液中沉淀 $BaSO_4$，但要在冷却后过滤？晶形沉淀为何要陈化？

（3）什么叫倾泻法过滤？洗涤沉淀时，为什么用洗涤液或水都要少量、多次？

实验十七　物料中微量铁的测定（邻二氮菲分光光度法）

一、实验目的

（1）学习如何选择分光光度分析的实验条件。

（2）掌握邻二氮菲分光光度法测定微量铁的原理和方法。

（3）掌握吸收曲线绘制及最大吸收波长选择；掌握标准曲线绘制及应用。

（4）了解 721N 型分光光度计的结构和使用方法。

二、实验原理

根据朗伯-比尔定律：$A=\varepsilon bc$，当入射光波长 λ 及光程 b 一定时，在一定浓度范围内，有色物质的吸光度 A 与该物质的浓度 c 成正比。只要绘出以吸光度 A 为纵坐标，浓度 c 为横坐标的标准曲线，测出试液的吸光度，就可以由标准曲线查得对应的浓度值，即未知样的含量（用 Excel 进行数据处理，得到相应的分析结果）。

分光光度法是测定微量铁的一种常用分析方法。邻二氮菲是测定微量铁的较好试剂。pH2～9 的溶液中，试剂与 Fe^{2+} 生成稳定的橘红色配合物，其 $\lg K_{稳}=21.3$（20℃），反应式如下：

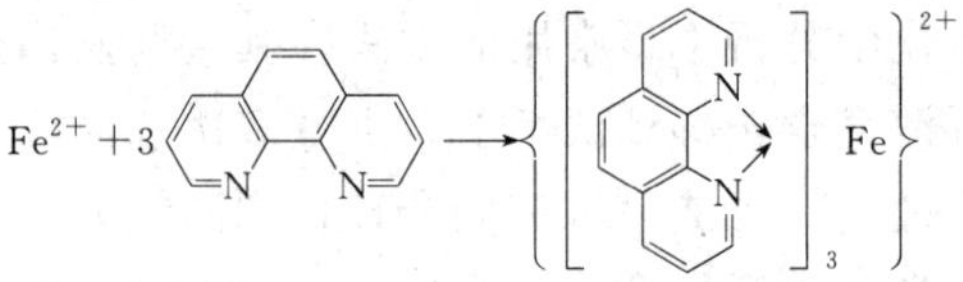

该配合物的最大吸收峰在 510mm 波长处，摩尔吸光系数 $\varepsilon=1.1\times10^4 L\cdot mol^{-1}\cdot cm^{-1}$。

Fe^{3+} 与邻二氮菲也能生成 1∶3 的淡蓝色配合物，其 $\lg K_{稳}=14.1$。因此，在显色之前应预先用盐酸羟胺（$NH_2OH\cdot HCl$）将 Fe^{3+} 还原成 Fe^{2+}，反应如下：

$$2Fe^{3+}+2NH_2OH\cdot HCl \longrightarrow 2Fe^{2+}+N_2+2H_2O+4H^{+}+2Cl^{-}$$

测定时，控制溶液的酸度在 pH＝5 左右较为适宜。酸度高，反应进行较慢；酸度低，则 Fe^{2+} 水解，影响显色。

本方法的选择性很强，相当于含铁量 40 倍的 Sn^{2+}、Al^{3+}、Ca^{2+}、Mg^{2+}、Zn^{2+}、SiO_3^{2-}，20 倍的 Cr^{3+}、Mn^{2+}、V^{5+}、PO_4^{3-}，5 倍的 Co^{2+}、Cu^{2+} 等均不干扰测定。

吸光光度法的实验条件，如显色剂用量、溶液酸度、显色时间、显色时溶液的温度、溶剂以及共存离子干扰及其消除、测量波长、吸光度范围和参比溶液等，都是通过实验来确定的。本实验在测定试样中铁含量之前，先做部分条件试验，以便初学者掌握确定实验条件的方法。

条件试验的简单方法是：变动某实验条件，固定其余条件，测得一系列吸光度值，绘制吸光度-某实验条件的曲线，根据曲线确定某实验条件的适宜值或适宜范围。

三、实验仪器和试剂

仪器：721N 型分光光度计，电子天平（精度 0.0001g），电炉，移液管（5mL、10mL），吸量管（10mL），容量瓶（50mL、1000mL），比色管（50mL）和擦镜纸等。

试剂：铁标准溶液（$100\mu g\cdot mL^{-1}$：准确称取 0.8634g AR 级 $NH_4Fe(SO_4)_2\cdot 12H_2O$ 于

烧杯中，用 30mL 2mol・L^{-1} HCl 溶解，然后转移至 1000mL 容量瓶中，用水稀释至刻度，摇匀），铁标准溶液（10μg・mL^{-1}：由 100μg・mL^{-1} 铁标准溶液用水准确稀释 10 倍而成），盐酸羟胺（100g・L^{-1}，临用时配制），邻二氮菲（Phen 1.5g・L^{-1}），醋酸钠（1mol・L^{-1}），HCl（6mol・L^{-1}），NaOH（0.1mol・L^{-1}），石灰石，尿素。

四、实验步骤

1. 条件实验

（1）吸收曲线的制作和测量波长的选择　准确吸取 10μg・mL^{-1} 铁标准溶液 5mL 于 50mL 容量瓶（或比色管）中，加入 1mL 盐酸羟胺溶液，摇匀，加入 5mL NaAc 溶液和 2mL 邻二氮菲溶液，用水稀释至刻度，摇匀。放置 10min，在 721 型分光光度计上，用 1cm 比色皿，以试剂空白（即 0.0mL 铁标准溶液）为参比溶液，在 440～560nm，每隔 10nm 测一次吸光度。以波长 λ 为横坐标，吸光度 A 为纵坐标，绘制 A 和 λ 关系的吸收曲线。确定测定 Fe 最大吸收波长 λ_{max}，即为适宜波长。

（2）邻二氮菲-亚铁配合物的稳定性　在一个 50mL 容量瓶（或比色管）中，加入 1mL 100μg・mL^{-1} 铁标准溶液，1mL 盐酸羟胺溶液，摇匀。再加入 2mL 邻二氮菲溶液，5mL NaAc 溶液，以水稀释至刻度，摇匀。立即用 1cm 比色皿，以纯水为参比溶液，在选择的波长下测量吸光度。然后依次测量放置 2min、5min、8min、10min、15min、20min、30min、40min、50min、60min、120min、180min 后的吸光度。以时间 t 为横坐标，吸光度 A 为纵坐标，绘制 A 与显色时间 t 的关系曲线，得出铁与邻二氮菲显色反应完全所需要的适宜时间。

（3）显色剂用量的选择　取 7 个 50mL 容量瓶（或比色管），各加入 1mL 100μg・mL^{-1} 铁标准溶液，1mL 盐酸羟胺，摇匀。再分别加入 0.3mL、0.5mL、1.0mL、1.5mL、2.0mL、3.0mL、4.0mL 邻二氮菲溶液和 5.0mL NaAc 溶液，以水稀释至刻度，摇匀，放置 10min。用 1cm 比色皿，以纯水为参比溶液，在选择的波长下测定各溶液的吸光度。以所取 Phen 溶液体积 V 为横坐标，吸光度 A 为纵坐标，绘制 A 与显色剂用量 V 的关系曲线，得出测定铁时显色剂的适宜用量。

（4）溶液酸度的选择　取 7 个 50mL 容量瓶（或比色管），分别加入 1mL 100μg・mL^{-1} 铁标准溶液，1mL 盐酸羟胺，2mL 邻二氮菲溶液，摇匀。然后，用滴定管分别加入 0.0mL、2.0mL、5.0mL、10.0mL、15.0mL、20.0mL、30.0mL 浓度为 0.10mol・L^{-1} 的 NaOH 溶液，用水稀释至刻度，摇匀，放置 10min。用 1cm 比色皿，以纯水为参比溶液，在选择的波长下测定各溶液的吸光度。同时，用 pH 计测量各溶液的 pH 值。以 pH 值为横坐标，吸光度 A 为纵坐标，绘制 A 与 pH 值关系的酸度影响曲线，得出测定铁的适宜酸度范围。

2. 铁含量的测定

（1）标准曲线的制作　取 50mL 容量瓶（或比色管）6 只，编号。分别吸取 10μg・mL^{-1} 的铁标准溶液 0.0mL、2.0mL、4.0mL、6.0mL、8.0mL、10.0mL 于 6 只容量瓶中，分别加入 1mL 盐酸羟胺，摇匀，经 2min 后，再各加 5mL NaAc 溶液及 2mL 邻二氮菲溶液，摇匀，以水稀释至刻度，摇匀后放置 10min。在分光光度计上，用 1cm 比色皿，以试剂空白（即 0.0mL 铁标准溶液）为参比溶液，在所选择的波长下，测量各溶液的吸光度。以含铁量为横坐标，吸光度 A 为纵坐标，绘制标准曲线。

用绘制的标准曲线，重新查出相应铁浓度的吸光度，计算 Fe^{2+}-Phen 配合物的摩尔吸光系数 ε。

（2）待测试样分解与试液制备及显色测定（以下选一）

① 石灰石试样中铁含量的测定：准确称取 0.03～0.04g 石灰石试样于小烧杯中，用少量纯水湿润，滴加 $6mol \cdot L^{-1}$ HCl 溶液至试样溶解，转移到 50mL 容量瓶中，用少量纯水多次冲洗烧杯，并转移到容量瓶中。加入 1mL 盐酸羟胺，摇匀，经 2min 后，再加 5mL NaAc 溶液及 2mL 邻二氮菲溶液，摇匀，以水稀释至刻度，摇匀后放置 10min 后，测定其吸光度。根据标准曲线求出试样中铁的含量（$\mu g \cdot mL^{-1}$）。

② 尿素试样中铁含量的测定：准确称取 20g 尿素试样，置于 100mL 烧杯中，加少量水使之溶解，加 10mL $6mol \cdot L^{-1}$ HCl 溶液，加热煮沸并保持 3min。冷却后，将试液定量过滤于 50mL 容量瓶中，用水洗涤几次，洗液也一并转移至该瓶中，稀释至标线，混匀。同时做空白试验。移取上述试样 20mL 置于 100mL 容量瓶中，用水稀释至 60mL 左右且调整试液 pH 值为 2（用精密 pH 试纸检验），加 1mL $100g \cdot L^{-1}$ 盐酸羟胺、20mL $1mol \cdot L^{-1}$ NaAc 和 10mL 邻二氮菲溶液，用水稀释至标线，摇匀。平行实验同时同量处理。放置 15min 后，取部分试液于适宜光程的比色皿中，以水为参比，在 721N 型分光光度计上，于波长 510nm 处，测定吸光度。减去空白试验吸光度，从工作曲线上查得相应的 Fe 含量（$\mu g \cdot mL^{-1}$），计算试样中 Fe 的质量分数。

五、数据记录和处理

1. 吸收曲线的制作和测量波长的选择

λ/nm	440	450	460	470	480	490	500	510	520	530	540	550	560
A													

2. 邻二氮菲-亚铁配合物的稳定性即显色时间的选择

t/min	0	2	5	8	10	15	20	30	40	50	60	120	180
A													

3. 显色剂用量的选择

容量瓶序号	1	2	3	4	5	6	7
V_{Phen}/mL	0.3	0.5	1.0	1.5	2.0	3.0	4.0
A							

4. 溶液酸度的选择

容量瓶序号	1	2	3	4	5	6	7
V_{NaOH}/mL	0.0	2.0	5.0	10.0	15.0	20.0	30.0
A							

5. 标准曲线及待测试样的测定

根据下表中数据，用 Excel 作标准曲线，得到标准曲线方程。计算样品溶液中铁含量和摩尔吸光系数。

容量瓶序号	标准系列溶液						待测试样	
	1	2	3	4	5	6	7	8
$c_{Fe}/mg \cdot L^{-1}$								
A								

六、注意事项

（1）试样中铁含量的测定和标准曲线的制作宜同时进行。

（2）选择比色皿时，可按铁含量大小而定。含量低时，可选 2cm；含量高时，可选 1cm。但样品要与标准系列保持一致。

（3）参比溶液应该是包含试液中除了待测组分（或待测组分与显示剂生成的有色化合物）之外的其他所有吸光物质的溶液。其选择原则如下：

① 当试液及显色剂等均无色时，可用纯溶剂作参比溶液。

② 显色剂或其他试剂（如缓冲溶液等）有颜色时，可选择不加试样溶液的试剂空白作参比溶液。

③ 显色剂无色，而被测试液中存在其他有色离子时，可用不加显色剂的被测试液作参比溶液。

④ 显色剂和试液均有颜色，可将一份试液加入适当掩蔽剂，将被测组分掩蔽起来，使之不再与显色剂作用，而显色剂及其他试剂均按试液测定方法加入，以此作为参比溶液，从而消除显色剂和一些共存组分的干扰。

七、思考题

（1）为什么本法测定的是水样中二价和三价铁的总量？如果欲分别测定二价和三价铁的含量，利用本实验的仪器及试剂，可否有办法能够从理论上实现？

（2）本实验量取各种试剂时应分别采取何种量器较为合适？为什么？

（3）制作标准曲线和进行其他条件实验时，加入试剂的顺序能否任意改变？为什么？

（4）吸光度测定时参比溶液的作用是什么？本实验可否用纯水代替试剂空白？

（5）本实验的标准曲线是否应该过原点？如果不过说明什么？

实验十八　物质分析方案的综合设计

一、实验目的

（1）培养学生综合运用所学的分析化学理论和实验知识，解决复杂样品的分析测定能力，提高基本实验素质。

（2）通过查阅文献及有关书刊、设计各种混合体系的测定方法、实验数据的分析、总结讨论实验结果等，培养学生分析问题和解决问题的能力。

（3）掌握设计实验的思路，培养学生创新思维以及初步的科研技能。

二、分析方案设计要求

提前将待测混合体系发给学生选择。学生通过查找资料，结合所学的滴定分析知识，独立设计出合理可行的方案，交指导老师审阅后，进行实验。实验结束后，写出实验报告。

设计实验方案时，主要考虑以下几个问题：

① 测定方法的选择；
② 测定的原理，应将方法原理、有关计算详细写出；
③ 所需仪器及试剂的用量、浓度、配制方法；
④ 实验步骤，包括溶液的标定和各组分含量测定步骤；
⑤ 实验数据记录和处理；
⑥ 讨论，包括注意事项、滴定误差和心得体会等；
⑦ 参考文献。

三、混合体系分析方案中注意的问题

1. 样品的采集

分析样品应具代表性。固体矿样采样时要按地质部门的规定进行；采集水样、大气样品时要按环境分析标准来操作。必要时，应查阅有关资料。

2. 试样分解

分解试样的方法有水溶、酸溶和熔融等方法，应根据样品的对象和分析方法来选择溶剂。

在基础化学的综合设计中，一般不考虑熔融法溶解试样。首先，确证试样溶于下述溶剂中的哪一种，必要时可加热：

① 水；
② $4mol \cdot L^{-1}$ HCl；
③ $4mol \cdot L^{-1}$ HNO_3；
④ 浓 HCl、浓 HNO_3 和王水等。

无机盐类，可用水溶解，但应注意离子的水解和生成碱式盐沉淀等问题（如 BiOCl、SbOCl）。

稀 HCl、稀 HNO_3 能溶解许多试样。当有与稀酸难于反应的物质时，可用浓酸溶解。用 HNO_3 溶解时，HNO_3 具有氧化性，应注意许多可变价离子的变价可能性。一种黄铜合金，其中含有 Cu、Pb、Zn 等元素，欲做全分析时，则不能用含 H_2SO_4 的溶剂来溶解，因为这时会析出 $PbSO_4$ 沉淀。而一种青铜合金，由于其中含有 Sn，不能单独用 HNO_3 来溶解试样，因为这时会析出 H_2SnO_3 沉淀。而许多矿样，往往需用熔融法才能将其溶解完全。

3. 试样的成分分析

未知成分的试样，应用定性分析方法进行鉴定，定性分析方法主要有硫化氢系统分析和发射光谱两种方法。

4. 分析方法的选择

选择分析方法是非常复杂的问题。从分析对象来看，应考虑是无机物试样还是有机物试样；从要求分析的组分来看，有主量分析和全分析的问题；从所测组分的含量来看，有常量和微量分析的问题，需要决定是选用适合常量分析的滴定分析法、重量分析法，还是选用微量分析方法（如分光光度法等）。此外，现代分析中，还有状态分析、表面分析和微区分析等。

在酸碱滴定中，首先，须判断能否用酸或碱标准溶液进行滴定；然后考虑用哪几种方法进行滴定，滴定结束时产物是什么，产物溶液 pH 值为多少；选用何种指示剂等。设计时应以“求实”的精神去比较、研究实验中的问题。

在配位滴定中，能否控制酸度进行滴定是首先考虑的问题；其次，掩蔽剂的选择和应用是配位滴定成功的关键，而掩蔽方法，有配位、氧化还原、沉淀和动力学等方法。指示剂的选择是非常重要的，要特别注意金属离子指示剂的酸碱性质和配位性质所造成的误差。

在氧化还原滴定中，$KMnO_4$ 法、$K_2Cr_2O_7$ 法、碘量法是非常重要且可灵活运用的方法。

在沉淀滴定法中，只要运用不同的方法，控制滴定条件，测定是容易完成的。

无论哪种滴定分析，都应特别注意浓度、温度、酸度和干扰物质等的影响。

在分析方案设计中，往往同一种成分的测定，可选用不同的滴定方法进行。例如，常量的 Fe^{3+}，可用配位滴定，也可用氧化还原滴定来测定。

必须指出，设计分析方案时，滴定剂的浓度和被滴物取样量一般考虑是：酸碱、氧化还原和沉淀滴定，可按 $0.1mol \cdot L^{-1}$ 浓度来设计和取量，而配位滴定，则用 $0.01mol \cdot L^{-1}$ 浓度考虑取量。

四、设计性实验项目

1. K_2HPO_4-KH_2PO_4 混合物中各组分含量的测定。
2. $Na_3PO_4+Na_2HPO_4+NaOH$ 混合物中可能存在的成分分析。
3. HCl-H_3BO_3 混合液的测定。
4. $NH_3 \cdot H_2O$-NH_4Cl 混合液的测定。
5. H_2SO_4-H_3PO_4 混合液的测定。
6. Bi^{3+}-Fe^{3+} 混合液各组分含量的测定。
7. Cd^{2+}-Zn^{2+} 混合液各组分含量的测定。
8. Ca^{2+}-EDTA 混合液各组分含量的测定。
9. 蛋壳中碳酸钙含量的测定。
10. 黄铜合金中 Cu、Zn 含量的测定。
11. KIO_3-KI 混合液各组分含量的测定。
12. 钢铁试样中 Cr、Mn 含量的测定。
13. 葡萄糖酸锌口服液中铁、锌含量的测定。
14. 茶叶中 Fe^{3+}、Al^{3+}、Ca^{2+}、Mg^{2+} 含量的测定。
15. 胃舒平药片中铝和镁含量的测定。
16. 葡萄糖注射液中葡萄糖含量的测定。

第 6 章

有机化学实验

实验一　熔点的测定及温度计校正

一、实验目的

(1) 了解熔点测定的基本原理及应用。

(2) 掌握熔点测定的方法和温度计的校正方法。

二、实验原理

① 熔点的定义　当固体物质加热到一定温度时，从固体转变为液体，此时的温度称为熔点。严格地说是指在101.325kPa下固液间的平衡温度。

② 纯净的固体化合物一般都有固定的熔点，固液两相间的变化非常敏锐，从初熔到全熔的温度范围一般不超过0.5～1℃。当混有杂质后熔点降低，熔程增长。因此，通过测定熔点，可以鉴别未知固体化合物的纯度。

三、实验仪器和试剂

仪器：提勒管，玻璃棒，玻璃管，熔点管，酒精灯，温度计，缺口单孔软木塞，玻璃片，表面皿等。

试剂：液体石蜡，未知样品，冰块。

四、实验装置（图6-1）

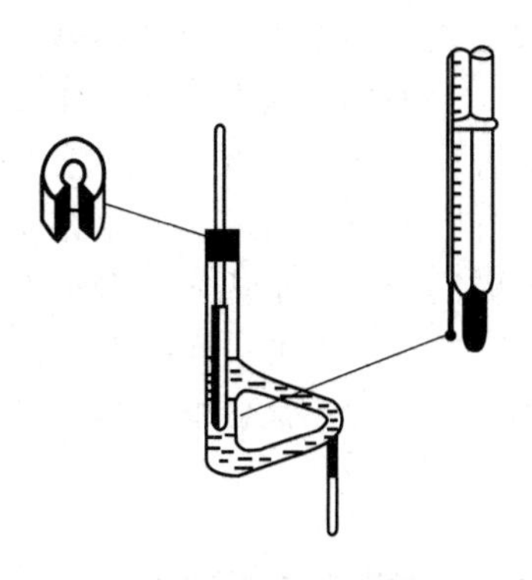

图6-1　提勒管熔点测定装置

五、实验步骤

1. 毛细熔点测定法

① 样品的制备：取3根熔点管，将少许样品放于干净表面皿上，用玻璃棒将其研细并集成一堆。把熔点管开口一端垂直插入堆集的样品中，使一些样品进入管内，然后，把该熔点管放入长约50～60cm垂直桌面的玻璃管中，管下可垫一玻璃片，使之从高处落于玻璃片上，如此反复几次后，尽量使样品装得紧密。装入的样品一定要研细、夯实，样品高度2～3mm。熔点管外的样品粉末要擦干净，以免污染热浴液体，否则影响测定结果。

② 向B形管中加入液体石蜡，其液面至上叉管处。用橡皮筋将熔点管套在温度计上，

温度计通过开口塞插入其中，水银球位于上下叉管中间。使样品位于水银球的中部。

③ 加热：仪器和样品安装好后，用火加热侧管。要调整好火焰，越接近熔点，升温要越缓慢。

④ 记录：密切观察样品的变化，当样品开始塌陷、部分透明时，即为始熔温度。当样品完全消失全部透明时，即为全熔温度。记录温度。始熔温度减去全熔温度即为熔程。

⑤ 让热溶液慢慢冷却到样品测得温度以下 30℃左右。在冷却的同时换一根新的装有样品的毛细熔点管。每一次都要用新的熔点管装样品。升温并记录过程同上。

2. 显微熔点仪测定熔点

详细操作见 2.5.5 熔点仪。此方法特点：样品用量少（<0.1mg），测量范围宽，能够测定高熔点（300℃）样品，在显微镜下可观察到样品受热过程的变化情况，如升华、分解、脱水和多晶型物质的晶型转化等。

3. 温度计的校正

在烧杯里加入少量冰块和水的混合物，待冰块快要融化时，将要校正的温度计插入烧杯中，待示数稳定后读数即为 0℃，然后再将温度计插入沸水中，读数即为 100℃。

六、注意事项

（1）熔点管必须洁净。如含有灰尘等，能产生 4～10℃的误差。

（2）熔点管底未封好会产生漏管。沾于熔点管外的样品一定要擦去，以免沾污加热浴液。

（3）样品粉碎要细，填装要实，否则产生空隙，不易传热，造成熔程变大。

（4）样品不干燥或含有杂质，会使熔点偏低，熔程变大。

（5）样品量太少，不便观察，而且熔点偏低，太多会造成熔程变大，熔点偏高。

（6）升温速度应慢，让热传导有充分的时间。升温速度过快，熔点偏高。

（7）熔点管壁太厚，热传导时间长，会造成熔点偏高。

（8）装样品时量不要太大，2～3mm 即可，样品太多完全溶解所需的时间长。

（9）加热时要注意酒精灯的火焰，太小会影响加热速度，可用镊子修正。

七、思考题

测定熔点时，若遇下列情况，将产生什么结果?

（1）管壁太厚。

（2）熔点管底部未完全封闭，尚有一针孔。

（3）熔点管不洁净。

（4）样品未完全干燥或含有杂质。

（5）样品研得不细或装得不紧密。

（6）加热太快。

实验二　蒸馏方法及沸点的测定

一、实验目的

（1）掌握蒸馏的基本原理。

（2）掌握蒸馏装置的安装及基本操作。

（3）学会运用蒸馏技术提纯有机物及测定沸点。

二、实验原理

蒸馏原理：蒸馏就是将液体混合物加热至沸腾，使液体汽化，然后，让蒸气通过冷凝的方法变为液体，通过收集不同沸点下的蒸气冷凝液，使液体混合物分离，从而达到提纯目的的过程。

沸点：当液体加热时，有大量的蒸气产生，当内部饱和蒸气压与外界施加给液体表面的总压力（通常为一个大气压）相等时液体开始沸腾，此时的温度为该液体化合物的沸点。不同的化合物由于内部饱和蒸气压达到一个大气压时的温度不同，沸点不同。

前馏分：在达到欲收集物的沸点之前，常有沸点较低的液体流出，这部分馏出液称为前馏分或馏头。

三、实验仪器和试剂

仪器：100mL 蒸馏瓶，蒸馏头，接液管，直形冷凝管，100℃温度计，100mL 量筒，乳胶管，沸石，铁夹，铁环，铁台，锥形瓶。

试剂：工业酒精。

四、实验步骤

（1）加料　将工业酒精 60mL 小心倒入 100mL 蒸馏瓶中，加入几粒沸石，塞好带温度计的温度计套管，注意温度计的位置。再检查一次装置是否稳妥与严密。

（2）加热　先打开冷凝水龙头，缓缓通入冷水，然后开始加热。注意冷水自下而上，蒸气自上而下，两者逆流冷却效果好。当液体沸腾，蒸气到达水银球部位时，温度计读数急剧上升，调节热源，让水银球上液滴和蒸气温度达到平衡，使蒸馏速度以每秒 1～2 滴为宜。此时温度计读数就是馏出液的沸点。

蒸馏时若热源温度太高，会使蒸气成为过热蒸气，造成温度计所显示的沸点偏高；若热源温度太低，馏出物蒸气不能充分浸润温度计水银球，造成温度计读得的沸点偏低或不规则。

（3）收集馏液　准备两个接收瓶，一个接收前馏分，另一个（需称重）接收所需馏分，并记下该馏分的沸程：即该馏分的第一滴和最后一滴时温度计的读数。

在所需馏分蒸出后，温度计读数会突然下降，此时应停止蒸馏。即使杂质很少，也不要蒸干，以免蒸馏瓶破裂及发生意外事故。

（4）拆除蒸馏装置　蒸馏完毕，应先撤出热源，然后停止通水，最后拆除蒸馏装置（与安装顺序相反）。

五、注意事项

（1）冷却水流速以能保证蒸气充分冷凝为宜，通常只需保持缓缓水流即可。

（2）蒸馏有机溶剂均应用小口接收器，如锥形瓶。

六、思考题

（1）沸点的含义是什么？液体的沸点与大气压有什么关系？

（2）蒸馏时加入沸石的作用是什么？如果蒸馏前忘记加沸石，能否立即将沸石加至将近沸腾的液体中？当重新蒸馏时，用过的沸石能否继续使用？

（3）为什么蒸馏时最好控制馏出液的速度为1～2滴/s为宜？

实验三　重结晶及过滤

一、实验目的

（1）掌握重结晶的基本原理及基本操作方法。

（2）掌握常压过滤和减压过滤的操作方法。

二、实验原理

固体有机物在溶剂中的溶解度一般随温度的升高而增大。把固体有机物溶解在热的溶剂中使之饱和，冷却时由于溶解度降低，有机物又重新析出晶体。利用溶剂对被提纯物质及杂质的溶解度不同，使被提纯物质从过饱和溶液中析出，让杂质全部或大部分留在溶液中，从而达到提纯的目的。

结晶只适宜杂质含量在5%以下的固体有机混合物的提纯。从反应粗产物直接重结晶是不适宜的，需先采取其他方法进行初步提纯，然后再重结晶提纯。

三、实验仪器和试剂

仪器：电子天平，真空泵，抽滤瓶，布氏漏斗，烧杯，玻璃漏斗，滤纸，酒精灯，锥形瓶，玻璃棒，石棉网，表面皿等。

试剂：粗乙酰苯胺。

四、实验步骤

① 称取2g粗乙酰苯胺，放于150mL烧杯中，加水70mL，放在石棉网上加热并用玻璃棒搅动，观察溶解情况。如水沸腾仍有不溶性固体，可分批补加适当热水直至沸腾温度下可以全溶或基本溶解。然后再补加15～20mL热水，总用水量约90mL左右。

② 与此同时将热水漏斗加水与玻璃漏斗一起煮沸预热。

③ 将热溶液倒入漏斗中，每次倒入漏斗的液体不要太满，也不要等溶液全部滤完再加。在热过滤过程中，应保持溶液的温度，将未过滤的部分继续用小火加热，以防冷却。待所有的溶液过滤完毕后，用少量热水洗涤漏斗和滤纸。

④ 滤毕，立即用表面皿盖住杯口，室温下放置冷却结晶。

⑤ 结晶完成后，用布氏漏斗抽滤，打开安全瓶上的活塞，停止抽气，加1～2mL冷水洗涤，然后重新抽干，如此重复1～2次。

⑥ 焙干：最后将结晶转移到表面皿或者滤纸上，摊开，酒精灯小火焙干，称重，计算回收率。

产量约1.2～1.6g，收率约60%～80%，粗品熔点112～118℃。纯产物熔点121～122℃。

五、思考题

（1）重结晶的原理是什么？

（2）重结晶有机化合物时，其基本操作步骤是什么？

（3）对有机化合物进行重结晶时，最适合的溶剂应具备什么性质？

（4）重结晶的溶剂应符合什么条件？

实验四　环己烯的制备

一、实验目的

（1）学习以浓硫酸催化环己醇脱水制备环己烯的原理和方法。

（2）初步掌握分馏原理和分馏柱的使用方法。

（3）掌握分馏、水浴蒸馏和干燥等基本操作技能。

（4）学习分液漏斗的使用。

二、实验原理

烯烃是重要的有机化工原料，工业上主要通过石油裂解的方法制备烯烃。实验室里主要用浓硫酸、浓磷酸作催化剂使醇脱水，或卤代烃在醇钠作用下脱卤化氢来制备烯烃。本实验以浓硫酸作催化剂，环己醇脱水制备环己烯。反应式为：

$$\text{环己醇(C}_6\text{H}_{11}\text{OH)} \xrightarrow[165\sim170^\circ\text{C}]{H_2SO_4} \text{环己烯} + H_2O$$

上述反应是可逆的，为了促使反应完成，需不断蒸出生成的低沸点烯烃。

三、实验仪器和试剂

仪器：50mL 圆底烧瓶，分馏柱，直形冷凝管，锥形瓶，蒸馏头，电热套，分液漏斗，温度计，沸石，蒸馏瓶等。

试剂：环己醇，浓硫酸，精盐，85％磷酸，无水氯化钙，5％碳酸钠水溶液。

四、实验步骤

① 在 50mL 干燥的圆底烧瓶中放入 15g 环己醇、1mL 浓硫酸和几粒沸石，充分振摇使混合均匀。烧瓶上装一短的分馏柱作分馏装置，接上冷凝管，用锥形瓶作接收器，外用冰水冷却。

② 将烧瓶在电热套上用低电压慢慢加热，控制加热速度使分馏柱上端的温度不要超过 90℃，馏液为带水的混合物。当烧瓶中只剩下很少量的残渣并出现阵阵白雾时，即可停止蒸馏。全部蒸馏时间约 1h。

③ 将蒸馏液用精盐饱和，然后加入 3～4mL 5％碳酸钠溶液中和微量的酸。将此液体倒入小分液漏斗中振摇后静置分层。将下层水溶液自漏斗下端活塞放出，上层的粗产物自漏斗的上口倒入干燥的小锥形瓶中，加入 2～4g 无水氯化钙干燥。

④ 将干燥后的产物滤入干燥的蒸馏瓶中，加入沸石后用水浴加热蒸馏。收集 80～85℃的馏分（称重的干燥小锥形瓶中）。产率 14～16g。环己烯的沸点为 82.98℃，n_D^{20} 为 1.4465。

五、注意事项

（1）投料时先投环己醇，再加入浓硫酸，投料后一定要混合均匀（以免加热时使环己醇局部炭化）。

（2）反应时控制温度不超过 80℃。

（3）干燥剂用量要合适。

(4) 实验中反应、干燥、蒸馏所用玻璃仪器需提前干燥。

(5) 硫酸有氧化性，加完硫酸要摇匀再加热，否则反应物会被氧化。

(6) 反应终点的判断：①反应进行 60min 左右；②反应瓶中出现阵阵白雾。

六、思考题

(1) 在粗制的环己烯中，加入精盐使水层饱和的目的何在？

(2) 用简单的化学方法来证明最后得到的产品是环己烯。

(3) 用磷酸作脱水剂比用浓硫酸作脱水剂有什么优点？

实验五　溴乙烷的制备

一、实验目的

(1) 掌握溴乙烷的制备原理和方法。

(2) 学习低沸点蒸馏的操作技术。

(3) 巩固分液漏斗的使用。

二、实验原理

本实验用乙醇、溴化钠及浓硫酸作用制备溴乙烷。反应式为：

$$NaBr + H_2SO_4 \longrightarrow HBr + NaHSO_4$$

$$C_2H_5OH + HBr \rightleftharpoons C_2H_5Br + H_2O$$

可能发生的副反应有：

$$2C_2H_5OH \xrightarrow{H_2SO_4} C_2H_5OC_2H_5 + H_2O$$

$$C_2H_5OH \xrightarrow{H_2SO_4} CH_2 = CH_2 + H_2O$$

$$2HBr + H_2SO_4 \longrightarrow SO_2\uparrow + Br_2 + 2H_2O$$

这是一个可逆反应，本实验采用两种方法提高产率：

① 增加反应物乙醇的浓度；

② 将生成的溴乙烷及时蒸出使反应向右进行。

三、实验仪器和试剂

仪器：圆底烧瓶（50mL，100mL），75°蒸馏弯头，直形冷凝管，接收弯头，温度计，沸石，蒸馏头，分液漏斗，锥形瓶，加热套，冰水浴，调压器等。

试剂：乙醇（95%），溴化钠（无水），浓硫酸，78%硫酸，饱和亚硫酸氢钠溶液。

四、实验步骤

① 在 100mL 圆底烧瓶中加入 10mL 95%乙醇及 9mL 水，在不断振摇和冰水冷却下，慢慢加入 28mL 78%硫酸，室温下分批加入研细的 13g 溴化钠（防止结块），加入几粒沸石，小心摇动烧瓶使其均匀。将烧瓶用 75°弯头与直形冷凝管相连，冷凝管下端连接接引管。溴乙烷沸点很低，极易挥发。为了避免损失，在接收器中加入冷水及 5mL 饱和亚硫酸氢钠溶液，放在冰水浴中冷却，并使接收管的末端浸没在水溶液中。

② 低电压小心加热，使反应液微微沸腾，瓶中液体开始发泡，油状物开始蒸出来，在

反应的前 30min 尽可能不蒸出或少蒸出馏分（如果不控制温度，乙醇 170℃制得乙烯，140℃制得乙醚），30min 后加大电压，进行蒸馏，直到无溴乙烷流出为止。用盛有水的烧杯检查有无溴乙烷流出。

③ 将接收器中的液体倒入分液漏斗，静置分层后，将下面的粗溴乙烷转移至干燥的锥形瓶中。在冰水冷却下，小心加入 4mL 浓硫酸（98%），边加边摇动锥形瓶进行冷却，以除去乙醚、乙醇及水等杂质，直到溴乙烷变得澄清透明，且有明显的液层分出为止。用干燥的分液漏斗分出下层浓硫酸。将上层溴乙烷从分液漏斗上口倒入 50mL 烧瓶中。

④ 安装蒸馏装置，加入沸石，加热蒸出溴乙烷，由于溴乙烷沸点很低，接收器要在冰水中冷却，接收 37～40℃的馏分，产量约 10g。溴乙烷为无色液体，沸点 38.40℃，n_D^{20} 为 1.4239。

五、注意事项

（1）此次实验同时使用 78%和 98%的硫酸，一定不能加错。

（2）如果在加入乙醇时不把沾在瓶口的溴化钠洗掉，必然使体系漏气，导致溴乙烷产率降低。

（3）如果在加热之前没有把反应混合物摇匀，反应时极易出现暴沸使反应失败。开始反应时，要低电压（控制在 80℃左右）加热，以避免溴化氢逸出。

（4）加入浓硫酸精制时一定注意冷却，以避免溴乙烷损失。

（5）实验过程采用两次分液，第一次保留下层，第二次要上层。

（6）在反应过程中，既不要反应时间不够，也不要蒸馏时间太长，将水过分蒸出造成硫酸钠凝固在烧瓶中。

六、思考题

（1）在制备溴乙烷的反应和中和粗产物的处理中，都用到了硫酸，各自目的何在？

（2）实验以什么作为反应终点？

（3）为了减少溴乙烷的挥发，实验中采取了哪些措施？

实验六　苯甲醇的制备

一、实验目的

（1）了解相转移反应的原理，学习利用相转移催化反应制备苯甲醇的方法。

（2）学习电动搅拌、加热回流、萃取等操作。

（3）巩固蒸馏、干燥等操作。

（4）学习空气冷凝管的使用。

二、实验原理

用苯氯甲烷制苯甲醇是由卤代烃水解制备醇的一个实际例子。水解在碱性水溶液中进行。由于卤代烃均不溶于水，这个两相反应进行得很慢，并且需要强烈搅拌。如果加入相转移催化剂如四乙基溴化铵，反应时间可以大大缩短。反应式为：

$$2C_6H_5CH_2Cl+K_2CO_3+H_2O \longrightarrow 2C_6H_5CH_2OH+2KCl+CO_2$$

三、实验仪器和试剂

仪器：搅拌器，250mL 三口烧瓶，回流冷凝管，恒压滴液漏斗，分液漏斗，50mL 蒸馏烧瓶，空气冷凝管，沸石等。

试剂：苯氯甲烷，碳酸钾，四乙基溴化铵（50%水溶液），2mL无水硫酸镁，乙酸乙酯。

四、实验步骤

① 安装好搅拌装置。

② 在装有搅拌器的250mL的三口烧瓶里加入碳酸钾水溶液（9g碳酸钾溶于70mL水中）及2mL 50%四乙基溴化铵水溶液，加入几粒沸石。装上回流冷凝管和恒压滴液漏斗，在漏斗中装10mL苯氯甲烷。开动搅拌器，加热至回流，将苯氯甲烷滴入三口烧瓶中。滴加完毕以后，继续在搅拌下加热回流，反应时间共1.5h。

③ 停止加热，冷却到30～40℃，把反应液移入分液漏斗中，分出油层，水层用乙酸乙酯萃取三次，每次10mL。合并萃取液和粗苯甲醇，用无水硫酸镁（或碳酸钾）干燥。

④ 蒸馏：将干燥透明的溶液倒入50mL蒸馏瓶里，安装好蒸馏装置。用空气冷凝管，加热蒸馏，收集200～208℃的馏分。称重，计算产率。

⑤ 产量：约5.5g。纯苯甲醇为无色透明液体，沸点205.4℃。

五、思考题

（1）在实验中，还有哪些合适的方法用来制备苯甲醇？

（2）本实验采用碳酸钾作为苯氯甲烷的碱性水解试剂，有何优点？

实验七　正丁醚的制备

一、实验目的

（1）掌握醇分子间脱水制备醚的反应原理和实验方法。

（2）学习共沸脱水的原理和分水器的实验操作。

（3）通过分液漏斗的使用，学会洗涤操作。

二、实验原理

醇分子间脱水生成醚，是制备单纯醚的常用方法。本实验用硫酸作为催化剂，醇在酸作用下脱水可生成醚和烯烃等，温度对其影响很大，所以必须严格控制温度（135℃以下）。温度高，则会发生分子内脱水反应生成丁烯。

主反应：$2CH_3CH_2CH_2CH_2OH \xrightleftharpoons{H_2SO_4} (CH_3CH_2CH_2CH_2)_2O + H_2O$

副反应：$CH_3CH_2CH_2CH_2OH \longrightarrow C_2H_5CH{=}CH_2 + H_2O$

本实验主反应为可逆反应，为了提高产率，利用正丁醇能与生成的正丁醚及水形成共沸物的特性，可把生成的水从反应体系中分离出来。

三、实验仪器和试剂

仪器：100mL三口烧瓶，分水器，50mL圆底烧瓶，蒸馏头，温度计，螺口接头，直形冷凝管，球形冷凝管，接引管，锥形瓶，分液漏斗，沸石等。

试剂：正丁醇，浓硫酸，无水氯化钙，NaOH溶液（50%），饱和氯化钙溶液。

四、实验步骤

（1）粗产品的合成　在100mL三口烧瓶中，加入31mL正丁醇、4.5mL浓硫酸和几粒沸石，摇匀后，一口装上温度计，温度计插入液面以下，另一口装上分水器，分水器的上端接一回流冷凝管。先在分水器内放置（$V-4$）mL 水，第三个口用塞子塞紧。然后将三口烧瓶在电热套里低电压加热至微沸，进行分水。反应中产生的水经冷凝后收集在分水器的下层，上层有机相积至分水器支管时，即可返回烧瓶。大约经 1.5h 后，三口烧瓶中反应液温度可达 134～136℃。当分水器全部被水充满时停止反应。若继续加热，则反应液变黑并有较多副产物烯生成。

（2）洗涤及干燥　将反应液冷却到室温后倒入盛有 50mL 水的分液漏斗中，充分振摇，静置后弃去下层液体。上层粗产物依次用 25mL 水（分出有机层和绝大部分溶于水的物质）、15mL 5%氢氧化钠溶液（中和有机层中的酸）、15mL 水（除去碱和中和产物）和 15mL 饱和氯化钙溶液（除去有机层中的大部分水和醇类）洗涤，用 1～2g 无水氯化钙干燥。

（3）蒸馏　干燥后的产物倒入 50mL 蒸馏烧瓶中蒸馏，收集 140～144℃馏分，产量 7～8g。

（4）经教师确认后，称重，计算产率。正丁醚的沸点 142.4℃，n_D^{20} 为 1.3992。剩余产品装入指定回收瓶。

五、注意事项

（1）回流操作的方法和要点：控制温度，保持微微沸腾。制备正丁醚的温度要严格控制在 135℃以下，否则易产生大量的副产物正丁烯。

（2）分水器可以将反应生成的水不断除去，使反应向右进行，提高反应产率。

（3）每次蒸馏时必须严格控制速度，否则蒸馏太快，蒸气逸出，污染空气。

（4）利用氯化钙干燥，要间歇振荡，至液体透明。

（5）反应终点是以反应温度达到 140℃为准。

（6）浓硫酸在反应中作催化剂，只需少量，不宜过多。滴加浓硫酸时要边加边摇，必要时用冷水冷却，以免局部炭化。

（7）反应终点的判断可观察以下两种现象：①分水器中不再有水珠下沉；②分水器分出的水量与理论分水量进行比较。

六、思考题

（1）如何判断反应比较完全？

（2）如果反应温度过高，反应时间过长，可导致什么结果？

（3）反应液冷却到室温后，在分液漏斗中依次洗涤的目的何在？

实验八　环己酮的制备

一、实验目的

（1）学习铬酸氧化法制备环己酮的原理和方法。

（2）通过醇转变为酮的实验，进一步了解醇和酮之间的联系和区别。

二、实验原理

实验室制备脂肪或脂环醛酮，最常用的方法是将伯醇和仲醇用铬酸氧化。铬酸是重铬酸盐和硫酸的混合物。

仲醇用铬酸氧化是制备酮的最常用的方法。酮对氧化剂比较稳定，不易进一步氧化。铬酸氧化醇是一个放热反应，必须严格控制反应温度，以免反应过于激烈。反应式为：

$$3\ \text{C}_6\text{H}_{11}\text{OH} + Na_2Cr_2O_7 + 4H_2SO_4 \longrightarrow 3\ \text{C}_6\text{H}_{10}\text{O} + Cr_2(SO_4)_3 + Na_2SO_4 + 7H_2O$$

三、实验仪器和试剂

仪器：圆底烧瓶，分液漏斗，蒸馏装置，75°蒸馏弯头，冷凝管，分液漏斗，电子天平，烧杯，量筒，水浴锅，沸石等。

试剂：环己醇，重铬酸钠，浓硫酸，乙醚，精盐，无水硫酸镁。

四、实验步骤

① 在 250mL 烧杯中，将 11.5g 重铬酸钠溶于 60mL 水中，然后在搅拌下慢慢加入 9mL 浓硫酸，得一橙红色溶液，冷却至 30℃以下备用。

② 在 250mL 圆底烧瓶中加入 10.5mL 环己醇，然后加入上述制备好的铬酸溶液，振摇使充分混合。放入一温度计测量初始反应温度，并观察温度变化情况。当温度升到 55℃时，立即用水浴冷却，保持反应温度在 55～60℃之间。约 0.5h 后，温度开始出现下降趋势，移去水浴再放置 0.5h 以上。其间要不时振摇，使反应完全，反应液呈墨绿色。

③ 在反应瓶内加入 60mL 水及几粒沸石，改成蒸馏装置。用 75°蒸馏弯头连接冷凝管，将环己酮和水一起蒸出来，直至馏出液不再浑浊后再多蒸 15～20mL，收集约 50mL 馏出液。馏出液用精盐饱和（约需 12g）后，转入分液漏斗，静置后分出有机层［因为环己酮的相对密度（水=1）为 0.95，比水小，所以在上层］，水层用 15mL 乙醚提取一次，合并有机层与萃取液，用无水硫酸镁干燥。在水浴上蒸去乙醚。

④ 蒸馏：收集 151～156℃ 的馏分（用空气冷凝管），产量 6～7g。环己酮沸点为 155.7℃，n_D^{20} 为 1.4507。

五、注意事项

（1）反应完成后，反应液应呈墨绿色，如不能完全变成墨绿色，则应加入少量草酸或甲醇以还原过量的氧化剂。

（2）本实验是一个放热反应，必须严格控制温度。

（3）本实验使用大量乙醚作溶剂和萃取剂，故在操作时应特别小心，以免出现意外。

（4）加水蒸馏时，水的馏出量不宜过多，否则即使使用盐析，仍不可避免有少量环己酮溶于水中而损失。

（5）环己酮 31℃时在水中的溶解度为 $2.4g \cdot (100mL)^{-1}$。加入精盐的目的是降低溶解度，有利于分层。

六、思考题

（1）用铬酸氧化法制备环己酮的实验，为什么要严格控制反应温度在 55～60℃之间，温度过高或过低有什么不好？

（2）环己醇用铬酸氧化得到环己酮，用高锰酸钾氧化则得到己二酸，为什么？

实验九　己二酸的制备

一、实验目的

（1）学习环己醇氧化制备己二酸的原理和方法。

（2）巩固浓缩、过滤、重结晶等操作技能。

二、实验原理

己二酸是合成尼龙-66的主要原料之一，它可以用硝酸或高锰酸钾氧化环己醇制得。其中用硝酸作氧化剂反应非常剧烈，伴有大量二氧化氮毒气放出，既危险又污染环境。因而本实验采用环己醇在高锰酸钾的碱性条件下发生氧化反应，然后酸化得到己二酸。反应式为：

$$3\,C_6H_{11}{-}OH + 8KMnO_4 + H_2O \longrightarrow 3HO_2C{+}CH_2{\rangle_4}CO_2H + 8MnO_2\downarrow + 8KOH$$

三、实验仪器和试剂

仪器：磁力搅拌器，温度计，烧杯，滴管，玻璃棒，抽滤装置，滤纸，水浴锅等。

试剂：环己醇，高锰酸钾，10%氢氧化钠，亚硫酸氢钠，浓盐酸，石蕊试纸。

四、实验步骤

① 将250mL烧杯放置在磁力搅拌器上，烧杯中加入5mL 10%氢氧化钠溶液和50mL水，搅拌下加入6g高锰酸钾。待高锰酸钾溶解后，维持反应温度在45℃左右，用滴管慢慢加入2.1mL环己醇，控制滴加速度。用玻璃棒蘸一滴反应混合物点到滤纸上做点滴试验。如有高锰酸盐存在，则在二氧化锰点的周围出现紫色的环。可加少量固体亚硫酸氢钠直到点滴实验呈负性为止。

② 滴加完毕反应温度开始下降时，在沸水浴中将混合物加热5min，使氧化反应完全并使二氧化锰沉淀凝结。

③ 趁热抽滤混合物，滤渣二氧化锰用少量热水洗涤3次。合并滤液和洗涤液，用4mL浓盐酸酸化，使溶液呈强酸性（如何检验?）。在石棉网上加热浓缩使溶液体积减少至约10mL左右，放置冷却得白色己二酸晶体。纯己二酸为白色棱状结晶，熔点152℃，沸点330.5℃，n_D^{20} 为1.366。

五、思考题

（1）本实验中为什么必须控制反应温度和环己醇的滴加速度?

（2）粗产物为什么必须干燥后称重，并最好进行熔点测定?

实验十　乙酰水杨酸的制备

一、实验目的

（1）掌握乙酰水杨酸的制备原理及方法。

（2）熟悉重结晶、熔点测定、抽滤等基本操作。

（3）了解乙酰水杨酸的应用价值。

二、实验原理

乙酰水杨酸通常称为阿司匹林（Aspirin），是由水杨酸（邻羟基苯甲酸）与乙酸酐进行酯化反应而得到的，是 19 世纪末合成成功的。乙酰水杨酸具有解热止痛、治疗感冒的作用，还具有抑制诱发心脏病、防止血栓和中风等功能。它是一种具有双官能团的化合物，一个是酚羟基，一个是羧基，羧基和羟基都可以发生酯化，而且还可以形成分子内氢键，阻碍酰化和酯化反应的发生。

本实验用水杨酸与乙酸酐反应制备乙酰水杨酸。为加快反应，常用浓硫酸和磷酸作催化剂。反应式为：

$$\text{C}_6\text{H}_4(\text{OH})\text{COOH} + (\text{CH}_3\text{CO})_2\text{O} \xrightarrow{\text{浓 } H_2SO_4} \text{C}_6\text{H}_4(\text{OCOCH}_3)\text{COOH} + \text{CH}_3\text{COOH}$$

三、实验仪器和试剂

仪器：真空泵，抽滤瓶，锥形瓶，滤纸，烧杯，表面皿，水浴锅，玻璃棒，试管等。

试剂：水杨酸，乙酸酐，饱和 $NaHCO_3$ 溶液，1% $FeCl_3$ 溶液，浓硫酸，浓盐酸，冰块。

四、实验步骤

① 在干燥的锥形瓶中加入 2g 水杨酸，5mL 乙酸酐和 5 滴浓硫酸，旋摇锥形瓶使其溶解，在 80～90℃水浴中加热约 5～10min，从水浴中移出锥形瓶，当内容物温热时慢慢滴入 5mL 冰水，此时反应放热，甚至沸腾。反应平稳后，再加入 40mL 水，用冰水浴冷却，并用玻璃棒不停搅拌 10～15min，使结晶完全析出。抽滤，用少量冰水洗涤两次，得阿司匹林粗产物。

② 将阿司匹林粗产物转移至 200mL 烧杯中，搅拌下加入 25mL 饱和 $NaHCO_3$ 溶液，直至无 CO_2 气泡产生，抽滤，用少量水洗涤，将洗涤液与滤液合并，弃去滤渣。

③ 先在 200mL 烧杯中加入大约 5mL 浓盐酸，并加入 l0mL 水，配好盐酸溶液，再将上述滤液倒入烧杯中，阿司匹林复沉淀析出，冰水冷却搅拌令结晶完全析出，抽滤，再用冷水洗涤 2～3 次，抽干水分。

④ 将结晶移至表面皿或滤纸上，焙干干燥后得白色针状或片状晶体 1.5g。熔点 133～155℃。

⑤ 取几粒结晶加入盛有 5mL 水的试管中，加入 1～2 滴 1% $FeCl_3$ 溶液，观察有无颜色反应，从而判断产物中有无未反应的水杨酸。

五、注意事项

（1）仪器要全部干燥，药品也要进行干燥处理，乙酸酐要使用新蒸馏的，收集 139～140℃的馏分。

（2）产品乙酰水杨酸易受热分解，因此熔点不明显，它的分解温度为 128～135℃。因此，重结晶时不宜长时间加热，控制水温，产品采取自然晾干或者小火焙干。

（3）为了检验产品中是否还有水杨酸，利用水杨酸属酚类物质可与三氯化铁发生颜色反应的特点，将几粒结晶加入盛有 5mL 水的试管中，加入 1～2 滴 1% $FeCl_3$ 溶液，观察有无颜色反应（紫色）。

（4）本实验中要注意控制好温度（水温 90℃）。

六、思考题

（1）制备阿司匹林时，加入浓硫酸的目的是什么？

（2）本实验中为什么要使用新蒸馏的乙酸酐？

（3）反应中有哪些副产物？如何除去？

实验十一　乙酸乙酯的制备

一、实验目的

（1）掌握乙酸乙酯的制备原理及方法，掌握可逆反应提高产率的措施。

（2）掌握分馏的原理及分馏柱的作用。

（3）进一步练习并熟练掌握液体产品的纯化方法。

二、实验原理

乙酸乙酯的合成方法很多。其中最常用的方法是在酸催化下由乙酸和乙醇直接酯化。常用浓硫酸、氯化氢、对甲苯磺酸或强酸性阳离子交换树脂等作催化剂。若用浓硫酸作催化剂，其用量是醇的 0.3%即可。反应式为：

$$CH_3COOH+CH_3CH_2OH \xrightleftharpoons{110\sim120℃} CH_3COOCH_2CH_3+H_2O$$

酯化反应为可逆反应，提高产率的措施为：加入过量的乙醇；在反应过程中不断蒸出生成的产物和水，促进平衡向生成酯的方向移动。但是，酯和水或乙醇的共沸物沸点与乙醇接近，为了能蒸出生成的酯和水，又尽量使乙醇少蒸出来，本实验采用了较长的分馏柱进行分馏。

三、实验仪器和试剂

仪器：恒压滴液漏斗，电热套，三口圆底烧瓶，温度计，刺形分馏柱，蒸馏头，蒸馏瓶，直形冷凝管，接引管，锥形瓶，pH 试纸等。

试剂：冰醋酸，95%乙醇，浓硫酸，饱和碳酸钠溶液，饱和食盐水，饱和氯化钙溶液，无水碳酸钾，沸石。

四、实验步骤

在 100mL 三口烧瓶中，加入 4mL 乙醇，摇动下慢慢加入 5mL 浓硫酸，使其混合均匀，并加入几粒沸石。三口烧瓶一侧口插入温度计，另一侧口插入滴液漏斗，漏斗末端应浸入液面以下，中间口安一长的刺形分馏柱。

仪器装好后，在滴液漏斗内加入 10mL 乙醇和 8mL 冰醋酸，混合均匀，先向瓶内滴入约 2mL 的混合液，然后，将三口烧瓶在电热套内低电压加热到 110～120℃左右，这时蒸馏管口应有液体流出，再自滴液漏斗慢慢滴入其余的混合液，控制滴加速度和馏出速度大致相等，并维持反应温度在 110～125℃之间，滴加完毕后，继续加热 10min，直至温度升高到 130℃不再有馏出液为止。

馏出液中含有乙酸乙酯及少量乙醇、乙醚、水和醋酸等，在摇动下，慢慢向粗产品中加入饱和碳酸钠溶液（约 6mL）至无二氧化碳气体放出，酯层用 pH 试纸检验呈中性。移入分液漏斗中，充分振摇（注意及时放气）后静置，分去下层水相。酯层用 10mL 饱和食盐水洗涤后，再每次用10mL饱和氯化钙溶液洗涤两次，弃去下层水相，酯层自漏斗上口倒入干燥的锥形瓶中，用无水碳酸钾干燥。

将干燥好的粗乙酸乙酯小心倒入60mL的蒸馏瓶中（不要让干燥剂进入瓶中），加入沸石后在水浴上进行蒸馏，收集73～80℃的馏分。产品5～8g。

纯乙酸乙酯为有水果香味的无色透明液体。沸点77.06℃，n_D^{20} 为1.3723。

五、操作要点

（1）本实验一方面加入过量乙醇，另一方面在反应过程中不断蒸出产物，促进平衡向生成酯的方向移动。乙酸乙酯和水、乙醇形成二元或三元共沸混合物，共沸点都比原料的沸点低，故可在反应过程中不断将其蒸出。这些共沸物的组成和沸点如下：

共沸物组成	共沸点
① 乙酸乙酯91.9%，水8.1%	70.4℃
② 乙酸乙酯69.0%，乙醇31.0%	71.8℃
③ 乙酸乙酯82.6%，乙醇8.4%，水9.0%	70.2℃

加过量48%的乙醇，一方面使乙酸转化率提高，另一方面可使产物乙酸乙酯大部分蒸出或全部蒸出反应体系，进一步促进乙酸的转化，即在保证产物以共沸物蒸出时，反应瓶中仍然是乙醇过量。

（2）本实验的关键是控制酯化反应的温度和滴加速度。控制反应温度在120℃左右。温度过低，酯化反应不完全；温度过高（>140℃），易发生醇脱水和氧化等副反应：

$$2CH_3CH_2OH \xrightarrow{H_2SO_4} CH_3CH_2OCH_2CH_3 + H_2O$$

$$CH_3CH_2OH \xrightarrow{H_2SO_4} CH_3CHO \xrightarrow{H_2SO_4} CH_3COOH$$

故要严格控制反应温度。

要正确控制滴加速度，滴加速度过快，会使大量乙醇来不及发生反应而被蒸出，同时也造成反应混合物温度下降，导致反应速率减慢，从而影响产率；滴加速度过慢，又会浪费时间，影响实验进程。

（3）用饱和氯化钙溶液洗涤之前，要用饱和氯化钠溶液洗涤，不可用水代替饱和氯化钠溶液。

六、注意事项

（1）加料滴管和温度计必须插入反应混合液中，加料滴管的下端离瓶底约5mm为宜。

（2）加浓硫酸时，须慢慢加入并充分振荡烧瓶，使其与乙醇充分混合均匀，以免在加热时因局部酸过浓引起有机物炭化等副反应。

（3）反应瓶里的反应温度可用滴加速度来控制。温度接近125℃时，适当滴加快点；温度降到接近110℃，可滴加慢点；降到110℃停止滴加；待温度升到110℃以上时，再滴加。

（4）本实验用无水碳酸钾作酯的干燥剂，应至少干燥30min以上，最好放置过夜。为了节约时间，本次实验可只放置10min左右。由于干燥不完全，前馏分可能会多些。

七、思考题

（1）为什么使用过量的乙醇？

（2）能否用浓的氢氧化钠溶液代替饱和碳酸钠溶液来洗涤蒸馏液？为什么？

（3）用饱和氯化钙溶液洗涤的目的是什么？为什么先用饱和氯化钠溶液洗涤？是否可用水代替？

实验十二　乙酰苯胺的制备

一、实验目的

（1）学习固体样品的制备。

（2）巩固分馏柱的操作方法。

（3）熟悉重结晶的操作方法。

二、实验原理

酰胺可以用酰氯、酸酐或酯同浓氨水、碳酸铵或（伯或仲）胺等作用制得。同冰醋酸共热来制备。这个反应是可逆的。在实际操作中，一般加入过量的冰醋酸，同时，用分馏柱把反应中生成的水（含少量的冰醋酸）蒸出，以提高乙酰苯胺的产率。反应式为：

$$C_6H_5-NH_2 + CH_3COOH \xrightleftharpoons{\text{Zn 粉}} C_6H_5-NHCOCH_3 + H_2O$$

三、实验仪器和试剂

仪器：蒸馏瓶，分馏柱，蒸馏头，温度计，接液管，表面皿，电热套，热水漏斗，布氏漏斗，锥形瓶，抽滤装置等。

试剂：苯胺，冰醋酸，锌粉，活性炭。

四、实验步骤

在 60mL 蒸馏瓶上装一分馏柱，柱顶插一支 200℃的温度计，用一个小锥形瓶收集稀醋酸溶液。

在蒸馏瓶中放入 5.0mL（0.055mol）新蒸馏过的苯胺、7.4mL（0.13mol）冰醋酸和 0.1g 锌粉，缓慢加热至沸腾，保持反应混合物微沸约 10min，然后逐渐升温控制温度，保持温度计读数在 105℃左右。经过 40～60min，反应所生成的水（含少量醋酸）可完全蒸出。当温度计的读数发生上下波动或自行下降时（有时反应容器中出现白雾），表明反应到达终点。停止加热。这时，蒸出的水和醋酸大约有 4mL。

在不断搅拌下把反应混合物趁热以细流慢慢倒入盛 100mL 冷水的烧杯中。继续剧烈搅拌，并冷却烧杯，使粗乙酰苯胺成细粒状完全析出。用布氏漏斗抽滤析出的固体，再用 5～10mL 冷水洗涤以除去残留的酸液。把粗乙酰苯胺倒入 150mL 热水中，加热至沸腾。如果仍有未溶解的油珠，需补加热水，直到油珠完全溶解为止。稍冷后加入约 0.5g 粉末状活性炭，用玻璃棒搅动并煮沸 5～10min。趁热用热水漏斗过滤。冷却滤液，乙酰苯胺呈无色片状晶体析出。减压过滤，尽量除去晶体中的水分。产品放在表面皿上晾干后测定其熔点。产量约 5.0g。纯乙酰苯胺为无色片状晶体。熔点为 114.3℃。

五、注意事项

（1）久置的苯胺色深，会影响生成的乙酰苯胺的质量。

（2）锌粉的作用是防止苯胺在反应过程中氧化。但不能加得过多，否则在后期处理中会出现不溶于水的氢氧化锌。

(3) 油珠是熔融状态的含水的乙酰苯胺（83℃时含水13%）。如果溶液温度在83℃以下，溶液中未溶解的乙酰苯胺以固态存在。

(4) 乙酰苯胺于不同温度在100mL水中的溶解度为：

20℃，0.46g；25℃，0.56g；80℃，3.50g；100℃，5.5g。

在以后各步加热煮沸时，会蒸发掉一部分水，需随时再补加热水。本实验重结晶时水的用量，最好使溶液在80～90℃时为饱和状态。

(5) 不能在沸腾或者接近沸腾的溶液中加入活性炭，否则会引起突然暴沸，致使溶液冲出容器。

(6) 布氏漏斗应先预热。吸滤瓶应放在水浴中预热，切不可直接放在电热套上加热。

六、思考题

(1) 反应时为什么要控制分馏柱柱顶温度在105℃左右？

(2) 乙酰苯胺的制备实验是采用什么方法来提高产品产量的？

(3) 从苯胺制备乙酰苯胺时可采用哪些化合物作酰化剂？各有什么优缺点？

实验十三　甲基橙的制备

一、实验目的

(1) 熟悉重氮化反应和偶联反应的原理，了解偶联反应在有机合成中的应用。

(2) 掌握甲基橙的制备方法。

(3) 巩固抽滤、重结晶、干燥等操作。

二、实验原理

甲基橙（橙色）是指示剂，它是由对氨基苯磺酸重氮盐与*N*，*N*二甲基苯胺的醋酸盐，在弱酸性介质中偶合得到的，偶合先得到的是红色的酸性甲基橙，称为酸性黄，在碱性中酸性黄转变为甲基橙的钠盐，即甲基橙。反应式为：

$$HO_3S-C_6H_4-NH_2 \longrightarrow {}^{-}O_3S-C_6H_4-\overset{+}{N}H_3 \xrightarrow{NaOH} NaO_3S-C_6H_4-NH_2 + H_2O$$

$$NaO_3S-C_6H_4-NH_2 \xrightarrow{NaNO_2+HCl} \left[HO_3S-C_6H_4-\overset{+}{N}\equiv N\right]Cl^- \xrightarrow[HAc]{C_6H_5-N(CH_3)_2}$$

$$\left[HO_3S-C_6H_4-\overset{H}{N}-\overset{+}{N}=N-C_6H_4-N(CH_3)-CH_3\right]Ac^- \xrightarrow{NaOH} \underset{甲基橙}{NaO_3S-C_6H_4-N=N-C_6H_4-N(CH_3)_3}$$

三、实验仪器和试剂

仪器：烧杯，玻璃棒，布氏漏斗，抽滤瓶，电热套，表面皿，试管等。

试剂：对氨基苯磺酸晶体，亚硝酸钠，氢氧化钠溶液（1%，5%），乙醇，乙醚，冰醋酸，*N*,*N*-二甲基苯胺，浓盐酸，淀粉-碘化钾试纸，冰盐浴。

四、实验步骤

1. 重氮盐的制备

在150mL烧杯中加入10mL 5%氢氧化钠溶液和2.1g对氨基苯磺酸晶体，温热使结晶溶解，用冰盐浴冷却至0℃以下。另在一试管中配制0.8g亚硝酸钠和6mL水的溶液。将此配制的溶液加入烧杯中。维持温度0～5℃，在不断搅拌下，慢慢用滴管滴入3mL浓盐酸与10mL水配好的盐酸溶液，直至用淀粉-碘化钾试纸检测呈现深蓝色为止，继续在冰盐浴中搅拌10～15min，这时烧杯内有白色细小晶体析出。

2. 偶联反应

在试管中加入1.3mL *N*,*N*-二甲基苯胺和1mL冰醋酸，并混匀。在搅拌下将此混合液缓慢加到上述冷却的重氮盐溶液中，加完后继续搅拌10min。然后缓缓加入约25mL 5%氢氧化钠溶液，直至反应物变为橙色（此时反应液为碱性）。甲基橙粗品呈细粒状沉淀析出。

3. 纯化

将反应物置沸水浴中加热5min，冷至室温后，再放入冰浴中冷却，使甲基橙晶体析出完全。抽滤，依次用少量水、乙醇和乙醚洗涤，压紧抽干。干燥后得粗品约3.0g。

粗产品用1%氢氧化钠溶液进行重结晶。待结晶析出完全，抽滤，依次用少量水、乙醇和乙醚洗涤，抽干，得片状结晶。产量约2.1g。所得产品是一种钠盐，无固定熔点，不需测熔点。

4. 检验

取一只装有约1mL纯水的试管加少量甲基橙，再加几滴稀盐酸，然后用稀NaOH溶液中和，观察颜色变化。

五、注意事项

（1）对氨基苯磺酸为两性化合物，但酸性较碱性强，它能与碱作用成盐而不能与酸作用成盐。

（2）若试纸不显色，需补充亚硝酸钠溶液。

（3）若反应物中含有未作用的*N*,*N*-二甲基苯胺醋酸盐，加入氢氧化钠后，就会有难溶于水的*N*,*N*-二甲基苯胺析出，影响产物的纯度。湿的甲基橙在空气中受光的照射后，颜色很快变深，所以一般得紫红色粗产物。

（4）重结晶操作要迅速，否则产物在温度高时易变质，颜色变深。用乙醇和乙醚洗涤的目的是使其迅速干燥。

六、思考题

（1）在重氮盐制备前为什么要加入氢氧化钠？

（2）制备重氮盐为什么要维持0～5℃的低温，温度高有何不良影响？

（3）重氮化为什么要在强酸条件下进行？偶联反应为什么要在弱酸条件下进行？

（4）粗甲基橙进行重结晶时，依次用少量水、乙醇和乙醚洗涤，目的何在？

实验十四　从茶叶中提取咖啡因

一、实验目的

（1）学会用索氏提取器连续提取植物体内有机物的方法。

（2）掌握用升华纯化有机物的实验方法。

（3）巩固温度控制、回流、蒸馏等实验操作。

二、实验原理

咖啡因（或称咖啡碱）是一种嘌呤衍生物，存在于咖啡、茶叶、可可豆等植物中，学名1,3,7-三甲基-2,6-二氧嘌呤。

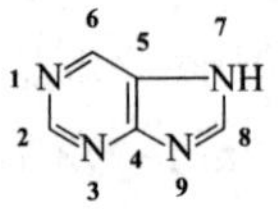

嘌呤 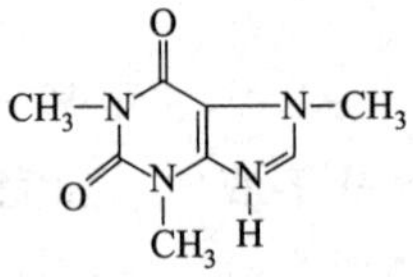　　　　咖啡因（1,3,7-三甲基-2,6-二氧嘌呤）

咖啡因是弱碱性化合物，无色针状晶体，熔点238℃，味苦，易溶于氯仿（12.5%），可溶于水（2%）、乙醇（2%）及热苯（5%），室温下在苯中饱和浓度仅为1%。含结晶水的咖啡因为无色针状结晶，100℃时失去结晶水并开始升华；120℃时升华显著，178℃时升华很快。

茶叶的主要成分是纤维素，含咖啡因1%～5%，此外还含有丹宁酸（11%～12%）、色素（0.6%）及蛋白质等。

提取咖啡因的方法有碱液提取法和索氏提取器提取法。本实验以乙醇为溶剂，用索氏提取器提取，再经浓缩、中和、升华，得到咖啡因。

三、实验仪器和试剂

仪器：索氏提取器，回流冷凝管，150mL平底烧瓶，蒸发皿，玻璃漏斗，滤纸，沸石，电热套，石棉网，脱脂棉，蒸馏装置和水浴锅等。

试剂：茶叶末，95%乙醇，生石灰（CaO）。

四、实验步骤

1. 咖啡因的提取

① 将滤纸卷成滤纸筒，一端折叠封口。在纸筒内放入研细的15g茶叶末，压实。将滤纸筒放入提取腔中，使茶叶装载面低于虹吸管顶端。装上回流冷凝管，在提取器的平底烧瓶中放入数粒沸石，自冷凝管顶端注入95%乙醇约80～100mL。

② 用电热套加热平底烧瓶，乙醇沸腾后蒸气经侧管升入冷凝管。冷凝下来的液滴滴入滤纸筒中。当液面升至与虹吸管顶端相平齐时，即经虹吸管流回平底烧瓶中。连续提取2h，至提取液颜色很淡时为止。

2. 蒸馏

将瓶中残液趁热倒入蒸发皿中，水浴锅加热蒸出大部分乙醇。加入5g研细的生石灰粉末，拌匀，用气浴蒸干。

3. 焙干

将蒸发皿移至石棉网上用小火焙炒，使水分全部除去。焙干的粉末为墨绿色。

4. 升华

用一张刺有许多小孔的圆滤纸平罩在蒸发皿上，使滤纸离被蒸发物约2 cm，在滤纸上倒扣一只大小合适的玻璃三角漏斗，漏斗尾部松松地塞上一小团脱脂棉。在石棉网上铺放厚约 2mm 的细沙，将蒸发皿移放在沙上，用小火缓缓加热升华，当滤纸孔上出现许多白色毛状结晶时暂停加热。自然放冷后取下漏斗，小心揭开滤纸，用纸片仔细地将滤纸上下两面结出的晶体刮在已称重的称量纸上。将蒸发皿中的残渣轻轻翻搅后重新盖上滤纸和漏斗，用较大些的火焰加热使升华完全。

5. 合并两次所得晶体，称重

产量约 90～150mg，最高经验产量为 210mg。熔点 236～238℃。

五、注意事项

（1）若滤纸筒过细，则茶叶装载面会高于虹吸管顶端，高出部分不能充分提取；过粗则取放不便。故应略细于提取腔内径。

（2）使用索氏提取器时应十分注意保护侧面的虹吸管勿碰破。

（3）如果最初所用的乙醇为 80mL，则蒸出乙醇约 55mL 左右，瓶中残液呈浓浆状，但仍倒得出来为宜。若残液过浓，可尽量倒净，然后用约 1mL 馏出液荡洗烧瓶，洗出液也并入蒸发皿中。

（4）水浴后蒸发皿中的固体应为墨绿色松散的细粒或粉末。

（5）焙炒时应十分注意加热强度，并充分翻搅，既要确保炒干，又要避免炒焦或升华损失，炒干后应呈松散的墨绿色粉末状。

（6）滤纸若安放太高，咖啡因蒸气不易升入滤纸以上结晶；若安放太低，则易受色素等杂质污染。

（7）本实验的关键操作是在整个升华过程中都需用小火间接加热。如温度太高，会使产品发黄，被升华物很快烤焦；如温度太低，咖啡因会在蒸发皿内壁结出，与残渣混在一起。

（8）如升华仍未完全，可再做多次升华，直至完全。

六、思考题

（1）提取咖啡因时，用到的生石灰起什么作用？

（2）从茶叶中提取出的粗咖啡因有绿色光泽，为什么？

（3）具有什么条件的固体有机化合物，才能用升华法进行提纯？

（4）在进行升华操作时，为什么只能用小火缓缓加热？

实验十五　2-甲基-2-己醇的制备

一、实验目的

（1）了解格氏试剂（Grignard）在有机合成中的应用及制备方法。

（2）掌握制备格氏试剂的基本操作。

（3）学习机械搅拌器的安装和使用方法。

（4）巩固回流、萃取、蒸馏等操作技能。

二、实验原理

卤代烷烃与金属镁在无水乙醚中反应生成的烃基卤化镁 RMgX，称为 Grignard 试剂，Grignard 试剂与羰基化合物等发生亲核加成反应，其加成产物经水解，可得到醇类化合物。反应式为：

$$n\text{-}C_4H_9Br + Mg \xrightarrow{\text{无水乙醚}} n\text{-}C_4H_9MgBr$$

$$n\text{-}C_4H_9MgBr + CH_3COCH_3 \xrightarrow{\text{无水乙醚}} n\text{-}C_4H_9\underset{\substack{|\\ OMgBr}}{C}(CH_3)_2$$

$$n\text{-}C_4H_9\underset{\substack{|\\ OMgBr}}{C}(CH_3)_2 + H_2O \xrightarrow{H^+} n\text{-}C_4H_9\underset{\substack{|\\ OH}}{C}(CH_3)_2$$

三、实验仪器和试剂

仪器：机械搅拌器，铁架台，恒压滴液漏斗，三口烧瓶，水浴锅，冰水浴，电热套，球形冷凝管，直形冷凝管，干燥管，尾接管，蒸馏烧瓶等。

试剂：镁，无水乙醚，正溴丁烷，丙酮，碘片，5%碳酸钠溶液，10%硫酸溶液，无水碳酸钾。

四、实验步骤

1. 正丁基溴化镁的制备

实验前确保所有仪器必须干燥。向三口烧瓶内投入 3.1g 镁条、15mL 无水乙醚及一小粒碘片，在恒压滴液漏斗中混合 13.5mL 正溴丁烷和 15mL 无水乙醚。先向瓶内滴入约 5mL 混合液，数分钟后溶液呈微沸状态，碘的颜色消失。若不发生反应，可用温水浴加热，反应开始比较剧烈，必要时可用冰水浴冷却。待反应缓和后，从冷凝管上端加入 25mL 无水乙醚。开动搅拌器，控制滴加速度以使反应液呈微沸状态。滴加完毕后，在热水浴上回流 20min，使镁条作用完全。

2. 2-甲基-2-己醇的制备

将上述制好的 Grignard 试剂在冰水浴冷却和搅拌下，自恒压滴液漏斗中滴入 10mL 丙酮和 15mL 无水乙醚的混合液，控制滴加速度，勿使反应过于猛烈。加完后，在室温下继续搅拌 15min（溶液中可能有白色黏稠固体析出）。将反应瓶在冰水浴冷却和搅拌下，自恒压滴液漏斗中分批加入 100mL 10%硫酸溶液，分解上述加成产物（开始滴入宜慢，以后可逐渐加快），分出醚层。水层每次用 25mL 乙醚萃取两次，合并乙醚层，用 30mL 5%碳酸钠溶液洗涤一次，分液后，用无水碳酸钾干燥乙醚层。装备蒸馏装置。将干燥后的粗产物分批移入小烧瓶中，用温水浴蒸去乙醚，再在电热套上加热蒸馏，收集 137～141℃馏分。

3. 2-甲基-2-己醇的制备及表征

（1）2-甲基-2-己醇沸点的测定（沸点为 143℃）

（2）2-甲基-2-己醇折光率的测定（n_D^{20} 为 1.4175）

（3）2-甲基-2-己醇红外光谱的测定与分析　将合成的 2-甲基-2-己醇的红外光谱图与标准样的红外光谱图（图 6-2）对比，如两者一致，则可确定产物为 2-甲基-2-己醇。

4. 记录产品质量，计算产率，回收产品

五、注意事项

（1）严格按操作规程装配实验装置，电动搅拌必须垂直转动顺畅。

（2）Grignard 试剂制备所需的仪器必须干燥。

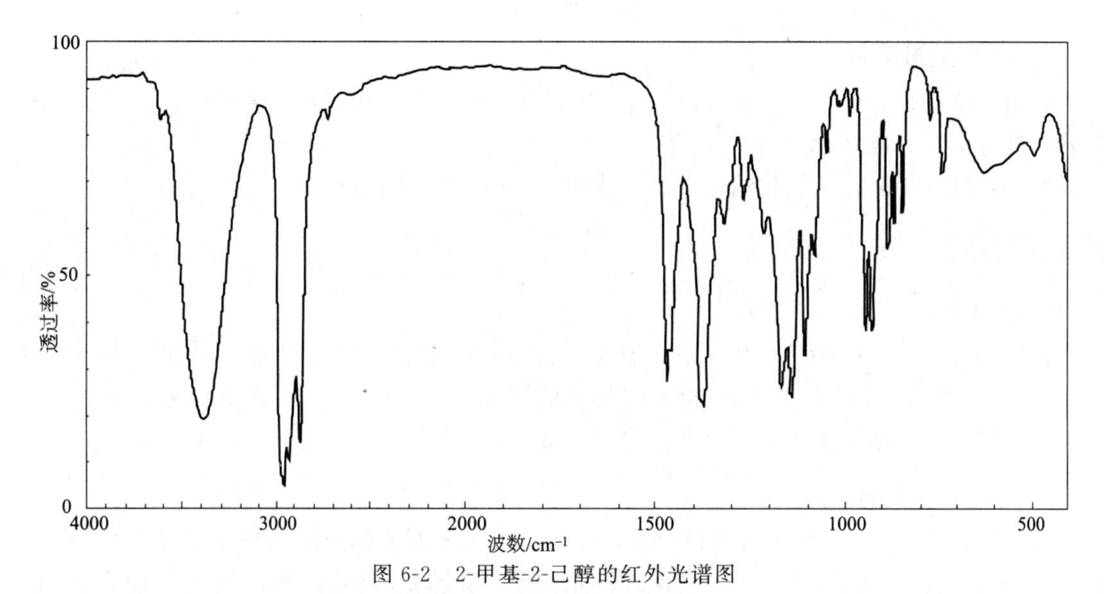

图 6-2　2-甲基-2-己醇的红外光谱图

（3）所用的丙酮应事先用无水碳酸钾干燥处理，正溴丁烷应用无水氯化钙干燥。

（4）反应的全过程应控制好滴加速度，使反应平稳进行。

（5）干燥剂用量应合理，且将产物醚溶液干燥完全。

六、思考题

（1）实验中，将 Grignard 试剂与加成物反应水解前各步中，为什么使用的药品、仪器均需绝对干燥？应采取什么措施？

（2）反应若不能立即开始，应采取什么措施？

（3）实验中有哪些可能的副反应？应如何避免？

实验十六　呋喃甲醇和呋喃甲酸的制备

一、实验目的

（1）学习呋喃甲醛在浓碱条件下反应制得相应的醇和酸的原理和方法，了解 Cannizzaro 反应的特点。

（2）了解芳香族杂环衍生物的性质。

（3）熟悉分步纯化过程和萃取、蒸馏、重结晶等基本操作。

二、实验原理

Cannizzaro 反应：在浓的强碱作用下，不含 α-活泼氢的醛类可以发生分子间自身氧化还原反应，其中一分子醛被氧化成酸，另一分子醛被还原为醇。

本实验是以呋喃甲醛和 NaOH 作用，从而制备呋喃甲醇和呋喃甲酸。反应式为：

$$\text{(O)—CHO} + \text{NaOH} \longrightarrow \text{(O)—CH}_2\text{OH} + \text{(O)—COONa}$$

$$\text{(O)—COONa} + \text{HCl} \longrightarrow \text{(O)—COOH} + \text{NaCl}$$

三、实验仪器和试剂

仪器：烧杯，分液漏斗，50mL圆底烧瓶，空气冷凝管，尾接管，锥形瓶，冰水浴，电热套，抽滤装置，温度计（250℃）等。

试剂：呋喃甲醛，氢氧化钠，乙醚，盐酸（25%），无水硫酸镁。

四、实验步骤

1. 混合反应

称取8g NaOH于250mL烧杯中，加入12mL水搅拌溶解。将烧杯置于冰水浴中冷却至约5℃，不断搅拌下滴加16.6mL新蒸馏的呋喃甲醛（约20min），将反应温度控制在8～12℃。滴加完毕，继续于冰水浴中搅拌约20min，反应即可完成，得奶黄色浆状物。

2. 分离收集呋喃甲醇

在搅拌下加入约16mL水至固体全溶，将溶液转入分液漏斗中用乙醚分四次萃取（每次15mL），合并有机层（保留水层进行后续步骤），加无水硫酸镁干燥后，用冰浴低温蒸馏乙醚，蒸完乙醚后，改用空气冷凝管升温蒸出呋喃甲醇，收集169～172℃的馏分。产量约7～8g。

3. 制备呋喃甲酸

经乙醚萃取后的水溶液用约25%盐酸（约需18～20mL）酸化至pH值为2～3，冷却后析出晶体，充分抽滤结晶，并用少量水洗涤晶体1～2次得粗产品。

4. 重结晶

粗产品加入适量的水结晶，抽滤，干燥得白色针状或片状结晶。产品约8g。

五、注意事项

（1）反应在两相间进行，必须充分搅拌。（搅拌后呈深红色，可能是溶液温度较高，也可能是呋喃甲醛未完全反应；若无黄色桨状物出现，应先停止加呋喃甲醛），控制反应温度，同时不停搅拌至有黄色浆状物产生，方可继续滴加，否则反应体系中累积大量的呋喃甲醛，一旦反应，会使温度急剧上升，反应难于控制，反应物变成深红色。

（2）反应温度的控制：温度低于8℃，则反应太慢；若高于12℃，则反应温度极易上升难于控制，反应物会变成深红色。

（3）溶解固体时，加水应适量。

（4）酸化时盐酸的用量。酸必须要加够，以保证pH为3左右，否则呋喃甲酸不能充分游离出来，所以酸化是影响呋喃甲酸收率的关键。

（5）在蒸馏乙醚时，因其沸点低，易挥发，易燃，蒸气可使人失去知觉，所以要注意：①蒸馏前要检查仪器各接口安装得是否严密；②应在水浴上进行蒸馏，切忌直接用火焰加热。

（6）重结晶呋喃甲酸时，不要长时间加热回流，否则部分呋喃甲酸将被破坏，出现焦油状物。

六、思考题

（1）根据什么原理来分离呋喃甲醇和呋喃甲酸？

（2）在反应过程中析出的黄色浆状物是什么？

（3）为何呋喃甲酸为无色针状晶体，而实验得到的为黄色固体并混有黑色？如何除去？

实验十七　醇和酚的性质

一、实验目的

（1）掌握醇、酚的化学性质。

（2）熟悉醇、酚的鉴别方法。

二、实验仪器和试剂

仪器：试管，胶头滴管，烧杯，洗耳球，玻璃棒，吸量管，pH 试纸等。

试剂：甲醇，乙醇，正丁醇，仲丁醇，叔丁醇，戊醇，$KMnO_4$（1%，0.5%），浓硫酸，苯酚，饱和溴水，1% KI，苯，5% Na_2CO_3，$FeCl_3$ 等。

三、实验步骤

1. 醇的性质

（1）比较醇的同系物在水中的溶解度　四支试管中分别加入甲醇、乙醇、正丁醇、戊醇各 10 滴，振荡观察溶解情况，如已溶解则再加 10 滴样品观察，从而可得出什么结论？

（2）醇的氧化：正丁醇、仲丁醇、叔丁醇　于三支试管中各装入 2 滴样品，分别加入 5 滴 1% $KMnO_4$ 溶液和 1 滴浓硫酸，观察现象，得出什么结论？

2. 酚的性质

（1）苯酚的酸性　在试管中盛放苯酚的饱和水溶液 6mL，用玻璃棒蘸取一滴于 pH 试纸上检验其酸性。

（2）苯酚与溴水作用　在两支试管中加入 2 滴苯酚饱和水溶液，一支加 2mL 纯水稀释，另一支加 2mL 自来水，然后在两支试管中逐滴滴入饱和溴水至淡黄色，将混合物煮沸 1～2min，冷却，再加入 1% KI 溶液数滴及 1mL 苯，用力振荡，观察现象。

（3）苯酚的氧化　取苯酚饱和水溶液 3mL，置于干燥的试管中，加 5% Na_2CO_3 溶液 0.5mL 及 0.5% $KMnO_4$ 溶液 1mL，振荡，观察并记录现象。

（4）苯酚与 $FeCl_3$ 作用　取苯酚饱和水溶液 2 滴，放入试管中，加入 2mL 水，并逐滴滴入 $FeCl_3$ 溶液，观察颜色变化。

四、思考题

（1）醇和钠反应为何要用干燥试管和无水乙醇？

（2）卢卡斯试剂可以鉴别伯醇、仲醇和叔醇，如何根据反应现象进行判别？

（3）如何证明苯酚具有弱酸性？

（4）苯酚为什么溶解于氢氧化钠而不溶于碳酸氢钠溶液？

实验十八　醛和酮的性质

一、实验目的

（1）掌握醛、酮的化学性质。

（2）熟悉醛、酮的鉴别方法。

二、实验仪器和试剂

仪器：试管，胶头滴管，烧杯，冰水浴，水浴锅等。

试剂：乙醛，丙酮，苯甲醛，苯乙酮，2,4-二硝基苯肼试剂，饱和亚硫酸氢钠溶液，5%丙酮溶液，95%乙醇，异丙醇，5%氢氧化钠，2% $AgNO_3$，I_2- KI溶液。

三、实验步骤

1. 2,4-二硝基苯肼试验

① 取2mL 2,4-二硝基苯肼试剂于4支试管中，分别加2～3滴样品（乙醛，丙酮，苯甲醛，苯乙酮）。

② 振荡、观察现象。

③ 若无现象，静置几分钟后再观察。

2. 亚硫酸氢钠的加成

① 在2支试管中各加2mL饱和亚硫酸氢钠溶液。

② 再分别加入1mL纯丙酮和5%丙酮溶液，振荡，把试管放在冰水中冷却，观察现象。

3. 碘仿反应

① 将5滴样品（乙醛，丙酮，95%乙醇，异丙醇，苯乙酮）分别加入5支试管中，加1mL I_2- KI溶液，再滴加5%氢氧化钠溶液至红色消失为止，观察现象。

② 如出现白色乳浊液，把试管放到水浴中温热至50～60℃，再观察。

4. 银镜反应

① 在洁净的试管中放入2 mL 2%硝酸银溶液，加1小滴5%氢氧化钠溶液，一边振荡试管一边滴加2%氨水，直到产生的沉淀恰好溶解为止。

② 滴加2滴样品（乙醛，丙酮，苯甲醛），静置几分钟后观察现象。

③ 若无变化，在水浴中温热至50～60℃，再观察。

5. 斐林试剂试验

① 把1mL斐林试剂Ⅰ和1mL斐林试剂Ⅱ在试管里混合均匀，分装到3支试管中，分别加入3～5滴样品（乙醛，丙酮，苯甲醛）。

② 振荡后，把试管放在沸水中加热，观察现象。

四、思考题

（1）在亚硫酸钠加成反应中，为什么一定要使用饱和亚硫酸氢钠溶液，而且必须新配制？

（2）怎样用化学方法区别醛和酮以及芳香醛和脂肪醛？

（3）哪些物质有碘仿反应？进行碘仿反应时应注意什么？

（4）进行银镜反应应注意什么？

实验十九　糖的性质

一、实验目的

（1）掌握糖的化学性质。

（2）熟悉糖的鉴别方法。

二、实验仪器和试剂

仪器：试管，烧杯，滴管，水浴锅等。

试剂：2%葡萄糖，2%果糖，2%麦芽糖，2%蔗糖，0.1%碘液，1%淀粉溶液，托伦试剂，间苯二酚的盐酸溶液。

三、实验内容

1. 糖的还原性

与托伦试剂反应：取4支试管，各加入托伦试剂1mL，然后分别加入4滴2%葡萄糖、2%果糖、2%蔗糖、2%麦芽糖溶液，摇匀，将试管同时50～60℃水浴中加热，观察有无银镜产生。

2. 糖的颜色反应

Seliwanoff反应：取试管4支，分别加入Seliwanoff试剂（间苯二酚的盐酸溶液）各1mL，再加入2%葡萄糖、2%果糖、2%蔗糖，2%麦芽糖溶液各5滴，摇匀后同时放入沸水浴中加热，仔细观察比较各试管中溶液出现红色的先后顺序。

3. 淀粉的碘试验

在试管中加入10滴1%淀粉溶液，再加入1滴0.1%碘溶液，观察现象。将试管放入沸水中加热5～10min，观察现象并记录。取出冷却后，观察结果。

四、思考题

（1）如何区别葡萄糖和蔗糖？

（2）哪些糖具有还原性？为什么？

实验二十　肉桂酸的制备（Perkin反应）

一、实验目的

（1）了解肉桂酸的制备原理和方法。

（2）掌握水蒸气蒸馏的原理、应用和装置。

（3）巩固回流、热过滤、重结晶等基本操作。

二、实验原理

肉桂酸又名β-苯丙烯酸，通常以反式形式存在，为无色晶体，熔点133℃。肉桂酸是香料、化妆品、医药、农药、塑料和感光树脂等的重要原料。

实验室里常用（Perkin）反应来合成。芳香醛和酸酐在碱性催化剂的作用下，可以发生类似羟醛缩合的反应，生成α,β-不饱和芳香酸，这个反应称为Perkin反应。催化剂通常是相应酸酐的羧酸的钾或钠盐，也可以用碳酸钾或叔胺。柏琴法制肉桂酸具有原料易得、反应条件温和、分离简单、产率高、副反应少等优点。反应式为：

$$C_6H_5{-}CHO + (CH_3CO)_2O \xrightarrow[170\sim180^\circ C]{CH_3COOK} C_6H_5{-}CH{=}CH{-}COOH + CH_3COOH$$

$$(CH_3CO)_2O+CH_3COOK \rightleftharpoons [^-CH_2CO_2COCH_3 \rightleftharpoons CH_2{=}\overset{\overset{\displaystyle O^-}{|}}{O}COCH_3]$$

$$\xrightleftharpoons{C_6H_5CHO} C_6H_5CH\langle{}^{O^- --- C(=O)CH_3}_{CH_2-C(=O)}\rangle O \rightleftharpoons C_6H_5\overset{\curvearrowright OCOCH_3}{CH}-\underset{H}{\overset{\curvearrowleft}{CH}}-C(=O)O^- \longrightarrow \underset{H}{\overset{C_6H_5}{}}\!\!>C{=}C<\!\!\underset{COO^-}{\overset{H}{}}$$

三、实验仪器和试剂

仪器：圆底烧瓶，空气冷凝管，油浴，水蒸气蒸馏装置，抽滤装置，锥形瓶等。

试剂：苯甲醛，乙酸酐，无水乙酸钾，乙醇（3∶1），无水碳酸钾，碳酸钠，浓盐酸，10%氢氧化钠溶液，活性炭等。

四、实验步骤

实验方法一：用无水乙酸钾作缩合试剂

在100mL圆底烧瓶中，混合3g无水乙酸钾、7.5mL乙酸酐和5mL苯甲醛，在油浴中小火加热回流1.5～2h。

反应完毕后，将反应物趁热倒入500mL圆底烧瓶中，并以少量沸水冲洗反应瓶几次，使反应物全部转移至500mL烧瓶中。加入适量的固体碳酸钠（约需6g），使溶液呈微碱性，进行水蒸气蒸馏（蒸去什么?）至馏出液无油珠为止。

残留液加入少量活性炭，煮沸数分钟趁热过滤。在搅拌下往热滤液中小心加入浓盐酸呈酸性。冷却，待结晶全部析出后，抽滤收集，以少量冷水洗涤，干燥，产量约4g。可在热水或3∶1的稀乙醇中进行重结晶，熔点131.5～132℃。

纯肉桂酸（反式）为白色片状结晶，熔点133℃。称重，计算产率，测熔点。

实验方法二：用无水碳酸钾作缩合试剂

在250mL圆底烧瓶中，混合7g无水碳酸钾，5mL苯甲醛和14mL乙酸酐，将混合物在170～180℃的油浴中加热回流45min。由于有二氧化碳逸出，最初反应会出现泡沫。

冷却反应混合物，加入40mL水浸泡几分钟，用玻璃棒或不锈钢刮刀轻轻捣碎瓶中的固体，进行水蒸气蒸馏（蒸去什么？），直至无油状物蒸出为止。将烧瓶冷却后，加入40mL 10%氢氧化钠水溶液，使生成的肉桂酸形成钠盐而溶解。再加入90mL水，加热煮沸后加入少量活性炭脱色，趁热过滤。待滤液冷至室温后，在搅拌下小心加入20mL浓盐酸和20mL水的混合液，至溶液呈酸性。冷却结晶，抽滤析出的晶体，并用少量冷水洗涤，干燥后称重，粗产物约4g。可用3∶1的稀乙醇重结晶。将重结晶后的产品称重，计算产率，测熔点。

五、注意事项

(1) 乙酸酐遇水易水解，催化剂无水乙酸钾（钠）易吸水，故要求反应器是干燥的。

（2）放久的乙酸酐，易吸潮水解成乙酸，影响产率；苯甲醛放久后易氧化生成苯甲酸，影响产率，苯甲酸混在产物中不易除净，故乙酸酐和苯甲醛在使用前一定要预先蒸馏。

（3）无水乙酸钾等催化剂必须是新熔融的。它的吸水性很强，操作时要快。无水乙酸钾的干燥程度，对反应能否顺利进行、产率的提高都有较明显的影响。

（4）缩合反应宜缓慢升温，以防苯甲醛氧化。反应开始后，由于逸出二氧化碳，有泡沫出现，随着反应的进行，会自动消失。加热回流，控制反应呈微沸状态，如果反应液剧烈沸腾，易使乙酸酐蒸出影响产率。（控制火焰的大小至刚好回流，以防产生的泡沫冲至冷凝管）。

（5）在反应温度下长时间加热，肉桂酸脱羧成苯乙烯，进而生成苯乙烯低聚物。

（6）进行酸化时要慢慢加入浓盐酸，一定不要加入太快，以免产品冲出烧杯造成产品损失。

（7）肉桂酸要结晶彻底，不能用太多水洗涤产品。

（8）用水蒸气蒸馏时，蒸至馏出液无油珠为止。水蒸气蒸馏的具体操作方法及注意事项见 3.4.8 。

六、思考题

（1）为什么乙酸酐和苯甲醛要在实验前重新蒸馏才能使用？

（2）简述此反应的机理，并说明此反应中醛的结构特点。

（3）苯甲醛和丙酸酐在无水丙酸钾催化下，能得到什么产物？写出反应式。

实验二十一　设计性实验

一、实验目的

（1）进一步巩固和加深所学知识，培养和锻炼学生的独立操作能力。

（2）学会查阅相关的文献、资料。

（3）运用所学的有机合成手段，合成所需要的有机化合物。

（4）运用合适的分离手段，对制备的有机化合物进行分离和提纯。

（5）学会根据反应条件、产物及反应物的性质设计实验装置。

（6）掌握探索最佳反应条件的基本方法。

二、设计实验内容

（1）根据准备情况和学生的具体情况布置课题。

（2）通过查阅文献，了解目标化合物的主要应用、常用合成方法以及常用的催化剂。

（3）根据实验室的现有条件，设计合成指定的目标化合物。

① 掌握合成原理、主副反应、产物（含副产物）的有关性能（如溶解度、熔点、沸点）。

② 设计合成方法（包括合成路线、使用的原料与试剂、仪器的选用、操作条件的控制、主副产物的分离、产品的精制、鉴定等），确定反应的基本条件和实验步骤。

③ 绘制合成实验装置简图。

④ 设计条件实验，确定最佳反应条件。

(4) 设计方案经指导教师审定后，学生独立进行实验。实验用量最好半微量或进行微型实验。

(5) 实验结束后写出实验报告交教师批阅。

三、设计选题

(1) 1 昆虫信息素 2-庚酮的合成（3-丁酮酸乙酯合成法）

(2) 5-丁基巴比妥酸的合成（丙二酸酯合成法）

(3) 植物生长调节剂的合成

(4) 对氨基苯环酰胺（磺胺）的合成

(5) 局部麻醉剂苯佐卡因的合成

(6) 双酚 A 的合成

(7) 苯亚甲基丙酮的合成

(8) 席夫碱及其铜配合物的合成

(9) 乙酸异戊酯的绿色合成

(10) *N*,*N*-二乙基间甲苯甲酰胺的合成

(11) 从橘子皮中提取香橙油

(12) 从槐花米中提取芦丁

(13) 从黄连中提取黄连素、儿茶素和咖啡因

(14) 苯胺、苯酚、苯甲酸的分离

第 7 章

物理化学实验

实验一　恒温槽的装配及性能测试

一、实验目的

（1）了解恒温水浴的构造及其工作原理，学会恒温水浴的装配技术。

（2）测绘恒温水浴的灵敏度曲线。

二、实验原理

恒温控制可分为两类，一类是利用物质的相变点温度来获得恒温，但温度的选择受到很大限制；另外一类是利用电子调节系统进行温度控制，此方法控温范围宽，可以任意调节设定温度。

恒温槽是实验工作中常用的一种以液体为介质的恒温装置，根据温度控制范围，可用以下液体介质：−60～30℃用乙醇或乙醇水溶液；0～90℃用水；80～160℃用甘油或甘油水溶液；70℃～300℃用液体石蜡、汽缸润滑油、硅油。

恒温槽由浴槽、电接点温度计、继电器、加热器、搅拌器和温度计组成，见图7-1。继电器必须和电接点温度计、加热器配套使用。电接点温度计是一支可以导电的特殊温度计，又称为导电表。当温度升高时，毛细管中水银柱上升与一金属丝接触，两电极导通，使继电器线圈中电流断开，加热器停止加热；当温度降低时，水银柱与金属丝断开，继电器线圈电流通过，使加热器线路接通，温度又回升。如此不断反复，使恒温槽控制在一个微小的温度区间波动，被测体系的温度也就限制在一个相应的微小区间内，从而达到恒温的目的。

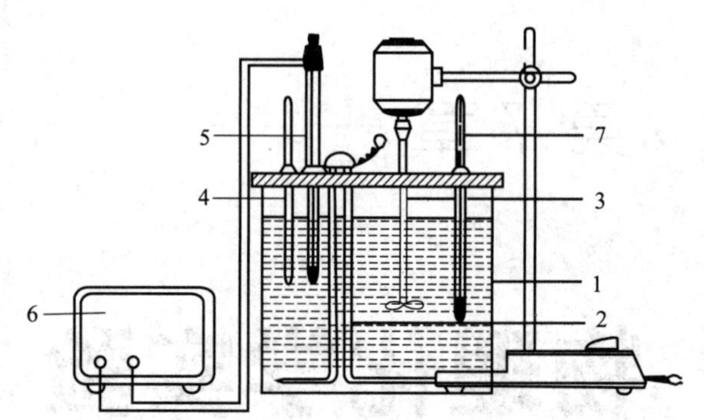

图7-1　恒温槽的装置示意图

1—浴槽；2—加热器；3—搅拌器；4—水银温度计；5—电接点温度计（导电表）；6—继电器（控制器）；7—贝克曼温度计

恒温槽的温度控制装置属于“通”“断”类型，当加热器接通后，恒温介质温度上升，热量的传递使水银温度计中的水银柱上升。但热量的传递需要时间，因此常出现温度传递的滞后，往往是加热器附近介质的温度超过设定温度，使恒温槽的温度超过设定温度。同理，降温时也会出现滞后现象。由此可知，恒温槽控制的温度有一个波动范围，并不是控制在某一固定不变的温度。控温效果可以用灵敏度 Δt 表示：

$$\Delta t = \pm \frac{t_1 - t_2}{2}$$

式中，t_1 为恒温过程中水浴的最高温度；t_2 为恒温过程中水浴的最低温度。

三、实验仪器与试剂

仪器：SYP型玻璃恒温水浴1套（包括加热器和搅拌器），继电器（SWQP数字控温仪或SWQ智能数字恒温控制器）。

四、实验步骤

（1）接好线路，经过教师检查无误，接通电源，将 SWQP 数字控温仪或 SWQ 智能数字恒温控制器设定温度为 40℃，贝克曼温度计“基温选择”为 40℃，使加热器加热、搅拌器搅拌。

（2）作灵敏度曲线：读取恒温过程中的最高温度和最低温度各 20 次。

（3）如有时间可改变设定温度，重复上述步骤。

（4）结果处理。

① 将时间、温度读数记入表 7-1。

表 7-1　时间-温度数据记录表

时间									
温度									

② 绘出温度-时间曲线。

③ 求出该套设备的控温灵敏度。

五、思考题

（1）组成恒温槽的主要部件有哪些？它们的作用各如何？

（2）影响恒温槽灵敏度的因素主要有哪些？做简要分析。

附：相关仪器的使用

（1）浴槽　玻璃和金属两种，起保温作用，包括容器和液体介质，介质的流动性好，传热性能就好，控温灵敏度就高。若设定的温度较高或较低，则应对整个槽体保温，以减少热量传递，提高恒温精度。

（2）加热器选择原则　热容小、导热性能好、功率适当，室温过低时，应选用较大功率或采用两组加热器。

（3）搅拌器　安装在加热器附近，使热量迅速传开，速率应足够大，保证恒温槽内温度均匀。

（4）温度计　测定实际温度，安装应尽量靠近被测系统，温度计读数应加以校正。

（5）电接点温度计（导电表）　感温元件，热容小，对温度变化敏感，灵敏度高，要靠近加热器。

（6）继电器　必须与加热器和电接点温度计相连，才能起到控温作用，磁铁、弹簧片有滞后。

（7）贝克曼温度计　测定灵敏，安装应尽量靠近被测系统，温度计读数应校正。

实验二　黏度法测定水溶性高聚物分子量

一、实验目的

（1）测定多糖聚合物——聚乙二醇的平均分子量。

（2）掌握用乌贝路德黏度计测定黏度的原理和方法。

二、实验原理

黏度是指液体对流动所表现的阻力，这种力反抗液体中邻接部分的相对移动，因此可看作是一种内摩擦。图 7-2 是液体流动的示意图。当相距为 ds 的两个液层以不同速度（υ 和 $\upsilon+d\upsilon$）移动时，产生的流速梯度为$\frac{d\upsilon}{ds}$。当建立平稳流动时，维持一定流速所需的力（即液体对流动的阻力）f'与液层的接触面积 A 以及流速梯度$\frac{dv}{ds}$成正比：

$$f'=\eta A\frac{dv}{ds} \tag{7-1}$$

若以 f 表示单位面积液体的黏滞阻力，$f=f'/A$，则

$$f=\eta\frac{dv}{ds} \tag{7-2}$$

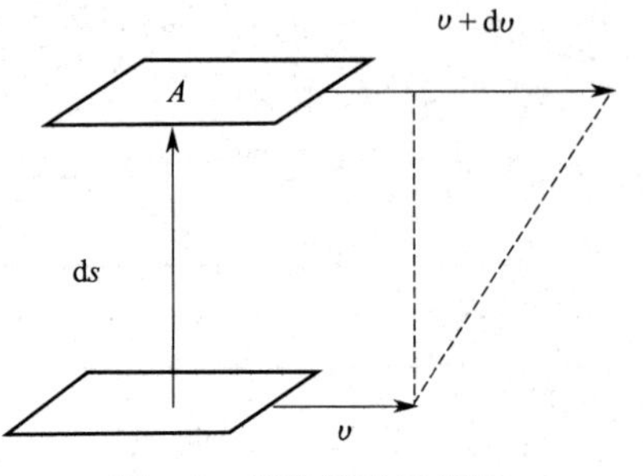

图 7-2 液体流动示意图

上式称为牛顿黏度定律表示式，其比例常数 η 称为黏度系数，简称黏度，单位为 Pa·s。

高聚物在稀溶液中的黏度，主要反映了液体在流动时存在的内摩擦。其中因溶剂分子之间的内摩擦表现出来的黏度叫纯溶剂黏度，记作 η_0；此外还有高聚物分子之间的内摩擦，以及高分子与溶剂分子之间的内摩擦，三者之总和表现为溶液的黏度 η_0。在同一温度下，一般来说，$\eta>\eta_0$。相对于溶剂，其溶液黏度增加的分数，称为增比黏度，记作 η_{sp}，即

$$\eta_{sp}=\frac{\eta-\eta_0}{\eta_0} \tag{7-3}$$

而溶液黏度与纯溶剂黏度的比值称为相对黏度，记作 η_r，即

$$\eta_r=\frac{\eta}{\eta_0} \tag{7-4}$$

η_r 也是整个溶液的黏度行为，η_{sp} 则意味着已扣除了溶剂分子之间的内摩擦效应。两者关系为

$$\eta_{sp}=\frac{\eta-\eta_0}{\eta_0}=\frac{\eta}{\eta_0}-1=\eta_r-1 \tag{7-5}$$

对于高分子溶液，增比黏度 η_{sp} 往往随溶液浓度 c 增加而增加。为了便于比较，将单位浓度下所显示出的增比黏度，即 η_{sp}/c 称为比浓黏度；而 $\ln\eta_{sp}/c$ 称为对数黏度。η_r 和 η_{sp} 都是无量纲的量。

为了进一步消除高聚物分子之间的内摩擦效应，必须将溶液浓度无限稀释，使得每个高聚物分子彼此相隔极远，其相互干扰可以忽略不计。这时溶液所呈现出的黏度行为基本上反映了高分子与溶剂分子之间的内摩擦。这一黏度的极限值记为

$$\lim_{c\to 0}\frac{\eta_{sp}}{c}=[\eta] \tag{7-6}$$

[η] 被称为特性黏度，其值与浓度无关。实验证明，当聚合物、溶剂和温度确定以后，[η] 的数值只与高聚物平均分子量$\overline{M}$ 有关，它们之间的半经验关系可用 Mark Houwink 方程式表示：

$$[\eta]=K\overline{M}^{\alpha} \tag{7-7}$$

式中，K 是比例常数；α 是与分子形状有关的经验常数。它们都与温度、聚合物、溶剂性质有关，在一定的分子量范围内与分子量无关。

K 和 α 的数值，只能通过其他绝对方法确定，例如渗透压法、光散射法等。黏度法只能测定 [η]，从而求算出 $\overline{M}$。

测定液体黏度的方法主要有三类：

① 用毛细管黏度计测定液体在毛细管里的流出时间；

② 用落球式黏度计测定圆球在液体里的下落速度；

③ 用旋转式黏度计测定液体与同心轴圆柱体相对转动的情况。

测定高分子的 [η] 时，用毛细管黏度计最为方便。当液体在毛细管黏度计内因重力作用而流出时遵守泊肃叶定律：

$$\frac{\eta}{\rho}=\frac{\pi hgr^4t}{8lV}-\frac{mV}{8\pi lt} \tag{7-8}$$

式中，ρ 是液体的密度；l 是毛细管长度；r 是毛细管半径；t 是流出时间；h 是流经毛细管液体的平均液柱高度；g 为重力加速度；V 是流经毛细管的液体体积；m 是与仪器的几何形状有关的常数，在 $\frac{r}{l}\ll 1$ 时，可取 $m=1$。

对某一支指定的黏度计而言，令 $\alpha=-\frac{\pi hgr^4}{8lV}$，$\beta=\frac{mV}{8\pi l}$，则式(7-8) 可改写为

$$\frac{\eta}{\rho}=\alpha t-\frac{\beta}{t} \tag{7-9}$$

式中 $\beta<1$，当 $t>100\text{s}$ 时，式(7-9) 右边第二项可以忽略。设溶液的密度 ρ 与溶剂密度 ρ_0 近似相等。这样，通过测定溶液和溶剂的流出时间 t 和 t_0，就可求算 η_r：

$$\eta_r=\frac{\eta}{\eta_0}=\frac{t}{t_0} \tag{7-10}$$

进而可计算得到 η_{sp} 和 η_{sp}/c。配制一系列不同浓度的溶液分别进行测定，以 η_{sp}/c 和 $\ln\eta_{sp}/c$ 为纵坐标，c 为横坐标作图，得两条直线，分别外推到 $c=0$ 处，其截距即为 [η]，代入式(7-7)（K、α 已知），即可得到 $\overline{M}$，见图 7-3。

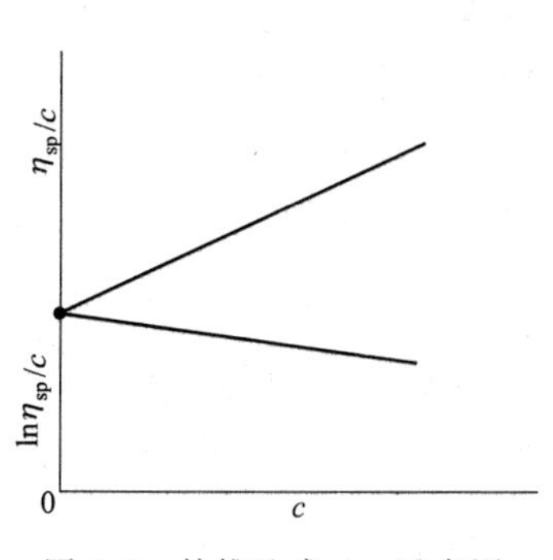

图 7-3 外推法求 η_{sp} 示意图

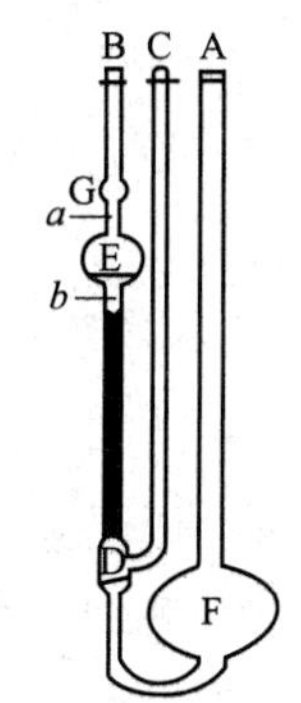

图 7-4 乌氏黏度计

三、实验仪器与试剂

仪器：乌氏黏度计 1 支，电子天平，容量瓶（50mL），移液管（5mL、10mL），恒温水浴（1 套），秒表，锥形瓶（100mL），烧杯（50mL），3 号砂芯漏斗 1 只，吸滤瓶（250mL）1 只，洗耳球 1 只。

试剂：聚乙二醇（分析纯），铬酸洗液。

四、实验步骤

1. 溶液配制

用电子天平准确称取 1.25g 聚乙二醇样品，倒入预先洗净的 50mL 烧杯中，加入约 30mL 蒸馏水，在水浴中加热溶解至溶液完全透明，取出自然冷却至室温，再将溶液移至 50mL 的容量瓶中，并用蒸馏水稀释至刻度。然后用预先洗净并烘干的 3 号砂芯漏斗过滤，

装入 100mL 锥形瓶中备用。

2. 黏度计的洗涤

先将洗液灌入黏度计内，并使其反复流过毛细管部分。然后将洗液倒入专用瓶中，再顺次用自来水、过滤过的蒸馏水洗涤干净。容量瓶、移液管也都应仔细洗净。

3. 溶剂流出时间 t_0 的测定

开启恒温水浴，恒温至 35℃，并将黏度计（图 7-4）垂直安装在恒温水浴中（G 球及以下部位均浸在水中），用移液管吸取 10mL 过滤过的蒸馏水，从 A 管注入黏度计 F 球内，在 C 管的上端套上干燥清洁的橡皮管，并用夹子夹住 C 管上的橡皮管下端，使其不通大气。用洗耳球在 B 管的上端吸气，将水从 F 球经 D 球、毛细管、E 球抽至 G 球中部，取下洗耳球，同时松开 C 管上的夹子，使其通大气。此时水顺毛细管流下，当凹液面最低处流经刻度 a 线时，立刻按下秒表开始计时，至 b 处停止计时。记下液体流经 a、b 之间所需的时间。重复测定三次，偏差小于 0.2s，取其平均值，即为 t_0 值。

4. 溶液流出时间的测定

取出黏度计，倾去其中的水，用丙酮润洗后，将丙酮倒入回收瓶，再用烘箱烘干。用移液管吸取已预先恒温好的溶液 10mL，注入黏度计内，同上法，安装黏度计，测定溶液的流出时间 t 值。

然后依次加入 2.00mL、3.00mL、5.00mL、10.00 mL 蒸馏水。每次稀释后都要用稀释液抽洗黏度计的 E 球，使黏度计内各处溶液的浓度相等，按同样方法进行测定。

五、数据处理

① 根据实验对不同浓度的溶液测得的相应流出时间，计算 η_{sp}、η_r、η_r/c 和 $\ln\eta_{sp}/c$。

② 用 η_{sp}/c 对浓度 c 作图，得一直线，外推至 $c=0$ 处，求出 $[\eta]$。

③ 将 $[\eta]$ 值代入式(7-7)，计算 $\overline{M}$。

④ 35℃时，聚乙二醇水溶液的参数 $K=1.66\times10^{-2}\ cm^3\cdot g^{-1}$，$a=0.82$。

六、思考题

（1）乌氏黏度计中的支管 C 有什么作用？除去支管 C 是否仍可以测黏度？

（2）评价黏度法测定高聚物分子量的优缺点，指出影响测定结果准确性的因素。

（3）为什么黏度计必须垂直置入恒温槽中？

实验三 燃烧热的测定

一、实验目的

（1）氧弹热量计测定萘的燃烧热。

（2）明确燃烧热的定义，了解恒容燃烧热、恒压燃烧热的差别。

（3）了解热量计中主要部分的作用，掌握氧弹热量计的实验技术。

（4）学会雷诺图解法校正温度改变值。

二、实验原理

1. 燃烧与量热

根据热化学的定义，1mol 物质完全氧化时的反应热称作燃烧热。所谓完全氧化，对燃烧产物有明确的规定。譬如，有机化合物中的碳氧化成一氧化碳不能认为是完全氧化，只有氧化成二氧化碳才可以认为是完全氧化。

燃烧热的测定，除了有其实际应用价值外，还可以用于求算化合物的生成热、键能等。

量热法是热力学的一个基本实验方法。在恒容或恒压条件下可以分别测得恒容燃烧热 Q_V 或恒压燃烧热 Q_p。由热力学第一定律可知，Q_V 等于体系热力学能变 ΔU；Q_P 等于其焓变 ΔH。若把参加反应的气体和反应生成的气体都作为理想气体处理，则它们之间存在以下关系：

$$\Delta H = \Delta U + \Delta(pV) \tag{7-11}$$

$$Q_p = Q_V + RT\Delta n_g \tag{7-12}$$

式中，Δn_g 为反应物和生成物中气体的物质的量之差；R 为气体常数；T 为反应时的热力学温度。

热量计的种类很多，本实验所用氧弹热量计是一种环境恒温式的热量计。氧弹热量计的安装如图 7-5，氧弹剖面图如图 7-6。

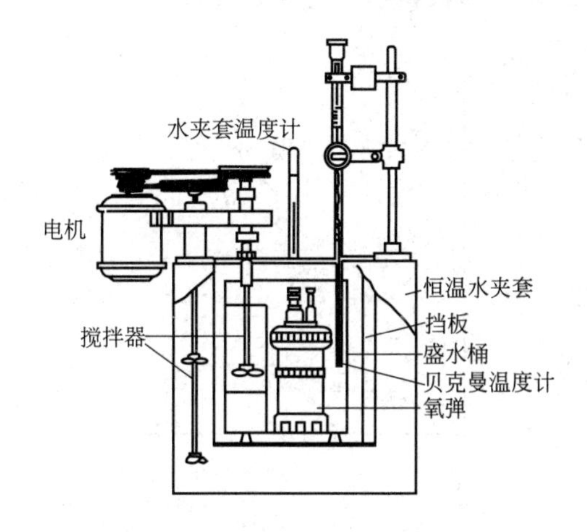

图 7-5　氧弹热量计安装示意图

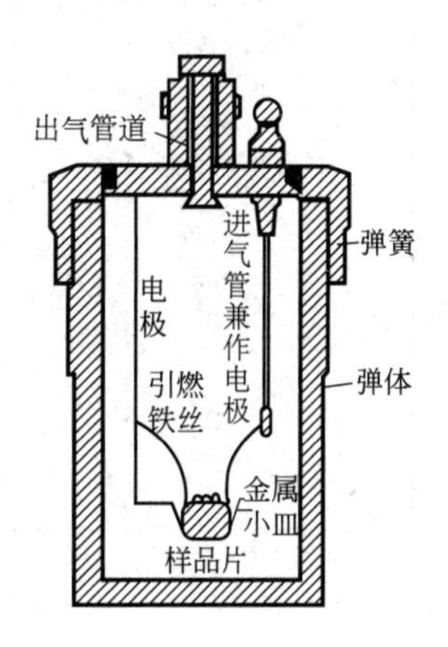

图 7-6　氧弹剖面图

2. 氧弹热量计

氧弹热量计的基本原理是能量守恒定律。样品完全燃烧所释放的能量，使氧弹本身及其周围的介质等与热量计有关的附件温度升高。测量介质在燃烧前后温度的变化值，就可求算该样品的恒容燃烧热。

本实验采用智能型燃烧热量计测量蔗糖的燃烧热。测量的基本原理是将一定量的待测物质放在氧弹中充分燃烧，燃烧释放出的热量使氧弹本身及氧弹周围介质（包括水、桶、搅拌器等）的温度升高。所以通过测定燃烧前后量热计温度的变化值，就可以算出该样品的燃烧热，关系式如下：

$$\frac{m}{M} \times Q_V = W_r \Delta T - Q_d m_d \tag{7-13}$$

式中，m 和 M 分别为样品的质量和摩尔质量；Q_V 为样品的恒容燃烧热；m_d 和 Q_d 是引燃用铁丝的质量和单位质量燃烧热；W_r 为系统（氧弹本身及氧弹周围介质包括水、桶、搅拌器等）的热容；ΔT 为样品燃烧前后水温的变化值。

为了保证样品完全燃烧，氧弹中须充以高压氧气或其他氧化剂。因此氧弹应有很好的密封性能，耐高压且耐腐蚀。氧弹放在一个与室温一致的恒温套壳中。盛水桶与套壳之间有一个高度抛光的挡扳，以减少热辐射和空气的对流。

3. 雷诺温度校正图

实际上，热量计与周围环境的热交换无法完全避免，它对温差测量值的影响可用雷诺温度校正图校正。具体方法为：称取适量待测物质，估计其燃烧后可使水温上升 1.50～2.00℃。预先调节水温低于室温 1.00℃左右。按操作步骤进行测定，将燃烧前后观察所得的一系列水温和时间作图，得一曲线如图 7-7。图中 H 点意味着燃烧开始，热传入介质；延长 FA、GD 线并交 ab 线于 A、C 两点，其间的温度差值即为经过校正的 ΔT。图中 $A'A$ 为开始燃烧到温度上升至室温这一段时间 Δt_1 内，环境辐射和搅拌引进的能量所造成的升温，故应予扣除。CC'为由室温升高到最高点 D 这一段时间 Δt_2 内，热量计向环境的热漏造成的温度降低，计算时必须考虑在内。故可认为，AC 两点的差值较客观地表示了样品燃烧引起的升温数值。

在某些情况下，热量计的绝热性能虽良好，热漏很小，但搅拌器功率较大，不断引进的能量使得曲线不出现极高温度点，如图 7-8。此时所采用的校正方法与上述相似。

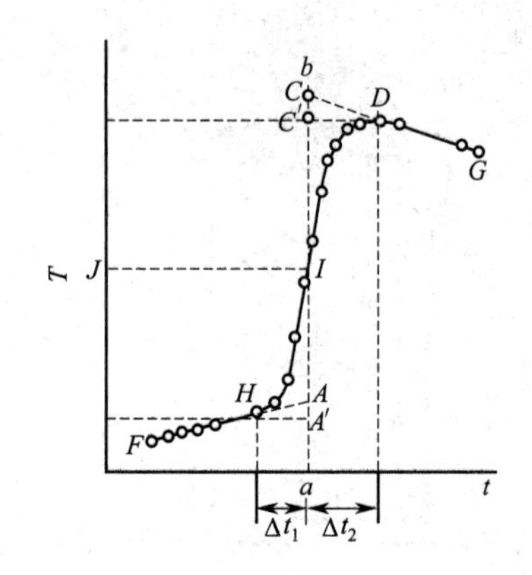

图 7-7　雷诺温度校正图

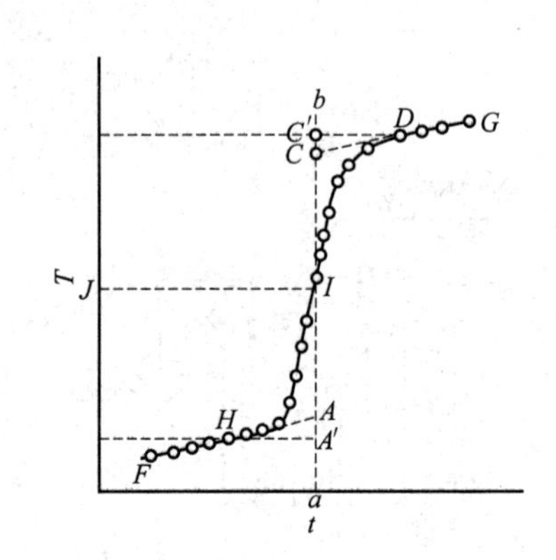

图 7-8　绝热良好情况下的雷诺校正图

三、实验仪器与试剂

仪器：氧弹热量计 1 套，氧气钢瓶 1 只，温度计（0～50℃）1 支，剪刀 1 把，氧气减压阀 1 只，电子天平 1 台，压片机 2 台，烧杯（1000mL）1 只，塑料桶 1 个，燃烧丝，直尺 1 把。

试剂：萘（分析纯），苯甲酸（分析纯）。

四、实验步骤

1. 实验准备步骤

（1）压片

① 将氧弹的内壁和电极下端的不锈钢接线柱擦干净；

② 取约 16cm 长的燃烧丝将其中部绕成螺旋状，可以在签字笔芯上绕制后退出；

③ 燃烧丝两端穿过压模底座上两个小孔，中间螺旋部分留在压模底座上面部分，将压模小心放置在压模底座上；

④ 用天平称取一定量已经磨细的待测样品，倒入装好燃烧丝的压模中；

⑤ 调整好压片杆，使得压片杆自然垂直；

⑥ 片压好后，在电子天平上精确称量，减去燃烧丝的质量即得到样品的质量，装入不锈钢坩埚。

(2) 氧弹头

① 取出氧弹，将放气阀安在氧弹头上，确认放气后拧开氧弹杯盖；

② 把氧弹的弹头放在弹头架上，将装有样品的坩埚放入坩埚架上，把燃烧丝的两端分别卡在氧弹头中的两根电极上，用电极上不锈钢环套压住，用万用表测量两电极间的电阻值。(注意：两电极与坩埚不能相碰)

(3) 充氧

① 使用高压氧气钢瓶时必须严格遵守操作规程；

② 将装好样品的氧弹放置在充氧器下面，氧弹头充氧口对准充氧器的充氧口；

③ 按压手柄，氧气充入氧弹，压力表指示值上升，过程中只要压力值上升即可，不要过度用力；

④ 先充入约 0.5MPa 氧气，然后停止充氧，将氧弹拿回桌面，用放气帽将氧弹里的氧气放掉；

⑤ 重复前两个操作步骤，再充入约 1.5MPa 氧气，再用万用表检查两电极间电阻，变化不大时可以备用。

2. 实验步骤

① 连接电源线、通信线，上盖点火线。启动仪器，预热 5min；

② 取 3000mL 以上蒸馏水，调整其温度，使其低于外筒水温 1K 左右；

③ 将充好氧气的氧弹放入热量器中，氧弹下部放置在支架的中间位置；

④ 用容量瓶取准备好的蒸馏水注入内筒，水面盖过氧弹的肩膀位置，露出电极孔（两电极应保持干燥）（注意：标准样和待测样品注入的水量要保持一致）；

⑤ 如有气泡逸出，说明氧弹漏气，寻找原因，排除；

⑥ 盖上上盖，使得上盖中间电极和氧弹头顶部接触良好，观察点火状态显示，如果点火短路或者是点火断路，则检查氧弹挂丝充氧、上盖电极接触、燃烧丝长度等，直到显示允许点火才可以继续下一步；

⑦ 按面板搅拌按钮，开启搅拌，听到仪器内筒搅拌开始；

⑧ 等待内筒温度上升的时候，开始实验数据的记录；

⑨ 手动记录数据可以设定记录数据的时间间隔，读取右下角锁定好的温度数据；

⑩ 记录 5min 以上的点火前数据，每隔 1min 记录一次数据，按仪器面板点火键点火；

⑪ 如果听到点火继电器吸合，且数十秒钟后内筒温度迅速上升，点火成功，继续实验，如果温度几乎没有变化，点火失败，需要重新进行实验准备，然后再开始；

⑫ 点火后温度上升，每隔 30s 记录一次数据，直到温度变化趋于稳定 2min 以上，记录 8min 以上的平台温度，用于雷诺校正的数据处理；

⑬ 完成后停止数据记录，停止搅拌；

⑭ 放水口连接水管到放水容器，按放水按钮放水，在显示确认放水时再次按下放水按钮，打开放水阀门，将内筒水放干净；

⑮ 打开上盖，取出氧弹，清理内筒，保持清洁；

⑯ 用放气阀放出氧弹内气体，打开氧弹，做残余物称量和氧弹内部清洁，检查样品燃烧是否完全，氧弹中应没有明显的燃烧残渣，若发现黑色残渣，则实验失败，应重做；

⑰ 关闭仪器电源。

本实验用苯甲酸来测定系统热容。苯甲酸质量 1.0 g 左右（勿超过 1.1g），萘 0.6 g 左右（或蔗糖 0.8g）。

五、数据处理

① 苯甲酸的恒压燃烧热为$-26460\mathrm{J\cdot g^{-1}}$；引燃镍铬丝的燃烧热为$-3240\mathrm{J\cdot g^{-1}}$（注意单位）。

② 作苯甲酸和萘燃烧的雷诺温度校正图，由 ΔT 计算水当量和萘的恒容燃烧热 Q_V，并计算其恒压燃烧热 Q_p。

③ 根据所用仪器的精度，正确表示测量结果，并指出最大测量误差所在。

④ 参考文献值见表 7-2。

表 7-2 苯甲酸和萘的燃烧热

恒压燃烧热	$\mathrm{kcal\cdot mol^{-1}}$	$\mathrm{kJ\cdot mol^{-1}}$	$\mathrm{J\cdot g^{-1}}$	测定条件
苯甲酸	－771.24	－3226.9	－26410	$p^{\ominus}$,20℃
萘	－1231.8	－5153.8	－40205	$p^{\ominus}$,25℃

六、思考题

（1）在本实验中采用的是恒容方法，先测量恒容燃烧热，然后再换算得到恒压燃烧热。为什么本实验中不直接使用恒压方法来测量恒压燃烧热？

（2）在一个非绝热的测量体系中怎样才能达到相当于在绝热体系中所完成的温度和温度差的测量效果？

（3）在本实验的装置中哪部分是燃烧反应体系？燃烧反应体系的温度和温度变化能否被测定？为什么？

实验四　液体饱和蒸气压的测定

一、实验目的

（1）掌握静态法测定液体饱和蒸气压的原理及操作方法。

（2）了解纯液体的饱和蒸气压与温度的关系：克劳修斯-克拉佩龙（Clausius-Clapeyron）方程的意义。

（3）学会用图解法求被测液体在实验温度范围内的平均摩尔汽化热与正常沸点。

二、实验原理

通常温度下（距离临界温度较远时），纯液体与其蒸气达平衡时的蒸气压称为该温度下液体的饱和蒸气压，简称为蒸气压。蒸发 1mol 液体所吸收的热量称为该温度下液体的摩尔汽化热。液体的蒸气压随温度而变化，温度升高时，蒸气压增大；温度降低时，蒸气压降低，这主要与分子的动能有关。当蒸气压等于外界压力时，液体便沸腾，此时的温度称为沸点，外压改变时，液体沸点将相应改变，当外压为 101.325kPa 时，液体的沸点称为该液体的正常沸点。

液体的饱和蒸气压与温度的关系用克劳修斯-克拉佩龙方程表示：

$$\frac{d\ln p}{dT}=\frac{\Delta_{vap}H_m}{RT^2} \tag{7-14}$$

式中，R 为摩尔气体常数；T 为热力学温度；$\Delta_{vap}H_m$ 为在温度 T 时纯液体的摩尔汽化热。

假定 $\Delta_{vap}H_m$ 与温度无关，或因温度范围较小，$\Delta_{vap}H_m$ 可以近似作为常数，积分得：

$$\ln p=-\frac{\Delta_{vap}H_m}{R}\times\frac{1}{T}+C \tag{7-15}$$

式中，C 为积分常数。由此式可以看出，以 $\ln p$ 对 $1/T$ 作图，应为一直线，直线的斜率为 $-\frac{\Delta_{vap}H_m}{R}$，由斜率可求算液体的 $\Delta_{vap}H_m$。

静态法测定液体饱和蒸气压，是指在某一温度下，直接测量饱和蒸气压，此法一般适用于蒸气压比较大的液体。静态法测量不同温度下纯液体的饱和蒸气压，有升温法和降温法两种。本实验采用升温法测定不同温度下纯液体的饱和蒸气压，所用仪器是液体饱和蒸气压测定装置，如图 7-9 所示。

平衡管由 A 球和 U 形管 BC 组成。平衡管上接一冷凝管，以橡皮管与压力计相连。A 内装待测液体，当 A 球的液面上纯粹是待测液体的蒸气，而 B 管与 C 管的液面处于同一平面时，则表示 B 管液面上（即 A 球液面上的蒸气压）与加在 C 管液面上的外压相等。此时，体系气液两相平衡的温度称为液体在此外压下的沸点。

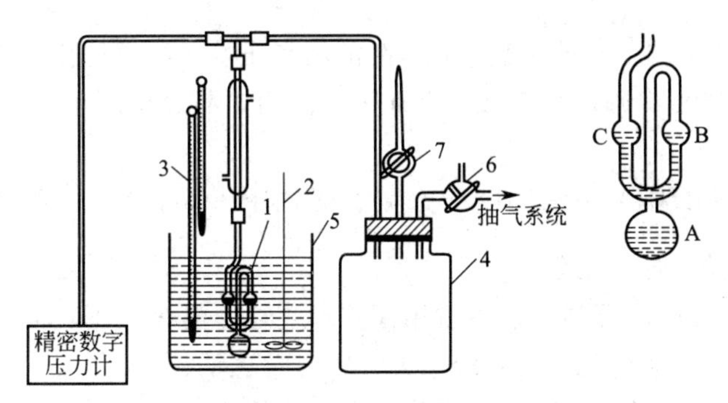

图 7-9　液体饱和蒸气压测定装置图

1—平衡管；2—搅拌器；3—温度计；4—缓冲瓶；

5—恒温水浴；6—三通活塞；7—直通活塞

三、实验仪器试剂

仪器：蒸汽压测定仪，恒温水浴 1 套，平衡管 1 只，压力计 1 台，真空泵及附件等。

试剂：无水乙醇（分析纯），异丙醇（分析纯）。

四、实验步骤

1. DPCY-6C 型蒸气压测定仪

① 先将样品注入等位计玻璃球中 2/3 的位置，U 形等位管部分加入量为两边高度约一半的位置。

② 在 3L 烧杯内加入约 2.7L 自来水，放在仪器中间从下往上抬升到足够高度，下面往搁板槽中插入不锈钢搁板。此时烧杯内水要能淹没水位传感器（不锈钢丝），否则仪器进入

加热保护，不能加热。调节恒温槽至所需温度，按面板上的“+”“−”“×10”按键调节温度，并按“设定”键锁定。打开搅拌，调节至合适转速。

③ 装好等位计和冷凝管，用橡皮筋固定好，从上往下插入管夹中（注意不是从正面挤入）调整好高度，使得等位计离烧杯底部保持 1cm 左右，转动等位计使得两个等位球对外平行，便于观察。

④ 按照面板图示连接仪器及装置。开机预热 5～10min，打开通大气的阀门，在系统与大气相通时按下置零键，压力表显示为 0（测量过程中不可再置零）。

⑤ 检查气密性。将通大气的阀门关闭，打开连接等位计和真空泵的两个阀门，开启真空泵，抽至一定真空度时，关闭接真空泵阀门，并观察压力表显示数值，数值没有明显的下降说明系统气密性很好，可以进行实验；否则需要检查并消除漏点。

⑥ 打开搅拌，从低往高缓慢调节至合适转速。设定烧杯恒温温度至所需值，切换回控温。

⑦ 关闭通大气的阀门，打开连接等位计及真空泵的阀门，开启真空泵进行抽真空，使玻璃球中液体内溶解的空气和玻璃球到 U 形管空间内的空气呈气泡状通过 U 形管中的液体排出，抽一定时间后，当等位计内的液体缓慢沸腾 3～5min 后，关闭接真空泵的阀门，缓慢开启通大气的阀门使空气缓慢进入系统，直至 U 形管双臂液体等高时从仪表读数并记录。

⑧ 同法，再抽气、读数，直至两次读数相差无几，则表示球体液面上的空间已经被样品的饱和蒸气充满。

用上述方法测定 10～12 个不同温度时样品的蒸气压（每次温度差一定）。如果升温过程中等位计内液体发生剧烈沸腾，可缓缓开启通大气阀门，漏入少量空气，防止管内液体大量挥发而影响实验进行。

实验开始前，需要读取当前大气压 p_0，计算蒸气压 p，$p=p_0-E$（E 为仪器读数）。

2. DPCY-2C 型蒸气压测定仪

① 将真空泵、稳压包、等位计、冷阱用橡胶真空管连接好，插入深度应大于 15mm。

② 打开电源预热 5～10min，在系统与大气相通时置零。

③ 检查气密性。气密性好即可进行实验，先将液体注入 A 球中 2/3 的位置，U 形管双臂大部分有异丙醇；调节恒温槽至所需温度后，关闭通大气的阀门，打开连接系统及真空泵的阀门，打开真空泵进行抽真空，使球中液体内溶解的空气和 A、B 空间内的空气呈气泡状，通过 B 管中液体排出，抽一定时间后，关闭接真空泵的阀门，调节通大气的阀门，使空气缓慢进入系统，直至 U 形管双臂液体等高时从仪表读数。同法，再抽气、读数，直至两次读数相差无几，则表示球体液面上的空间已经被异丙醇饱和蒸气充满。

五、注意事项

（1）减压系统不能漏气，否则抽气达不到实验要求的真空度。

（2）整个实验过程中，应保持等位计球液面上空的空气排净。

（3）抽气速度要合适，必须防止平衡管内液体沸腾过于剧烈，导致管内液体被抽干。

六、数据处理

① 将数据记入数据记录表（表 7-3），包括室温、大气压、实验温度及对应的压力差等。

表 7-3　实验数据记录表

室温：　　　　　　　　　　　　　　　　　　　　　　　大气压：

T/℃	T/K	$1/T$	p/Pa	$\ln p$

② 绘出被测液体的蒸气压-温度曲线。

③ 以 $\ln p$ 对 $1/T$ 作图，求出直线的斜率，并由斜率算出此温度范围内水的平均摩尔汽化热 $\Delta_{vap}H_m$，由图求算纯液体的正常沸点。

七、思考题

（1）在“液体的饱和蒸气压”测定实验中，等压计 U 形管中的液体起什么作用？冷凝器起什么作用？

（2）在“液体的饱和蒸气压”测定实验中，当开启旋塞放空气入体系内时，放得过多应怎么办？实验过程中为什么要防止空气倒灌？如何排除空气？

实验五　凝固点降低法测定摩尔质量

一、实验目的

（1）用凝固点降低法测定萘的摩尔质量。

（2）掌握溶液凝固点测定技术。

（3）掌握 NGC-Ⅰ型凝固点测定仪的使用方法。

（4）通过实验加深对稀溶液依数性的理解。

二、实验原理

物质的摩尔质量是一个重要的物理化学数据。凝固点降低法是一种比较简单且较准确的测定摩尔质量的方法。凝固点降低是理想稀溶液依数性之一，其在实用方面和对溶液的理论研究方面都很重要。

理想稀溶液的凝固点降低（对析出物为纯固相溶剂的系统）与溶液组成间关系为：

$$T_f^* - T_f = \Delta T_f = \frac{R(T_f^*)^2}{\Delta H_m(A)} \times X_B \tag{7-16}$$

式中，T_f^* 和 T_f 分别为纯溶剂和溶液的凝固点，K；ΔT_f 为凝固点降低值；ΔH_m（A）为溶剂的摩尔熔化热；X_B 为溶液中溶质的摩尔分数。

若用 n_A 和 n_B 表示溶剂和溶质的物质的量，则上式写成：

$$\Delta T_f = \frac{R(T_f^*)^2}{\Delta H_m(A)} \times \frac{n_B}{n_A + n_B} \tag{7-17}$$

当溶液很稀时，$n_B \ll n_A$，则

$$\Delta T_f = \frac{R(T_f^*)^2}{\Delta H_m(A)} \times \frac{n_B}{n_A} = \frac{R(T_f^*)^2}{\Delta H_m(A)} \times \frac{M_A W_B}{M_B W_A} = K_f m_B \tag{7-18}$$

式中，$K_f = \dfrac{R(T_f^*)^2}{\Delta H_m(A)} \times M_A$，称为质量摩尔凝固点降低常数；$m_B$ 为溶液中溶质 B 的质量摩尔浓度。

称取一定量的溶质（W_B/kg）和溶剂（W_A/kg）配成理想溶液，分别测定纯溶剂和溶液的凝固点，求得 ΔT_f，再查得溶剂的凝固点降低常数 K_f，代入式(7-18）即可算出溶质的摩尔质量（M_B）。

通常测凝固点的方法是将已知浓度的溶液（或纯溶剂）逐步冷却，记录一定时刻系统的温度，并绘出冷却曲线。纯溶剂的凝固点是它的液相和固相共存时的平衡温度，在实际冷却过程中会发生过冷现象，即出现过冷液体，但开始析出固体后，温度才回升并会稳定一定时间，当液体全部凝固后，温度再逐渐下降。

溶液的凝固点是该溶液的液相和溶剂的固相共存时的平衡温度。若将溶液逐步冷却，其冷却曲线与纯溶剂不同，由于部分溶剂凝固析出，使剩余溶液的浓度逐渐增大，因而剩余溶液与溶剂固相共存的平衡温度也逐渐下降。若过冷现象不严重，对摩尔质量的测定无明显影响；若过冷严重，所测得凝固点偏低，会影响摩尔质量的测定。因此在测定过程中必须设法控制过冷程度，一般可通过控制寒剂的温度、搅拌速度等方法实现。

因为理想稀溶液的凝固点降低值不大，所以温度的测量常用较精密的仪器，本实验用 NGC-Ⅰ型凝固点测定仪。

在本实验中，采用测量装置测定环己烷、环己烷-萘体系在逐步冷却过程中体系温度随时间的变化数据，并绘制各体系的冷却曲线。

三、实验仪器与试剂

仪器：NGC-Ⅰ型凝固点测定仪 1 套，分析天平 1 台，普通水银温度计 1 支，烧杯（500mL）1 个，移液管（25mL）1 支，称量瓶 1 个。

试剂：环己烷（分析纯），萘（分析纯），冰，食盐。

四、实验步骤

① 将内试管洗净烘干。

② 寒剂温度的调节。冰槽中的冰水混合物为寒剂。调节冰和水的量使其温度保持在 276.2～277.2K 之间（寒剂的温度以不低于所测溶液凝固点 3K 为宜）。实验过程中用搅拌棒经常搅拌并间断补充少量的冰，使寒剂的温度保持恒定。

③ 凝固点测定仪的操作：

a. 将仪表后面的电源线接入 220V 电网。

b. 将电源开关置于断的位置，拔下开关旁插头，取出搅拌器。

c. 加冰口处加入冰水混合物。

d. 用移液管取 25mL 环己烷加入内试管中。

e. 将搅拌器插入内试管中，插入测温探头，连接插头。

f. 打开电源开关，通过窗口观察搅拌情况，待温度显示为 9℃左右时开始读取温度计数据。一般每分钟记一次，但在温度-时间变化的斜率减小时应每隔 30s 记录数据，待过冷状态破坏后，温度回升并恒定数分钟即可停止读数。

g. 取出内试管，使环己烷晶体熔化，可用手温热环己烷晶体，使之熔化，再插入内试管，重复上述数据记录步骤，重复测定 2～3 次，要求溶剂凝固点的绝对平均误差小于 0.01℃。

h. 取出内试管，用手温热环己烷晶体，使之熔化，准确称取 0.15g 左右萘加入内试管中，搅拌使其全部溶解。然后按测定环己烷凝固点的步骤测定含萘溶液的凝固点。

i. 实验完毕，将电源开关置断的位置，排净冰水混合物，内试管擦干净置于体系中。

五、数据处理

原始数据记录填入表 7-4。

表 7-4 实验数据记录表

温度	时间	温度	时间	温度	时间

① 在同一直角坐标系中分别画出溶剂和溶液的冷却曲线，用外推法求凝固点，然后求出凝固点降低值 ΔT_{f}。

② 计算萘在环己烷中的摩尔质量，并判断萘在环己烷中的存在形式。

六、注意事项

(1) 寒剂的温度不能过低，否则易造成冷却所吸收热量的速度大于凝固放出的速度，使体系温度继续下降，过冷现象严重，且凝固的溶剂过多，溶液的浓度变化过大，测得的凝固点偏低，从而影响溶质摩尔质量的测定结果。

(2) 带有电阻温度计的搅拌器一旦插入装有溶液（剂）的内试管后，最好不要从内试管中完全拿出，防止溶剂挥发或滴漏，造成溶液浓度发生变化。

(3) 移动搅拌器时，应先关闭搅拌器电源开关，否则将烧毁搅拌器保险管，搅拌器工作时必须保持水平状态。

(4) 加入萘的时候，尽量将萘直接放入溶剂中，注意不要将萘附着在内试管壁上，造成溶液浓度的误差。

七、思考题

(1) 当溶质在溶液中有解离、缔合和生成配合物时，对摩尔质量有何影响?

(2) 根据什么原则考虑溶质的用量? 太多或太少有何影响?

(3) 用凝固点降低法测定摩尔质量，在选择溶剂时应考虑哪些因素?

(4) 冰槽温度应调节到 276.2～277.2K 之间，过高或过低有什么影响?

实验六 双液系的气-液平衡相图

一、实验目的

(1) 绘制常压下环己烷-异丙醇双液系的 T-X 图，并找出恒沸点混合物的组成和最低恒沸点。

（2）学会沸点仪的使用

（3）巩固阿贝折射仪的使用。

二、实验原理

在常温下，任意两种液体混合组成的体系称为双液体系。若两液体能按任意比例相互溶解，则称完全互溶双液体系；若只能部分互溶，则称部分互溶双液体系。

液体的沸点是指液体的蒸气压与外界大气压相等时的温度。在一定的外压下，纯液体有确定的沸点。而双液体系的沸点不仅与外压有关，还与双液体系的组成有关。图 7-10 是一种最简单的完全互溶双液系的 T-X 图。图中纵轴是温度（沸点）T，横轴是液体 B 的摩尔分数 X_B（或质量分数），上面是气相线，下面是液相线，对应于同一沸点温度的二曲线上的两个点，就是互相成平衡的气相点和液相点，其相应的组成可从横轴上获得。因此如果在恒压下将溶液蒸馏，测定气相馏出液和液相蒸馏液的组成，就能绘出 T-X 图。

如果液体与拉乌尔定律的偏差不大，在 T-X 图上溶液的沸点介于 A、B 二纯液体的沸点之间（见图 7-10），实际溶液由于 A、B 二组分的相互影响，常与拉乌尔定律有较大偏差，在 T-X 图上会有最高或最低点出现，如图 7-11 所示，这些点称为恒沸点，其相应的溶液称为恒沸混合物。恒沸混合物蒸馏时，所得的气相与液相组成相同，靠蒸馏无法改变其组成。如 HCl 与水的体系具有最高恒沸点，苯与乙醇的体系则具有最低恒沸点。

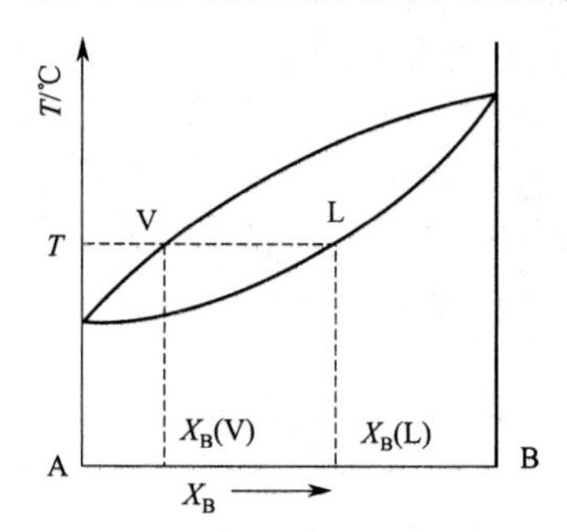

图 7-10　完全互溶双液系相图
（与拉乌尔定律偏差不大）

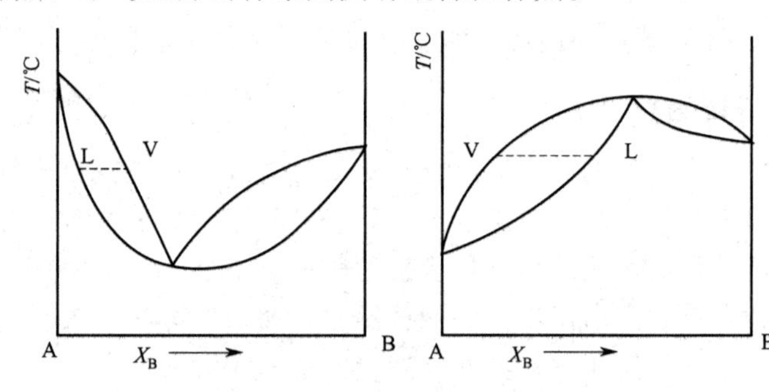

图 7-11　完全互溶双液系相图
（与拉乌尔定律有较大偏差）

本实验是用回流冷凝法测定环己烷-异丙醇体系的沸点-组成图。其方法是用阿贝折射仪测定不同组成的体系在沸点时气、液相的折射率，再从折射率-组成工作曲线上查得相应的组成，然后绘制沸点-组成图。

三、实验仪器与试剂

仪器：沸点仪 1 套，恒温槽 1 台，阿贝折射仪 1 台，移液管（1mL）2 支，量筒 3 只，小试管 9 支。

试剂：环己烷（分析纯），异丙醇（分析纯）。

试剂的相关物理常数见表 7-5。

表 7-5　相关物理常数

药品名称	折射率(20℃)	密度 ρ/g·cm^{-3}	沸点/℃
异丙醇	1.3776	0.785	82.5
环己烷	1.4264	0.779	81

四、实验步骤

① 298.2K 下，用阿贝折射仪逐个测定纯纯环己烷、异丙醇以及环己烷物质的量分数分别为 0.2、0.4、0.6、0.8 时的标准混合试样的折射率。测试过程中，注意试样要铺满镜面，旋钮要锁紧，动作要迅速。

使用折射仪测量上述混合溶液相应的折射率。以折射率对浓度作图，即可绘制工作曲线。

② 在如图 7-12 所示的沸点仪中加入 25mL 异丙醇，加热使沸点仪中液体沸腾，回流并观察温度计的变化，待温度稳定 1～2min，分别记下沸点仪中温度计的沸点仪温度 $t_{观}$ 和环境温度 $t_{环}$。用长毛细滴管从回流冷凝管口（5）处吸取少许样品（即气相样品）。再用另一支滴管在烧瓶口（2）处吸取沸点仪中的溶液，停止加热。把所取的样品冷却后，分别滴入折射仪中，分别测其折射率 n_g 和 n_l。

液体为纯异丙醇，所以测得的气相和液相的实测折射率 n 值应该一样。

③ 步骤液体中，分别依次加入 2mL、3mL、4mL、5mL、10mL 环己烷，加热回流，按步骤②方法，测得相应的沸点仪温度 t 及 n_g、n_l。

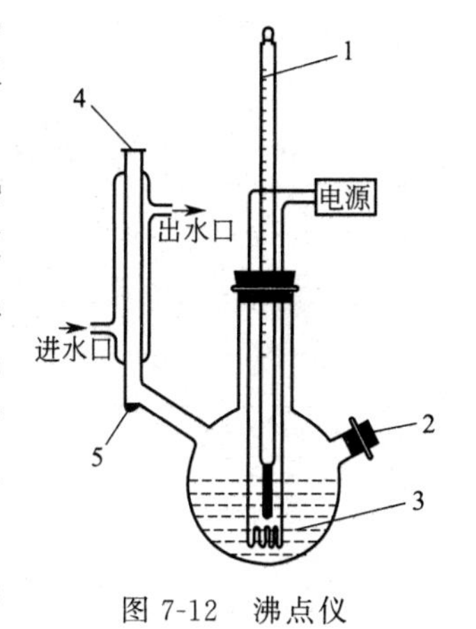

图 7-12　沸点仪

④ 在沸点仪中加入 25mL 环己烷，加入几小块沸石，加热使沸点仪中溶液沸腾，回流并观察温度计的变化，待温度稳定 1～2min，分别记下沸点仪中温度计的沸点仪温度 $t_{观}$ 和环境温度 $t_{环}$。用长毛细滴管从回流冷凝管口（5）处吸取少许样品（即气相样品）。再用另一支滴管在烧瓶口（2）处吸取沸点仪中的溶液，停止加热。把所取的样品冷却后，分别滴入折射仪中，测其折射率 n_g 及 n_l。

液体为纯环己烷，所以测得的气相和液相的实测折射率 n 值应该一样，且同步骤①中序号为 1 的混合液的实测折射率 n 一致。

⑤ 步骤④液体中，分别依次加入 0.2mL、0.3mL、0.5mL、1mL、4mL 异丙醇，加热回流，按步骤②方法，测得相应的沸点仪温度 t 及 n_g、n_l。

⑥ 对沸点温度的校正：在标准压力下测得的沸点为正常沸点，但通常情况下外界的压力并不恰好为 101.325kPa，由特鲁顿规则与克劳修斯-克拉佩龙方程得出校正值为：$\Delta T = t(℃)/10 \times [(101325 - p)/101325]$。

⑦ 实验完毕后，将阿贝折射仪放置在专用木盒中，关掉冷凝水，关闭仪器电源开关，将蒸馏器中的溶液倒入废液回收桶，整理实验台。

⑧ 实验结束后，将加热调节旋钮逆时针旋转到最小，关闭电源，拔下插头，取下玻璃容器，清洗干净，放回仪器箱中，以便下次使用。

五、注意事项

(1) 加热不锈钢棒一定要被待测液浸没，不要露出液面，也不能接触沸点仪玻璃底部；

(2) 通电电流不能过大，不要超过 2A，防止有机物溶液燃烧；

(3) 体系达到气液平衡时，即温度读数恒定不变；

(4) 取样时一定要停止通电加热；

（5）要注意冷凝管中通冷却水，以便气相全部冷凝。

六、数据处理

① 将实验中测得的折射率-组成数据列表记入表 7-6，并绘制成工作曲线。

表 7-6 实验数据记录表（一）

序号	1	2	3	4	5	6
异丙醇/mL	0	2	4	6	8	10
环己烷/mL	10	8	6	4	2	0
W/%(环己烷)						
实测折射率 n						

注：$W=\frac{m_{环}}{m_{环}+m_{异}}=\frac{(\rho V)_{环}}{(\rho V)_{环}+(\rho V)_{异}}$

② 将实验中测得的沸点-折射率数据列表，并从工作曲线上查得相应的组成，获得沸点与组成的关系。

③ 将各实验数据填入表 7-7 和 7-8。

表 7-7 实验数据记录表（二）

25mL 异丙醇+不同体积的环己烷　　室温：　　大气压力：

序号	温度	加入环己烷的量/mL	气相		液相	
			n_g	W(环己烷)/%	n_l	W(环己烷)/%
1		0				
2		2				
3		3				
4		4				
5		5				
6		10				

表 7-8 实验数据记录表（三）

25mL 环己烷+不同体积的异丙醇　　室温：　　大气压力：

序号	温度	加入异丙醇的量/mL	气相		液相	
			n_g	W(环己烷)/%	n_l	W(环己烷)/%
1		0				
2		0.2				
3		0.3				
4		0.5				
5		1				
6		4				

④ 绘制沸点-组成图，并标明最低恒沸点和组成。

七、注意事项

（1）实验中尽可能避免过热现象，为此每加两次样品后，可加入一小块沸石，同时要控制好液体的回流速度，不宜过快或过慢（回流速度的快慢可通过调节加热温度来控制）。

（2）在每一份样品的蒸馏过程中，整个体系的成分不可能保持恒定，因此平衡温度会略有变化，特别是当溶液中两种组成的量相差较大时，变化更为明显。为此每加入一次样品后，只要待溶液沸腾，正常回流 1～2min 后，即可取样测定，不宜等待时间过长。

（3）每次取样量不宜过多，取样时毛细滴管一定要干燥，不能留有上次的残液，气相取样口的残液亦要擦干净。

（4）整个实验过程中，通过折射仪的水温要恒定。使用折射仪时，棱镜不能触及硬物（如滴管），擦拭棱镜用擦镜纸。

八、思考题

（1）在该实验中，测定工作曲线时折射仪的恒温温度与测定样品时折射仪的恒温温度是否需要保持一致？为什么？

（2）过热现象对实验产生什么影响？如何在实验中尽可能避免？

（3）在连续测定法实验中，样品的加入量应十分精确吗？为什么？

（4）试估计哪些因素是本实验的误差主要来源？

实验七　溶液表面张力的测定——最大气泡法

一、实验目的

（1）了解表面自由能、表面张力的意义及表面张力与表面吸附的关系。

（2）掌握最大气泡法测定表面张力的原理和技术。

（3）通过测定不同浓度乙醇水溶液的表面张力，计算吉布斯表面吸附量和乙醇分子的横截面积。

二、实验原理

在液体的内部任何分子周围的吸引力是平衡的。可是在液体表面层的分子却不相同。因为表面层的分子，一方面受到液体内层的邻近分子的吸引，另一方面受到液面外部气体分子的吸引，而且前者的作用要比后者大。因此在液体表面层中，每个分子都受到垂直于液面并指向液体内部的不平衡力，如图 7-13 所示。这种吸引力使表面上的分子向内挤促成液体的最小面积。要使液体的表面积增大就必须要反抗分子的内向力而做功增加分子的位能。所以分子在表面层比在液体内部有较大的位能，该位能就是表面自由能。通常把增大 $1m^2$ 表面所需的最大功 W 或增大 $1m^2$ 所引起的表面自由能的变化值 ΔG 称为单位表面的表面能，其单位为 $J \cdot m^{-2}$。液体限制其表面及力图使它收缩的单位直线长度上所作用的力，称为表面张力，其单位是 $N \cdot m^{-1}$。

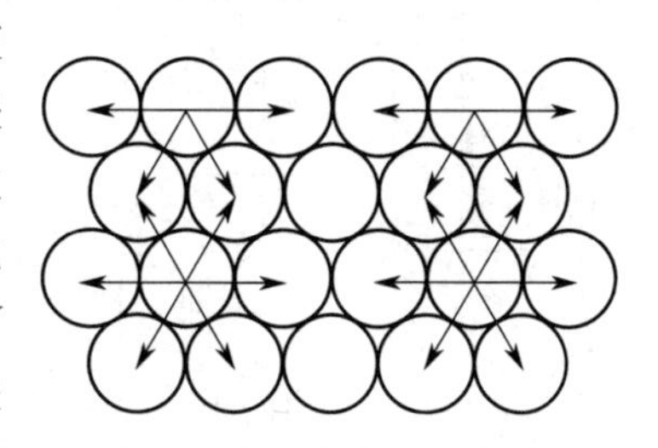

图 7-13　分子间作用力示意图

液体单位表面的表面能和它的表面张力在数值上是相等的。欲使液体表面积加 ΔA_S 时，所消耗的可逆功为：

$$-W=\Delta G=\gamma \Delta A_S \tag{7-19}$$

液体的表面张力与温度有关，温度愈高，表面张力愈小。到达临界温度时，液体与气体不分，表面张力趋近于零。液体的表面张力也与液体的纯度有关。在纯净的液体（溶剂）中如果掺进杂质（溶质），表面张力就会发生变化，其变化的大小取决于溶质的本性和加入量的多少。当加入溶质后，溶剂的表面张力会发生变化。根据能量最低原理，若溶质能降低溶剂的表面张力，则表面层溶质的浓度应比溶液内部的浓度大；如果所加溶质能使溶剂的表面张力增加，那么表面层溶质的浓度应比内部低，这种现象为溶液的表面吸附。用吉布斯（Gibbs）吸附等温式表示：

$$\Gamma=-\frac{c}{RT}\left(\frac{\mathrm{d}\gamma}{\mathrm{d}c}\right)_T \tag{7-20}$$

式中，Γ 为表面吸附量，$\mathrm{mol}\cdot\mathrm{m}^{-2}$；$\gamma$ 为表面张力，$\mathrm{J}\cdot\mathrm{m}^{-2}$；$T$ 为热力学温度，K；c 为溶液浓度，$\mathrm{mol}\cdot\mathrm{L}^{-1}$；$\left(\frac{\mathrm{d}\gamma}{\mathrm{d}c}\right)_T$ 表示在一定温度下表面张力随浓度的变化率。

$\left(\frac{\mathrm{d}\gamma}{\mathrm{d}c}\right)_T<0$，$\Gamma>0$，溶质能降低溶剂的表面张力，溶液表面层的浓度大于内部的浓度，称为正吸附作用；

$\left(\frac{\mathrm{d}\gamma}{\mathrm{d}c}\right)_T>0$，$\Gamma<0$，溶质能增加溶剂的表面张力，溶液表面层的浓度小于内部的浓度，称为负吸附作用。

可见，通过测定溶液的浓度随表面张力的变化，可以求得不同浓度下溶液的表面吸附量。

吸附量与浓度之间的关系可以用 Langmuir 等温吸附方程式表示：

$$\Gamma=\Gamma_\infty\frac{Kc}{1+Kc} \tag{7-21}$$

式中，Γ 表示吸附量，通常指单位质量吸附剂上吸附溶质的物质的量；Γ_∞ 表示饱和吸附量；c 表示吸附平衡时溶液的浓度；K 为常数。

将式(7-21) 整理可得如下形式：

$$\frac{c}{\Gamma}=\frac{1}{\Gamma_\infty K}+\frac{1}{\Gamma_\infty}c \tag{7-22}$$

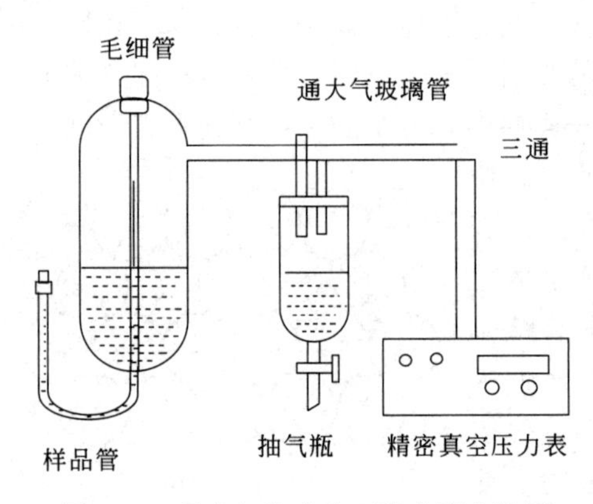

图 7-14　最大气泡法表面张力测定装置

作$\frac{c}{\Gamma}$-c 图，得一直线，由此直线的斜率和截距可求常数 Γ_∞ 和 K。

如果以 N 代表 $1\mathrm{m}^2$ 表面层的分子数，则：$N=\Gamma_\infty N_\mathrm{A}$。式中，$N_\mathrm{A}$ 为 Avogadro 常数，则每个分子的截面积 A_∞ 为：

$$A_\infty=\frac{1}{\Gamma_\infty N_\mathrm{A}} \tag{7-23}$$

图 7-14 为最大气泡法表面张力测定装置。待测液体置于支管试管中，使毛细管端面与液面相切，液面随着毛细管上升至一定高度。打开滴液漏斗缓慢抽气。此时，由于毛细管液面所受压力大于支管试管液压力（即有一压力差，产生一附加压力 $\Delta p=p_{大气}-p_{系统}$），当在毛细管端面上产生的作用力稍大于毛细管口液体的表面张力时，毛细管液面不断下降，气泡就从毛细管口脱出。如图 7-15 所示。

此附加压力与表面张力成正比，与气泡的曲率半径成反比，其关系式为：

$$\Delta p=2\gamma/R \tag{7-24}$$

如果毛细管半径很小，则形成的气泡基本上是球形的。当气泡开始形成时，表面几乎是平的，这时曲率半径最大；随着气泡的形成，曲率半径逐渐变小，直到形成半球形，这时曲

率半径 R 和毛细管半径 r 相等，曲率半径达最小值，根据上式，这时附加压力达最大值。气泡进一步长大，R 变大，附加压力则变小，直到气泡逸出。

根据上式，$R=r$ 时的最大附加压力为：

$$\Delta p_{max}=\Delta p_r=p_0-p_r=2\gamma/r \tag{7-25}$$

实际测量时，使毛细管端刚与液面接触，则可忽略气泡鼓泡所需克服的静压力，这样就可直接用上式进行计算。

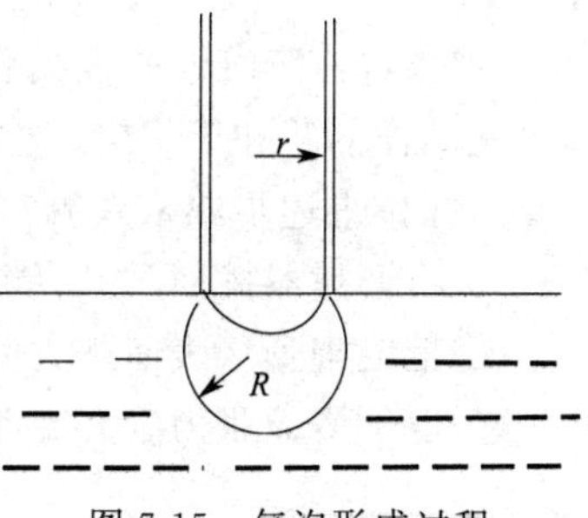

图 7-15　气泡形成过程

实验中最大压力差可用 U 形压力计中液柱差或者直接由电子压力计读出。当用密度为 ρ 的液体作压力计介质时，测得与 Δp_{max} 相对应的最大液柱差为 Δh_{max}，则：

$$\Delta p_{max}=\rho g\Delta h_{max} \tag{7-26}$$

由式(7-25) 和式(7-26) 可得用压力差表示的表面张力测定方程：

$$\gamma= r\rho g\Delta h_{max}/2=K\Delta h_{max}=K'\Delta P_{max} \tag{7-27}$$

在实验中，使用同一支毛细管和压力计，$\frac{1}{2}r\rho g$ 为常数（仪器常数 K），用压强表示的仪器常数以 K'表示。

用已知表面张力的液体作为标准，可以测得仪器常数 K，从而可以测定其他未知液体的表面张力，本实验用去离子水为标准来测定。

三、实验仪器与试剂

仪器：超级恒温水槽，DMPY-3C 表面张力测定仪，支管试管（ϕ25mm×20cm)，毛细管（0.2～0.3mm）1 支，烧杯（250mL)。

试剂：无水乙醇（分析纯)，去离子水。

四、实验步骤

① 配制溶液：用滴定管量体积配制质量分数分别为 3%、6%、9%、12%、15%、18%的六种乙醇溶液，并计算各乙醇溶液的对应浓度 c($mol\cdot L^{-1}$)。

乙醇的密度 $\rho(g\cdot cm^{-3})$ 为：$\rho=0.80625-8.45\times10^{-6}t-2.9\times10^{-9}t^2$（$t$ 为室内摄氏温度)。

水的密度查化学手册。

$$\frac{\rho_乙 V_乙}{\rho_乙 V_乙+\rho_水 V_乙}=A \qquad V_乙=\frac{\rho_水 V_水 A}{\rho_乙(1-A)}$$

式中，A 为质量分数。

② 压力输出口未接硅胶管时，与大气相通，按下置零键，此时压力表显示为零，实验过程中不能再置零。

③ 将恒温槽调至 25℃。

④ 仪器常数 K'的测定

将支管试管和毛细管清洗干净。在干净的支管试管中装入 15mL 去离子水，使毛细管上端塞子塞紧时毛细管刚好与液面垂直相切。抽气瓶装满水，连接好后旋开下端活塞使水缓慢滴出。控制流速使气泡从毛细管平稳脱出（每分钟约 5～10 个气泡)，记录气泡脱出瞬间压力计的数值，至少三次并取平均值，作为最大压差。根据式 $K'=\gamma/\Delta p_{max}$ 计算出仪器常数

K'的值。

⑤ 测定乙醇溶液的表面张力

洗净样品管和毛细管，然后加入适量3%的乙醇溶液，待恒温后，按上述操作步骤测定压差，并按上述步骤依次测定其余各溶液的 Δp_{max}。将所得数据记入表7-10。

⑥ 将调速器拨回"0"挡，关闭仪器电源。

⑦ 把毛细管从表面张力管中取出，倒掉测试溶液。

⑧ 取下表面张力管和毛细管，清洗保存。

五、数据处理

实验数据处理要求：测定乙醇水溶液不同浓度下形成气泡时的最大压差，测定溶液的表面张力，并根据吉布斯吸附等温式进一步讨论吸附量与浓度的关系，由最大吸附量推算溶质分子截面积。处理 $\left(\frac{d\gamma}{dc}\right)_T$ 数据是本实验数据处理的关键。

实验数据记录，记入表7-9和表7-10。

① 仪器常数 K'的测定。

表 7-9 水的表面张力与温度关系

室温：　℃　　溶液温度：　℃　　大气压力：　Pa

物质名称	表面张力/mN·m^{-1}				实验温度下表面张力/mN·m^{-1}
	20℃	25℃	30℃	40℃	
水	72.75	71.97	71.18	69.56	

压力差：Δp_1=________Pa；Δp_2=________Pa；Δp_3=________Pa；

$\Delta p_{平均}$=________Pa；$K'=\gamma/\Delta p_{平均}$=________。

② 根据配制溶液时的浓度 c(mol·L^{-1})，按式(7-27)计算不同浓度的乙醇溶液的表面张力 γ。

表 7-10 表面张力与浓度关系数据记录及处理

室温：

乙醇溶液浓度 c		压力差 Δp/Pa				$\gamma=K'\Delta p_{平均}$	$\Gamma=\frac{Z}{RT}$ (Z 求解见图7-16)	c/Γ
W/%	mol·L^{-1}	Δp_1	Δp_2	Δp_3	$\Delta p_{平均}$			
3%								
6%								
9%								
12%								
15%								
18%								

③ 作 γ-c 曲线（图7-16），在曲线上取10个点，分别作出切线，求出相应的斜率（或用Origin作图求取相应的斜率）。根据式(7-20)，计算各浓度吸附量 Γ、c/Γ，将计算结果填入表7-10中。

a. 将实验点连成平滑的曲线；

b. 过曲线上点作曲线的切线；

c. 由切线的斜率得到偏导数的值。方法如下：

在 γ-c 曲线上任找一点 a，过 a 点作切线 ab，此点的斜率 m 为：

$$m=\left(\frac{d\gamma}{dc}\right)_T=\frac{Z}{0-c_1}=-\frac{Z}{c_1}\text{，所以 }\Gamma=-\frac{c}{RT}\left(\frac{d\gamma}{dc}\right)_T=\frac{Z}{RT} \tag{7-28}$$

④ 用式(7-22)、式(7-23) 计算每个分子的截面积 A_∞。

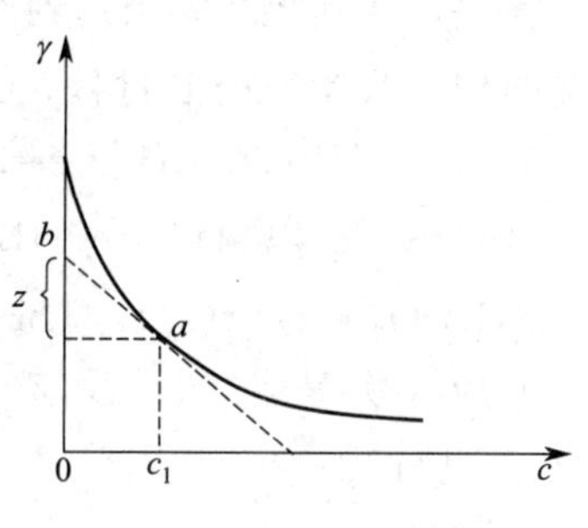

图 7-16 作图求取 $\left(\frac{d\gamma}{dc}\right)_T$ 的方法示意图

六、思考题

(1) 本实验中为什么要读取最大压力差？

(2) 如果将毛细管末端插入溶液中进行测量行吗？为什么？

(3) 在表面张力测定的实验中，为什么毛细管尖端应平整光滑，安装时要垂直并刚好接触液面？

实验八 B-Z 振荡反应

一、实验目的

(1) 了解 B-Z 振荡反应的基本原理；

(2) 掌握在硫酸介质中以金属铈离子作催化剂时，丙二酸被溴酸钾氧化的基本原理；

(3) 初步了解自然界中普遍存在的非平衡非线性问题。

二、实验原理

有些自催化反应有可能使反应体系中某些物质的浓度随时间（或空间）发生周期性的变化，这类反应称为化学振荡反应。

最著名的化学振荡反应是 1959 年首先由别诺索夫（Belousov）观察发现，随后柴波廷斯基（Zhabotinsky）继续了该反应的研究。他们报道了以金属铈离子作催化剂时，柠檬酸被 $HBrO_3$ 氧化可发生化学振荡现象，后来又发现了一批溴酸盐的类似反应，人们把这类反应称为 B-Z 振荡反应。例如丙二酸在溶有硫酸铈的酸性溶液中被溴酸钾氧化的反应就是一个典型的 B-Z 振荡反应。

体系中存在着两个受溴离子浓度控制的过程 A 和 B，当 $[Br^-]$ 高于临界浓度时发生 A 过程，低于临界浓度时发生 B 过程。即 $[Br^-]$ 起着开关作用，它控制着从 A 到 B 的过程，再由 B 到 A 过程的改变。在 A 过程中，因化学反应 $[Br^-]$ 下降，当 $[Br^-]$ 达到临界浓度时，B 过程发生，在 B 过程中 Br^- 再生，$[Br^-]$ 升高。当达到临界浓度时，A 过程发生。这样体系就在 A 过程、B 过程间往复振荡，下面用 BrO_3^--Ce^{4+}-MA-H_2SO_4 体系说明。

当 $[Br^-]$ 足够高时，发生下列 A 过程：

$$BrO_3^- + Br^- + 2H^+ = HBrO_2 + HBrO \qquad k_1 \qquad (1)$$

$$HBrO_2 + Br^- + H^+ = 2HBrO \qquad k_2 \qquad (2)$$

第一步为速控步，当达到准定态时有 $[HBrO_2]=k_1[BrO_3^-][H^+]/k_2$。当 $[Br^-]$ 足够低时，发生下列 B 过程，Ce^{3+} 被氧化：

$$BrO_3^- + HBrO_2 + H^+ \longrightarrow 2BrO_2 + H_2O \qquad k_3 \qquad (3)$$

$$BrO_2 + Ce^{3+} + H^+ \longrightarrow HBrO_2 + Ce^{4+} \qquad k_4 \qquad (4)$$

$$2HBrO_2 \longrightarrow BrO_3^- + HBrO + H^+ \qquad k_5 \qquad (5)$$

反应（3）是速控步，反应（3）、（4）将自催化产生 $HBrO_2$，达到准定态时：$[HBrO_2]=k_3[BrO_3^-][H^+]/2k_5$

从式（2）、式（3）得，Br^- 和 BrO_3^- 是竞争 $HBrO_2$ 的。

当 $k_2[Br^-]>k_3[BrO_3^-]$ 时，自催化过程（3）不可发生，自催化是 B-Z 振荡反应必不可少的步骤。Br^- 的临界浓度为：

$$[Br^-]_{临界}=k_3[BrO_3^-]/k_2=5\times10^{-6}[BrO_3^-]$$

Br^- 的再生可通过下列过程实现：

$$4Ce^{4+} + BrCH(COOH)_2 + H_2O + HBrO \longrightarrow 2Br^- + 4Ce^{3+} + 3CO_2 + 6H^+$$

该体系的总反应为：

$$2H^+ + 2BrO_3^- + 2CH_2(COOH)_2 \longrightarrow 2BrCH(COOH)_2 + 2CO_2 + 4H_2O$$

振荡的控制物质是 Br^-。

由上述可见，产生化学振荡需满足三个条件：

① 反应必须远离平衡态。化学振荡只有在远离平衡态，具有很大的不可逆程度时才能发生。在封闭体系中振荡是衰减的，在敞开体系中，可以长期持续振荡。

② 反应历程中应包含有自催化的步骤。产物之所以能加速反应，是因为自催化反应，如过程 A 中的产物 $HBrO_2$ 同时又是反应物。

③ 体系必须有两个稳态存在，即具有双稳定性。

化学振荡体系的振荡现象可以通过多种方法观察到，如观察溶液颜色的变化、测定吸光度随时间的变化、测定电势随时间的变化等。

本实验通过测定离子选择电极上的电势（U）随时间（t）变化的 U-t 曲线来观察 B-Z 反应的振荡现象，同时测定不同温度对振荡反应的影响，见图 7-17。根据 U-t 曲线，得到诱导期 $t_诱$。

按照文献的方法，依据 $\ln\frac{1}{t_诱}=-\frac{E_诱}{RT}+C$，计算出表观活化能 $E_诱$。

三、实验仪器与试剂

仪器：超级恒温浴槽，磁力搅拌器，反应器，记录仪。

试剂：硫酸铈铵 0.005 mol·L^{-1}，硫酸 3 mol·L^{-1}，丙二酸（0.4mol·L^{-1}，0.5mol·L^{-1}），溴酸钾（0.2mol·L^{-1}，0.25mol·L^{-1}），邻菲罗啉亚铁指示剂。

四、实验步骤

① 连接仪器，打开超级恒温浴槽，设定初始温度为 30℃，见图 7-18、图 7-19。

② 分别用蒸馏水配制 0.005 mol·L^{-1} 硫酸铈铵（必须在 0.2 mol·L^{-1} 硫酸中配制），3 mol·L^{-1} 硫酸，0.4mol·L^{-1} 丙二酸，0.2 mol·L^{-1} 溴酸钾各 100mL。

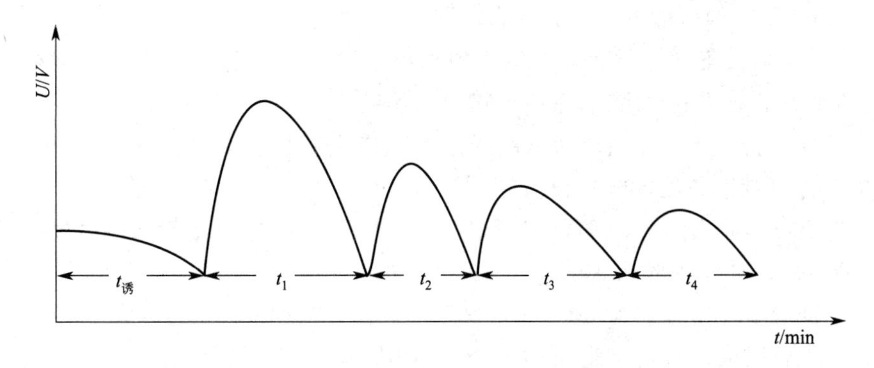

图 7-17　U-t 曲线

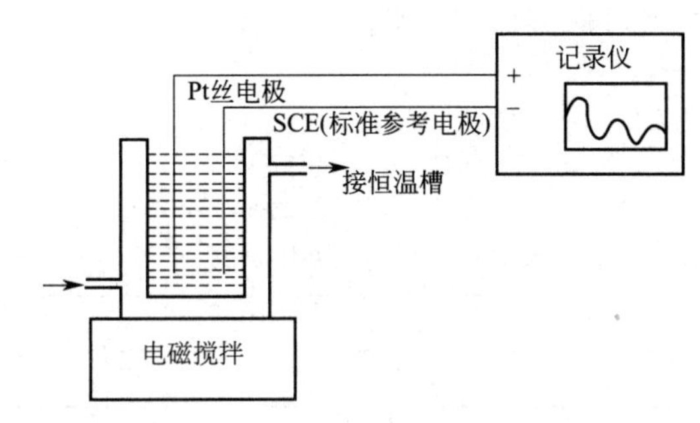

图 7-18　B-Z 振荡反应示意图

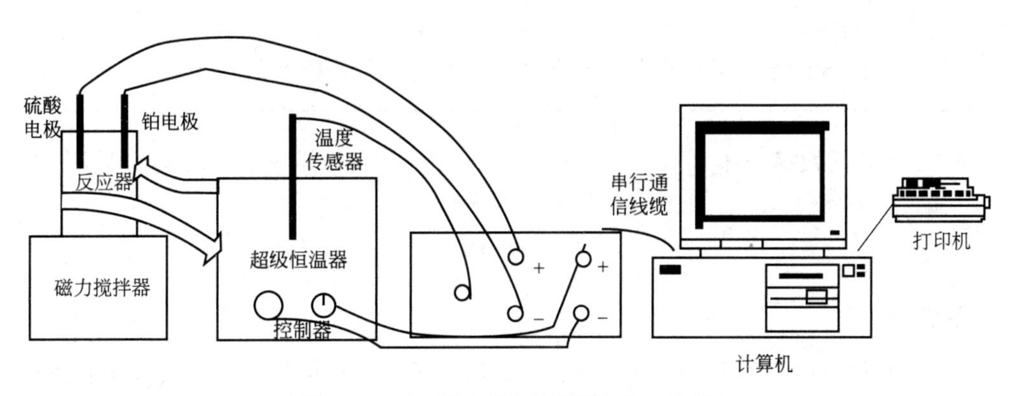

图 7-19　B-Z 振荡反应数据采集接口装置

注意：铂电极接“+”，硫酸电极接“－”。

③ 在反应器中加入已配好的硫酸、溴酸钾、丙二酸各 15mL，恒温 10min 后，加硫酸铈铵 15mL 及 3mL 邻菲罗啉亚铁指示剂（邻菲罗啉 0.135g，$FeSO_4 \cdot 7H_2O$ 0.07g 溶于 10mL 去离子水），此时点击“开始实验”，观察颜色变化或电势的变化，记录诱导时间。

④ 重复上述操作，测 35℃、40℃、45℃和 50℃时的诱导时间。

若使用电脑输出电势，按下面的步骤进行：

① 点击设置—选择串口—开始实验“设置好目标温度 25℃”。

②“起波阈值”（默认值为 6mV）；X 轴为时间，单位为秒；Y 轴为电势，单位为毫伏。均为默认值，最好不要随便改动。

③ 在反应器中加入浓度为 0.5mol·L^{-1} 的丙二酸、浓度为 0.25 mol·L^{-1} 的溴酸钾、

浓度为 3.0 mol·L^{-1} 的硫酸各 15mL 混合。

④ 恒温 5min 后按下“开始实验”键，根据提示输入 B-Z 振荡反应即时数据存储文件名，加入硫酸铈铵溶液 15mL 后按“OK”键进行实验。

⑤ 观察反应曲线，待反应完成后（曲线运行到横坐标最右端或已画完 10 个波形），按“查看峰谷值”键可观察各波的峰谷值。

⑥ 如果需要打印此次实验波形，按下“打印”键，选择打印比例，程序根据操作者选择的打印比例，打印实验波形和数据。

⑦ 修改“目标温度”分别为 30℃、35℃、40℃、45℃、50℃后重复上述①～④步骤。

⑧ 实验完成后用鼠标点击“退出”，此时会有提示“是否保存实验数据”，按“是”即出现对话框“请输入保存实验数据文件名”，输入保存实验数据文件名后再按“是”即将此次实验的不同反应温度下的起波时间保存入文件。

五、数据处理

实验数据记入表 7-11。

表 7-11　实验数据记录表

T/℃	$t_{诱}$/s	$\ln(1/t)$	$1/T$/K^{-1}
30			
35			
40			
45			
50			

根据 $t_{诱}$ 与 T 的数据，作 $\ln(1/t_{诱})-T^{-1}$ 图，由直线的斜率 k 求出表观活化能 $E_{诱}$：

$$-E_{诱}/R=k$$

$$E_{诱}=-Rk$$

六、注意事项

实验所用试剂均需用不含 Cl^- 的去离子水配制，而且参比电极不能直接使用甘汞电极。若用 217 型甘汞电极时要用 1 mol·L^{-1} H_2SO_4 作液接，可用硫酸亚汞参比电极，也可使用双盐桥甘汞电极，外面夹套中充饱和 KNO_3 溶液，这是因为其中所含 Cl^- 会抑制振荡的发生和持续。

七、思考题

（1）配制 5×10^{-3} mol·L^{-1} 的硫酸铈铵溶液时，为什么一定要在 0.2mol·L^{-1} 硫酸介质中配制？

（2）实验中溴酸钾试剂纯度要求高，所使用的反应容器一定要冲洗干净，磁力搅拌器中转子位置及速度都必须加以控制，简述原因。

（3）本实验是在一个封闭体系中进行的，所以振荡波逐渐衰减。若把实验放在敞开体系中进行，则振荡波可以持续不断地进行，并且周期和振幅保持不变。简述原因。

实验九　电导法测定表面活性剂的临界胶束浓度

一、实验目的

（1）用电导法测定十二烷基硫酸钠的临界胶束浓度。

（2）了解表面活性剂的特性及胶束形成原理。

（3）掌握 NDDS-11A 型电导仪的使用方法。

二、实验原理

具有明显“两亲”性质的分子，既含有亲油的足够长的（大于 10～12 个碳原子）烃基，又含有亲水的极性基团（通常是离子化的），由这一类分子组成的物质称为表面活性剂，如肥皂和各种合成洗涤剂等。表面活性剂分子都是由极性部分和非极性部分组成的。若按离子的类型分类，可分为三大类：

① 阴离子型表面活性剂，如羧酸盐（肥皂），烷基硫酸盐（十二烷基硫酸钠），烷基磺酸盐（十二烷基苯磺酸钠）等；

② 阳离子型表面活性剂，主要是铵盐，如十二烷基二甲基氯化铵等；

③ 非离子型表面活性剂，如聚氧乙烯类。

表面活性剂进入水中，在低浓度时呈分子状态，并且三三两两地将亲油基团靠拢而分散在水中。当溶液浓度加大到一定程度时，许多表面活性物质的分子立刻结合成很大的聚集体，形成“胶束”。以胶束形式存在于水中的表面活性物质是比较稳定的。表面活性物质在水中形成胶束所需的最低浓度称为临界胶束浓度，以 CMC 表示。在 CMC 点，由于溶液的结构改变导致其物理及化学性质（如表面张力、电导、渗透压、浊度、光学性质等）同浓度的关系曲线出现明显的转折。这个现象是测定 CMC 的实验依据，也是表面活性剂的一个重要特性。

这个特征行为可用生成分子聚集体或胶束来说明。表面活性剂溶于水中后，不但定向地吸附在溶液表面，而且达到一定浓度时还会在溶液中发生定向排列而形成胶束。表面活性剂为了使基成为溶液中的稳定分子，有可能采取两种途径：一是把亲水基留在水中，亲油基伸向油相或空气；二是让表面活性剂的亲油基团相互靠在一起，以减少亲油基与水的接触面积。前者就是表面活性剂分子吸附在界面上，其结果是降低界面张力，形成定向排列的单分子膜；后者是形成了胶束，由于胶束的亲水基方向朝外，与水分子相互吸引，表面活性剂能稳定溶于水中。

随着表面活性剂在溶液中浓度的增加，球形胶束可能转变成棒形胶束，以至层状胶束。后者可用来制作液晶，它具有各向异性。

本实验利用 NDDS-11A 型电导仪测定不同浓度的十二烷基硫酸钠水溶液的电导值（也可换算成摩尔电导率），并作电导值（或摩尔电导率）与浓度的关系图，从图中的转折点求得临界胶束浓度。

三、实验仪器与试剂

仪器：NDDS-11A 型电导仪 1 台，260 型电导电极 1 支，CS501 型恒温水浴 1 套，容量瓶（1000mL）1 只，容量瓶（100mL）10 只。

试剂：氯化钾（分析纯），十二烷基硫酸钠（分析纯），电导水。

四、实验步骤

① 用电导水或重蒸馏水准确配制 0.01 $mol \cdot L^{-1}$ 的 KCl 标准溶液；

② 取十二烷基硫酸钠在 80℃烘干 3h，用电导水或重蒸馏水准确配制 0.002$mol \cdot L^{-1}$，0.006$mol \cdot L^{-1}$，0.007$mol \cdot L^{-1}$，0.008 $mol \cdot L^{-1}$，0.009$mol \cdot L^{-1}$，0.010$mol \cdot L^{-1}$，0.012 $mol \cdot L^{-1}$，0.014$mol \cdot L^{-1}$，0.018 $mol \cdot L^{-1}$，0.020$mol \cdot L^{-1}$ 的十二烷基硫酸钠溶液各 100mL；

③ 调节恒温水浴温度至 25℃或其他合适温度；

④ 用 0.01$mol \cdot L^{-1}$ KCl 标准溶液标定电导池常数；

⑤ 用 NDDS-11A 型电导仪从稀到浓分别测定上述各溶液的电导值，用后一个溶液荡洗前一个溶液的电导池三次以上，各溶液测定时必须恒温 10s，每个溶液的电导读数三次，取平均值；

⑥ 列表记录各溶液对应的电导，并换算成电导率或摩尔电导率。

五、注意事项

表面活性剂的渗透、润湿、乳化、去污、分散、增溶和起泡作用等广泛应用于石油、煤炭、机械、化工、冶金、材料及轻工业，农业生产中，研究表面活性剂溶液的物理化学性质（吸附）和内部性质（胶束形成）有着重要意义。而临界胶束浓度 CMC 可以作为表面活性剂表面活性的一种量度。因为 CMC 越小，则表示这种表面活性剂形成胶束所需浓度越低，达到表面（界面）饱和吸附的浓度越低，因而改变表面性质，起润湿、乳化、增溶和起泡等作用所需的浓度越低。另外，临界胶束浓度又是表面活性剂溶液性质发生显著变化的一个“分水岭”。因此，表面活性剂的大量研究工作都与各种体系中的 CMC 测定有关。

测定 CMC 的方法很多，常用的有表面张力法、电导法、染料法、增溶作用法、光散射法等。这些方法都是基于溶液的物理化学性质随浓度变化的关系。其中表面张力法和电导法比较简便准确。表面张力法除了可求得 CMC 之外，还可以求出表面吸附等温线，此外还有一优点，就是无论对于高表面活性还是低表面活性的表面活性剂，其 CMC 的测定都具有相似的灵敏度，此法不受无机盐的干扰，也适合非离子型表面活性剂。电导法是经典方法，简便可靠，只限于离子型表面活性剂，对于有较高活性的表面活性剂准确性高，但过量无机盐存在会降低测定灵敏度，因此配制溶液时应该用电导水。

六、思考题

（1）若要知道所测得的临界胶束浓度是否准确，可用什么实验方法验证？

（2）溶液的表面活性剂分子与胶束之间的平衡同浓度有关，试问如何测出其热能效应 ΔH 值？

（3）非离子型表面活性剂能否用本实验方法测定临界胶束浓度？若不能，可用何种方法测试？

实验十　蔗糖水解反应速率常数的测定

一、实验目的

（1）测定蔗糖水解反应速率常数和半衰期。

（2）理解该反应物浓度与旋光度之间的关系。

（3）了解旋光仪仪器的基本原理，掌握旋光仪的正确使用方法。

二、实验原理

蔗糖在水中转化成葡萄糖与果糖，其反应为：

$$\underset{\text{（蔗糖）}}{C_{12}H_{22}O_{11}} + H_2O \xrightarrow{H^+} \underset{\text{（葡萄糖）}}{C_6H_{12}O_6} + \underset{\text{（果糖）}}{C_6H_{12}O_6}$$

它属于二级反应，在纯水中此反应的速率极慢，通常需要在 H^+ 催化作用下进行。反应时有大量水存在，尽管有部分水分子参与反应，但仍可近似地认为整个反应过程中水的浓度是恒定的，而且 H^+ 是催化剂，其浓度也保持不变。因此蔗糖转化反应可看作一级反应。

一级反应的速率方程可由下式表示：

$$-\frac{dc}{dt}=kc$$

式中，c 为时间 t 时的反应物浓度；k 为反应速率常数。

积分得：$\ln c=-kt+\ln c_0$

式中，c_0 为反应开始时反应物浓度。

一级反应的半衰期为：

$$t_{1/2}=\frac{\ln 2}{k}=\frac{0.693}{k}$$

从上式中我们不难看出，在不同时间测定反应物的相应浓度，是可以求出反应速率常数 k 的。然而反应是在不断进行的，要快速分析出反应物的浓度是困难的。但是，蔗糖及其转化产物都具有旋光性，而且它们的旋光能力不同，故可以利用体系在反应进程中旋光度的变化来度量反应进程。

测量物质旋光度所用的仪器称为旋光仪。溶液的旋光度与溶液中所含旋光物质的旋光能力、溶剂性质、溶液浓度、样品管长度及温度等均有关系。当其他条件均固定时，旋光度 α 与反应物浓度 c 呈线性关系，即

$$\alpha=Kc$$

式中，比例常数 K 与物质旋光能力、溶剂性质、样品管长度、温度等有关。

物质的旋光能力用比旋光度来度量，比旋光度用下式表示：

$$[\alpha]_D^{20}=\frac{\alpha\times 100}{lc_A}$$

式中，“20”表示实验时温度为 20℃；D 是指用钠灯光源 D 线的波长（即 589nm）；α 为测得的旋光度；l 为样品管长度，dm；c_A 为浓度（$g\cdot 100mL^{-1}$）。

作为反应物的蔗糖是右旋性物质，其比旋光度 $[\alpha]_D^{20}=66.6$；生成物中葡萄糖也是右旋性物质，其比旋光度 $[\alpha]_D^{20}=52.5$，但果糖是左旋性物质，其比旋光度 $[\alpha]_D^{20}=-91.9$。生成物中果糖的左旋性比葡萄糖右旋性大，所以生成物呈左旋性。因此随着反应的进行，体系的右旋性不断减小，反应至某一瞬间，体系的旋光度恰好等于零，而后变成左旋，直至蔗糖完全转化，这时左旋性达到最大 α_∞。

设最初系统的旋光度为 $\alpha_0=K_{反}c_{A,0}$ （$t=0$，蔗糖尚未水解） (7-29)

最终系统的旋光度为 $\alpha_\infty=K_{产}c_{A,0}$ （$t=\infty$，蔗糖已完全水解） (7-30)

当时间为 t 时，蔗糖浓度为 c_A，此时旋光度为 α_t

$$\alpha_t=K_{反}c_A+K_{产}(c_{A,0}-c_A) \tag{7-31}$$

联立式（7-29)、式（7-30)、式（7-31）可得：

$$c_{A,0}=\frac{\alpha_0-\alpha_\infty}{K_{反}-K_{产}}=k'(\alpha_0-\alpha_\infty) \tag{7-32}$$

$$c_A=\frac{\alpha_t-\alpha_\infty}{K_{反}-K_{产}}=k'(\alpha_t-\alpha_\infty) \tag{7-33}$$

将式（7-32)、式（7-33）两式代入速率方程即得：

$$\ln(\alpha_t-\alpha_\infty)=-kt+\ln(\alpha_0-\alpha_\infty)$$

以 $\ln(\alpha_t-\alpha_\infty)$ 对 t 作图可得一直线，从直线的斜率可求得反应速率常数 k，进一步可求算出 $t_{1/2}$。

三、实验仪器与试剂

仪器：WZZ-3 型旋光仪 1 台，恒温水槽 1 套，秒表 1 支，台秤 1 台，50mL 移液管 1 只，150mL 锥形瓶 1 只，擦镜纸，滤纸。

试剂：蔗糖（分析纯)，HCl 溶液（ $4mol \cdot L^{-1}$)。

四、实验步骤

① 了解旋光仪的构造、原理，掌握其使用方法。

② 用蒸馏水校正仪器的零点：蒸馏水为非旋光性物质，可用来校正仪器的零点（即 $\alpha=0$ 时，仪器对应的刻度)。洗净样品管，将样品管一端盖子打开，转入去离子水，使液体成一凸出液面，然后盖上玻璃片，此时管内不应有空气泡存在，再旋上套盖，使玻璃片紧贴旋光管，勿使漏水。但必须注意旋紧套盖时，不能用力过猛，以免压碎玻璃片。用滤纸擦干样品管，再用擦镜纸将样品管两端的玻璃片擦干净，放入旋光仪内，打开电源，预热 5～10min，钠灯发光正常。校正仪器零点。

③ 蔗糖水解反应及反应过程旋光度的测定：取 10g 蔗糖放入锥形瓶中，用量筒加 50mL 去离子水倒入使其溶解。用 25mL 移液管移取 25mL HCl 溶液放入蔗糖水溶液，边放边振荡，当 HCl 溶液放出一半时按下秒表开始计时（注意：秒表一经启动，勿停，直至实验完毕)。迅速用反应混合液将样品管洗涤三次后，将反应混合液装满样品管，擦净后放入旋光仪内，测定规定时间的旋光度。测得第一个数据时间应该为反应开始的前 3min 内。反应开始的 15 min 之内，每隔一分钟读数一次，15 min 后，由于反应物浓度降低反应速率变慢，可将每次测量时间间隔适当延长，一直测定到旋光度为负值，并测量 4～5 个负值为止。

④α_∞的测量：测定过程中，可将剩余的反应混合物放入55℃恒温槽中加热30min，使反应充分后，冷却至室温后测定体系的旋光度，连续读数三次取平均值。温度升高，反应会加快，但温度升高会生成副产物，因此恒温槽的温度设置不要超过58℃。

反应液的酸度很大，因此样品管一定要擦干净后才能放入旋光仪内，以免酸液腐蚀旋光仪，实验结束后必须洗净样品管。

五、数据处理

实验数据记入表7-12。

表7-12　蔗糖反应液所测时间与旋光度原始数据

t/min															
α_t															
t/min															
α_t															

提示：测定值$\alpha_\infty=-4.85$。

① 将反应过程所测得的旋光度α_t和时间t列表，并作出α_t-t的曲线图。

② 从α_t-t的曲线图上，等时间间隔取8个α_t数值，并算出相应的（$\alpha_t-\alpha_\infty$）和ln（$\alpha_t-\alpha_\infty$）的数值并列表，记入表7-13。

表7-13　ln（$\alpha_t-\alpha_\infty$）与t数据

t/min								
$(\alpha_t-\alpha_\infty)$								
$\ln(\alpha_t-\alpha_\infty)$								

③ 用ln（$\alpha_t-\alpha_\infty$）对t作图，由直线斜率求出反应速率常数k（直线斜率的相反数即为速率常数k），并计算反应的半衰期$t_{1/2}$。

六、注意事项

（1）温度对反应速率常数影响很大，所以严格控制反应温度是做好本实验的关键，建议最好用带有恒温夹套的旋光管。本实验因为在室温条件下测定，所以在测定过程中，为了防止由于高压钠灯发光造成体系温度的上升，引起测定结果的误差，在测定时建议适时将样品管从旋光仪中取出，测定计数时才放入。本实验最好在室温15℃以上操作，以免实验时间过长，使旋光度与时间关系变成近似于直线的关系，而实际则应该为曲线关系，故反应时间控制在30～40min为宜。

（2）α_∞的测量过程中，剩余反应混合液加热温度不宜过高，以50～55℃为宜，否则有副反应发生，溶液变黄。因为蔗糖是由葡萄糖的苷羟基与果糖的苷羟基之间缩合而成的二糖。在H^+催化下，除了苷键断裂进行转化外，由于高温还有脱水反应，这将会影响测量结果。

（3）反应溶液的配制：

温度为293.2K、298.2K时，可按25mL蔗糖溶液＋25mL HCl溶液配制。

温度为303.2K、308.2K时，可按50mL蔗糖溶液＋25mL HCl溶液配制。

旋光性是鉴定某些天然物和配合物立体化学结构的有效方法之一，利用比旋光度分析蔗糖含量更有其简便和独到之处。

(4) 温度与盐酸浓度对蔗糖水解速率常数的影响的文献值见表 7-14。

表 7-14 温度与盐酸浓度对蔗糖水解速率常数的影响

$c_{HCl}/mol \cdot L^{-1}$	$k \times 10^3/min^{-1}$		
	298.2K	308.2K	318.2K
0.0502	0.4169	1.738	6.213
0.2512	2.255	9.355	35.85
0.4137	4.043	17.00	60.62
0.9000	11.16	46.76	148.8
1.214	17.455	75.97	
$E=108kJ \cdot mol^{-1}$			

七、思考题

(1) 实验过程中用蒸馏水来校正旋光仪的零点，但进行数据处理时并不需要校正零点，为什么？

(2) 在混合蔗糖溶液时，是将 HCl 溶液加到蔗糖溶液中，可否将蔗糖加到 HCl 溶液中？

实验十一 电导法测定乙酸乙酯皂化反应的速率常数

一、实验目的

(1) 测定乙酸乙酯皂化反应的速率常数。

(2) 了解二级反应的特点，学会用图解法求二级反应的速率常数。

(3) 熟悉电导率仪的使用。

二、实验原理

乙酸乙酯皂化反应是双分子反应。在反应过程中，各物质的浓度随时间而改变。不同反应时间 OH^- 的浓度，可以用标准酸滴定求得，也可以通过间接测量溶液的电导率而求出。为了处理方便，设 $CH_3COOC_2H_5$ 和 NaOH 起始浓度相等，用 a 表示。设反应进行至某一时刻 t 时，所生成的 CH_3COONa 和 C_2H_5OH 浓度为 x，则此时 $CH_3COOC_2H_5$ 和 NaOH 浓度为 $(a-x)$。

$$CH_3COOC_2H_5 + NaOH = CH_3COONa + C_2H_5OH$$

$t=0$	a	a	0	0
$t=t$	$a-x$	$a-x$	x	x
$t\to\infty$	$(a-x)\to 0$	$(a-x)\to 0$	$x\to a$	$x\to a$

上述反应是一典型的二级反应。其反应速率可用下式表示：

$$\frac{dx}{dt}=k(a-x)^2 \tag{7-34}$$

式中 k 为二级反应速率常数。将上式积分得

$$k=\frac{1}{ta}\times\frac{1}{a-x} \tag{7-35}$$

从式（7-35）中可以看出，原始浓度 a 是已知的，只要能测出 t 时的 x 值，就可以算出反应速率常数 k 值。或者将式（7-35）写成

$$\frac{1}{a}\times\frac{1}{a-x}=kt \tag{7-36}$$

以 $\frac{1}{a}\times\frac{1}{a-x}$ 对 t 作图，是一条直线，斜率就是反应速率常数 k。k 的单位是 $L\cdot mol^{-1}\cdot min^{-1}$（SI 单位是 $m^3\cdot mol^{-1}\cdot s^{-1}$）。如果知道不同温度的反应速率常数 $k(T_1)$ 和 $k(T_2)$，按阿伦尼乌斯（Arrhenius）公式可计算出该反应的活化能

$$\ln\frac{k(T_1)}{k(T_2)}=\frac{E_a}{R}\times\frac{T_2-T_1}{T_2T_1} \tag{7-37}$$

电导法测定速率常数：首先假定整个反应体系是在接近无限稀释的水溶液中进行的，因此可以认为 CH_3COONa 和 NaOH 是全部解离的，而 $CH_3COOC_2H_5$ 和 C_2H_5OH 认为完全不解离。在此前提下，本实验用测量溶液电导率的变化来取代测量浓度的变化。显然，参与导电的离子有 Na^+、OH^- 和 CH_3COO^-，而 Na^+ 在反应前后浓度不变，OH^- 的迁移率比 CH_3COO^- 大得多。随着时间的增加，OH^- 不断减少，CH_3COO^- 不断增加，所以，体系的电导值不断下降。

$t=0$ 时
$$\kappa_0=\kappa_{a,NaOH}+\kappa_{a,CH_3COOC_2H_5}=a\Lambda_{m,NaOH} \tag{7-38}$$

式中，$\kappa_{a,NaOH}$ 为反应起始时，浓度为 a 的 NaOH 的电导率；$\Lambda_{m,NaOH}$ 为此时的摩尔电导率；$\kappa_{a,CH_3COOC_2H_5}$ 为反应起始时 $CH_3COOC_2H_5$ 的电导率，与 NaOH 相比可忽略。同理有（忽略 C_2H_5OH 的贡献）：

$t=\infty$时
$$\kappa_\infty=a\Lambda^{a}_{m,CH_3COONa} \tag{7-39}$$

$t=t$ 时
$$\kappa_t=x\Lambda^{x}_{m,CH_3COONa}+(a-x)\Lambda^{a-x}_{m,NaOH} \tag{7-40}$$

式中，$\Lambda^{a}_{m,CH_3COONa}$ 反应终了 CH_3COONa 的摩尔电导率；$\Lambda^{x}_{m,CH_3COONa}$ 为反应进行到 t 时 CH_3COONa 的摩尔电导率；$\Lambda^{a-x}_{m,NaOH}$ 为反应进行到 t 时 NaOH 的摩尔电导率。严格地讲，摩尔电导率与浓度是有关的，但按前面假设，可近似认为：

$$\Lambda^{a}_{m,NaOH}=\Lambda^{a-x}_{m,NaOH}=\Lambda^{\infty}_{m,NaOH}=\Lambda^{\infty}_{m,Na^+}+\Lambda^{\infty}_{m,OH^-} \tag{7-41}$$

$$\Lambda^{a}_{m,CH_3COONa}=\Lambda^{x}_{m,CH_3COONa}=\Lambda^{\infty}_{m,CH_3COONa}=\Lambda^{\infty}_{m,CH_3COO^-}+\Lambda^{\infty}_{m,Na^+} \tag{7-42}$$

式中，Λ^{∞}_{m} 表示 NaOH 和 CH_3COONa 及各离子溶液无限稀释时的摩尔电导率。

由式（7-38）、式（7-39）得

$$\kappa_0-\kappa_\infty=a(\Lambda^{a}_{m,NaOH}-\Lambda^{a}_{m,CH_3COONa}) \tag{7-43}$$

由式（7-41）、式（7-42）得

$$\kappa_0-\kappa_\infty=a(\Lambda^{a}_{m,OH^-}-\Lambda^{a}_{m,CHCOO^-}) \tag{7-44}$$

类似处理可得

$$\kappa_0-\kappa_t=x(\Lambda^{\infty}_{m,OH^-}-\Lambda^{\infty}_{m,CH_3COO^-}) \tag{7-45}$$

$$\kappa_t-\kappa_\infty=(a-x)\times(\Lambda^{\infty}_{m,OH^-}-\Lambda^{\infty}_{m,CH_3COO^-}) \tag{7-46}$$

由式（7-45）、式（7-46）得

$$\frac{\kappa_0-\kappa_t}{\kappa_t-\kappa_\infty}=\frac{x}{a-x} \tag{7-47}$$

将式（7-47）代入式（7-36）并整理后得

$$k=\frac{1}{ta}\times\frac{\kappa_0-\kappa_t}{\kappa_t-\kappa_\infty}\text{或}\frac{\kappa_0-\kappa_t}{\kappa_t-\kappa_\infty}=akt \tag{7-48}$$

利用式（7-48），从实验中测得反应进行到 t 时的 κ_t，以及起始浓度 a、κ_0 和终了 κ_∞，就可以利用计算法或作图法求算出反应速率常数 k。

三、实验仪器与试剂

仪器：电导仪（NDDS-11A）1 台，叉形电导池 1 支，直形电导池 1 个，恒温槽 1 套，秒表 1 只，移液管 20mL 2 支，容量瓶 2 个。

试剂：0.0200 mol·L^{-1}NaOH（新配制），0.0100mol·L^{-1}NaOH（可用 0.0200 mol·L^{-1} 稀释 1 倍），0.0200mol·$L^{-1}$$CH_3COOC_2H_5$（新配制），0.0100 mol.$L^{-1}$ CH_3COONa（新配制）。

四、实验步骤

1. 电导仪的调节

打开电源开关，仪器进入测量状态。

可根据要求进行参数设置，设置方法如下：

按“电极常数”键仪器显示“电极常数”符号，屏幕闪烁并显示电极常数，这时按“升”或“降”键可选择四种电极常数（10.0；1.0；0.1；0.01）。

按“确认”键，这时屏幕下面小数字闪烁，按“升”或“降”键设置实际电极常数，然后按“确认”键（常数 10 的电极将电极常数÷10 后设置；常数 0.1 的电极将电极常数×10 后设置；常数 0.01 的电极将电极常数×100 后设置）。

按“温度设置”键仪器屏幕闪烁，表明进行溶液温度设置，按“升”或“降”键设置溶液的温度，然后按“确认”键，仪器显示“测量”进入测量状态。

仪器在测量状态下，将清洗过的电极浸入溶液中，此时显示数值即为被测溶液的电导率值。

2. κ_0 的测定

在调节电导率仪的同时，开启恒温槽，控制温度在 298.2K±0.1K。用 0.0100 mol·L^{-1} NaOH 溶液 40mL 注入干净的直形电导池中，插入干净的电极，以液面高于电极 1～2cm 为宜，浸入已调控好的恒温槽中恒温约 10min，接上电极，接通电导仪，测定其电导率，即为 κ_0。

3. κ_t 的测定

用移液管分别吸取 20mL 0.0200mol·L^{-1} 的 NaOH 和 20mL0.0200 mol·L^{-1} 的 $CH_3COOC_2H_5$ 溶液（新配制），注入干燥的 A 池和 B 池，并塞紧塞子，放到恒温槽内恒温 10min。同时，将电极用蒸馏水洗净，小心用滤纸将电极上挂的少量水吸干（不要碰着铂黑）后插入 A 池。然后倾斜电导池，让 B 池内的溶液和 A 池内的溶液来回混合均匀，同时在开始混合时按下秒表，开始记录时间。接通电极及电导仪准备连续测量。由于该反应有热效应，开始反应时温度不稳定，影响电导率值。因此，第一个电导率数据可在反应进行到

6min时读取，以后每隔3min测定一次，30min以后可间隔5min测定一次，测定13～15组数据即可停止。

4. κ_∞的测定　有两种方法可以用来测定κ_∞

第一种方法是将反应体系放置4～5h，让反应进行完全，然后在同样的条件下测定溶液电导率，即为κ_∞。

第二种方法是将新配制的0.0100 mol・L^{-1} CH_3COONa溶液注入干净的电导池，以同一电极在相同实验条件下测定其电导率，即为κ_∞。

5. 活化能的测定（选做）

调节恒温槽的温度，控制在308.2K±0.1K，重复实验步骤2～4的操作，分别测定该温度下的κ_0、κ_∞和κ_t。

实验结束后，关闭电源，取出电极，用蒸馏水冲洗干净后浸泡在蒸馏水中。

五、数据处理

实验数据记入表7-15。

表7-15　实验数据记录表

室温：　　K　　　　实验温度：　　K　　　　大气压：　　Pa

t/min	κ_t/S・m^{-1}	$\kappa_0-\kappa_t$/S・m^{-1}	$\kappa_t-\kappa_\infty$/S・m^{-1}	$\frac{\kappa_0-\kappa_t}{\kappa_t-\kappa_\infty}$
6				
9				
12				
15				
18				
21				
⋮				
60				

① 将t、κ_t、$\kappa_0-\kappa_t$、$\kappa_t-\kappa_\infty$、$\frac{\kappa_0-\kappa_t}{\kappa_t-\kappa_\infty}$填入记录表中。

② 以$\frac{\kappa_0-\kappa_t}{\kappa_t-\kappa_\infty}$对$t$作图，得一直线。

③ 由直线斜率计算反应速率常数k和半衰期$t_{1/2}$。

④ 由298.2K、308.2K所求出的k（298.2K）、k（308.2K），按式（7-37）计算活化能E（选做）。

⑤ 结果要求及文献值：

a. 结果要求：

图表符合规范要求，$\frac{\kappa_0-\kappa_t}{\kappa_t-\kappa_\infty}$-$t$作图应线性良好。

k（298.2K）=6±1（L・mol^{-1}・min^{-1}）

k（308.2K）=10±2（L・mol^{-1}・min^{-1}）

b. 文献值：　　　　$\lg k=-1780T^{-1}+0.00754T+4.53$

六、注意事项

(1) 分别向叉形电导池A池、B池注入NaOH和$CH_3COOC_2H_5$溶液时，一定要小心，严格分开恒温。

(2) 所用的溶液必须新配制，必须使所用溶液NaOH和$CH_3COOC_2H_5$溶液浓度相等。

(3) 实验过程中要很好地控制恒温槽温度，使其温度波动限制在±0.1K以内。

(4) 混合使反应开始时同时按下秒表计时，保证计时的连续性，直至实验结束（读完κ_t）。

(5) 保护好铂黑电极，电极插头要插入电导仪的电极插口内（到底），一定要固定好。

七、思考题

(1) 为什么要使NaOH和$CH_3COOC_2H_5$两种溶液的浓度相等？如何配制指定浓度的溶液？

(2) 如果NaOH和$CH_3COOC_2H_5$起始浓度不相等，应怎样计算k值？

(3) 用作图法外推求κ_0与测定相同浓度NaOH所得κ_0是否一致？

(4) 如果NaOH与$CH_3COOC_2H_5$溶液为浓溶液，能否用此法求k值？为什么？

(5) 为何本实验要在恒温条件下进行，而且反应物在混合前必须预先恒温？

实验十二　氢氧化铁胶体电动电位的测定（电泳法）

一、目的要求

(1) 掌握电泳法测定Fe$(OH)_3$溶胶电动电势的原理和方法。

(2) 通过实验观察并熟悉胶体的电泳现象。

二、实验原理

在胶体溶液中，分散在介质中的微粒由于自身的解离或表面吸附其他粒子而形成带一定电荷的胶粒，同时在胶粒附近的介质中必然分布有与胶粒表面电性相反而电荷数量相同的反离子，形成扩散双电层。

在外电场作用下，荷电的胶粒携带着周围一定厚度的吸附层向带相反电荷的电极运动，在荷电胶粒吸附层的外界面与介质之间相对运动的边界处，相对于均匀介质内部产生一电势，为ζ电势。

它随吸附层内离子浓度、电荷性质的变化而变化。它与胶体的稳定性有关，ζ绝对值越大，表明胶粒电荷越多，胶粒间斥力越大，胶体越稳定。

本实验用界面移动法测胶体的电势。在胶体管中以KCl为介质，Fe$(OH)_3$溶胶通电后移动，借助测高仪测量胶粒运动的距离，用秒表记录时间，可算出运动速度。

当带电胶粒在外电场作用下迁移时，胶粒电荷为q，两极间的电位梯度为E，则胶粒受到的静电力为$f_1=qE$

胶粒在介质中受到的阻力为 $f_2=K\pi\eta ru$

若胶粒运动速度 u 恒定，则 $f_1=f_2$ $qE=K\pi\eta ru$ (7-49)

根据静电学原理 $\zeta=q/(\varepsilon r)$ (7-50)

将式（7-50）代入式（7-49）得 $u=\zeta\varepsilon E/(K\pi\eta)$ (7-51)

利用界面移动法测量时，测出时间 t 时胶体运动的距离 S，两铂极间的电位差 Φ 和电极间的距离 L，则有

$$E=\Phi/L,\qquad u=S/t \qquad (7\text{-}52)$$

代入式（7-51）得 $S=\zeta\Phi\varepsilon/(K\pi\eta L)\cdot t$

作 S-t 图，数据处理见图 7-20，由斜率和已知的 ε 和 η，可求 ζ 电势。

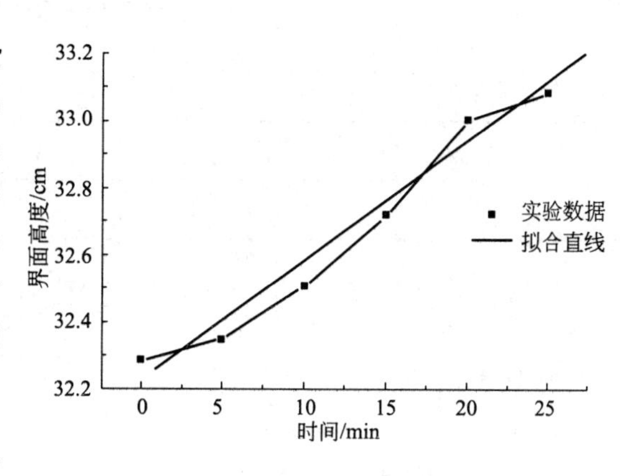

图 7-20　S-t 曲线求速率数据处理图

三、实验仪器与试剂

仪器：电泳仪，电泳管，直尺等。

试剂：$Fe(OH)_3$ 胶体，KCl 辅助溶液等。

四、实验步骤

① 把 U 形玻璃管和两个铂电极清洗干净，U 形玻璃管的 3 个活塞处涂好凡士林；

② 用少量样品洗涤 U 形玻璃管 2～3 次，用橡皮筋把 U 形玻璃管的活塞处固定好；

③ 注入样品直至液面高出 2 个活塞少许，关闭 2 个大活塞，倒掉多余样品，再往 2 个大活塞以上的两管内注入辅助液至支管口；

④ 把 U 形玻璃管固定在支架上，将 2 个铂电极插入支管内并连接到精密高压稳压电源；

⑤ 开启小活塞使管内辅助液面等高，然后关闭小活塞；

⑥ 缓缓开启 2 个大活塞；

⑦ 将精密高压稳压电源上的输出细调旋钮逆时针方向调到最小，然后打开电源开关，顺时针调节到所需的电压值；

⑧ 观察样品液面移动现象及电极表面现象，记录 30min 内界面移动的距离，用软线从管中心量出电极间的距离，测三次，取平均值；

⑨ 测量 7 个点后停止实验，实验结束后关闭电源；

⑩ 将 U 形玻璃管内的样品倒入回收瓶，并将 U 形玻璃管和电极冲洗干净。

五、数据记录

实验数据记入表 7-16。

表 7-16　实验数据记录表

电压：　　V　　；实验温度：　　℃

两极间距离 L（cm）：______、______、______；平均：　　　（cm）

时间/min	5	10	15	20	25	30	35
位移/cm							

依据公式：$S=\zeta\Phi\varepsilon/(K\pi\eta L)\cdot t$，作图（图 7-20），由已知的 η 和 ε，算出 ζ 电位。文献值：

对介质水　　$\varepsilon=80-0.4(T/\mathrm{K}-293)$

$\eta=0.01005\mathrm{Pa\cdot s}$（20℃）

$\eta=0.00894\mathrm{Pa\cdot s}$（25℃）

其他温度时查表得到。

六、注意事项

（1）电泳测定管须洗净，以免其他离子干扰；

（2）严禁输出短路和使用电阻小于 1800Ω 负载；

（3）操作者要避免接触到裸露线头，以防触电；

（4）调节输出电压时，应缓慢进行，调到最小或最大后不要用力再旋；

（5）应保证仪器外壳可靠接地；

（6）注意胶体所带的电荷，不要将电极插错；

（7）在选取辅助液时一定要保证其电导与胶体电导相同，本实验选取 KCl 作为辅助液；

（8）观察界面时应由同一个人观察，以减小误差。

实验十三　溶液偏摩尔体积的测定

一、实验目的

（1）运用密度法测定指定组成的乙醇-水溶液中各组分的偏摩尔体积。

（2）掌握用比重瓶测定溶液密度的方法。

二、实验原理

在多组分体系中，某组分 i 的偏摩尔体积的定义为

$$V_{i,\mathrm{m}}=\left(\frac{\partial V}{\partial n_{\mathrm{B}}}\right)_{T,p,n_j(i\neq j)} \tag{7-53}$$

若是二组分体系，则有

$$V_{1,\mathrm{m}}=\left(\frac{\partial V}{\partial n_1}\right)_{T,p,n_2} \tag{7-54}$$

$$V_{2,\mathrm{m}}=\left(\frac{\partial V}{\partial n_2}\right)_{T,p,n_1} \tag{7-55}$$

系统总体积

$$V=n_1V_{1,m}+n_2V_{2,m} \tag{7-56}$$

两边同时除以溶液质量 W

$$\frac{V}{W}=\frac{W_1}{M_1}\times\frac{V_{1,m}}{W}+\frac{W_2}{M_2}\times\frac{V_{2,m}}{W} \tag{7-57}$$

令 $\frac{V}{W}=\alpha$，$\frac{V_{1,m}}{W}=\alpha_1$，$\frac{V_{2,m}}{W}=\alpha_2$ (7-58)

式中，α 是溶液的比体积，α_1、α_2 分别是组分 1、2 的偏质量体积，则

$$\alpha=W_1\alpha_1+W_2\alpha_2=(1-W_2)\alpha_1+W_2\alpha_1 \tag{7-59}$$

将（7-59）两边对 W_2 微分：

$$\frac{\partial\alpha}{\partial W_2}=-\alpha_1+\alpha_2$$

即 $\alpha_2=\alpha_1+\frac{\partial\alpha}{\partial W_2}$ (7-60)

将（7-60）代回（7-59），整理得：

$$\alpha_1=\alpha-W_2\times\frac{\partial\alpha}{\partial W_1} \tag{7-61}$$

$$\alpha_2=\alpha+W_1\times\frac{\partial\alpha}{\partial W_2} \tag{7-62}$$

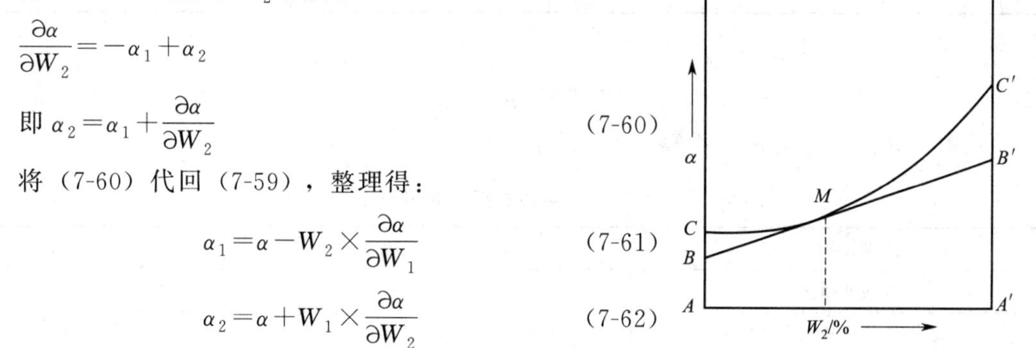

图 7-21 比体积-质量分数关系

所以，实验求出不同浓度溶液的比体积 α，作 α-W_2 关系图，得曲线 CC'（见图 7-21）。如欲求 M 浓度溶液中各组分的偏摩尔体积，则可在 M 点作切线，此切线在两边的截距 AB 和 $A'B'$ 即为 α_1 和 α_2，由关系式（7-58）可求出 $V_{1,m}$ 和 $V_{2,m}$。

三、实验仪器与药品

仪器：恒温水槽，分析天平，比重瓶 10mL 2 个，磨口锥形瓶 50mL 4 个。

试剂：无水乙醇（分析纯），蒸馏水。

四、实验步骤

1. 调节温度

调节恒温水槽温度为（25.0±0.1）℃。

2. 溶液配制

在磨口锥形瓶中用分析天平称重，配制 A 体积分数为 0、20％、40％、60％、80％、100％的乙醇水溶液，每份溶液的总质量控制在 52g 左右。

配好后盖上塞子，以防挥发。摇匀后测定每份溶液的密度，其方法如步骤 3。

3. 比重瓶体积的标定

用分析天平精确称量一个预先洗净烘干的比重瓶，然后盛满纯水（注意不得存留气泡），恒温 10min，用滤纸迅速擦去毛细管膨胀出来的水。擦干外壁，迅速称重，根据公式计算比重瓶的容积。

4. 溶液比体积的测定

按上述方法测定每份乙醇-水溶液的比体积。

五、数据处理

① 根据恒温槽设定温度时水的密度和称重结果，求出比重瓶的容积。

② 根据所得数据，计算所配溶液中乙醇的准确质量分数，填入表 7-17 和表 7-18。

表 7-17　实验数据记录表（一）

	比重瓶质量/g	比重瓶＋水质量/g	水的质量/g	水的密度	比重瓶的容积
1					
2					
3					

$$W_A=\frac{m_A}{m_A+m_B}$$

式中，m_A、m_B 分别为乙醇、水的质量。

表 7-18　实验数据记录表（二）

乙醇体积分数	20%	40%	60%	80%
比重瓶质量/g				
乙醇＋比重瓶的质量/g				
水＋乙醇＋比重瓶的质量/g				
乙醇的质量/g				
溶液总质量/g				
乙醇的质量分数/%				

③ 计算实验条件下各溶液的比体积，记入表 7-19。

表 7-19　实验数据记录表（三）

$\alpha=V_{比重瓶}/m_{溶液}$

乙醇的质量分数						
比重瓶＋溶液的质量/g						
溶液的质量/g						
溶液的比体积 α_1/mL·g^{-1}						
比重瓶＋溶液的质量/g						
溶液的质量/g						
溶液的比体积 α_2/mL·g^{-1}						
$\alpha=\alpha_1+\alpha_2$						

④ 以比体积为纵轴、乙醇的质量分数为横轴作曲线，并在 30%乙醇处作切线与两侧纵轴相交，即可求得 α_1 和 α_2。

⑤ 求算含乙醇 30%的溶液中，各组分的偏摩尔体积及 100g 该溶液的总体积。

六、思考题

（1）使用比重瓶应注意哪些问题？

（2）如何使用比重瓶测量颗粒状固体物的密度？

（3）为提高溶液密度测量的精度，可做哪些改进？

实验十四　分光光度法测定丙酮碘化反应的速率常数和活化能

一、实验目的

（1）掌握用孤立法确定反应级数的方法。

（2）掌握分光光度计的使用和校正方法，和实验数据的作图处理方法。

（3）测定用酸作催化剂时丙酮碘化反应的速率常数及活化能。

（4）初步认识复杂反应机理，了解复杂反应的表观速率常数的求算方法。

二、实验原理

$$\underset{\text{A}}{CH_3-\overset{\overset{\displaystyle O}{\|}}{C}-CH_3} + I_2 \overset{H^+}{=\!=\!=} \underset{\text{E}}{CH_3-\overset{\overset{\displaystyle O}{\|}}{C}-CH_2I} + I^- + H^+$$

一般认为该反应是按以下两步进行的：

$$\underset{\text{A}}{CH_3-\overset{\overset{\displaystyle O}{\|}}{C}-CH_3} \overset{H^+}{\rightleftharpoons} \underset{\text{B}}{CH_3-\overset{\overset{\displaystyle OH}{|}}{C}=CH_2} \tag{1}$$

$$\underset{\text{B}}{CH_3-\overset{\overset{\displaystyle OH}{|}}{C}=CH_2} + I_2 \longrightarrow \underset{\text{E}}{CH_3-\overset{\overset{\displaystyle O}{\|}}{C}-CH_2I} + H^+ + I^- \tag{2}$$

反应（1）是丙酮的烯醇化反应，它是一个很慢的可逆反应，反应（2）是烯醇的碘化反应，它是一个快速且趋于反应完全的反应。因此，丙酮碘化反应的总速率由丙酮的烯醇化反应的速率决定，丙酮的烯醇化反应的速率取决于丙酮及氢离子的浓度，如果以碘化丙酮浓度的变化率来表示丙酮碘化反应的速率，则此反应的动力学方程式可表示为：

$$\frac{dc_E}{dt}=kc_Ac_{H^+} \tag{7-63}$$

式中，c_E 为碘化丙酮的浓度；c_{H^+} 为氢离子的浓度；c_A 为丙酮的浓度；k 为丙酮碘化反应总的速率常数。由反应（2）可知：

$$\frac{dc_E}{dt}=-\frac{dc_{I_2}}{dt} \tag{7-64}$$

因此，如果测得反应过程中各时刻碘的浓度，就可以求出$\frac{dc_E}{dt}$。碘在可见光区有一个比较宽的吸收带，所以可利用分光光度计来测定丙酮碘化反应过程中碘的浓度，从而求出反应的速率常数。若在反应过程中，丙酮的浓度远大于碘的浓度且催化剂酸的浓度也足够大时，则可把丙酮和酸的浓度看作不变，把式（7-63）代入式（7-64）积分得：

$$c_{I_2}=-kc_Ac_{H^+}t+B \tag{7-65}$$

按照朗伯-比尔（Lambert-Beer）定律，某指定波长的光通过碘溶液后的光强为 I_t，通过蒸馏水后的光强为 I_0，则透光率可表示为：

$$T=\frac{I_t}{I_0} \tag{7-66}$$

并且透光率与碘的浓度之间的关系可表示为：

$$\lg T=-\varepsilon d c_{I_2} \tag{7-67}$$

式中，T 为透光率；d 为比色槽的光径长度；ε 是取以 10 为底的对数时的摩尔吸收系数。

将式（7-65）代入式（7-67）得：

$$\lg T=-k\varepsilon d c_A c_{H^+} t+B' \tag{7-68}$$

由 $\lg T$ 对 t 作图可得一直线，直线的斜率为 $-k\varepsilon d c_A c_{H^+}$。式中 εd 可通过测定一已知浓度的碘溶液的透光率，由式（7-67）求得，当 c_A 与 c_{H^+} 浓度已知时，只要测出不同时刻丙酮、酸、碘的混合液对指定波长的透光率，就可以利用式（7-68）求出反应的总速率常数 k。

由两个或两个以上温度的速率常数，就可以根据阿伦尼乌斯（Arrhenius）关系式估算反应的活化能。

$$E_a=\frac{RT_1T_2}{T_2-T_1}\ln\frac{k_2}{k_1} \tag{7-69}$$

为了验证上述反应机理，可以进行反应级数的测定，根据总反应方程式，可建立如下关系式：

$$v=\frac{dc_E}{dt}=kc_A^{\alpha}c_{H^+}^{\beta}c_{I_2}^{\gamma}$$

式中，α，β，γ 分别表示丙酮、氢离子和碘的反应级数。若在反应过程中，丙酮的浓度远大于碘的浓度且催化剂酸的浓度也足够大时，则可把丙酮和酸的浓度看作不变，由 $\lg c(I_2)-t$ 作图，可得一直线，直线的斜率为反应速率。

若保持氢离子和碘的起始浓度不变，只改变丙酮的起始浓度，分别测定在同一温度下的反应速率，则：

$$\frac{v_2}{v_1}=\left[\frac{c_A(2)}{c_A(1)}\right]^{\alpha},\alpha=\lg\frac{v_2}{v_1}+\lg\left[\frac{c_A(2)}{c_A(1)}\right] \tag{7-70}$$

同理可求出 β，γ：

$$\beta=\lg\frac{v_3}{v_1}+\lg\left[\frac{c_{H^+}(2)}{c_{H^+}(1)}\right]$$

$$\gamma=\lg\frac{v_4}{v_1}+\lg\left[\frac{c_{I_2}(2)}{c_{I_2}(1)}\right] \tag{7-71}$$

三、实验仪器与试剂

仪器：752 型紫外-可见分光光度计 1 套，比色皿，烧杯，容量瓶，量筒，移液管（1.5 mL，3 mL，5 mL，10 mL），秒表。

试剂：碘溶液（0.02 $mol\cdot L^{-1}$），标准盐酸溶液（1 $mol\cdot L^{-1}$），丙酮溶液（4 $mol\cdot L^{-1}$）。

四、实验步骤

① 调整分光光度计：将波长调到 565nm。

② 测定丙酮碘化反应的速率常数：取 10mL 碘溶液加 40mL 水，倒入比色皿中，将选择开关旋至“C”，则调整分光光度计为浓度模式，浓度值调为 400（代表实际浓度为 0.004

mol・L^{-1})，再放入反应溶液，即可显示溶液中碘的浓度值。每 1min 读一个数值，每种溶液读取 15 个数。

测定以下四种溶液的反应速率。各反应物的用量如表 7-20。

表 7-20　实验数据记录表

编号	碘溶液 (0.02 mol・L^{-1})/mL	丙酮溶液(4 mol・L^{-1})/mL	盐酸溶液 (1 mol・L^{-1})/mL	水/mL	总体积/mL
1	10.0	6.0	10.0	14.0	50.0
2	10.0	3.0	10.0	17.0	50.0
3	10.0	6.0	5.0	24.0	50.0
4	5.0	6.0	10.0	19.0	50.0

五、数据记录与处理

1. 数据记录

把实验数据填入表 7-21。

表 7-21　实验数据记录表

温度：　℃，大气压：　Pa

编号	1	2	3	4
时间 t/min	吸光度 A	吸光度 A	吸光度 A	吸光度 A
4				
5				
6				
7				
8				
9				
10				
11				
12				
13				
14				
15				
16				
17				
18				
19				
20				
21				
22				
23				
24				
25				
26				
27				
28				
29				

$0.004\ mol \cdot L^{-1}$碘溶液的吸光度 A 为 0.669，根据公式 $A=-\lg T$，$\lg T=-\varepsilon d c_{I_2}$，可以计算出 εd。

2. 求反应的速率常数

将 A 对时间 t 作图，得一直线，求直线的斜率，并求出反应的速率常数。

3. 反应级数的测定

由上述四组溶液实验测得的数据，分别以 $\lg c(I_2)$ 对 t 作图，得到四条直线。求出各直线斜率，即为不同起始浓度时的反应速率，再代入公式可求出 α、β、γ，即可求出反应的速率方程。

4. 求丙酮碘化反应的活化能

利用 25.0℃及 35.0℃时的 k 值求丙酮碘化反应的活化能。

六、注意事项

（1）温度影响反应速率常数，实验时体系始终要恒温。

（2）实验所需溶液均要准确配制。

七、思考题

（1）本实验中，丙酮碘化反应按几级反应处理，为什么？

（2）若想使反应按一级反应规律处理，在反应液配制时应采用什么手段？写出实验方案。

（3）影响本实验结果精确度的主要因素有哪些？

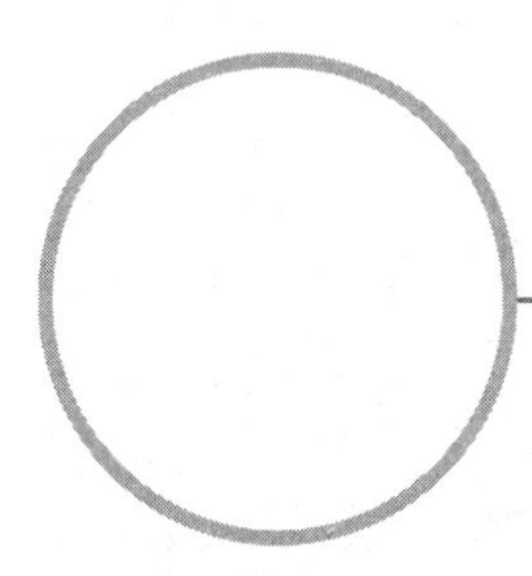

附录

附录1　国际原子量表

元素		原子量	元素		原子量	元素		原子量
符号	名称		符号	名称		符号	名称	
H	氢(qīng)	1.0079	Rb	铷(rú)	85.467	Ta	钽(tǎn)	180.947
He	氦(hài)	4.0026	Sr	锶(sī)	87.62	W	钨(wū)	183.8
Li	锂(lǐ)	6.941	Y	钇(yǐ)	88.906	Re	铼(lái)	186.207
Be	铍(pí)	9.0122	Zr	锆(gáo)	91.22	Os	锇(é)	190.2
B	硼(péng)	10.811	Nb	铌(ní)	92.9064	Ir	铱(yī)	192.2
C	碳(tàn)	12.011	Mo	钼(mù)	95.94	Pt	铂(bó)	195.08
N	氮(dàn)	14.007	Tc	锝(dé)	[98]	Au	金(jīn)	196.967
O	氧(yǎng)	15.999	Ru	钌(liǎo)	101.07	Hg	汞(gǒng)	200.5
F	氟(fú)	18.998	Rh	铑(lǎo)	102.906	Tl	铊(tā)	204.3
Ne	氖(nǎi)	20.17	Pd	钯(bǎ)	106.42	Pb	铅(qiān)	207.2
Na	钠(nà)	22.9898	Ag	银(yín)	107.868	Bi	铋(bì)	208.98
Mg	镁(měi)	24.305	Cd	镉(gé)	112.41	Po	钋(pō)	[209]
Al	铝(lǚ)	26.982	In	铟(yīn)	114.82	At	砹(ài)	[210]
Si	硅(guī)	28.085	Sn	锡(xī)	118.6	Rn	氡(dōng)	[222]
P	磷(lín)	30.974	Sb	锑(tī)	121.7	Fr	钫(fāng)	[223]
S	硫(liú)	32.06	Te	碲(dì)	127.6	Ra	镭(léi)	[226.03]
Cl	氯(lǜ)	35.453	I	碘(diǎn)	126.905	Ac	锕(ā)	[227.03]
Ar	氩(yà)	39.94	Xe	氙(xiān)	131.3	Th	钍(tǔ)	232.04
K	钾(jiǎ)	39.098	Cs	铯(sè)	132.905	Pa	镤(pú)	231.04
Ca	钙(gài)	40.08	Ba	钡(bèi)	137.33	U	铀(yóu)	238.03
Sc	钪(kàng)	44.956	La	镧(lán)	138.905	Np	镎(ná)	[237.05]
Ti	钛(tài)	47.9	Ce	铈(shì)	140.12	Pu	钚(bù)	[244.06]
V	钒(fán)	50.9415	Pr	镨(pǔ)	140.91	Am	镅(méi)	[243.06]
Cr	铬(gè)	51.996	Nd	钕(nǚ)	144.2	Cm	锔(jú)	[247.07]
Mn	锰(měng)	54.938	Pm	钷(pǒ)	[145]	Bk	锫(péi)	[247.07]
Fe	铁(tiě)	55.84	Sm	钐(shān)	150.4	Cf	锎(kāi)	[251.08]
Co	钴(gǔ)	58.9332	Eu	铕(yǒu)	151.96	Es	锿(āi)	[252.08]
Ni	镍(niè)	58.69	Gd	钆(gá)	157.25	Fm	镄(fèi)	[257.10]
Cu	铜(tóng)	63.54	Tb	铽(tè)	158.93	Md	钔(mén)	[258.10]
Zn	锌(xīn)	65.38	Dy	镝(dī)	162.5	No	锘(nuò)	[259.10]
Ga	镓(jiā)	69.72	Ho	钬(huǒ)	164.93	Lr	铹(láo)	[262.11]
Ge	锗(zhě)	72.59	Er	铒(ěr)	167.2	Rf	𬬻(lú)	[267.12]
As	砷(shēn)	74.9216	Tm	铥(diū)	168.934	Dd	𬭊(dù)	[270.13]
Se	硒(xī)	78.9	Yb	镱(yì)	173.0	Sg	𬭳(xǐ)	[269.13]
Br	溴(xiù)	79.904	Lu	镥(lǔ)	174.96	Bh	𬭛	[272]
Kr	氪(kè)	83.8	Hf	铪(hā)	178.4	Hs	𬭶	[270]

本原子量表按照原子序数排列。表中数据源自2013年IUPAC元素周期表(IUPAC 2005 Standard Atomic Weights)，以$^{12}C=12$为标准。带方括号的数据为半衰期最长同位素的原子量。

附录 2 常见化合物分子量表

分子式	分子量	分子式	分子量
$AgBr$	187.77	KNO_2	85.100
$AgCl$	143.32	KOH	56.106
AgI	234.77	K_2PtCl_6	486.00
$AgNO_3$	169.87	$KSCN$	97.182
Al_2O_3	101.96	$MgCO_3$	84.314
As_2O_3	197.84	$MgCl_2$	95.211
$BaCl_2 \cdot 2H_2O$	244.26	$MgSO_4 \cdot 7H_2O$	246.48
BaO	153.33	$MgNH_4PO_4 \cdot 6H_2O$	245.41
$Ba(OH)_2 \cdot 8H_2O$	315.47	MgO	40.304
$BaSO_4$	233.39	$Mg(OH)_2$	58.320
$CaCO_3$	100.09	$Mg_2P_2O_7$	222.55
CaO	56.077	$Na_2B_4O_7 \cdot 10H_2O$	381.37
$Ca(OH)_2$	74.093	$NaBr$	102.89
CO_2	44.010	$NaCl$	58.489
CuO	79.545	Na_2CO_3	105.99
Cu_2O	143.09	$NaHCO_3$	84.007
$CuSO_4 \cdot 5H_2O$	249.69	$Na_2HPO_4 \cdot 12H_2O$	358.14
FeO	71.844	$NaNO_2$	69.000
Fe_2O_3	159.69	Na_2O	61.979
$FeSO_4 \cdot 7H_2O$	278.02	$NaOH$	39.997
$FeSO_4 \cdot (NH_4)_2SO_4 \cdot 6H_2O$	392.14	$Na_2S_2O_3$	158.11
H_3BO_3	61.833	$Na_2S_2O_3 \cdot 5H_2O$	248.19
HCl	36.461	NH_3	17.031
$HClO_4$	100.46	NH_4Cl	53.491
HNO_3	63.013	NH_4OH	35.046
H_2O	18.015	$(NH_4)_3PO_4 \cdot 12MoO_3$	1876.4
H_2O_2	34.015	$(NH_4)_2SO_4$	132.14
H_3PO_4	97.995	$PbCrO_4$	321.19
H_2SO_4	98.080	PbO_2	239.20
I_2	253.81	$PbSO_4$	303.26
$KAl(SO_4)_2 \cdot 12H_2O$	474.39	P_2O_5	141.94
KBr	119.00	SiO_2	60.085
$KBrO_3$	167.00	SO_2	64.065
KCl	74.551	SO_3	80.064
$KClO_4$	138.55	ZnO	81.408
K_2CO_3	138.21	CH_3COOH(乙酸)	60.052
K_2CrO_4	194.19	$H_2C_2O_4 \cdot 2H_2O$	126.07
$K_2Cr_2O_7$	294.19	$KHC_4H_4O_6$(酒石酸氢钾)	188.18
KH_2PO_4	136.09	$KHC_8H_4O_4$(邻苯二甲酸氢钾)	204.22
$KHSO_4$	136.17	$K(SbO)C_4H_4O_6 \cdot 1/2H_2O$(酒石酸锑钾)	333.93
KI	166.00	$Na_2C_2O_4$(草酸钠)	134.00
KIO_3	214.00	$NaC_7H_5O_2$(苯甲酸钠)	144.11
$KIO_3 \cdot HIO_3$	389.91	$Na_3C_6H_5O_7 \cdot 2H_2O$(柠檬酸钠)	294.12
$KMnO_4$	158.03	$Na_2H_2C_{10}H_{12}O_8N_2 \cdot 2H_2O$(EDTA 二钠盐)	372.24

附录3　常用酸、碱溶液的密度和浓度

试剂名称	密度/$g \cdot mL^{-1}$	质量分数/%	物质的量浓度/$mol \cdot L^{-1}$	试剂名称	密度/$g \cdot mL^{-1}$	质量分数/%	物质的量浓度/$mol \cdot L^{-1}$
浓硫酸	1.84	96～98	18	浓氢氟酸	1.13	40	23
稀硫酸	1.18	25	12	氢溴酸	1.38	40	7
稀硫酸	1.06	9	4	氢碘酸	1.70	57	7.5
浓盐酸	1.19	38	12	冰醋酸	1.05	99～100	17.5
稀盐酸	1.10	20	6	稀醋酸	1.04	35	6
稀盐酸	1.03	7	2	稀醋酸	1.02	12	2
浓硝酸	1.42	70	16	浓氢氧化钠	1.44	41	14.4
稀硝酸	1.20	32	6	稀氢氧化钠	1.22	20	6
浓磷酸	1.70	85	15	稀氢氧化钠	1.09	8	2
稀磷酸	1.05	9	1	浓氨水	0.91	25	13.5
浓高氯酸	1.67	70	11.6	稀氨水	1.0	3.5	2
稀高氯酸	1.12	19	2				

附录4　某些试剂溶液的配制

试剂名称	浓度/$mol \cdot L^{-1}$	配制方法
三氯化铋 $BiCl_3$	0.1	溶解 31.6 g $BiCl_3$ 于 330 mL 6 $mol \cdot L^{-1}$ HCl 中，加水稀释至 1 L
三氯化铬 $CrCl_3$	0.1	溶解 26.7 g $CrCl_3 \cdot 6H_2O$ 于 30 mL 6 $mol \cdot L^{-1}$ HCl 中，加水稀释至 1L
氯化铁 $FeCl_3$	0.5	溶解 135.2 g $FeCl_3 \cdot 6H_2O$ 于 100 mL 6 $mol \cdot L^{-1}$ HCl 中，加水稀释至 1L
氯化亚锡 $SnCl_2$	0.1	溶解 22.6 g $SnCl_2 \cdot 2H_2O$ 于 330 mL 6 $mol \cdot L^{-1}$ HCl 中，加水稀释至 1 L，在溶液中放几粒纯锡，以防氧化
硝酸亚汞 $Hg_2(NO_3)_2$	0.1	溶解 56.1 g $Hg_2(NO_3)_2 \cdot 2H_2O$ 于 1 L 0.6 $mol \cdot L^{-1}$ HNO_3 中，并加入少许金属汞
硝酸汞 $Hg(NO_3)_2$	0.1	溶解 33.4 g $Hg(NO_3)_2 \cdot \frac{1}{2}H_2O$ 于 1 L 0.6 $mol \cdot L^{-1}$ HNO_3 中
硝酸铅 $Pb(NO_3)_2$	0.25	溶解 83 g $Pb(NO_3)_2$ 于少量水中，加入 15 mL 6 $mol \cdot L^{-1}$ HNO_3 中，用水稀释至 1 L
碳酸铵 $(NH_4)_2CO_3$	1	溶解 96 g 研细的 $(NH_4)_2CO_3$ 溶于 1 L 2 $mol \cdot L^{-1}$ 氨水中
硫酸铵 $(NH_4)_2SO_4$	饱和	溶解 50 g $(NH_4)_2SO_4$ 于 100 mL 热水中，冷却后过滤
硫酸亚铁 $FeSO_4$	0.25	溶解 69.5 g $FeSO_4 \cdot 7H_2O$ 于少量水中，加入 5 mL 18 $mol \cdot L^{-1}$ H_2SO_4 中，再加水稀释至 1 L，置入小铁钉数枚

试剂名称	浓度/mol·L^{-1}	配制方法
硫化钠 Na_2S	1	溶解 240 g $Na_2S \cdot 9H_2O$ 及 40 g NaOH 于适量水中，稀释至 1 L
硫化铵 $(NH_4)_2S$	3	于 200 mL 浓 $NH_3 \cdot H_2O$ 中通 H_2S 至饱和，然后再加 200mL 浓 $NH_3 \cdot H_2O$，最后加水稀释至 1L
钼酸铵 $(NH_4)_6Mo_7O_{24} \cdot 4H_2O$	0.1	溶解 124 g $(NH_4)_6Mo_7O_{24} \cdot 4H_2O$ 于 1 L 水中，将所得溶液倒入 1 L 6 mol·L^{-1} HNO_3 中放置 24 h，取其澄清液
铁氰化钾 $K_3[Fe(CN)_6]$		取铁氰化钾约 0.7～1 g 溶解于水，稀释至 100 mL(使用前临时配制)
六硝基钴酸钠 $Na_3[Co(NO_2)_6]$		溶解 230 g $NaNO_2$ 于 500 mL H_2O 中，加入 165 mL 6 mol·L^{-1} HAc 和 30 g $Co(NO_3)_2 \cdot 6H_2O$ 放置 24 h，取其清液，稀释至 1 L，并保存在棕色瓶中。此溶液应呈橙色，若变成红色，表示已分解，应重新配制
氯水		在水中通入氯气直至饱和，该溶液使用时临时配制
溴水		在水中滴加液溴至饱和
碘液	0.01	溶解 1.3 g I_2 和 5 g KI 于尽可能少量的水中，待 I_2 完全溶解后(充分搅动)再加水稀释至 1 L
六羟基锑(Ⅴ)酸钾 $K[Sb(OH)_6]$	饱和	于配制好的氢氧化钾饱和溶液中陆续加入五氯化锑，加热。当有少量白色沉淀且不再溶解时停止加五氯化锑。冷却，静置，上层清液即为六羟基锑(Ⅴ)酸钾溶液
硫氰酸汞铵试剂 $(NH_4)_2[Hg(SCN)_4]$		溶解 8 g $HgCl_2$ 和 9 g NH_4SCN 于 100 mL 水中
邻二氮菲	2%	2 g 邻二氮菲加几滴 6 mol·L^{-1} H_2SO_4，溶于 100 mL 水中
亚硝酰铁氰化钠 $Na_2[Fe(CN)_5NO]$	3%	3 g 亚硝酰铁氰化钠溶解于 100 mL 水中，保存于棕色瓶中。如果溶液变成绿色须重新配制
玫瑰红酸钠	0.2%	0.2 g 玫瑰红酸钠溶于 100 mL 水中，储存于棕色瓶中。注意：仅能保存 2～3 天
硫代乙酰胺	5%	5 g 硫代乙酰胺溶于 100 mL 水中，如浑浊须过滤
乙酸铀酰锌		①10 g $UO_2(Ac)_2 \cdot 2H_2O$ 和 6 mL 6mol·L^{-1}HAc 溶于 50 mL 水中； ②30 g $Zn(Ac)_2 \cdot 2H_2O$ 和 3 mL 6mol·L^{-1}HCl 溶于 50 mL 水中； ③将①、②两种溶液混合，24h 后取清液使用
对氨基苯磺酸	0.34%	0.5 g 对氨基苯磺酸溶于 150 mL 2mol·L^{-1}HAc 溶液中
α-萘胺	0.12%	0.3 g α-萘胺加 20 mL 水，加热煮沸，在所得溶液中加入 150 mL 2 mol·L^{-1} HAc
二苯硫腙	0.01%	0.1 g 二苯硫腙溶于 1 L CCl_4 或 $CHCl_3$ 中
丁二酮肟	1%	1 g 丁二酮肟溶于 100 mL 95%乙醇中
二苯胺		将 1 g 二苯胺在搅拌下溶于 100 mL 密度为 1.84 g·mL^{-1} 硫酸或 100 mL 密度为 1.70g·mL^{-1} 磷酸中(该溶液可保存较长时间)
奈斯勒试剂		溶解 115 g HgI_2 和 80 g KI 于水中，稀释至 500 mL，加入 500 mL 6 mol·L^{-1}NaOH 溶液，静置后，取其清液，保存于棕色瓶中
镁试剂		溶解 0.01 g 镁试剂于 1 L 1 mol·L^{-1}NaOH 溶液中
铝试剂	0.1%	1 g 铝试剂溶于 1 L 水中
镁铵试剂		将 100 g $MgCl_2 \cdot 6H_2O$ 和 100 g NH_4Cl 溶于水中，加 50 mL 浓氨水，用水稀释至 1 L

续表

试剂名称	浓度/$mol \cdot L^{-1}$	配制方法
淀粉溶液	1%	将1 g易溶淀粉和少量冷水调成糊状，倒入100 mL沸水中，煮沸后冷却即可
硝酸银-氨溶液		溶解1.7 g $AgNO_3$ 于水中，加17 mL浓氨水，稀释至1 L
淀粉-碘化钾		V0.5%淀粉溶液中含0.1 $mol \cdot L^{-1}$ 碘化钾

附录5 常用缓冲溶液的配制

缓冲溶液组成	pK_a	缓冲溶液pH值	缓冲溶液配制方法
一氯乙酸-NaOH	2.86	2.8	取一氯乙酸200g溶于200mL水中，加NaOH 40g，溶解后，稀释至1L
CH_3CH_2OH-NH_4OAc		3.7	取5$mol \cdot L^{-1}$乙酸溶液15.0mL，加乙醇60mL和水20mL，用10$mol \cdot L^{-1}$氢氧化铵溶液调节pH值至3.7，用水稀释至1L
NH_4OAc-HOAc	4.74	4.5	取乙酸铵77g溶于200mL水中，加冰醋酸59mL，再加水稀释至1L
NaOAc-HOAc	4.74	5.0	取无水乙酸钠120g溶于适量水中，加冰醋酸60mL，稀释至1L
$(CH_2)_6N_4$-HCl	5.15	5.4	取六亚甲基四胺40g溶于200mL水中，加浓盐酸10mL，再加水稀释至1L
NH_4OAc-HOAc		6.0	取乙酸铵600g溶于少量水中，加冰醋酸20mL，再加水稀释至1L
NH_4Cl-NH_3	9.26	8.0	取氯化铵100g溶于少量水中，加浓氨水7mL，再加水稀释至1L
NH_4Cl-NH_3	9.26	9.0	取氯化铵70g溶于少量水中，加浓氨水48mL，再加水稀释至1L
NH_4Cl-NH_3	9.26	10	取氯化铵54g溶于少量水中，加浓氨水350mL，再加水稀释至1L

附录6 常用基准物及其干燥条件与应用

基准物质		干燥后组成	干燥条件 t/℃	标定对象
名称	化学式			
碳酸氢钠	$NaHCO_3$	Na_2CO_3	270～300	酸
十水合碳酸钠	$Na_2CO_3 \cdot 10H_2O$	Na_2CO_3	270～300	酸
硼砂	$Na_2B_4O_7 \cdot 10H_2O$	$Na_2B_4O_7 \cdot 10H_2O$	放在装有NaCl和蔗糖饱和溶液的干燥器皿中	酸
二水合草酸	$H_2C_2O_4 \cdot 2H_2O$	$H_2C_2O_4 \cdot 2H_2O$	室温空气干燥	碱或$KMnO_4$
邻苯二甲酸氢钾	$KHC_8H_4O_4$	$KHC_8H_4O_4$	110～120	碱

续表

基准物质		干燥后组成	干燥条件 t/℃	标定对象
名称	化学式			
重铬酸钾	$K_2Cr_2O_7$	$K_2Cr_2O_7$	140～150	还原剂
溴酸钾	$KBrO_3$	$KBrO_3$	130	还原剂
碘酸钾	KIO_3	KIO_3	130	还原剂
铜	Cu	Cu	室温干燥器中保存	还原剂
草酸钠	$Na_2C_2O_4$	$Na_2C_2O_4$	130	氧化剂
碳酸钙	$CaCO_3$	$CaCO_3$	110	EDTA
锌	Zn	Zn	室温干燥器中保存	EDTA
氧化锌	ZnO	ZnO	900～1000	EDTA
氯化钠	NaCl	NaCl	500～600	$AgNO_3$
硝酸银	$AgNO_3$	$AgNO_3$	220～250	氯化物

附录 7 部分弱电解质的解离常数

（近似浓度 0.001～0.003mol·L^{-1}，温度 298K）

名称	化学式	解离常数 K	pK
乙酸	HAc	1.76×10^{-5}	4.75
碳酸	H_2CO_3	$K_1=4.30\times10^{-7}$	6.37
		$K_2=5.61\times10^{-11}$	10.25
草酸	$H_2C_2O_4$	$K_1=5.90\times10^{-2}$	1.23
		$K_2=6.40\times10^{-5}$	4.19
亚硝酸	HNO_2	4.6×10^{-4}(285.5K)	3.37
磷酸	H_3PO_4	$K_1=7.52\times10^{-3}$	2.12
		$K_2=6.23\times10^{-8}$	7.21
		$K_3=2.2\times10^{-13}$(291K)	12.67
亚硫酸	H_2SO_3	$K_1=1.54\times10^{-2}$(291K)	1.81
		$K_2=1.02\times10^{-7}$	6.91
硫酸	H_2SO_4	$K_2=1.20\times10^{-2}$	1.92
硫化氢	H_2S	$K_1=9.1\times10^{-8}$(291K)	7.04
		$K_2=1.1\times10^{-12}$	11.96
氢氰酸	HCN	4.93×10^{-10}	9.31
铬酸	H_2CrO_4	$K_1=1.8\times10^{-1}$	0.74
		$K_2=3.20\times10^{-7}$	6.49
氢氟酸	HF	3.53×10^{-4}	3.45
过氧化氢	H_2O_2	2.4×10^{-12}	11.62
次氯酸	HClO	2.95×10^{-5}(291K)	4.53
次溴酸	HBrO	2.06×10^{-9}	8.69
次碘酸	HIO	2.3×10^{-11}	10.64
碘酸	HIO_3	1.69×10^{-1}	0.77
铵离子	NH_4^+	5.56×10^{-10}	9.25
氨水	$NH_3\cdot H_2O$	1.79×10^{-5}	4.75
氢氧化铅	$Pb(OH)_2$	9.6×10^{-4}	3.02
氢氧化锂	LiOH	6.31×10^{-1}	0.2

续表

名称	化学式	解离常数 K	pK
氢氧化铍	$Be(OH)_2$	1.78×10^{-6}	5.75
	$BeOH^+$	2.51×10^{-9}	8.6
氢氧化铝	$Al(OH)_3$	5.01×10^{-9}	8.3
	$Al(OH)_2^+$	1.99×10^{-10}	9.7
氢氧化锌	$Zn(OH)_2$	7.94×10^{-7}	6.1

附录 8　常见配离子的稳定常数

表中数据为 25℃下，离子强度 $I=0$ 的条件下获得。β_n 表示累积稳定常数。

配位体	金属离子	配位体数目 n	$\lg\beta_n$
NH_3	Ag^+	1,2	3.24, 7.05
	Cu^+	1,2	5.93,10.86
	Fe^{2+}	1,2	1.4,2.2
	Hg^{2+}	1,2,3,4	8.8,17.5,18.5,19.28
	Ni^{2+}	1,2,3,4,5,6	2.80,5.04,6.77,7.96,8.71,8.74
	Zn^{2+}	1,2,3,4	2.37,4.81,7.31,9.46
Br^-	Ag^+	1,2,3,4	4.38,7.33,8.00,8.73
Cl^-	Ag^+	1,2,4	3.04,5.04,5.30
	Cd^{2+}	1,2,3,4	1.95,2.50,2.60,2.80
	Hg^{2+}	1,2,3,4	6.74,13.22,14.07,15.07
CN^-	Cd^{2+}	1,2,3,4	5.48,10.60,15.23,18.78
	Cu^+	2,3,4	24.0,28.59,30.30
	Fe^{2+}	6	35.0
	Fe^{3+}	6	42.0
F^-	Al^{3+}	1,2,3,4,5,6	6.11,11.12,15.00,18.00,19.40,19.80
	Fe^{3+}	1,2,3,5	5.28,9.30,12.06,15.77
I^-	Ag^+	1,2,3	6.58,11.74,13.68
	Hg^{2+}	1,2,3,4	12.87,23.82, 27.60, 29.83
	Pb^{2+}	1,2,3	7.82,10.85,14.58
SCN^-	Ag^+	1,2,3,4	4.6,7.57,9.08,10.08
	Cd^{2+}	1,2,3,4	1.39,1.98,2.58,3.6
$S_2O_3^{2-}$	Ag^+	1,2	8.82,13.46
OH^-	Ag^+	1,2	2.0,3.99
	Al^{3+}	1,4	9.27,33.03
	Ca^{2+}	1	1.3
	Cu^{2+}	1,2,3,4	7.0,13.68,17.00,18.5
	Fe^{3+}	1,2,3	11.87,21.17,29.67
	Mn^{2+}	1,3	3.9,8.3
	Ni^{2+}	1,2,3	4.97,8.55,11.33

续表

配位体	金属离子	配位体数目 n	$\lg\beta_n$
乙二胺四乙酸 (EDTA) $[(HOOCCH_2)_2NCH_2]_2$	Ca^{2+}	1	11.0
	Cu^{2+}	1	18.7
	Fe^{3+}	1	24.23
	Mg^{2+}	1	8.64
	Na^{+}	1	1.66
	Pb^{2+}	1	18.3
磺基水杨酸 $HO_3SC_6H_3(OH)COOH$	Cu^{2+}(0.1mol·L^{-1})	1,2	9.52,16.45
	Fe^{2+}(0.1mol·L^{-1})	1,2	5.9,9.9
	Fe^{3+}(0.1mol·L^{-1})	1,2,3	14.64,25.18,32.12
	Zn^{2+}(0.1mol·L^{-1})	1,2	6.05,10.65
乙二胺 $H_2NCH_2CH_2NH_2$	Ag^{+}	1,2	4.70,7.70
	Cu^{2+}	1,2,3	10.67,20.0,21.0
	Mg^{2+}	1	0.37

附录 9　危险药品的分类、性质和管理

危险药品是指受光、热、空气、水或撞击等外界因素的影响，可能引起燃烧、爆炸的药品，或具有强腐蚀性、剧毒性的药品。常用危险药品按危害性可分为以下几类来管理。

类别		举例	性质	注意事项
1.爆炸品		硝酸铵、苦味酸、三硝基甲苯	遇高热摩擦、撞击，会引起剧烈反应，放出大量气体和热量，产生猛烈爆炸	存放于阴凉、低温处，轻拿、轻放
2.易燃品	易燃液体	丙酮、乙醚、甲醇、乙醇、苯等有机溶剂	沸点低、易挥发，遇火则燃烧，甚至引起爆炸	存放阴凉处，远离热源，使用时注意通风，不得有明火
	易燃固体	红磷、硫、萘、硝化纤维	燃点低，受热、摩擦、撞击或遇氧化剂，可剧烈连续燃烧、爆炸	存放阴凉处，远离热源；使用时注意通风，不得有明火
	易燃气体	氢气、乙炔、甲烷	因受热、撞击引起燃烧。与空气按一定比例混合会爆炸	使用时注意通风。如为钢瓶气，不得在实验室存放
	遇水易燃品	钾、钠	遇水剧烈反应，产生可燃气体并放出热量，此反应热会引起燃烧	保存于煤油中，切勿与水接触
	自燃品	黄磷、白磷	在适当温度下被空气氧化、放热，达到燃点而引起自燃	保存于水中
3.氧化剂		硝酸钾、氯酸钾、过氧化氢、过氧化钠、高锰酸钾	具有强氧化性，遇酸，受热，与有机物、易燃品、还原剂等混合时发生反应而引起燃烧或爆炸	不得与易燃品、爆炸品、还原剂等一起存放
4.剧毒品		氰化钾、三氧化二砷、氯化汞	剧毒，少量侵入人体（误食或接触伤口）会引起中毒，甚至死亡	专人、专柜保管，现用现领，用后的剩余物，不论是固体还是液体都要交回保管人，并应设有使用登记制度
5.腐蚀性药品		强酸、氟化氢、强碱、溴、酚	具有强腐蚀性，对所触及物品造成腐蚀、破坏，触及人体皮肤，会引起化学烧伤	不要与氧化剂、易燃品、爆炸品放在一起

参考文献

[1] 金建忠．基础化学实验．杭州：浙江大学出版社，2009.

[2] 徐伟亮．基础化学实验．2版．北京：科学出版社，2010.

[3] 张培青．基础化学实验．北京：化学工业出版社，2016.

[4] 王秋长，赵鸿喜，张守民，李一峻．基础化学实验．北京：科学出版社，2003.

[5] 刘汉标，石建新，邹小勇．基础化学实验．北京：科学出版社，2008.

[6] 胡显智，陈阵．大学化学实验．3版．北京：高等教育出版社，2017.

[7] 王载兴，叶秋云，曹素忱．无机化学实验．北京：高等教育出版社，1999.

[8] 北京师范大学无机化学教研室，等．无机化学实验．3版．北京：高等教育出版社，2001.

[9] 华东理工大学无机化学教研组．无机化学实验．4版．北京：高等教育出版社，2007.

[10] 大连理工大学无机化学教研室．无机化学实验．2版．北京：高等教育出版社，2004.

[11] 张立庆．无机及分析化学实验．杭州：浙江大学出版社，2011.

[12] 南京大学无机及分析化学实验编写组．无机及分析化学实验．5版．北京：高等教育出版社，2015.

[13] 马忠革．分析化学实验．北京：清华大学出版社，2011.

[14] 武汉大学．分析化学实验．5版．北京：高等教育出版社，2011.

[15] 四川大学化学工程学院，浙江大学化学系．分析化学实验．4版．北京：高等教育出版社，2015.

[16] 高占先，于丽梅．有机化学实验．5版．北京：高等教育出版社，2016.

[17] 兰州大学．有机化学实验．4版．北京：高等教育出版社，2016.

[18] 赵建庄，陈洪．有机化学实验．3版．北京：高等教育出版社，2017.

[19] 王亚珍．物理化学实验．北京：化学工业出版社，2013.

[20] 洪惠婵，黄钟奇．物理化学实验．广州：中山大学出版社，1993.

[21] 南开大学化学系物理化学教研室．物理化学实验．天津：南开大学出版社，1999.

[22] 孙尔康，张剑荣，刘勇健，白同春．物理化学实验．南京：南京大学出版社，2009.

[23] 毕韶丹，周丽，王凯，王雷，王瓣．物理化学实验．北京：清华大学出版社，2018.

[24] 霍冀川．化学综合设计实验．北京：化学工业出版社，2018.

[25] 北京大学化学与分子工程学院实验室安全技术教学组．化学实验室安全知识教程．北京：北京大学出版社，2012.

[26] 邵学俊，董平安，魏益海．无机化学．2版．武汉：武汉大学出版社，2003.